实验动物
生物安全与职业健康风险管理

主 审 ◎ 郭 毅

主 编 ◎ 唐利军　范明霞　何开勇　吴 佳　黎春梅

副主编 ◎ 夏 颖　鲜巧阳　杨春荣　卢 昊　唐雨萌　陈晓莉

编 者 ◎（按姓氏笔画排序）

王 静（湖北省疾病预防控制中心）　　　　　陈晓莉（湖北省科技信息研究院）

卢 昊（湖北省疾病预防控制中心）　　　　　范传刚（湖北省疾病预防控制中心）

付少华（湖北省疾病预防控制中心）　　　　　范明霞（武汉大学人民医院）

代 娜（武汉大学人民医院）　　　　　　　　夏 颖（湖北省疾病预防控制中心）

吕晓君（湖北省药品监督检验研究院）　　　　徐小玲（湖北省药品监督检验研究院）

向晶晶（湖北省疾病预防控制中心）　　　　　唐 振（华中科技大学同济医学院附属同济医院）

安学芳（中国科学院武汉病毒研究所）　　　　唐 浩（中国科学院武汉病毒研究所）

杨文祥（湖北省疾病预防控制中心）　　　　　唐豆豆（武汉大学人民医院）

杨建业（十堰市人民医院）　　　　　　　　　唐利军（湖北省疾病预防控制中心）

杨春荣（华中农业大学）　　　　　　　　　　唐雨萌（湖北省疾病预防控制中心）

吴 佳（中国科学院武汉病毒研究所）　　　　谢曙光（湖北省疾病预防控制中心）

吴 森（湖北省药品监督检验研究院）　　　　鲜巧阳（武汉大学）

何开勇（湖北省药品监督检验研究院）　　　　黎炎梅（湖北省疾病预防控制中心）

张旭东（湖北医药学院）　　　　　　　　　　黎春梅（黄冈市黄州区疾病预防控制中心）

华中科技大学出版社
http://press.hust.edu.cn
中国 · 武汉

内 容 简 介

　　本书系统地介绍了实验动物生物安全与职业健康风险管理的基本概念、发展沿革、现状要求、生物安全等内容。本书结合实验动物生物安全特点,按照风险概述、风险识别、风险评估及风险控制组织内容并逐步深入,首次提出了实验动物生物安全概念及其管理体系。

　　本书可供全国实验动物、公共卫生、生物技术及生物制造等领域科技工作者参考使用,也可作为国家生物安全实验室、湖北省疾病预防控制中心培训基地培养生物安全人才的参考资料。

图书在版编目(CIP)数据

实验动物生物安全与职业健康风险管理/唐利军等主编.—武汉:华中科技大学出版社,2023.9
ISBN 978-7-5680-9098-8

Ⅰ.①实… Ⅱ.①唐… Ⅲ.①实验动物-安全管理 ②实验动物-工作人员-健康-风险管理 Ⅳ.①Q95-331 ②R19

中国国家版本馆 CIP 数据核字(2023)第 186076 号

实验动物生物安全与职业健康风险管理　　　唐利军　范明霞　何开勇　吴　佳　黎春梅　主编
Shiyan Dongwu Shengwu Anquan yu Zhiye Jiankang Fengxian Guanli

策划编辑:居　颖
责任编辑:毛晶晶　孙基寿
封面设计:廖亚萍
责任校对:朱　霞
责任监印:周治超
出版发行:华中科技大学出版社(中国·武汉)　　　电话:(027)81321913
　　　　　武汉市东湖新技术开发区华工科技园　　　邮编:430223
录　排:华中科技大学惠友文印中心
印　刷:武汉科源印刷设计有限公司
开　本:889mm×1194mm　1/16
印　张:16.25
字　数:498 千字
版　次:2023 年 9 月第 1 版第 1 次印刷
定　价:98.00 元

前言

Qianyan

　　1968 年美国科学家、诺贝尔奖获得者 Paul Berg 成功地将两段没有遗传相关性的 DNA 片段进行了连接,这令法学界与环境科学界等专家感到忧虑,从而产生了生物安全概念。 1972 年,人们又对生物学家 Boyer 从大肠杆菌中成功提取 EcoRi 酶的生物实验安全性问题进行了讨论。1983 年,世界卫生组织(World Health Organization,WHO)首次出版《实验室生物安全手册》(Laboratory Biosafety Manual),该手册鼓励各国接受和执行生物安全的基本概念。2004 年第 3 版《实验室生物安全手册》明确指出,"世界上最近发生的事件表明,由于蓄意滥用和排放微生物因子和毒素,公共卫生正受到新的威胁""早就认识到安全,特别是生物安全,是一个重要的国际性问题"等,并明确提出生物技术的生物安全及实验动物设施、试运行及认证过程的生物安全指南。

　　近 20 年来,持续不断的新发高致病性传染性疫情所引起的"国际关注的突发公共卫生事件"对经济、社会等造成重大影响,已引起全世界对人畜共患病、对各种动物,特别是对实验动物生物安全的高度关注。2020 年 10 月 17 日,第十三届全国人民代表大会常务委员会第二十二次会议通过了《中华人民共和国生物安全法》立法,涉及实验动物管理内容的条款为第四十七条及第七十七条,明确了要建立国家生物安全风险防控体制及生物安全风险调查评估制度等实验动物相关内容,但未见实验动物生物安全概念及相关风险管理的文献记载。

　　湖北省武汉市建立了全国第一个由中国合格评定国家认可委员会(CNAS)认可的生物安全三级动物实验室(ABSL-3),以及目前安全性最高的生物安全四级实验室(P4 实验室),并陆续建立了其他相关的生物安全实验室(包括生物安全动物实验室)。这使武汉成为全国生物安全实验室规模最大、级别最高、分布领域最广的城市。为积极应对"实验动物溯源管理"等生物安全风险管控问题,由湖北省实验动物学会理事长、二级研究员唐利军作为首席主编,并特邀武汉国家生物安全四级实验室动物实验负责人和三级实验室主任吴佳研究员、武汉大学人民医院实验动物中心主任范明霞高级兽医师、湖北省药品监督检验研究院副院长何开勇主任药师、黄冈市黄州区疾病预防控制中心副主任及公共卫生专家黎春梅副主任技师组成主编团队(前三位还是国家实验动物领域 CNAS 评审专家)。主编团队在国家重点研发计划"公共安全风险防控与应急技术装备"重点专项"新型冠状病毒追踪及环境风险评估"(项目编号:2020YFC0845600)、湖北省科技基础条件平台课题"湖北省实验动物生物安全防护关键技术研究"(项目编号:2020DFE024)及湖北省科学技术厅政府采购项目资金专项(项目编号分别为 HBZT-2019135-F19135、HBZT-2020077-F20077、HBSF-ZC-21040602、HBSF-ZC-22031608)资助的项目研究成果基础上组织专业编者,围绕主编团队设计框架开展写作。本书适合全国实验动物、公共卫生、生物技术及生物制造等领域科技工作者参考使用,也可作为国家生物安全实验室、湖北省疾病预防控制中心培训基地培养生物安全人才的参考资料。

　　在本书编写过程中,编者依托各自多年的工作经验,并参考了国内外相关科技文献、培训资料、政府法律规章、行业标准及认证认可准则,系统地介绍了实验动物生物安全及风险评估管理的基本概念、发展沿革、现状要求、生物安全等内容。本书结合实验动物生物安全特点,按照风险概述、风险识别、风险评估及风险控制组织内容并逐步深入,首次提出了实验动物生物安全概念及其管理体系。

本书共5章23节,主要章节和编写分工如下:第一章"概论",由唐利军、黎春梅、吴佳、安学芳、谢曙光、范传刚、唐雨萌、陈晓莉编写;第二章"生物安全风险评估及准则",由唐雨萌编写;第三章"实验动物生物安全风险概述",由何开勇、徐小玲、吴森、吕晓君、杨建业、张旭东、唐振编写;第四章"实验动物生物安全风险识别与评估",由范明霞、鲜巧阳、杨春荣、卢昊、唐浩、向晶晶、唐豆豆、代娜编写;第五章"职业健康管理与生物安全风险控制",由夏颖、王静、黎炎梅、唐雨萌、付少华、杨文祥编写;附录,由唐利军、黎炎梅、唐雨萌编写。郭毅主审,唐利军、范明霞、何开勇、吴佳、夏颖、唐雨萌参与全书审编。

本书编者力求完美,但能力有限,本书可能只能起到抛砖引玉的作用,欢迎同行读者斧正,希望本书的出版能促进更多同行共同建立中国实验动物生物安全与职业健康保障体系。

编者

目录

第一章
概　　论

　　人类医学发展的历史也是一部动物实验及比较医学的发展史。文献记载,早在公元前 4 世纪,古希腊著名哲学家亚里士多德使用了活体动物做试验,因此亚里士多德被认为是世界上较早的自然历史学家之一,他的研究成果被《动物志》《动物的生殖》《论动物部分》等著作记录了下来。1876 年,欧洲出台了全球第一个旨在防止残酷对待动物、规范动物试验的法案。实验动物学与人类医学的关系也因此被摆在法律、道德和伦理的台面上被世人评价。

　　实验动物学伴随着医学进步而不断发展,实验动物的品种、品系资源也在不断地丰富与多样化。目前,全球范围内的生命科学研究中,小鼠是所有实验动物种类中使用数量最多的动物,占比超过了 50%,加上大鼠等啮齿类实验动物,其使用总数量占所有研究用动物数量的 95% 以上,以至于我们已经习惯用"小鼠""大鼠"来代指实验动物。医学等生命科学依托丰富的实验动物资源,得到了全面和快速的发展,并成就了一大批优秀的生命科学家。截至 2021 年,全球共有 224 人获得了诺贝尔生理学或医学奖,其研究范围涵盖了从分子、细胞、免疫、代谢和发育的机制到肿瘤、糖尿病和传染性疾病等多学科、多领域。其中 188 人的获奖工作是在大鼠、小鼠、豚鼠、兔、猫、犬、猴、猩猩、鸡、牛、羊、马等动物实验的基础上完成的,并且有 23 名获奖人的工作全部是基于小鼠动物实验。1945 年二战结束后,使用小鼠开展科学研究的诺贝尔生理学或医学奖获奖人数占比更高,接近 38%(58/153)。二战后更多的诺贝尔奖是同时颁给 2 或 3 人的,有 153 人分享了二战后 67 次诺贝尔奖,占比超过了 86%(58/67)。由此可见,实验动物学对医学、药学的进步与发展有不可替代的作用。

　　有关人类健康问题的探讨及对待动物的伦理学争论由来已久,并由此上升到生物安全问题的争论也持续不断,以至于 19 世纪以来世界各地的动物保护组织逐渐建立关于动物实验研究的职业健康及生物安全审查制度。1966 年,美国颁布了全球动物实验史上第一部以保护动物权利、规范动物实验科学研究为核心的动物福利法案。

　　啮齿类动物是地球上最大的哺乳动物群,约占哺乳动物全部物种的 40%。它们适应环境的能力极强,分布在除南极洲以外地球上的各个角落。约在 8500 年前人类驯化了植物并开始农耕时代后,那些寄居在人类周围的老鼠(mouse)很快就适应了偷食人类仓库粮食的生活,成为人们驯养的对象,伴随于人类左右。老鼠的英文"mouse"这个词源自梵文,意思是"小偷"或"强盗"。公元前 1100 年,日本就有饲养斑点小鼠的记录;公元前 80 年的汉王朝也有跳舞小鼠的记载,一些亚洲王公贵族将其作为宠物饲养。这些与人类"分享"食物的老鼠虽然常被称为"普通家鼠"而不是野生鼠,但事实上它们是同一个物种,均来自野外。

　　尽管中外民众对待老鼠的态度不一样,但在人类健康问题上,利用实验动物替代人类做试验,其价值则是基本一致的。17 世纪就有大、小鼠被用于药物或食品安全评价试验的记载。目前的大多数实验小鼠起源于具有花式小鼠遗传背景的宠物小鼠。因跨越亚洲、欧洲和美洲的饲养繁育过程令宠物小鼠在遗传组成上包含了东南亚小家鼠、西欧小家鼠和东欧小家鼠三个亚种的遗传信息。小鼠基因组中约 92% 来源于西欧小家鼠,小鼠的线粒体也来源于西欧小家鼠,但小鼠的 Y 染色体多起源于东欧小家鼠和东南亚小家鼠。

1929年,以专业培育、繁殖近交系小鼠为主要目标的美国杰克森实验室开始大量繁育啮齿类实验动物,其中,小鼠品种、品系最多,达数千种,以满足日益增长的医学动物实验的需求。生命科学家逐渐将这些经系统驯化的小鼠视为生命科学研究不可或缺的标准化模式动物。此时的小鼠被赋予了一个全新的形象——人类的替代牺牲者及"活的仪器""活的试剂""活的生物材料"。国家标准《实验动物 术语》(GB/T 39759—2021)记录了小鼠、大鼠、豚鼠、地鼠、兔、犬、鸡、鸭、猪、鱼、猴、猫、树鼩、雪貂、土拨鼠、牛、羊、羊驼共18种实验动物。科技部《2004—2010年国家科技基础条件平台建设纲要》则将实验动物列为具有基础性、公益性、战略性的生命科技条件生物资源。随着现代生物技术的革命性突破,如基因编辑技术的出现,越来越多的基因工程动物被快速编辑出来,并应用到生命科学研究、疾病发病机制探讨、新药研究、临床医学技术创新等方面。显然,实验动物科技资源已经成为体现国家、地区、机构科技水平的显著标志。2022年9月12日,美国正式启动了国家生物技术和生物制造计划,可见实验动物科技资源的重要性。

实验动物是一种来源于自然界而有别于自然界的被实验室环境、微生物等控制的动物。同样品种、品系及微生物背景的实验动物,处于不同环境(如普通环境、屏障环境及隔离环境)下,采用不同的饲养管理方式,实验动物之间存在较大的生物安全风险差异。如果加上不同的研究目的及不同的处置方式(如病原因子致病性与非致病性、化学因子毒性、辐射安全性等),实验动物生物安全风险将更加复杂。实验动物固有的病原因子,或因医学研究需要而开展的人畜共患病病原因子的实验研究活动,对职业性和非职业性接触者都是潜在的生物安全与健康威胁。

随着高致病性、新发传染性病原因子的出现,以及现代生物技术致实验动物生物学特性的改变,相关重大公共卫生事件、职业健康问题或生物安全问题也逐渐显现出来,引起世界卫生组织(WHO)的关注。WHO于2004年出版的第3版《实验室生物安全手册》,通过实验动物设施、实验室/动物设施试运行指南及实验室/动物设施认证指南,对实验动物生物安全问题进行了系统阐述,对生物技术、与实验动物相关的辐射安全、化学品应用、相关装置也设立了专门章节提出了"指南"性要求。2022年第四版的《实验室生物安全手册》还针对具体实验动物活动的生物安全风险,提出了风险管理的"指南"性技术指导,成为《实验室生物安全手册》中备受关注的全球性重大公共卫生及生物安全应对措施。

国家卫生健康委针对我国高等级病原微生物实验室生物安全问题,已在全国遴选出包括湖北省疾病预防控制中心在内的六个生物安全实验室人才培训基地,并出台了《病原微生物实验室生物安全培训大纲》(2022年版),涵盖理论与实践操作培训内容,内容包括实验室生物安全法律、行政法规、部门规章、规范性文件、相关标准;要求相关机构人员应掌握实验室/动物设施生物安全管理体系建立和实验室活动备案、审批与认可的管理制度,掌握实验室生物安全风险识别、风险评价、风险防控与应急处置等风险管理方法,掌握实验室主要设施设备和个人防护装备的使用、维护方法,掌握病原微生物采样、菌毒种保存、运输要求及病原微生物、实验动物操作规范,掌握实验室消毒灭菌和废弃物管理要求,掌握实验室人员与职业健康管理要求,熟悉实验室、动物实验室设计、建造基本要求,熟悉危险化学品、放射性物质操作规范,熟悉实验室安全保卫要求。本书针对实验动物的生物安全培训要求,在国家及湖北省科技项目资助下组织相关专家编写了系统性培训内容。

第一节　国内外与实验动物相关的重大公共卫生事件

实验动物(laboratory animal)是指人工饲养,并对其携带的微生物实行控制,遗传背景或者来源清楚,用于科学研究、教学、生产、检定等的动物。从该概念来看,实验动物与它固有的种属存在必然的联系,但又明显不同于它固有的种属(如家畜、家禽,或野生动物)。实验动物因其饲养环境与管理技术有明确的规定,并且其所携带的微生物及遗传背景受明确的人工控制,而被分为普通级动物、无特定病原体动物(即SPF级动物)、无菌动物、近交系动物、封闭群动物、突变系动物、杂交动物、基因工程动物等。正是由于这些人为控制条件的改变,实验动物的生物学特性及安全性也随之发生改变,尤其是实验动物对病原体的敏感性,要明显高于非实验动物。故实验动物必须长期饲养在严格人工控制的环境参数条件、饲养管理技术条件、饲料营养条件、卫生条件等实验室环境中。实验动物一旦脱离了上述相应的条件控制,必然会给其固有的种属动物、人类、其他动物带来程度不等的生物安全风险,甚至引起严重的公共卫生生物安全事件。具体表现如下。

一是公共卫生事件发生突然、传播快而广泛。

历史上有记载的重大疫情事件如下:鼠疫三次世界性大流行,死者达数千万;1918—1919年的全球流感,造成2000万～5000万人死亡。疫情传播的广泛性与我们所处的全球化时代及快速的出行方式密切相关。一旦某种疫病出现,即可通过现代交通工具、跨国人员、物品流动引起传播,而一旦造成疫病传播,就会成为全球性的公共卫生事件。

近20年,WHO相继宣布了SARS事件(2002年)、高致病性禽流感事件(2009年)、埃博拉事件(2014年、2019年)、寨卡病毒事件(2016年)等多起"国际关注的突发公共卫生事件",这些事件发生时病例并不多,但传播非常快而显得突然。WHO制定全球关注的突发公共卫生事件的历史相当短,可追溯到2003年SARS疫情暴发之后,公共卫生紧急情况被定义为"通过疾病的国际传播构成对其他国家公共卫生风险的特殊事件,并可能需要国际上协调一致的反应"。这类事件通常由公共卫生专家组成的紧急委员会,专门针对事件进行评估,通过吸引更多的关注和资源,提出正式建议,协调国际社会对疫情的反应,以帮助控制疾病的进一步传播。

二是公共卫生事件分布的差异性。

①在时间分布差异上,不同的季节,传染病的发病率也会不同,如流感、SARS等呼吸道传染病常发生在冬、春季。肠道传染病则多发生在夏季。②在空间分布差异上,传染病的区域分布不一样,飞禽传播的传染病,与飞禽栖息地或迁徙路线有关。动物实验室及其周边出现的疫情,通常与实验室的相关病原体实验活动及实验动物种属有关。登革热疫情、血吸虫病疫情的出现则与携带病毒的蚊子及阳性钉螺区域性活动有关。我国南方人多、地少、气候湿润,易发生呼吸道疾病。而北方人稀、地广、动物活动范围宽,易发生鼠疫、出血热等疫情。③在人群分布差异上,也存在人群年龄、性别、种族等方面的差异。

三是公共卫生事件与环境污染、生态破坏等密切相关。

通常,灾后由于既有的生活秩序及环境被破坏,人员、动物迁移,环境卫生条件改变,人类赖以生存的水源、食物等受到病原微生物的污染,医疗卫生资源匮乏或"挤兑",均会导致一定区域内的人群健康遭到损害,并出现传染病流行等重大公共卫生事件。

生物安全是指针对现代生物技术开发和应用对生态环境和人体健康造成潜在威胁所采取的一系列有效预防和控制的措施。该概念始于20世纪50—60年代,由美国科学家为防止生物战剂的泄漏而提出,该概念明确了对实验设施建设的建筑设计要求。20世纪70—80年代,实验室生物安全事故频发,进一步促进了病原微生物操作规范、个人防护措施和实验室设施的结合。1979年美国著名的实验室感染研究专家Pike指出:知识、技术和设备对防止大多数实验室感染是有用的。实验室逐步规范化和标准化始于美国职业安全与健康管理局(Occupational Safety and Health Administration,OSHA)发布的"基于危害程度的病原微生物分类",此分类首次提出了病原微生物和实验室活动分级概念。各国随后相继制定了病原微生物实验室生物安全相关法律、法规、指南和标准。一些发达国家如英国、加拿大、美国、日本、澳大利亚等先后开展了高等级生物安全实验室的建设。相关的国际性公约如《禁止生物武器公约》《国际卫生条例》《生物多样性公约卡塔赫纳生物安全议定书》等也相继签署生效。

为了更好地理解实验动物的生物安全概念及相关的公共卫生安全问题,现将国内外发生的与实验动物相关的重大公共卫生生物安全事件及影响力描述如下。

一、SARS事件(2002年)

SARS即严重急性呼吸综合征(severe acute respiratory syndrome),SARS事件(2002年)被WHO宣布为"国际关注的突发公共卫生事件"。

2002年11月16日,广东顺德一位厨师突然出现发热、头痛、干咳、乏力等症状,在佛山某医院治疗9日无效并出现病毒传染现象后,立即转入传染病科,被确诊为中国首例SARS感染者。2003年8月15日,WHO公布的统计数据显示,该事件波及全球32个国家和地区,并导致8422例确诊病例。其中,中国内地累计报告SARS临床诊断病例5327例,治愈出院4959例,死亡349例(另有19例死于其他疾病,未列入SARS病例死亡人数中);中国香港报告1755例,死亡300例;中国台湾报告665例,死亡180例;加拿大报告251例,死亡41例;新加坡报告238例,死亡33例;越南报告63例,死亡5例;其他国家或地区报告123例。

SARS事件(2002年)从2002年春节前后开始流行,截至2003年8月15日,中国内地、香港、台湾的总确诊人数为7747例,约占全部病例的92%。该事件发生突然,所引起的社会动荡、经济损失及国际影响巨大。

2003年2月10日,中国政府正式向WHO通报疫情,后于2003年4月将SARS列为法定传染病。3月12日,WHO发出了全球警告并建议隔离治疗疑似病例,并且成立了一个医护人员的网络来协助研究SARS疫情。3月15日,WHO正式将该病命名为SARS。印尼、菲律宾、新加坡、泰国、越南、美国、加拿大等国家陆续出现多起SARS病例。4月15日晚11时,中国军事医学科学院微生物流行病研究所与中国科学院北京基因组研究所合作完成了对SARS病毒的全基因组序列测定。4月16日,WHO正式宣布SARS的病原体为一种新的冠状病毒,并将其命名为SARS病毒。5月29日,北京SARS新增病例首现零新增。6月15日,中国内地实现确诊病例、疑似病例、既往疑似转确诊病例数均为零的"三零"记录。6月23—24日,WHO将中国香港、中国内地从疫区中除名。7月13日,全球SARS患者人数、疑似病例人数均不再增长,SARS疫情基本结束。

从SARS事件的发展过程不难看出,该事件的传播力、影响力、危害程度、防控干预政策是空前及多方面的,所引起的社会反响也是巨大的,科学上的认知是颠覆性的,SARS的发生、发展全过程是跌宕起伏、惊心动魄的。但病毒突然不见踪迹,其结局是神秘的。通常认为,SARS病毒也怕气候"热"而突然消失。

SARS病毒与实验动物的关系体现在哪里?

人类于1937年首次从鸡身上分离出冠状病毒,当时认为仅禽畜类动物才携带冠状病毒,但1965年英国人从人体中分离到冠状病毒,打破了这种认识,自此人们认识到冠状病毒是人畜共患病原体。1967年,美国科学家不仅发现自然界中存在HCoV-229E、HCoV-OC43两种人畜共患冠状病毒,还通过临床研究认识到,冠状病毒能够引起轻度至中度上呼吸道疾病。而2002年突然暴发的SARS疫情则以超出人们想象的传播力、致病力、影响力等引起前所未有的恐慌。最初的流行病学调查提示,SARS病毒通过野生动物交易市场中的果子狸与市场交易人员、厨师、服务员和食客等近距离接触而传播。通过对全国范围内果子狸的广泛搜索、检测,管轶(医学微生物学专家)等从6只果子狸标本中分离到3株SARS样病毒,从1只貉标本中分离到1株SARS样病毒,并锁定哺乳动物(包括果子狸、猪獾、鼠獾、貉、海狸鼠、猫、兔等)均存在该类型病毒。王汉中、唐利军研究团队通过追踪溯源研究,获得了与人类SARS病毒有99%以上同源性的果子狸及相关野生动物群体SARS样病毒基因全序列,故确认果子狸为中间宿主(图1-1至图1-4)。

石正丽团队于2013年成功追踪到云南偏远山洞里的中华菊头蝠,从中分离得到一株与SARS病毒高度同源的SARS样病毒,被同行进一步证实其为SARS病毒的源头。同时发现不同种群蝙蝠携带有遗传多样性的其他冠状病毒,这些病毒与已有冠状病毒有明显不同的基因,经进化分析,研究人员认为蝙蝠是所有冠状病毒的自然宿主。

图 1-1　病毒溯源研究的人工养殖果子狸

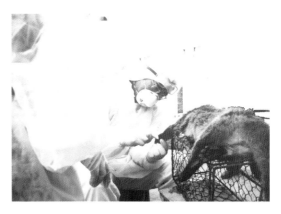

图 1-2　唐利军对果子狸实施麻醉采样溯源研究

图 1-3　唐利军和管轶共同对观赏果子狸采样溯源

图 1-4　WHO 兽医专家考察野外果子狸研究基地

上述研究明确了 SARS 病毒源头及中间宿主。云南人迹罕至的病毒源头中华菊头蝠、早已人工驯养成产业的中间宿主果子狸及广东顺德厨师三者之间,是如何建立起 SARS 传播链的? 果子狸是国家三级保护动物,其合法驯养繁殖的后代可作为食材,并且由于驯养的果子狸肉一直被视为难得的山珍野味和滋补佳品,具有丰富的营养价值和食疗功效,被人们推崇为山珍之首。有些地区有"山中好吃果子狸,水里好吃白鳝鱼"的说法。果子狸为何突然成为 SARS 病毒传播的"帮凶"? 中华菊头蝠常栖息于自然岩洞中,在废弃的防空洞、坑道、窑洞中亦有发现,常不同种十几只或几十只集群共居于一个山洞,不畏光,不甚畏人,捕食蚊、鳞翅目昆虫。而唐利军等追踪携带 SARS 样冠状病毒的果子狸,发现这些果子狸均来自湖北、湖南、广西、山西、陕西等区域的规模化人工养殖基地,或观赏动物园等驯养程度较高的地区,并未涉及云南的果子狸驯养及市场交易情况。因此,SARS 疫情传播链的形成还需要进一步追踪。

SARS 事件因其发生突然、传播迅速、全方位应对、疫情处置结局全过程记载比较完整,而成为经典的研究模型。从流行病学调查来看,最先怀疑的病原体源头为野生果子狸,后来追查到其他野生动物,最后确定为中华菊头蝠,但还是存在证据链不完整的问题,而且动物溯源所获得的 SARS 样病毒只是在基因序列上同源性较高。出于安全风险的考虑,出于缺乏相应的感染性动物实验设施及相关生物安全保障体系,将分离的病毒回归到本底动物或实验动物的感染实验验证结果无法开展,该事件的结论只能停留在分子水平验证上。

SARS 事件对中国政治、经济、医药、科技、社会等方面的影响十分巨大,也因此促使中国政府及时补齐短板,相继出台了一系列有关生物安全方面的法律、法规、制度、标准等。武汉大学生物安全三级动物实验室(ABSL-3)也因此成为国内第一个获得 CNAS 认可及 AAALAC 国际认证的实验室,为我国政府及科技界积极应对高致病性新发传染病提供技术支持。

二、高致病性禽流感事件(2009 年)

历史上死亡人数最多的瘟疫是流行性感冒,1918—1919 年的"西班牙流感"造成 2000 万～5000 万人死亡,美国科学家后来成功复制出该流感病毒 8 个基因的全序列,结果表明该病毒实为禽流感病毒的一个变种。

禽流感是禽流行性感冒的简称,是指由甲型流感病毒的一种亚型引起的人禽共患急性传染病,临床表现为从呼吸系统症状到严重全身败血症等。

禽流感最早于 1878 年发生于意大利,1900 年其病原体首次被发现,直到 1955 年才经血清学证实为禽流感病毒(avian influenza virus),主要发生在鸡、鸭、鹅等禽类,故又称真性鸡瘟或欧洲鸡瘟。禽流感病毒属正黏病毒科甲(A)型流感病毒属。目前已从禽类鉴定出 16 个 HA 亚型(H1～H16),9 个 NA 亚型(N1～N9)。特别是 H5 和 H7 亚型,对禽类具有高度的致病力,并可引起禽类重症流感的暴发流行。其次为 H9 和 H4 亚型。研究人员通过分析香港 1997 年分离的 18 株禽流感病毒 H5N1 及 1999 年分离的 H9N2,发现其中均不含有猪等哺乳动物及人类的基因片断,说明它未进行基因重组。若感染了人类的禽流感病毒和人流感病毒在人体细胞中发生重组,从禽流感病毒中获得人体基因片断并具备对人类细胞的亲嗜性,那么,此种病毒将可能引起全球流感大流行。

正是基于上述背景,2009 年 4 月 15 日,美国发现第一例甲型 H1N1 流感样本,4 月 18 日报告世界卫生组织后,WHO 即宣布甲型 H1N1 流感疫情为"国际关注的突发公共卫生事件"。随后,甲型 H1N1 流感在世界范围内蔓延并持续了一年多,出现疫情的国家和地区逾 200 个,造成超过 1.8 万人死亡。由于统计原因,实际死亡人数远大于这一数字,直到 2010 年 8 月,WHO 宣布甲型 H1N1 流感大流行结束。

甲型 H1N1 流感因其传播速度快、危害大,被国际兽疫局确定为 A 类传染病,我国将其列为一类动物疫病及乙类传染病。

(一)甲型 H1N1 流感对社会的影响

甲型 H1N1 流感在全球的蔓延,不仅给人们身体健康带来巨大伤害,也使人们产生了一定的心理健康问题。虽然没有证据证明甲型 H1N1 流感是人与猪接触后发生感染并传播的,但人们的恐慌心理导致猪肉滞销和猪肉价格持续下降,使养猪业遭到沉重打击,猪肉供应出现较大波动,公众对流感病毒的恐慌和焦虑感进一步加大,社会公众的负面心理问题对社会造成了较大冲击。另外,甲型 H1N1 疫情的笼罩及防控政策的管制,对人们的出行造成了一定的困难,导致旅游业低迷,进而使航空、铁路、轮船、酒店、餐饮等行业受到重挫。

(二)甲型 H1N1 流感对经济的影响

疫情还反噬全球经济,导致全球经济衰退、股市崩盘,德国、日本、俄罗斯等多个国家出口锐减。更不幸的是,甲型 H1N1 流感与发端于华尔街的次贷危机演变的全球金融海啸裹挟在一起,让本已脆弱的全球经济摇摇欲坠。日本一家证券公司调查估计,美国次级房贷风波引起的全球性金融危机可能造成总额高达 5.8 万亿美元的损失,所有国家国内生产总值(GDP)之和出现近 5% 的萎缩。

(三)甲型 H1N1 流感病毒对畜牧业的影响

甲型 H1N1 流感病毒是一种 RNA 病毒,属于正黏病毒科。它的宿主是鸟类和一些哺乳动物。甲型 H1N1 流感的传染源主要为病猪和携带病毒的猪,感染甲型 H1N1 流感病毒的人也被证实可以传播病毒,感染这种病毒的动物均可传播。野生鸟类和甲型流感病毒之间存在着长期的进化和生态学联系,使甲型流感病毒具有丰富的遗传多样性,并成为病毒传播的一个潜在储库。野生鸟类不但能携带和感染多种能传染人和畜禽的病毒,还能通过排泄物和栖息的环境散播病原体。为将禽流感对畜牧业的影响降到最低程度,现在大面积推广集约化、智能化、无人净化养殖技术,对畜禽舍实行全封闭人工饲养管理,对空气及水源进行过滤净化,确保养殖业安全及大宗食品生产安全,这些控制措施即为实验用动物的标准化管理要求。实验猪、实验鸡等均是常用的实验动物种类,国内已建立标准化的 SPF 级实验猪、实验鸡设施及相关动物。

三、埃博拉事件(2014年、2019年)

埃博拉病毒是一种能引起人类和灵长类动物产生埃博拉出血热的烈性传染病病毒,1976年在苏丹南部和刚果(金)的埃博拉河地区首次被发现,其因极高的致死率而被世界卫生组织列为对人类危害严重的病毒之一。

1976年,马尔堡病毒的近亲、同属于丝状病毒科的埃博拉病毒在非洲导致280人死亡,掀起了恐怖浪潮。埃博拉疫情首次暴发就显示出巨大的杀伤力,不过当时人们并不知道病原体究竟是何种病毒。1976—1979年,埃博拉疫情仅在非洲偶尔出现,呈小到中等规模暴发。在发现埃博拉病毒20多年的时间里,全球大约有一万人死于这种可怕的病毒。事实上,由于这种病毒多发生在非洲偏僻地区,故实际死亡人数可能远远高于这一数字。

流行病学调查显示,2014年在西非暴发的埃博拉疫情很可能源于一名生活在几内亚、已经去世的2岁"小病人","小病人"生前曾被感染埃博拉病毒的果蝠叮咬过。分析称,在被果蝠叮咬后,这名2岁的婴儿开始发热,排出黑色的粪便并且呕吐,发病4天后死亡。流行病学调查发现一系列家族性埃博拉病毒感染均与这名婴儿有关,婴儿的3岁姐姐及祖母也相继死亡,并且症状表现相似。村庄外部的人员参加了婴儿祖母的丧礼后,也陆续出现了与婴儿相同的症状而死亡。埃博拉病毒随着前来参加葬礼的人越传越远,疫情范围越来越大。2014年2月,第一次暴发于几内亚境内,并先后波及利比里亚、塞拉利昂、尼日利亚、塞内加尔、美国、西班牙、马里等国,并首次超出边远的丛林村庄,蔓延至人口密集的大城市。2014年8月8日,世界卫生组织发布通报称,截至2014年8月6日,几内亚、利比里亚、塞拉利昂和尼日利亚报告埃博拉病毒造成的累计病例数达1779例,其中961例死亡。世界卫生组织宣布埃博拉疫情为"国际关注的突发公共卫生事件",将对其他国家造成风险,需要做出"非常规"反应,所有报告埃博拉疫情的国家都应宣布进入国家紧急状态。

2014年12月17日,世界卫生组织发表数据显示,埃博拉疫情肆虐的利比里亚、塞拉利昂和几内亚这三国的感染病例(包括疑似病例)已达19031人,其中死亡人数达到7373人。2015年11月7日,世界卫生组织发表声明宣布,埃博拉病毒在塞拉利昂的传播已经终止,成为继利比里亚之后第二个结束疫情的非洲西部埃博拉主要疫情国。2016年1月14日,世界卫生组织宣布非洲西部埃博拉疫情已经结束。但在几个小时后,塞拉利昂的卫生官员证实,塞拉利昂又有人因埃博拉病毒而死亡,可见疫情并未完全消失。

2019年1月4日,一名疑似感染致命埃博拉病毒的男子在瑞典一家医院接受隔离治疗。该患者在东非布隆迪旅行三周返回瑞典后,因出现吐血症状,被乌普萨拉大学医院收治。2月24日和27日,位于刚果民主共和国(简称刚果(金))东北部布滕博市(Butembo)和卡特瓦地区(Katwa)的医疗中心,遭到纵火攻击,当地医生组织已暂停这两个医疗中心的诊疗。由于医治埃博拉病毒感染的重要医疗中心遭到攻击,该国卫生局警告,恐暴发严重的新疫情。7月16日,该国北基伍省官员证实,该省首府戈马市确诊的首例埃博拉病毒感染病例已经去世。7月17日,世界卫生组织宣布,历史上第二次严重的埃博拉疫情为"国际关注的突发公共卫生事件"。

(一)埃博拉病毒的致病力及传播特性

埃博拉病毒属包括5个不同的属种,分别为本迪布焦型、扎伊尔型、雷斯顿型、苏丹型、塔伊森林型(又称科特迪瓦型)。其中本迪布焦型、扎伊尔型和苏丹型与历年来非洲埃博拉疫情相关,扎伊尔型又是最易致病且致死的,致死率接近90%;雷斯顿型和塔伊森林型则对人类没有严重危害。埃博拉疫情目前主要在一些非洲国家流行,其中包括加蓬、乌干达、科特迪瓦和苏丹等主要疫区,埃博拉病毒通过直接接触患者的血液、唾液、粪便传播。另外在给死亡者送葬时接触死者尸体也是病毒传播的一个重要途径。

埃博拉病毒是一种人畜共患病病毒,该病毒还可在不同种类的动物间传播,然后传染给人。尽管众多人试图找到埃博拉病毒的自然宿主,但至今不清楚病毒的起源。现有的部分证据表明埃博拉病毒能在某些种类的蝙蝠中复制,因而蝙蝠可能是丝状病毒的携带者。但更多的证据表明,接触或处理被埃博拉病毒感染死亡或发病的非人灵长类动物,如黑猩猩、大猩猩时能被感染。

目前,还不知道该病毒是如何从自然宿主中传染给人的。一旦人被该病毒感染,病毒即通过人与人的密切接触而传播。医护人员在治疗埃博拉出血热患者时由于没有严格的隔离措施而频繁出现感染事件。文献报道,雷斯顿型病毒株可通过食蟹猴实验而感染人。2014 年 10 月 16 日,世界卫生组织全球预警与防范干事伊莎贝尔·纳托尔在当地时间发表声明说,埃博拉疫情已导致 427 名医务人员感染,236人丧生。在疫情严重的三个国家塞拉利昂、利比里亚和几内亚,共有 26593 人感染,11005 人死亡。

（二）埃博拉事件的影响

除上述致病力、传播特性外,埃博拉事件的影响是多方面的。埃博拉事件导致当地劳动力短缺、粮食生产停止、学校停课、民航禁飞、贸易及社会活动中止,经济遭受巨大损失。2014 年 10 月 14 日,联合国开发计划署非洲地区负责人阿卜杜拉耶·马尔·迪耶在达喀尔召开的新闻发布会上说,埃博拉出血热已经给疫情严重的几内亚、塞拉利昂和利比里亚三国造成了约 130 亿美元的经济损失,三国经济增长率下降了 3～5 个百分点,其负面影响直到现在依然难以消除。

为帮助非洲抗击埃博拉疫情,中国政府向非洲提供了数亿元资金援助,以及防护救治、粮食食品等物资援助,并派出多支医疗专家救护队,帮助当地医院建立埃博拉病毒检测实验室,设立埃博拉病例隔离防治中心,协助塞拉利昂在数月内择址建立了生物安全三级实验室,培训 1 万名医疗护理人员和社区骨干防控人员等。国际社会也给予了相关援助,并相继研制出预防性疫苗及治疗药物,埃博拉传染病死亡率从原来的 70% 下降到 13%。

四、寨卡病毒事件（2016 年）

寨卡病毒（Zika virus,ZIKV）于 1947 年首次从非洲乌干达寨卡丛林中一只编号为 MR766 的恒河猴体内分离出,以后又从同一丛林捕获的非洲伊蚊中分离到。发现者为来自英国国立医学研究所的 Dick博士,MR766 株成为寨卡病毒的代表株。1954 年 Mac Namara 在尼日利亚从一名发热患者血液中分离出寨卡病毒,确认本病为一种人畜共患病。

本病的传染源为病猴或带毒猴,经蚊虫叮咬传播。人感染后表现为发热、头痛、全身不适等症状,有的病例可出现黄疸,无特效疗法。

2007 年,沉寂了 60 年的寨卡病毒又在遥远的西太平洋雅浦岛（Yap Island）上蔓延,导致全岛 73% 的3 岁以上居民被感染;6 年后该病毒又在法属波利尼西亚暴发流行,且在此次流行过程中,第一次关注到寨卡病毒感染与成人吉兰-巴雷综合征的关联;之后寨卡病毒一路向东,先后在南美洲和北美洲登陆并引起多次流行。

2014 年 2 月,智利在复活节岛发现了寨卡病毒感染的首例本土病例。2015 年 5 月,巴西首次确诊寨卡病毒感染病例,出现寨卡病毒感染疫情,并观察到寨卡病毒感染与新生儿小头症病例的增长率密切相关。截至 2016 年 1 月 26 日,多个国家和地区有疫情报道。5 月 15 日,北京报告首例寨卡病毒感染病例;9 月 7 日,新加坡境内的寨卡病毒感染确诊病例总数已达 283 例。随着寨卡病毒感染的全球暴发,世界卫生组织于 2016 年 2 月 1 日宣布寨卡病毒感染的流行已构成"全球关注的突发公共卫生事件",专家担心寨卡病毒传播过于迅速,将造成灾难性的后果,拉丁美洲多国公开呼吁妇女推迟怀孕,萨尔瓦多政府还建议本国妇女两年内不要怀孕。2016 年 9 月,美国国家过敏和传染病研究所科研人员研制出 DNA 疫苗,成功阻止了猕猴感染寨卡病毒。截至目前,寨卡病毒已导致全球 84 个国家的几百万人感染,引起世界卫生组织高度关注。

（一）对社会的影响程度

寨卡病毒肆虐全球,非洲、美洲、亚洲等 80 多个国家和地区均出现寨卡病毒感染病例,造成新生儿小头畸形和神经系统受损,对人类健康造成直接的危害。病毒通过带病毒蚊叮咬动物和人而扩散,通过母婴垂直传播和性传播,导致防控难度很大,给人们出行及当地的旅游业带来了困难。世界银行公布的数据显示,美洲的寨卡病毒感染疫情重创加勒比海地区、中美洲和南美洲多个国家的旅游业,造成高达639亿美元的巨额损失。寨卡病毒通过蚊虫叮咬感染人后,常见症状包括发热、出疹、关节疼痛、肌肉疼痛、头痛和结膜炎(红眼),病情通常较温和,与登革热病毒、黄热病毒感染症状相似,症状可持续数日至一周,可控、可治。中国人民解放军军事科学院专家联合广州市第八人民医院专家,已从广东首例输入性寨卡病毒感染者的尿液中首次成功获得寨卡病毒全基因序列,这将为病毒溯源和进化提供重要证据,或有助于研发诊断试剂和疫苗。

(二)寨卡病毒传播的风险

寨卡病毒感染孕妇后,胎儿小头症发病率显著上升。通过不同实验动物感染模型研究,研究人员发现给恒河猴注射寨卡病毒后,怀孕的母体病毒载量明显高于未受孕动物,胎儿也会出现严重的神经损伤;通过小鼠感染模型研究发现,在一定的时期给怀孕小鼠注射寨卡病毒,病毒会在小鼠脑内大量复制增殖,引起其神经细胞凋亡。

研究发现,寨卡病毒可通过实验用埃及伊蚊和白纹伊蚊叮咬而传播。寨卡病毒在伊蚊体内的增殖期约为10天,这段时间称为外潜伏期。当伊蚊吸食带有寨卡病毒的血液时,病毒随着血液进入伊蚊消化腔,在中肠中扩散,随后进入血液并传播到其他器官。吸入带有寨卡病毒的血液14天后,伊蚊中肠中的病毒滴度开始下降,唾液腺中的病毒滴度逐渐升高,这使得带毒的伊蚊更具有传播能力。当伊蚊叮咬人时,伊蚊唾液腺中的寨卡病毒可感染皮肤第一道防线——表皮和真皮细胞。体外实验发现,寨卡病毒可感染人角质细胞和成纤维细胞。此外,未成熟的树突细胞在感染寨卡病毒后也能表达病毒包膜蛋白,这与登革热病毒感染人细胞的实验结果类似,推测寨卡病毒可通过感染树突细胞,复制后经过淋巴结扩散入血,导致病毒的进一步扩散或病毒血症。

白纹伊蚊在我国分布广泛,是寨卡病毒重要的传播蚊媒。随着经济全球化发展,国际人口流动增多,寨卡病毒由国外传入国内的风险加大,特别是全球气候变化,使得入侵能力强的白纹伊蚊繁殖力增强,分布范围更广,增加了寨卡病毒传播的可能性。

五、布鲁氏菌病事件

布鲁氏菌病(Brucellosis,简称布病)又称地中海弛张热、马耳他热、波浪热或波状热,是由布鲁氏菌引起的自然疫源性的传染-变态反应性人畜共患传染病,临床上以长期发热、多汗、乏力、关节疼痛、肝脾及淋巴结肿大为特点,该病进入慢性期可能引发多器官和系统损害。

布鲁氏菌病事件主要是指2010年发生在东北农业大学动物医学学院,因实验用羊携带的布鲁氏菌感染了28名师生,以及2019年发生在中国农业科学院兰州兽医研究所的布鲁氏菌抗体阳性事件。

调查显示,2010年12月间,东北农业大学动物医学学院相关教师使用了未经检疫的4只山羊做了5次实验,共有4名教师、2名实验员、110名学生参加了实验。其中28名师生参加"羊活体解剖学实验"课程操作,导致14名男生、13名女生和1名老师共计28人感染了布鲁氏菌。该教研室的实验用羊生物安全事件,造成不良社会影响及人身健康危害。

同样的不良影响事件发生在中国农业科学院兰州兽医研究所(简称兰州兽研所)与相邻的中牧实业股份有限公司兰州生物药厂及其周边。2019年7月24日至8月20日,中牧实业股份有限公司兰州生物药厂在兽用布鲁氏菌疫苗生产过程中使用过期消毒剂,致使生产发酵罐排放废气灭菌不彻底,携带含菌发酵液的废气形成含菌气溶胶,生产时段该区域主风向为东南风,兰州兽研所则处在中牧实业股份有限公司兰州生物药厂的下风向,含菌气溶胶导致兰州兽研所实验楼中人员和实验动物、职工食堂及周边人群吸入或黏膜接触含菌气溶胶而感染布鲁氏菌。经省级疾控机构复核,确认抗体阳性的人员达6620人,造成兰州兽研所布鲁氏菌抗体阳性事件。2019年12月7日,兰州生物药厂被责令关停,并拆除了布鲁氏菌疫苗生产车间,同时完成了环境消杀和抽样检测,经国家和省级疾控机构对兰州生物药厂周边环境持续抽样检测,未再检出布鲁氏菌。

布鲁氏菌病呈世界性流行,全球有超过 170 个国家有布鲁氏菌病报告,其中欧洲东部及南部地区、中南美洲地区、亚洲及非洲部分地区是主要的流行地区。全世界每年新发病例约 50 万例,在保加利亚、墨西哥、秘鲁、韩国和地中海沿岸国家均有暴发,甚至在非流行地区的马来西亚也有发生。

布鲁氏菌病在我国流行多年,20 世纪 80 年代前,人间布鲁氏菌病疫情较为严重,20 世纪 80 年代后疫情呈持续下降态势,90 年代初期得到初步控制,90 年代中后期又呈回升趋势,21 世纪后布鲁氏菌感染趋势愈演愈烈。

近年来,我国人间布鲁氏菌病流行趋势呈现先上升后下降趋势,人间高峰出现在 2014 年,主要由羊种布鲁氏菌引起,呈现由牧区向非牧区转移、由职业人群向非职业人群扩散的趋势,防治形势严峻。人间布鲁氏菌病病例中男性多于女性,具有明显的职业性,农牧民、毛皮加工人员、饲养员、兽医、实验室工作人员都是高危人群。但近年来出现了未直接接触家畜的儿童及中老年人发病,由主要的职业接触感染向非职业的食源性感染转变。在空间分布上,发病区域主要集中在北方省份,近年来呈现由牧区逐步向周边的半农半牧区和农区扩散,并出现向南方传播和扩散的趋势。因此,布鲁氏菌病不仅严重危害人民身体健康,同时也严重影响畜牧业、旅游业、国际贸易的发展,还会带来食品安全隐患。

布鲁氏菌病的传染源主要是患病动物和带菌者(包括野生动物),此外,被布鲁氏菌污染的土壤、水源、病畜肉以及乳汁都可造成人、畜感染。本病的易感动物范围广泛,主要包括羊、牛、猪、犬、马、鹿、骆驼和鼠等,同时人也易感。

传播途径主要包括经皮肤黏膜、消化道、呼吸道传播等。本病潜伏期短则一周,长则数月甚至半年以上。感染本病的母畜的主要临床症状为妊娠后期发生流产、早产、弱胎或死胎;感染公畜临床表现为睾丸炎、附睾炎和运动障碍;同时,布鲁氏菌病造成役畜使役能力下降,肉用畜产肉量减少,乳用畜产奶量下降等,直接影响畜牧业的发展,并造成经济损失。

人感染布鲁氏菌病的潜伏期为 2 周左右,初期症状与流感类似,主要表现为持续发热、多汗、无力和关节疼痛等,后期可能出现关节炎,严重者丧失劳动能力,严重影响患者的身体健康和生命质量;对旅游业及其他公共事业的发展也会造成较大影响。

六、肾综合征出血热事件

肾综合征出血热(hemorrhagic fever with renal syndrome,HFRS)是由汉坦病毒(hantavirus,又称肾综合征出血热病毒)感染引起的一种自然疫源性急性传染病,又称流行性出血热,属我国法定乙类传染病。该病临床表现为高热、急性肾损伤、血管通透性增高及凝血功能异常等。但感染早期其临床表现无特异性,漏诊率、误诊率较高,且病情危急,并发症多。文献显示,本病最早流行于 1931—1932 年在黑龙江地区活动的日本和苏联军队之中。中国是世界上受肾综合征出血热危害最严重的国家,1977 年首次从黑线姬鼠体内分离出汉坦病毒的相关抗原,1950—1990 年期间,患病人数达 40 万～50 万例。

肾综合征出血热是一种严重的传染病,发病后对患者身体造成极大威胁,如果不能得到及时彻底治疗,会导致肾功能不全等后遗症,还会引起皮肤黏膜与胃肠道出血、颅内出血、肺炎、肺水肿、尿毒症及心脏病等。

肾综合征出血热是以鼠类为主要传染源的自然疫源性疾病,其死亡率非常高,最高可达 90%。在肾综合征出血热患者感染早期的血液和尿液中发现了汉坦病毒,虽有少量接触后被感染的病例报告,但普遍认为肾综合征出血热传染源以啮齿类动物为主,而不是患者。目前,全球范围内发现的汉坦病毒自然宿主动物有 173 种,我国发现的有 73 种,约占 42%。汉坦病毒通常不引起宿主动物患病,但感染汉坦病毒的宿主动物排泄物中含有大量病毒,并通过粪便、尿液污染粮食等食物或生活用品,人类通过接触污染的物品或排泄物产生的气溶胶而感染汉坦病毒。带病毒蜱、革螨、恙螨、跳蚤、虱子等虫媒叮咬也是重要的传播途径,通过实验鼠传播肾综合征出血热的报道也持续出现。肾综合征出血热是重要的人畜共患传染病。

汉坦病毒在我国的主要宿主包括啮齿类黑线姬鼠、褐家鼠、黄胸鼠、黄毛鼠和小家鼠等,这些鼠种均为地域性优势鼠种,这在一定程度上决定了不同汉坦病毒血清型的分布。通常某一鼠种仅为某一汉坦病毒血清型的主要宿主。汉坦病毒可在宿主物种间发生"溢出"现象,即病毒由当前宿主传播到其他宿主中时,使得某自然宿主同时感染至少两种不同基因型的汉坦病毒,这一现象有助于病原体在野外生存,同时也有助于汉坦病毒的进化。汉坦病毒是分节段负链 RNA 病毒,相对容易变异,加之病毒与宿主、自然环境间相互作用,共同形成了肾综合征出血热流行及流行区演变。

造成我国肾综合征出血热疫情发生的主要传染源为黑线姬鼠和褐家鼠:前者主要引起黑龙江省、浙江省、安徽省、四川省、宁夏回族自治区等地野鼠型肾综合征出血热流行;后者则常引起吉林省、内蒙古自治区、河北省、江西省等地家鼠型肾综合征出血热局部暴发;两者共同形成的混合型流行区主要包括北京市、山东省、江苏省、上海市等地。文献显示,我国肾综合征出血热疫源地在不断扩大,呈由北向南、从农村向城市中心推移的趋势。当汉坦病毒动物宿主扩大其领地时,其他易感啮齿类动物感染汉坦病毒的机会便随之增加,即发生"宿主扩张"现象。因此,加强国境卫生检验检疫,严防在美洲国家流行的汉坦病毒储存宿主流入我国至关重要;控制啮齿类动物,尤其是控制经常出现在人类生产、生活环境中的鼠类,在预防汉坦病毒感染和流行中也发挥着重要作用。

猫、犬、牛、羊、猪和兔等动物可自然感染汉坦病毒,但在病毒传播中的作用有待进一步研究。在肾综合征出血热流行区,家猫汉坦病毒带毒率较高(28%～40%),其唾液、尿液和粪便中持续检出病毒核酸时间可达 92 天,且流行病学调查发现,有家猫接触史人群的肾综合征出血热患病率高于无接触史者,提示不应忽视家猫在汉坦病毒传播中的作用。

自 2012 年在非洲首次发现蝙蝠携带汉坦病毒以来,世界各地陆续鉴定出 9 种与啮齿类动物携带的汉坦病毒基因序列同源性较低(43.3%～66.6%)的新型蝙蝠携带汉坦病毒。目前,国内至少流行 3 种蝙蝠携带汉坦病毒,分别为在浙江省龙泉发现的、湖北省黄陂发现的及广西壮族自治区来宾发现的。2019 年我国学者首次证明蝙蝠携带汉坦病毒与人感染汉坦病毒存在明显抗原交叉特性,表明蝙蝠携带汉坦病毒可能是人类潜在的新发病原体。此外,蝙蝠携带汉坦病毒具有高度宿主专一性,即一种蝙蝠携带汉坦病毒只感染一种蝙蝠属,是否有其他未知蝙蝠属传播新型汉坦病毒,仍需深入监测和研究。目前,蝙蝠携带汉坦病毒的地域分布、与人和其他动物汉坦病毒的相关抗原性、潜在公共卫生威胁等皆不完全清楚,亟待开展进一步研究。鼠类和蝙蝠作为种群较大的两类哺乳动物,具有分布广、种类多、与人类和家畜接触密切等特点,可能是至今肾综合征出血热仍时常出现局部暴发流行的重要原因之一。以啮齿类动物为例,已知的 2100 多种啮齿类动物中仅检出并确定了其中小部分为汉坦病毒宿主。因此,今后必然会有更多新的汉坦病毒宿主动物被发现。

文献报道,日本、韩国、比利时、英国均发现因接触实验大鼠而导致研究人员感染汉坦病毒。我国实验动物机构也发生多起肾综合征出血热疫情。1983 年 3 月某医院动物室出现 16 例肾综合征出血热暴发事件,其中教师 6 例、研究生 2 例、实验员 3 例、实习生 2 例、饲养员 3 例,病毒溯源发现,感染人员接触的 126 只大鼠中有 21 只大鼠呈现汉坦病毒抗原阳性,占 16.7%。1997 年四川某实验动物机构的 11 名大小鼠接触史的工作人员中,有 7 名人员的汉坦病毒血清抗体呈阳性,阳性率为 63.64%,而无接触史的全部为阴性;而其饲养的大小鼠鼠肺的带毒检出率为 51.25%,血清抗体阳性率为 45%。2001 年杭州市疾病预防控制中心对 157 名实验动物机构人员开展汉坦病毒流行病学调查,发现 2 名饲养员、1 名技术人员的血清抗体呈阳性。尹萍等 2007 年报道天津某医院重症监护室接收过一批因接触实验大鼠而发生肾综合征出血热的实验室人员,共 9 人,其中 1 人死亡,大批受感染动物被紧急做无害化处理,直接经济损失达 200 多万元。

赵德明调查统计发现,1967—2001 年中国 13 个省(区、市)发生的实验大鼠型肾综合征出血热疫情事件共 43 起,涉及 78 个单位,发病 122 人,死亡 1 人。汉坦病毒溯源发现,在 783 名有大鼠接触史的人员中,其中 186 人的汉坦病毒血清抗体呈阳性,抗体阳性率为 23.8%;所接触的 1390 只大鼠中有 270 只大鼠的汉坦病毒抗原检测为阳性,抗原阳性率为19.4%;所接触的2273只大鼠中有645只大鼠的汉坦病毒血清抗体为阳性,抗体阳性率为28.4%。导致实验动物感染汉坦病毒的主要传染源为当地携带病毒的野鼠,野鼠通过封闭不严的管、孔及缝隙进入实验动物设施中活动,并通过排泄的粪便、尿液及唾液等污染饲料、垫料、笼器具、运输工具等或直接接触实验动物,而导致易感实验动物"健康"带毒,实验动物工作人员则因接触这类动物而感染发病,成为实验动物工作最常见的生物安全风险。

实验大鼠感染汉坦病毒一般无症状,也不发生死亡,表现为"健康"带毒。成年大鼠对野生型汉坦病毒的一些毒株不易感,但乳大鼠对家鼠型和野鼠型汉坦病毒均易感,且带毒时间很长,特别是在接种家鼠型毒株180天后,其肺、脾、肝、肠、脑等器官中仍有病毒抗原存在。乳小鼠对汉坦病毒易感;长爪沙鼠对不同来源的汉坦病毒均易感;金黄地鼠、家兔均可感染汉坦病毒。

总之,实验动物职业人员感染汉坦病毒,一直是国内外同行高度关注的生物安全风险问题,更需要从实验动物设施内外封闭管理、职业健康、动物运输、废弃物无害化处理等多方面实施严格的风险管理。

七、猴痘事件

2022年1月23日,美国从斯里兰卡进口的一百多只试验用恒河猴,在运送到实验室的途中与一辆垃圾车发生交通事故,导致4只猴子逃逸,找回3只,另外1只则下落不明。1月25日,福克斯新闻网报道称,一名叫米歇尔·法伦的女子曾在无意中接触到逃逸中的猴子并被猴子抓伤,几天之后,米歇尔出现了流鼻涕、发热、咳嗽和眼红等症状。5月,猴痘便开始在美国、葡萄牙、德国、瑞典相继暴发,随后加拿大、澳大利亚等国也出现了猴痘病例。从5月到7月底,疫情从11个国家发展到70个国家,猴痘从80例扩展到2万例以上,并迅速蔓延到全球,总感染人数达数万人。7月23日,世界卫生组织总干事通过对全球猴痘疫情进行评估,正式宣布猴痘疫情构成"国际关注的突发公共卫生事件"。截至2022年8月1日,美国报告累计猴痘确诊病例5811例,超过西班牙,成为确诊病例最多的国家。美国加利福尼亚州、伊利诺伊州州长相继宣布,因猴痘疫情全州进入公共卫生紧急状态,纽约州此前则宣布进入灾难紧急状态。8月10日世界卫生组织发布猴痘疫情报告,称已有89个国家和地区向世界卫生组织报告27814例实验室确诊病例和11例死亡病例,其中绝大部分病例来自欧洲和美洲地区。截至2022年10月2日12时,美国猴痘确诊病例超2.58万例,居全球首位。中国重庆一位旅行者因接触性感染,出现猴痘临床症状,武汉生物制品研究所有限责任公司已分离出病毒株,为疫苗研制打下了基础。

传染病猴痘(monkeypox,MPX)是由猴痘病毒感染导致的一种人畜共患病,其跨物种传播可由动物传给人,并且能人际传播。猴痘病毒属于正痘病毒家族,与著名的天花病毒是近亲,两者的临床症状相似,但感染猴痘病毒者的病情、死亡率均弱于天花。猴痘为自限性疾病,症状持续2~4周,病死率为3%~6%,天花疫苗免疫可诱导对猴痘的交叉保护。1980年,世界卫生组织宣布根除了天花,并随即停止了免疫接种天花疫苗,从而导致没有接种天花疫苗的人群相应的免疫力下降或缺乏,属于易感人群。故猴痘是消灭天花以来人类最严重的正痘病毒感染性疾病。

1958年,猴痘病毒首次从哥本哈根实验室引进自新加坡的猕猴病灶中分离得到。此后直到1970年,在刚果(金)一名疑似天花病毒感染者身上,首次证明人类可以感染猴痘病毒。在2003年前,感染病例集中在非洲中、西部热带雨林地区,感染率由0.64/10万上升到2.82/10万,非洲以外无报道。猴痘常被认为是地方性流行性疾病,是一种容易被忽视的疾病。进入21世纪,因流行地区的社会政治、生态环境、野生动物贸易、便利的国际旅行等多种因素变化,人类接触与感染猴痘病毒的机会增加,导致其他地区出现感染病例。猴痘波及的国家及地区数量明显增加,逐渐从非洲走向全球,猴痘疫情多次暴发。2015年中非共和国总体发病率约为0.2‰,而2016年发病率上升为5‰。导致这种变化的可能原因如下:第一,人类越来越多地侵入猴痘病毒动物宿主的栖息地,导致更多的人与患病动物接触;第二,停止接种天花疫苗后人类对猴痘的免疫力下降,增加了人类对猴痘病毒的易感性,使易感人群数量增长;第三,猴痘病毒在近50年的变异中可能对人类宿主逐渐适应。全基因组测序分析表明,引起此次疫情的猴痘病毒属于西非分支,尚未确定近年来在非洲之外其他地区猴痘患者感染的传播链,欧洲属于高风险地区。

猴痘病毒普遍存在于自然界，宿主动物、具有传染性的人和动物都是猴痘的主要传染源。猴痘病毒的自然宿主尚未确定，但大量的研究证实，许多生活在非洲热带雨林的啮齿类动物和一些哺乳动物（非洲刺猬、豪猪、大食蚁兽、象鼩等）是潜在的天然病毒库，储存宿主较为广泛。虽然其最初发现于猴，但灵长类动物并不是该病毒的主要宿主，人类被认为是其偶然宿主。主要传染源包括感染的啮齿类动物（如土拨鼠、松鼠、负鼠、草原犬鼠、非洲睡鼠、冈比亚鼠、跳鼠等），以及灵长类动物（如恒河猴、白眉猴、食蟹猴、黑猩猩等）。既往研究发现，猴痘病毒的传染性和传播途径均有限。猴痘病毒可通过密切接触携带病毒动物的血液、破损的皮肤或黏膜和分泌物而传染人，食用烹饪不当的感染动物或被其咬伤等也可传播到人。一般来说，人际传播效率低，可通过与感染者的破损皮肤或黏膜、体液、呼吸道飞沫（需要长时间面对面接触）和被褥等污染物和性行为中的密切接触传播，也可通过胎盘传播。50 岁以下未接种天花疫苗的人群是猴痘病毒的易感人群。

猴痘病毒感染患者的病程和严重程度取决于多种因素，如年龄、免疫状态、感染的猴痘病毒数量、感染途径和感染的病毒株。猴痘通常是一种自限性疾病，症状持续 2～4 周，尚不确定是否存在无症状感染者。曾接种过天花疫苗的猴痘感染者，症状往往较轻，皮疹更有可能是多形性的，淋巴结肿大症状约占53％。重症猴痘病例更常见于儿童，其严重性与病毒暴露程度、患者健康状况和并发症发生情况等有关，免疫缺陷者预后可能更差。根据症状的严重程度，猴痘感染者可能在出疹期间或之后死于该病，幸存的患者可能会遗留瘢痕、视力丧失、呼吸道并发症等后遗症。猴痘病死率在普通人群中为 0～11％，在幼儿中较高。

2021 年 11 月 23 日，美国国际军控和防扩散专家、化学与生物武器专家等发布了《加强全球系统，以防御和应对高效生物威胁》，并模拟 2022 年 5 月全球暴发猴痘疫情，美军开始大规模接种天花疫苗，驻韩美军也全部接种。2022 年 1 月美国报道实验猴逃逸事件后，2022 年 5 月 G7 卫生部长会议即宣布，在德国进行一场关于天花暴发的演练，关注猴痘病毒流行暴发情况，美国紧急订购 1300 万支天花疫苗，以应对突发猴痘疫情。

八、基因编辑婴儿事件

基因编辑技术是科学家在自然界中偶然发现的。例如，有些细菌为了防止病毒入侵并替换自己的遗传物质，便进化出了一种非常强大的功能，科学家们将其称为 CRISPR/Cas9 系统。当病毒入侵到细菌体内，将病毒的遗传物质释放到细菌细胞核内时，这些细菌竟然能将病毒的基因切除掉，从而达到阻止病毒复制的目的。基因编辑的方法较多，传统的基因编辑技术有锌指核酸内切酶技术、转录激活因子样效应物核酸酶技术等。当今科研所用到的主流基因编辑技术 CRISPR 正悄然走进人们的生活。CRISPR 的全称是 Clustered Regularly Interspaced Short Palindromic Repeats（成簇、规律间隔短回文重复序列）。其中 CRISPR/Cas9 基因编辑技术，被称为是一种革命性但可行的系统基因编辑技术。它已成功并有效地应用于啮齿类动物、非人灵长类动物（NHP）胚胎干细胞和受精卵，以及植物、其他小型实验动物等。

各种人类疾病动物模型的制备是基因编辑技术研究的重要技术手段，应用于人类疾病研究的基因编辑动物模型主要包括小鼠、大鼠和猪等动物模型。其中，基因编辑鼠模型一般通过原核注射法制备，该模型相较于大动物模型具有制作成本低、周期短、操作方便等优点；但是鼠类在各方面与人类差异较大，且寿命短，作为疾病模型的有效性和可信度尚有待商榷。另外，通过原核注射法制备基因编辑动物模型只能在产后进行基因型鉴定，且存在嵌合体的问题，对于大动物模型的制备不够经济有效，尤其不太适用于基因编辑效率低（如依赖于同源重组机制的基因敲入、替换和点编辑）、繁殖力低和繁殖周期长的动物。此外，基因编辑猪模型主要通过体细胞克隆法制备，猪相对于鼠类在生理学、解剖学、营养学和遗传学等各方面与人类都有相似之处，且相对于非人灵长类动物具有快速繁殖（性成熟 5～6 个月）和产仔数多（平均 7～8 只）的明显优势，故作为实验动物模型近年来被广泛应用于人类疾病研究，并取得了一定的成果。

基因编辑技术通过"分子剪刀"切掉动物胚胎中的雄性生殖基因片段，动物出生时先天不育，但如注射取自其他动物的可以产生精子的细胞后，胚胎便重获新生，动物出生后可产生活跃精子。该技术应用于畜牧业或种植业，可以用来解决养活地球人口的问题（粮食危机与供应），还可以用来保护濒危物种；利用原位基因编辑技术，在超声引导下，CRISPR/Cas9 经肝门静脉注入食蟹猴肝脏，结果在 8 只猴子中有 7 只出现 Pten 和 p53 基因的插入缺失，其最佳突变效率分别达 74.71% 和 74.68%。此外，在应用 CRISPR 技术的猴中，原发性和广泛转移性（肺、脾、淋巴结）肝癌的发病率为 87.5%。超声引导的 CRISPR/Cas9 系统具有成功追踪所需靶基因的巨大潜力，从而减少与击中非特异性脱靶基因相关的可能副作用，并显著提高体内原位基因编辑的效率和特异性，有望成为一种强大而可行的工具，用于编辑疾病基因，在成年非人灵长类动物中建立相应的人类疾病模型，可以大大加快新药的开发并降低经济成本。

基因编辑是一种新兴的、比较精确的、能对生物体基因组特定目标基因进行修饰的一种基因工程技术，这种技术允许人类对目标基因进行定点"编辑"以表达一些外源的基因，也可以在某些情况下，对单个碱基突变的基因进行修复，可用于治疗一些疾病。很多疾病是由基因的单碱基突变造成的，如铁储积症、遗传性血色病、阿尔茨海默病、乳腺癌等。CRISPR/Cas9 在多种类型的细胞和组织中都具有高效精确的基因编辑能力，在嵌合抗原受体 T 细胞（CAR-T 细胞）、造血干细胞治疗等体外治疗手段中是一个非常理想的操作平台，在机体内也可应用。

基因编辑技术风险大、基本不可逆。以 CRISPR/Cas9 为基础的基因编辑技术在一系列基因治疗的应用领域都展现出极大的应用前景。但由于该技术过于依赖经过基因工程改造的核酸酶，在基因剪切、修复过程中容易出错，从而导致靶向突变。这样，新技术自然就带来道德和实践风险，如潜在的技术风险由谁来掌控、实施？基因多样性如何保持？故到目前为止，经过基因编辑的动物或植物产品，尚未获得人类食用许可。

2018 年 11 月 26 日，南方科技大学副教授贺建奎宣布一对名为露露和娜娜的基因编辑婴儿于 11 月在中国诞生，由于这对双胞胎的一个基因（CCR5）经过修改，她们出生后理论上能抵抗艾滋病病毒感染，这一消息震动世界。美国科学促进会（AAAS）原主席、1975 年诺贝尔生理学或医学奖得主——戴维·巴尔的摩，针对贺建奎的免疫艾滋病基因编辑婴儿事件，认为："在安全问题被解决、社会共识达成以前，任何基因编辑的临床使用都是不负责任的……这是科学界自我规范的失败"。11 月 26 日，中华人民共和国国家卫生健康委员会（简称国家卫生健康委）、中华人民共和国科学技术部（简称科技部）相继回应"基因编辑婴儿"事件，表示将依法依规坚决予以处理。中国科协生命科学学会联合体发表声明，坚决反对有违科学精神和伦理道德的所谓科学研究与生物技术应用。2019 年 12 月 30 日，法院一审公开宣判该事件为逐利、非法行医、违背人类伦理及非法实施国家明令禁止的以生殖为目的的人类胚胎基因编辑等行为，对贺建奎等 3 名被告人分别依法追究刑事责任。

2022 年 1 月 7 日，美国马里兰大学医学中心开展了一项人源化猪心移植手术，对象是一名 57 岁患有非缺血性心肌病的男性，在接受了人源化转基因猪源动物的心脏移植后，患者脱离了体外膜肺氧合（extracorporeal membrane oxygenation，ECMO），异种移植器官功能正常，无明显排斥反应。但在移植后第 49 天，异种移植物突然发生舒张性增厚并失效，第 60 天患者停止生命支持，最终确认患者死于猪源性病原体感染。这是全球首例人类成功移植人源化猪心脏的手术，从而迈出了异种器官移植领域的关键一步，但移植器官对动物源性病原体易感的问题仍然存在。

与基因编辑技术背景相关的重组 DNA 干预技术，同样具有潜在的风险，如果该重组 DNA 技术被滥用于生物战，其后果将更加严重。故世界卫生组织第 3 版《实验室生物安全手册》序言里增加了"危险度评估、重组 DNA 技术的安全利用、实验动物以及感染性物质运输"等内容，并明确指出"世界上最近发生的事件表明，由于蓄意滥用和排放微生物因子和毒素，公共卫生正受到新的威胁"。

九、生物制品及药害事件

实验动物与生物及制药关系密切，因实验动物选择、利用不当而引起的国际上高度关注的药害事件也时有发生。

1937—1959年的黄体酮保胎新药试验,由于实验动物的选择及试验设计问题,未能观察到动物遗传毒性试验结果,导致600多名女婴发生器官男性化。

1954年,发生于法国的有机锡中毒事件引起207人视力障碍,死亡102人,主要原因是急性毒性试验仅观察24小时,而不是现在的14天,导致迟发性的动物毒性试验结果未观察到,进而导致LD_{50}不准确。

20世纪60年代发生的沙利度胺("反应停")事件震惊世界,由于所选择的实验动物为鼠、兔和犬,研究人员未观察到沙利度胺对不同种属动物的致畸作用有明显差异,如药物对大鼠不致畸,但对敏感期家兔的药物毒性副作用明显,可引起严重的畸形。而药品生产厂家只凭未观察到的动物实验结果即宣称沙利度胺是"没有任何副作用的抗妊娠反应药物",并被药品生产厂家宣称为"孕妇的理想之选",被描述成一种包治百病的"神奇药物",一时间风靡欧洲、非洲、拉丁美洲、澳大利亚和亚洲(主要在日本和中国台湾地区)等46个国家或地区,结果导致10000多名"海豹肢畸形"或相关异状的婴儿出生,超过2000例婴儿死亡,相当数量的婴儿则胎死腹中。

传统的人用或动物用疫苗或菌苗生产工艺,不同于标准化细胞培育或基因工程的现代技术生产工艺。前者是用动物脏器、组织培育等非标准化生物材料作为菌毒的培育载体,故存在较大的生物安全风险;后者则是国际公认的、安全性可靠的标准细胞生产工艺。例如,1976年1月6日,18岁的戴维在美国新泽西州迪克斯堡接受新兵训练时中途倒下死亡,同时有300多个新兵病倒,美国防疫官员极为紧张,担心1918年的大流感即"猪流感"疫情出现,并推测死亡人数将达到100万。故3月10日,美国CDC免疫实践咨询委员会(ACIP)商量对策,建议针对"万一"的情况采取全民预防注射行动。于是,美国国会通过法案,联邦政府承担疫苗免疫风险。结果,相关人群注射疫苗后出现一种称为"吉兰-巴雷综合征"(Guillain-Barre syndrome)的怪病,美国每年有四五千人得这种病,并且病例数越来越多,美国CDC经风险评估承认这些病例与注射的疫苗有关。12月21日,《纽约时报》刊出一篇署名评论,以"惨败"为整个事件定调,即该疫苗具有未知的生物安全风险。

生物制品安全事件在世界制药巨头美国默克公司也发生过,该公司于2007年12月12日发现,有13个批次、约100万剂的Hib(B型流感嗜血杆菌)疫苗可能受到污染,便紧急召回。Hib(B型流感嗜血杆菌)疫苗是一种自费接种疫苗,该疫苗可预防由这一病菌引起的脑膜炎、肺炎等严重感染,接种对象主要是儿童。国家药品监督管理局等相关部门根据中国新颁布的《药品召回管理办法》对该批次疫苗实施召回,并进行详细检验和调查,以确保儿童接种安全。

农药新药研发过程中同样易出现群发性的药害事件。1953年,日本熊本县突发水俣病事件,2000多人出现肢体麻木、语言障碍、共济失调等神经损伤;1959年,摩洛哥10000多人发生神经脱髓鞘性麻痹;1960年,土耳其3000多人发生六氯苯慢性中毒。由于在农药新药研发过程中,研发者未按照国际公认的《良好实验室规范》进行操作,导致相关毒性试验结果未被观察到,进而持续引起相关人群出现公共卫生安全事件。

十、实验动物逃逸或丢弃引起的公共卫生问题

实验动物逃逸或不当处理的事件,不断见诸报端,并引起社会高度关注。除上述美国实验猴逃逸所引起的突发猴痘疫情公共卫生事件外,还有下列具有代表性的公共卫生问题。

(一)非洲"杀人蜂"逃逸事件

1956年,巴西圣保罗大学研究室引进了35只非洲蜜蜂做产蜜增产改良实验,该蜜蜂是一种欧洲蜜蜂的亚种,由于该蜜蜂多年生长在非洲密林中,在严酷的自然条件下养成了"勤劳"和一经挑战就群起攻击人畜的特性,并且其毒液的毒性很大,能短时间内致人死亡,每年都有成千上万人因此而受害。故研究人员将该蜜蜂控制在实验室中饲养,还特地在蜂箱口装上铁丝网以防其逃逸。不料,一名不明真相的安保人员误将铁丝网取下,结果导致26只"女王蜂"逃出蜂箱与野外丛林里的野蜂交配而繁育出新的杂交

图 1-5 非洲"杀人蜂"

蜂种,成为令人恐惧的"杀人蜂"(图 1-5),繁育至今已经超过 10 亿只。"杀人蜂"每年以 500 千米的半径向周边展开攻势,于 1974 年越过国境。在次年 7 月,一名女教师在回家路上,手背上偶然停落了一只蜜蜂,她顺手打了一下,转眼间,几百只蜜蜂劈头盖脸飞来,在她面部和后背蜇了几百处伤痕,送至医院后不治而亡。至 1978 年,已有 150~200 人遭到蜂群攻击而死于非命,美洲 9 成以上的土蜂已被"杀人蜂"取代。

非洲"杀人蜂"的致命天性,在于它们对外界极为敏感的群体防御体系,蜂王是蜂群行动的指挥者,一旦发现活动的威胁生物,蜂王就释放"命令"信号进攻,即使受害者早已被逼退、远离蜂巢,"杀人蜂"照样追杀几千米。20 世纪 70 年代中期,一名 8 岁男孩遇到"杀人蜂"追杀,有只犬把蜂引开了,结果男孩得救,那只犬却被蜂活活蜇死。巴西的几名工作人员在清除烟囱上的一个蜂窝时,也因触怒了当地的"杀人蜂",霎时招致蜂倾巢而出,整个天空响起了可怕的嗡嗡声。无论是人还是牲畜,只要是活动的生物体均遭到攻击。3 个小时内竟有 500 余人共被蜇了 3 万多下,平均每人 60 多下。许多猫、犬被蜇死。20 世纪 80 年代,委内瑞拉的 300 余名游泳者受到群蜂袭击,多人受重伤。"杀人蜂"还袭击了秘鲁北部的特鲁希略市的一个村镇和大学城,有个青年农民被蜇伤,并在极端痛苦中死去;大学城的几十名学生刚好下课也被袭击,幸亏他们跑得快,才没有发生大的伤亡。1982 年 6 月 13 日,哥伦比亚麦德林机场突然遭到 2000 多只"杀人蜂"袭击,机场救护人员立即使用喷火器,对着蜂群猛烈喷射,熏死了大部分蜂,幸好没有伤到人。2018 年 6 月 11 日,圣保罗足球场遭到一群"杀人蜂"袭击,球员与裁判均被迫趴在地上集体躲避,导致球赛一度中断,但无人受到严重伤害。

据不完全统计,在短短的几十年里,全球已有 1000 多人被这种毒性极强、凶猛异常的蜂活活蜇死。至于在这种蜂的攻击下,死于非命的猫、犬和其他家畜,更是不计其数。这表明,实验动物一旦失去控制或出现遗传变异,必然对生态环境造成严重威胁,其安全风险十分巨大。

(二)实验小鼠逃逸及丢弃事件

2022 年 2 月 16 日,某地赋闲在家的周姓农民,通过手机视频发现一条代养小鼠、回购鼠血清致富的虚假招商广告信息,不懂实验动物又急于发家的周先生便于当日与该公司签订购买小鼠养殖协议,并支付 1.5 万元购买了 1000 只小鼠。3 月 8 日 20 时,公司工作人员将 7 纸箱小鼠送至周先生家,卸货时就发现小鼠咬破纸箱而逃逸散落在车厢,搬运至其家中、转运分盆过程中,由于周先生未接受小鼠专业饲养技术培训,加上内心惧怕接触小鼠、厌恶小鼠气味及饲养条件不具备,大部分小鼠从原本破损的箱子里再次逃逸出农家,周先生认为剩下少量的小鼠已无养殖价值,便干脆将剩余小鼠全部放生。不料,到处乱窜的小鼠引起周边村民极度恐慌,当地政府迅速成立专班,组织派出所、市场监管所、疾控中心、林业分局、动检分局、卫生院、村委会等单位应急人员到现场搜捕小鼠(图 1-6),开展检疫及卫生应急检测,对动物实施安乐死处置后焚烧填埋,并对涉及区域实施环境消杀,未出现任何疫病,疾控中心对小鼠开展了出血热病原学检测,检测结果为阴性,村民生活得以恢复正常。经调查,该公司经营范围并无小鼠养殖项目,也无实验动物生产许可证。但经搜索公司网页,发现他们将小鼠养殖列为公司的 4 大名优养殖业务之一,供给周先生的小鼠通过外购而非公司生产,属于超经营范围的非法行为。类似的经营公司,网上可查的有十多家,此现象值得高度关注。

图 1-6 逃逸搜捕的小鼠尸体

上述各种事件展示了病原因子、遗传因子、昆虫媒介、实验动物、人类及相关环境之间的因果关系、双重或多重作用关系,其核心是病原因子与人类之间的关系,也是生物安全的本质体现。研究分析人类疾病如何影响动物也同样重要。研究发现,新冠奥密克戎病毒变种可能并非源于人类患者,而是来自城市环境中的野鼠等啮齿类动物,它们通过接触带有新冠病毒的污水感染新冠病毒,该病毒可能在野鼠体内发生变异,随后野鼠在人类生活环境中再将病毒传播给人类。因为病原因子的传播不是"单行道",它可在不同种属或品系动物以及人类之间双向传播,即通常所说的"回溢现象"或"溢出效应",这种相互感染可能会对不同种生物的安全造成重大影响。

病毒感染事件可能是"回溢现象"的最佳研究实例。例如,在 2009 年的 H1N1 感染事件中,猪和雪貂等不同物种被人类传染,结果农村集市的猪、饲养场的雪貂、加拿大温哥华城市公园的臭鼬均相继检测出病毒。细菌不像病毒那样需要宿主细胞上的特异性结合受体,它们更易在动物的黏膜、皮肤或肠道上复制,故细菌回溢现象可能比病毒回溢现象更常见,但不一定会导致疾病,故易被人类忽视。寄生虫和真菌也能从人体传播至动物,但其引起的感染的致命性通常没有细菌和病毒强,且其适应环境能力强,难以追踪,故记录在册的回溢现象较少。

当病原因子在不同种群中不断复制时,它们的进化轨迹可能会因物种差异而不同,从而产生新变种。如果新变种重新引入人体,人体免疫系统就可能无法防御这些病原因子变种。通常只有在常规监测的动物(如宠物、牲畜、圈养动物、濒危物种等)身体上发现回溢现象。一般情况下,研究人员会选择与人类接触最频繁的动物开展监测。

第二节 国内外实验动物生物安全法律规章及标准体系

虽然人类将动物作为实验对象进行观察和生命科学研究已有千余年的历史,但直到 20 世纪中叶,实验动物学随着生物医学的发展,并吸收了动物学、兽医学、生物学、遗传学、环境学等学科知识与技术,才形成了独立的实验动物学科理论体系与技术体系。在 21 世纪,实验动物既是生命科学研究的基础和条件,也是生命科学研究的对象和内容,其应用已由生物医学、药学等人类健康领域,扩展到农业、环保、军事、宇宙、轻工、交通、能源等各个学科领域,其作用越来越重要。同时,伴随着实验动物相关的重大公共卫生事件的发生,实验动物生物安全问题也越来越受到社会大众的关注,相应的法律、规章及标准体系相继出台。

一、国内外实验动物生物安全问题的提出

1956 年 Crick 和 Watson 对生物遗传物质结构的揭示,极大地促进了现代生物技术的发展。到 1968 年,美国科学家 Paul Berg 成功地将两段没有遗传相关性的 DNA 片段连接,引起生物学界的轰动,该科学家也因此获得了诺贝尔奖。随后,他试图将这段重组脱氧核糖核酸(rDNA)导入真核生物细胞核开展实验研究。由于实验采用的 rDNA 来源于一种非常危险的病毒,一旦 DNA 片段在真核细胞内恢复了生物活性,后果将不堪设想。经同行警告,Paul Berg 在仔细斟酌后暂时放弃了这项可能让他再度问鼎诺贝尔奖的实验。

1972 年,生物学家 Boyer 从大肠杆菌中提取了一种限制性内切酶,并将其命名为 EcoRi 酶。这种酶能够在特定编码区域将 DNA 链切断,使得不同遗传物质之间的重组变得可行。在这种情况下,科学家们再次考虑到生物实验的安全性问题,并于 1975 年召开了著名的 Asilomar 会议,专门讨论生物安全问题。此后不久,美国国立卫生研究院(NIH)就制定了世界上第一部专门针对生物安全的规范性文件,即《NIH 实验室操作规则》。此处的生物安全(biosafety)是指"为了使病原微生物在实验室受到安全控制而采取的一系列措施"。其中包括两个基本要素:其一,生物安全与生物技术的发展紧密相连,如果没有现代分子生物技术的发展,没有对遗传物质在物种间进行转移的生物技术科技能力,就不会有生物安全问

题的出现;其二,生物安全是基于转基因生物及其产品而导致的确定或不确定的潜在风险。生物安全概念的界定,主要针对的是转基因生物,是一种狭义的生物安全,即将病原性微生物控制在实验室"特定"环境内安全使用。

在药物或化学品毒性鉴定方面,因动物实验结果的敏感性、可重复性、一致性而延伸出来的数据可靠性问题,同样成为实验动物的生物安全问题。1890 年以后,英国一些儿童发生含汞药物致肢端疼痛;1931—1934 年,美国 1981 人死于氨基比林引起的白细胞减少症。1957 年在德国上市并在欧洲广泛应用的反应停(沙利度胺),导致 17 个国家 1 万余人出现海豹肢畸形等公共卫生事件,均因动物实验数据不可靠或实验动物种类选择等问题,成为国际上重大的药害安全性事件。在 20 世纪 60 年代中期,各国及各种国际组织的非临床实验研究工作质量管理规范出台。

我国的《良好实验室规范》于 1993 年由原国家科委发布,现归国家药品监督管理局管理实施;涉及实验动物生物安全的相关法律则由国家科学技术部主管,政府相关部门协管,管理对象包括常规的实验动物生产机构及使用机构,也包括感染性、化学性及放射性等特殊性的实验动物机构。

现代生物安全的概念因近 20 年来一系列生物技术的革命性突破及重大突发公共卫生事件的发生而发生改变。虽然基因编辑会给人类带来福音,但基因编辑的未知影响更可能带来灾难。无论是出于伦理的考虑,还是对人类命运的担忧,民间基本上是谈"转基因"或"基因编辑"色变。

美国北卡罗来纳大学生物实验室、该校流行病学系和微生物系以及免疫学系教授拉尔夫·巴里克研究团队,发明了针对冠状病毒的基因改造和"病毒功能增益"技术,即功能获得性突变(GOF)技术。这是巴里克的独家专利,并受到相关法律的保护。巴里克依据病毒的基因片段就可以培育出活的病毒,还可以通过改造病毒的基因,来探索病毒感染人类的奥秘,从而可让人类为应对像 SARS 病毒和中东呼吸综合征病毒一样可怕冠状病毒,提前做好准备。巴里克在 2008 年发表在《美国科学院院刊》(PNAS)的论文摘要里明确写道,"在这里,我们报告了一项规模最大的、人工合成的、可复制的生命形态,完成了一种全长 29.7kb 的 SARS 样冠状病毒的从头设计、合成和激活"。该论文详细记录了设计、合成并激活 SARS 样冠状病毒的方法,并特别验证了这种人造病毒不仅能让小鼠患病,还能侵袭人类的气道上皮细胞。该项技术与当今新冠病毒疫情的发生如此相关,人类当然有理由担心其生物安全问题。

2018 年的"基因编辑婴儿事件"则将危险病毒基因与人类遗传基因进行编辑并开展生殖医疗活动,其生物安全与伦理问题更是震惊世界。而目前广泛开展的、将人类遗传基因与实验动物遗传基因编辑在一起实施医学、生命科学研究,理论上与"基因编辑婴儿事件"没有本质差别,若对这类活动不实施有效科学伦理审查与生物安全风险控制管理,则其危害完全不可预测,并将引发一系列生物安全及社会问题。

法学界学者认为,生物安全是指生物种群的生存发展处于不受人类不当活动干扰、侵害、损害、威胁的正常状态……所谓人类不当活动是指违背自然生态规律的人类活动,包括开发、利用生物资源的生产活动、交易活动和技术活动。环境学界学者则认为,生物安全应当是指生物的正常生存和发展以及人类生命和健康不受人类生物技术活动和其他开发利用活动侵害和损害的状态。

无论是法学界或环境学界,还是专业技术界,生物安全的概念已不仅存在于某种生物本身,或自然界生物之间,还包括非自然生物之间、自然生物与非自然生物之间的生物安全问题。世界卫生组织早在 1983 年出版的《实验室生物安全手册》第 1 版中,鼓励各国接受生物安全的基本概念;1993 年出版的第 2 版手册组织专家制定了生物安全操作规范,2004 年出版的第 3 版手册则针对当时发生的蓄意滥用、排放微生物因子和毒素等公共卫生事件,增加了危险度评估、重组 DNA 技术的安全利用、实验动物以及感染性物质运输等内容,并介绍了生物安全保障的概念——保护微生物资源免受盗窃、遗失或转移,以免因微生物资源的不适当使用而危及公共卫生。第 3 版手册可帮助各国制定并建立微生物学操作规范,确保微生物资源安全,进而确保微生物可用于临床、研究和流行病学等各项工作。2022 年出版的第 4 版手册则进一步明确了生物安全方面的相关术语、风险管理、风险评估、风险控制及案例应用等具体技术指南性内容。

《中华人民共和国生物安全法》(以下简称《生物安全法》)第二条明确规定,生物安全"是指国家有效防范和应对危险生物因子及相关因素威胁,生物技术能够稳定健康发展,人民生命健康和生态系统相对处于没有危险和不受威胁的状态,生物领域具备维护国家安全和持续发展的能力"。该"生物安全"概念比世界卫生组织的定义更丰富和更具针对性,明确生物安全包括有效控制措施、生物技术应用原则、公众健康、环境生态、生物防控、国家安全等多方面的内涵。另外,第四十七条的"实验动物可追溯"及第七十七条"实验动物流入市场"相关内容条款,是《生物安全法》涉及实验动物的关键条款,为实验动物生物安全概念做了指引。

二、基于《生物安全法》之实验动物相关内容

根据《生物安全法》的管辖范围,该法律适用于如下八个方面的活动:防控重大新发突发传染病、动植物疫情;生物技术研究、开发与应用;病原微生物实验室生物安全管理;人类遗传资源与生物资源安全管理;防范外来物种入侵与保护生物多样性;应对微生物耐药;防范生物恐怖袭击与防御生物武器威胁;其他与生物安全相关的活动。其中涉及实验动物的明确条款内容,包括第四十七条"病原微生物实验室应当采取措施,加强对实验动物的管理,防止实验动物逃逸,对使用后的实验动物按照国家规定进行无害化处理,实现实验动物可追溯。禁止将使用后的实验动物流入市场。病原微生物实验室应当加强对实验活动废弃物的管理,依法对废水、废气以及其他废弃物进行处置,采取措施防止污染";第七十七条是针对使用后的实验动物流入市场的经济与行政处罚内容。

综上所述,实验动物生物安全概念内涵与外延是十分丰富的。

实验动物是生命科学研究及生物医药产业"活的试剂""活的仪器""活的生物材料"。实验动物具有人工培育的敏感性、可重复性、一致性等生物学特点,并且实验动物可直接应用于人类疾病奥秘的探讨、发病机制的研究及防治策略的制定,故其生存环境、生理需求、卫生状况、微生物与遗传学控制程度,均有明确的人工控制标准,其生物安全问题也伴随着人们对生命奥妙的揭秘及健康产业的可持续发展而引起关注。

从行政管理的角度来看,根据国务院批准的《实验动物管理条例》及科技部等单位颁布的《实验动物许可证管理办法(试行)》,实验动物许可证包括生产及使用许可证。从"实验动物管理""无害化"及"可追溯"等关键词角度来看,生物安全概念涉及实验动物生产、运输、使用及处理全过程。

实验动物包括普通级、无特定病原体级(SPF级)和无菌级动物。不同等级、不同品种、不同品系实验动物或同一品系、同一等级实验动物对相同病原因子均有不同的敏感性,其生物安全风险也相应存在差别;实验动物生产设施又包括普通环境、屏障环境及隔离环境,不同或相同环境下不同饲养笼具的实验动物对病原因子物理阻断及职业人员操作,也存在不同的生物安全防护要求;实验动物种类及品种、品系较多,实验动物生产机构的生物安全风险及控制随实验动物携带的微生物背景、实验动物的遗传修饰背景、环境条件类型及饲养管理工艺设备特点、管理体系文件完整性与依从性、辅助用品质量控制、卫生管理制度等不同而存在生物安全风险差异。

与之相同,实验动物使用机构的生物安全风险及控制也随非感染性、感染性、化学性及放射性动物实验设施类型与工艺设备特点等不同而不同。通常来讲,非感染性动物实验设施与实验动物生产设施的生物安全风险程度接近,主要存在工作人员活动、实验动物逃逸、周边野生动物(包括有害昆虫)侵入、实验动物及其废弃物等生物因素的生物安全影响;感染性动物实验室生物安全要求,除与相同等级的生物安全实验室一致外,还受实验动物种类或品系、病原因子的类别、环境设施内外生物体携带病原因子的相互影响,其生物安全风险管理要求与《生物安全法》高度一致;化学性动物实验设施的生物安全风险,与所采用的化学品性质和应用方式、防护措施及废弃物处理有较大关系;放射性物质或射线类动物检查装置的生物安全,主要与相关物质性质、射线类别、动物检查装置防护控制水平、设施防护状况、废弃物处理方式、放射人员职业防护、公众照射防护监控等有较大的关系。

实验动物在运输环节的生物安全危害因素可变性也较大,包括实验动物类别及微生物学背景、动物

运输生存环境、运输工具及距离长短等因素;动物淘汰或使用后无害化处理的生物安全风险,同样与上述各种因素密切相关。

《实验室生物安全人才培训项目实施方案(2022年版)的通知》明确了实验动物生物安全的培训内容,包括实验动物生物安全特性与潜在危害、实验动物等级、实验动物病原体检测和检疫、实验动物传染病分类及常见人畜共患病病原;动物实验常见生物危害与风险评估、动物实验的生物安全和福利伦理审查、动物实验风险评估、动物实验的生物安全防护与控制、实验动物和动物实验的安全操作及环境控制;大、中、小型实验动物安全饲养规范,动物实验样本采集规范,含有感染性材料的动物实验操作规范,无脊椎动物(包括蚤、蜱、蚊等媒介生物)实验室生物安全操作规范、废弃物和尸体处理规范等。

概括地讲,实验动物生物安全风险主要应考虑如下方面。

第一,实验动物的特性与潜在危害风险。实验动物的生物安全特性体现在以下方面:实验动物品种、品系及携带微生物的状况;不同等级动物对不同或相同病原体,尤其是对人畜共患病病原体潜在的敏感性;环境设施条件及试运行状况;实验动物与环境生态生物及其自然宿主、媒介生物等的相关影响力,卫生营养与饲养管理技术条件,实验动物干扰生物医学研究或污染肿瘤移植物、生物制剂的严重程度;实验动物常见的人畜共患病或健康危害影响因素及防护措施;检测与质量控制技术;机构设施及认证法规、标准、管理体系要求等。

第二,实验动物生产与动物实验应用的管理风险。实验动物工作人员不可避免地在生产或使用过程中与各种动物发生直接接触,不仅要关注动物源性危害,如动物(包括常见蚤、蜱、蚊等媒介生物)咬伤、抓伤等造成的直接生物危害,还要关注实验动物与动物实验本身特性及相关活动风险,应知晓动物福利、伦理和生物安全要求,特别是在涉及病原体活动的动物实验中,动物因素或病原体等对工作人员和环境可能造成危害的风险评估。针对所识别的各种危害风险,必须保护好工作人员和周围环境,防止感染和污染,并制定相应预防控制措施,包括开展良好的实验动物和生物安全培训,工作人员考试合格并取得上岗证后,才能从事实验动物安全操作及环境控制工作,努力将风险降到最低水平,确保动物操作的生物安全。

第三,实验动物生物安全操作规范风险。实验动物生物安全操作规范,本质上是在实验动物生产或使用过程中,实验动物工作人员对动物进行饲养管理、清洁卫生、接触交流、健康监护、抓取固定、给食给药和采样、解剖取材等的规范化、标准化操作,以减轻动物非处置以外的应激反应,以便将生物安全风险降到最低程度。根据实验动物物种及体重差异,实验动物可分为小型动物、中型动物和大型动物。小型动物一般指体型较小的啮齿类动物(如小鼠、大鼠、地鼠、豚鼠、昆虫、水生鱼类、蝙蝠等)及媒介生物(如蚤、蜱、蚊、蟑螂等);中型动物包括鸡、兔、猪、犬、猴等;大型动物包括羊、牛、马等体型较大的动物。实验动物的大小、生性不同,饲养设施、设备环境及安全控制要求也会不同;实验动物感染的病原体种类及方式不同,相应的实验动物设施、设备及人员防护要求也会不同。对不同实验动物进行规范饲养是生物安全的重要保证。涉及实验动物质量的健康监护及动物实验相关的样品给予方式(如经口、经鼻、注射、手术等)、样本(包括血液、分泌物、排泄物、体表物质、脏器等)采集和废弃物(如动物的排泄物、分泌物、毛发、血液、各种组织样品、尸体以及相关实验器具、废水、废料)等处理操作规范,均与潜在的生物危害密切相关,实验动物机构应能有效控制动物本身的危害或可能发生病原体感染的双重危害,操作时必须首先正确抓取、保定动物,佩戴动物专用防护手套等进行有针对性的防护,对实验动物进行良好的管理,能有效控制实验动物的逃逸、扩散、藏匿等,并按照生物安全原则,针对上述不同的特点和要求,进行严格消毒灭菌处置,避免造成对公众和周围环境生态的影响。

第四,实验动物及其相关活动对生物技术进步及生物医药制造产业健康发展的风险。实验动物与生物技术及生物医药产业发展密不可分,对人类健康及社会生活同样具有较大的影响力。生物技术与生物医药制造有其两面性,生物技术滥用或生物医药制造不履行实验动物生物安全主体责任、不执行相关安全标准,必然会对该领域的应用造成较大甚至是毁灭性的影响。

三、国外实验动物生物安全相关法律规章及标准体系

如前所述,生物安全问题早在 20 世纪 60 年代就引起国际上法学界与环境学界的广泛关注。20 世纪 80 年代,世界卫生组织的《实验室生物安全手册》中明确提出了生物安全的概念。

1985 年,由联合国环境规划署(UNEP)、世界卫生组织、联合国工业发展组织(UNIDO)及联合国粮食及农业组织联合组成了一个非正式的关于生物技术安全的特设工作小组,并在 1992 年召开联合国环境与发展大会后,通过了两个纲领性文件,即《21 世纪议程》和《生物多样性公约》,这两份文件均提到了生物技术安全问题。1994 年后又组织了 10 轮工作会议和政府间谈判,并起草了更为全面的《生物安全议定书》,召开了 4 次关于《生物安全议定书》的"特设专家工作组"会议。经过多次讨论和修改,《生物多样性公约卡塔赫纳生物安全议定书》终于在 2000 年 5 月 15 日至 26 日在内罗毕开放签署,其后从 2000 年 6 月 5 日至 2001 年 6 月 4 日在纽约联合国总部继续开放签署。

国外实验动物生物安全管理主要体现在实验动物设施、实验动物设施试运行、实验动物机构认证管理及实验动物福利法管理方面,如美国动植物卫生检验局(APHIS)依据 1966 年颁布的动物福利法(该法已于 1970 年、1976 年、1986 年做了 3 次修订),负责对符合法律规定的实验动物机构进行登记认证,被登记机构每 3 年更换 1 次保证书、每年 12 月 1 日向农业部提交 1 份机构年度运行书面报告,美国动植物卫生检验局官员通常与美国食品药品监督管理局(FDA)和美国国立卫生研究院(NIH)官员共同或单独行动,每年到登记单位至少检查 1 次,考察登记机构是否按照保证书内容实施管理。认证登记机构须设立实验动物使用与管理委员会(IACUC)及职业健康与生物安全委员会(OHSC),并按照国际实验动物评估和认可管理委员会(AAALAC)等专业认可准则要求,具体负责机构内部检查、监督、审查实验动物日常运行管理工作,实验动物使用与管理委员会则审查实验项目的动物福利及伦理,职业健康与生物安全委员会负责审查有关人畜共患病、职业健康保障及生物安全等,并有权否决、批准、中止或暂停有关动物实验项目。美国食品药品监督管理局(FDA)依据上述法律,针对药物安全性试验,单独制定了更为严格、专业的《良好实验室规范》。负责实验动物设施与机构注册认证的管理机构,是国际实验动物评估和认可管理委员会(Association for Assessment and Accreditation of Laboratory Animal Care, AAALAC),该委员会主要参照《动物福利法》(CFR,1985)、《公共卫生服务政策》(PHS,1996)及《良好实验室规范》(FDA)、欧洲委员会的《欧洲公约》、加拿大动物保护协会(CCAC)等制定的《实验动物饲养管理和使用手册》,并将其作为实验动物机构动物护理和使用计划的标准规章和认证准则,对美国所有实验动物机构实施 AAALAC 认证,并颁发 AAALAC 认证铭牌及认证许可文件。该项认证工作现已成为国际性、非政府组织的权威评估和认证动物饲养和使用标准,要求在生物科学、医药领域人道、科学地对待动物,并建立可靠的生物安全风险管理与职业健康管理体系。

AAALAC 认证是实验动物质量和生物安全水准的象征,也是国际前沿医学研究的质量标志。AAALAC 的评估将推动科学研究的有效性、持续性发展,表明对人道护理动物的真正承诺,已经成为参与国际交流和竞争的重要基础条件。为保证动物实验的质量,美国 FDA 和欧洲共同体强力推荐在有 AAALAC 认证的实验室开展动物实验。世界 500 强医药巨头联合申明,关于医药产品的动物实验都将在 AAALAC 认证单位完成,因而与之相关的生物医药单位纷纷加入申请 AAALAC 认证的行列。目前,全球已有 700 多家制药和生物技术公司、大学、医院和其他研究机构获得了 AAALAC 认证,展示了他们对科学、人道地护理和使用动物的承诺。

在实验动物机构 AAALAC 认证的生物安全与职业健康管理的具体描述上,认证要求在组织架构中明确 IACUC、OHSC、总兽医的地位和职责,并确认机构生物安全、化学品危险与辐射安全监督人员及职责;对于机构固有的或内在的,用于生物安全风险识别、评估和控制的实验动物生物安全危害因素(如电离和非电离辐射、化学清洁剂或消毒剂、动物咬伤、过敏原、有毒物质及相关场所、设施等),明确如何针对这些危害因素进行评估、干预及管控。

实验动物生物安全危害因素的控制还包括监测已知或未知的传染性病原因子、控制涉及实验动物质

量的传染性病原因子、对新进动物进行检疫与健康评估、对生病或受伤动物进行隔离或治疗等处置、对特种动物进行结核病测试或疫苗接种、监测动物供应商、设置监测用哨兵动物等。

实验动物职业健康及生物安全制度相关内容包括工作人员的职业体检计划、暴露应急救护预案、临床检查与治疗、放射防护等健康管理监督和标准操作风险管控。

四、国家实验动物生物安全相关法律、规章及标准

我国实验动物生物安全法律、规章及标准体系,伴随着实验动物科技事业的进步而逐渐完善,已成为国家生物安全法与实验动物科学体系的重要组成部分。

20世纪80年代以前,我国的实验动物生物安全管理还是一块空白。当时的国际封闭环境及有限的经济条件,导致实验动物环境设施落后,自然疫源地携带肾综合征出血热病毒的野生鼠很容易进入实验动物场所活动,其大小便易对实验动物用的垫料、饲料、用具等物品造成污染,与之接触的实验动物受到感染而发病或健康带毒,实验动物或动物实验人员职业性接触动物及环境物品后,也频繁暴发人畜共患等公共卫生事件,并一直成为关注度较高的实验动物生物安全问题。国家卫生部门为此开展过多次全国性的相关病毒追踪调查及检测工作。同时,国家和地方相关部门针对频发的实验动物生物安全事件,也不断出台与实验动物生物安全内容相关的法规及标准。

(一)实验动物生物安全相关法律、规章体系

基于我国的行业管理体制,实验动物涉及卫生、医药、科技、教育、农业、林业等多个部门。1985年,国务院发布实施的《家畜家禽防疫条例》于1997年修正为《中华人民共和国动物防疫法》,并经2007年第一次修订及2013年、2015年两次修正与2021年再次修订,其第三条将动物的定义明确扩大到"人工饲养、捕获的其他动物"。这样,实验动物因其"人工饲养"的方式自然也纳入该法的管理范畴,动物防疫和兽医人员管理的法律制度也由该法确立。其中第三十四条规定:"发生人畜共患传染病疫情时,县级以上人民政府农业农村主管部门与本级人民政府卫生健康、野生动物保护等主管部门应当及时相互通报;发生人畜共患传染病时,卫生健康主管部门应当对疫区易感染的人群进行监测,并应当依照《中华人民共和国传染病防治法》的规定及时公布疫情,采取相应的预防、控制措施"。第三十五条还规定:"患有人畜共患传染病的人员不得直接从事动物疫病监测、检测、检验检疫、诊疗以及易感染动物的饲养、屠宰、经营、隔离、运输等活动。"显然,最新修订的背景源于政府机构改革和农业综合行政执法改革,以及非洲猪瘟疫情等的暴发,在修订后,所有动物均应依照本法规定采取相关防控措施,防止动物疫病从实验动物及设施、实验动物工作人员向家畜、家禽和人群传播,实验动物生物安全概念外延也得以明确。

1988年,由国务院发布的《实验动物管理条例》,经过三次修订,2017年3月1日的修正版等均高度关注实验动物的疫病管理等生物安全问题,其中第三章的"实验动物的检疫和传染病控制"中第十八条规定:"实验动物患病死亡的,应当及时查明原因,妥善处理,并记录在案。实验动物患有传染性疾病的,必须立即视情况分别予以销毁或者隔离治疗;对可能被传染的实验动物,进行紧急预防接种,对饲育室内外可能被污染的区域采取严格消毒措施,并报告上级实验动物管理部门和当地动物检疫、卫生防疫单位,采取紧急预防措施,防止疫病蔓延。"该法规一直是实验动物行政许可、生物安全管理、"双随机一公开"抽检及年检等管理最直接的依据。

《中华人民共和国野生动物保护法》,经2004年、2009年、2018年三次修正及2016年第一次修订2022年第二次修订,自2023年5月1日起施行。该法规定野生动物的人工繁殖子代才能用于科学实验,这对拯救珍贵、濒危野生动物,维护生物多样性和生态平衡发挥了重要作用。作为实验动物的非人灵长类动物属于野生保护动物,还有其他一些野生动物(如树鼩等)被列入《国家保护的有重要生态、科学、社会价值的陆生野生动物名录》,如果利用这些动物开展科研活动,就需要按照该法要求办理相关的手续,体现了生物安全概念的核心内容。

1989年9月实施的《中华人民共和国传染病防治法》,要求各级政府组织力量,消除患有人畜共患传

染病的动物的危害,与人畜共患传染病有关的野生动物,未经当地或者接收地的政府畜牧兽医部门检疫,禁止出售或者运输。从事致病性微生物实验的单位,必须防止实验室感染和致病性微生物的扩散。2004年对该法进行修订,要求从事病原微生物实验的单位,应当符合国家规定的条件和技术标准,建立严格的监督管理制度,对传染病病原体样本按照规定的措施实行严格监督管理,严防传染病病原体的实验室感染和病原微生物的扩散。2013年对该法进行修正,其中第十三条规定,"各级人民政府组织开展群众性卫生活动,进行预防传染病的健康教育,倡导文明健康的生活方式,提高公众对传染病的防治意识和应对能力,加强环境卫生建设,消除鼠害和蚊、蝇等病媒生物的危害。各级人民政府农业、水利、林业行政部门按照职责分工负责指导和组织消除农田、湖区、河流、牧场、林区的鼠害与血吸虫危害,以及其他传播传染病的动物和病媒生物的危害。铁路、交通、民用航空行政部门负责组织消除交通工具以及相关场所的鼠害和蚊、蝇等病媒生物的危害"。2020年10月又发布了修订征求意见稿,乙类传染病中新增人感染H7N9禽流感和新冠病毒肺炎(现更名为新冠病毒感染)两种。病媒生物对实验动物的生物安全影响主要表现为携带人畜共患病的病媒生物侵入实验动物设施系统内,引起易感实验动物感染发病或健康带毒,使实验动物设施系统成为疫病点或疫区,并直接导致系统内工作人员感染发病或传播疫病等。

为了促进我国生物技术的研究与开发,加强基因工程工作的安全管理,保障公众和基因工程工作人员的健康,防止环境污染,维护生态平衡,1993年中华人民共和国国家科学技术委员会令(第17号)发布《基因工程安全管理办法》。2001年5月,国务院颁布我国第一个生物技术法规《农业转基因生物安全管理条例》,并明确规定:农业转基因生物,是指利用基因工程技术改变基因组构成,用于农业生产或者农产品加工的动植物、微生物及其产品,其中包括转基因动物产品。农业转基因生物安全是指防范农业转基因生物对人类、动植物、微生物和生态环境构成的危险或者潜在风险。相关的基因修饰动物的生物安全管理,也应建立相应的风险管理措施。故实验动物饲育与实验动物培育的含义是不同的,与之相关的实验动物生物安全内涵也因实验动物的种类、品系、所修饰的基因功能不同而显著不同。同年7月,农业部颁布《农业转基因生物安全评价管理办法》《农业转基因生物进口安全管理办法》和《农业转基因生物标志管理办法》等规章,分别对农业转基因生物安全管理的安全评价制度、进口安全审批制度和标志管理制度做了更具体的规定。

1997年,国家相关机构联合颁布《实验动物质量管理办法》,明确了实验动物生产与使用许可证、质量合格证的内容,规定全国实行统一的实验动物质量管理制度及实验动物质量检测机构的分级管理制度,为实验动物生物安全保障制度体系建设奠定了基石。1999年,国家科学技术部出台了《关于当前许可证发放过程中有关实验动物种子问题的处理意见》等管理规定,使实验动物的质量源头控制管理工作进入依法行政管理阶段。经国务院批准,国家相关机构联合发布了《实验动物许可证管理办法(试行)》,正式由国家科学技术部主体负责实验动物生产、使用及进出口行政许可审批管理工作,各地省科技部门则负责实施本地区实验动物生产与使用行政许可管理,成为政府的行政审批责任主体部门。

2002年11月,SARS疫情从广东迅速传播到内地,成为首起"国际关注的突发公共卫生事件",病毒源头直指野生动物。2003年5月,由国家科学技术部、卫生部、食品药品监督管理局和国家环境保护总局(现为生态环境部)根据疫情防控的需要,联合颁布了《传染性非典型肺炎病毒研究实验室暂行管理办法》及《传染性非典型肺炎病毒的毒种保存、使用和感染动物模型的暂行管理办法》。前者把从事SARS病毒研究的动物实验室分为小动物实验室和大动物实验室。要求小动物解剖和取样必须在隔离器或三级生物安全柜内进行。实验人员须穿正压防护服或穿三套隔离服,实验结束后,应淋浴后出更衣室。非人灵长类动物必须在负压隔离器内饲养,严防动物咬伤、抓伤工作人员;工作人员穿内防护服和正压防护服,实验结束后应淋浴。后者规定:对SARS病毒感染动物模型建立实行申请、审定制度。未经国家许可,任何单位和个人不得用SARS病毒感染动物模型从事研究活动。建立的动物模型要按规定要求登记、上报和核准。动物疾病模型须在P3级和P3级以上动物实验室中建立。研究单位应具有从事疾病或感染动物模型的工作基础与经验。实验动物必须符合国家对科研用动物的相关要求,非人灵长类动物须持有林业部门颁发的"灵长类动物驯养繁殖许可证"。感染非标准化实验动物,包括野生动物,其来源必须清楚,须经过检疫方可使用,在实验过程中需制定其饲养和检测标准。这两个文件的出台,第一次比较清晰和全面地阐述了实验动物生物安全概念的内涵与外延,并上升到行政许可与监督执法的高度。

考虑到人及动物重大疫病的关系及防控需要,2004年11月,国务院令第424号发布了《病原微生物实验室生物安全管理条例》,相关条款规定:国家对病原微生物实行分类管理,对实验室实行分级管理。国家实行统一的实验室生物安全标准。实验室的设立单位及其主管部门负责实验室日常活动的管理,承担建立健全安全管理制度、检查、维护实验设施、设备,控制实验室感染的职责。三级、四级实验室建设应符合国家规划、通过国家科技主管部门审查和实验室国家认可;从事高致病性病原微生物实验活动,应取得国务院卫生或者农业农村主管部门颁发的从事高致病性病原微生物实验活动的资格证书和通过实验活动审批。申报或者接受与高致病性病原微生物有关的科研项目,应经国务院卫生或者兽医主管部门同意。该条例对我国生物安全实验室的规范运行和法制化管理打下了坚实基础。

2006年5月,国家环境保护总局针对生物安全实验室对环境的影响,出台了《病原微生物实验室生物安全环境管理办法》,规定生物安全实验室污染控制标准、环境管理技术规范和环境监督检查,要求三级、四级生物安全实验室应当编制环境影响报告书,并按照规定程序报国家环境保护主管部门审批。同时要求三级、四级生物安全实验室,应当制定环境污染应急预案,报所在地的县级人民政府环境保护行政主管部门;2005—2006年,国家卫生部、农业部相继发布《高致病性动物病原微生物实验室生物安全管理审批办法》《人间传染的高致病性病原微生物实验室和实验活动生物安全审批管理办法》,要求从事与人体健康有关的三级、四级生物安全实验室,其相关的高致病性病原微生物实验活动必须获得审批;卫生部公布了《人间传染的病原微生物名录》,共收录各类病毒160种,其他微生物214种(2023年8月18日更新为《人间传染的病原微生物目录》,收录病毒167种,其他微生物341种)。对从事各类病原微生物动物感染性实验所需要的实验室防护水平进行了明确规定,成为开展感染性动物实验工作重要的法律依据;农业部则公布了《动物病原微生物分类名录》,包括第一类动物病原微生物10种、第二类8种、第三类105种。在其附件《动物病原微生物实验活动生物安全要求细则》中,对从事各类病原微生物动物感染性实验所需要的实验室防护水平也进行了明确规定。

2010年,为规范传染病防治卫生监督工作,卫生部根据《中华人民共和国传染病防治法》及相关法律规章制定了《传染病防治日常卫生监督工作规范》(卫监督发〔2010〕82号);2011年8月,国家科学技术部也公布了《高等级病原微生物实验室建设审查办法》,以响应国务院令(第424号)的实施。这样,相关部门协同的生物安全行政规章管理制度体系相继建立起来;2012年,国务院发布《生物产业发展规划》,要求加强资源管理,保护生物安全。加强生物资源保护,建立健全生物遗传资源保护法律法规体系,实现生物资源的可持续利用。强化生物安全监管,完善转基因生物安全技术标准、安全评价、检测监测、法律法规和监督管理体系。加强防范外来有害生物入侵。强化生物产业风险预警和应急反应机制。加强实验室生物安全监督管理,健全实验室生物安全体系。加强生物研究的伦理审查与监管,建立健全医学、农业等领域生命科学研究伦理审查监督制度,完善生物安全溯源机制。

2016年2月《病原微生物实验室生物安全管理条例》进行了第一次修订,取消了与人体健康有关的高致病性病原微生物科研项目审批。2018年3月对该条例进行第二次修订,取消了实验室必须取得从事高致病性病原微生物实验活动的资格证书的要求。

2017年12月,国家农业部和科学技术部联合印发《关于做好实验动物检疫监管工作的通知》(农医发〔2017〕36号),对实验动物检疫做了进一步规范。一是明确了实验动物检疫范围。实验动物的检疫范围包括列入"实验动物品种及质量等级名录"的所有实验动物。该名录纳入8大类常用实验动物和9种地方实验动物品种,基本覆盖了当前实验动物生产和使用的主要种类。二是明确了实验动物检疫要求。对实验动物预防接种、质量检测、临床健康检查等方面提出了检疫的具体要求。三是简化了实验动物的检疫监管要求。省内运输实验动物的,不需要进行检疫,只需持企业出具的相关证明性文件即可运输;而跨省出售、运输的检疫流程则进一步简化。

2020年2月9日,国家农业农村部、教育部、科学技术部、卫生健康委员会、海关总署、林业与草原局、中国科学院,针对国内外生物安全形势联合发布了《关于加强动物病原微生物实验室生物安全管理的通知》(农办牧〔2020〕15 号),通知要求各地各有关部门切实增强做好病原微生物实验室生物安全管理的责任感和使命感,强化安全意识,健全管理措施,落实管理责任,有效防范和化解实验室生物安全风险。对未经批准从事高致病性动物病原微生物实验活动的,要依法严肃查处,对由此产生的任何科研成果均不予认可。加强对有关高致病性病原微生物研究成果发表的管理,并将实验室生物安全管理情况纳入相关绩效评价工作。对具有保藏价值的实验活动用动物病原微生物菌(毒)种和样本实行集中保藏,加强动物病料采集和使用监管以及相关科研项目生物安全审查管理。生物安全三级、四级实验室向当地公安机关备案,并接受公安机关有关实验室安全保卫工作的监督指导。

2020 年 10 月 17 日,第十三届全国人民代表大会常务委员会第二十二次会议通过《中华人民共和国生物安全法》,该法涵盖了生物安全的各个方面,与实验动物相关的规定如下:国家建立重大动物疫情联防联控机制;保护野生动物,加强动物防疫,防止动物源性传染病传播;禁止从事危及公众健康、损害生物资源、破坏生态系统和生物多样性等危害生物安全的生物技术研究、开发与应用活动;病原微生物实验室应当采取措施,加强对实验动物的管理,防止实验动物逃逸,对使用后的实验动物按照国家规定进行无害化处理,实现实验动物可追溯,禁止将使用后的实验动物流入市场;加强生物资源采集、保藏、利用、对外提供等活动的管理和监督,保障生物资源安全。国家采取一切必要措施防范生物恐怖与生物武器威胁。禁止开发、制造或者以其他方式获取、储存、持有和使用生物武器。禁止以任何方式唆使、资助、协助他人开发、制造或者以其他方式获取生物武器。通过上述实验动物生物安全内涵及外延的描述、比较,实验动物生物安全概念的通用性与特殊意义得到进一步明确。

2021 年 11 月 30 日,国家科学技术部为进一步推进政府职能转变,做好科技领域"放管服"改革,优化营商环境工作,按照国务院深化"证照分离"改革决策部署,制定了《实验动物许可"证照分离"改革工作实施方案》,明确要求各省级科技主管部门"认真贯彻落实《中华人民共和国生物安全法》,强化底线思维,切实加强实验动物生物安全风险管理"。按照《中华人民共和国生物安全法》第四十七条、七十七条关于实验动物生物安全管理的规定和《实验动物管理条例》的要求,结合疫情期间加强实验动物安全管理的实践经验,研究制定加强实验动物安全管理的政策文件,严格履行实验动物属地化管理责任,依法依规加强对本地区实验动物生产、使用的管理和监督,明确规定实验动物尸体等废弃物的无害化处理要求,提高实验动物生物安全风险管理水平。要求科技部门加强与相关部门协调配合,健全工作机制,形成工作合力,实现审批监管无缝衔接,强化实验动物生物安全风险管理;不断创新事中事后监管方式,保障实验动物质量,确保实验动物生产和使用安全。

2022 年 3 月 20 日,中共中央办公厅、国务院办公厅印发了《关于加强科技伦理治理的意见》的通知,要求各地区各部门以增进人类福祉为原则,严格科技伦理审查。科技活动应坚持以人民为中心的发展思想,有利于促进经济发展、社会进步、民生改善和生态环境保护,不断增强人民获得感、幸福感、安全感,促进人类社会和平发展和可持续发展。开展科技活动应进行科技伦理风险评估或审查。涉及人、实验动物的科技活动,应当按规定由本单位科技伦理(审查)委员会审查批准,不具备设立科技伦理(审查)委员会条件的单位,应委托其他单位科技伦理(审查)委员会开展审查。科技伦理(审查)委员会要坚持科学、独立、公正、透明原则,开展对科技活动的科技伦理审查、监督与指导,切实把好科技伦理关。探索建立专业性、区域性科技伦理审查中心,逐步建立科技伦理审查结果互认机制。

(二)实验动物生物安全相关标准体系

1988 年,国务院《实验动物管理条例》出台后,涉及生物安全的国家实验动物标准也相继制定出台。

1994 年,国家技术监督局发布 47 项实验动物国家标准,其中包括实验动物遗传、微生物、环境及设施、饲料营养等专业技术标准,如《实验动物 环境及设施》(GB 14925—1994)标准规定:烈性传染性动物实验,应在负压隔离设施或有严格防护的设备内操作。此类设施(设备)须具有特殊的传递系统,确保在动态传递过程中与外环境的绝对隔离,排出气体和废物须经无害化处理。应体现人、动物和环境的三保护原则。废弃物应做无害化处理,动物尸体应立即焚烧处理,其排放物应达到医院污物焚烧排放规定,其中 2010 年第三版标准对污水、废弃物及动物尸体处理、笼具、垫料、饮水、动物运输的规定更为具体。这些规定是实验动物生物安全的核心内容,并沿用至今。

2002 年 12 月,国家卫生部发布《微生物和生物医学实验室生物安全通用准则》(WS 233—2002),把生物安全实验室分为一般生物安全防护实验室和实验脊椎动物生物安全防护实验室,要求后者必须与一般动物繁殖设施实施物理隔离,必须充分考虑动物活动本身产生的危险(如产生的气溶胶、撕咬抓挠对人的危害等)。三级实验室中的动物必须置于带有净化通风装置的负压箱笼系统内。四级实验室中的动物,在安全柜型实验室中必须置于Ⅲ级生物安全柜中;在穿着正压服型实验室中,工作人员必须穿着正压服,动物则必须置于带有净化通风装置的负压箱笼系统内。2018 年 2 月的新版标准修改了脊椎动物实验室的生物安全设计原则、基本要求等,增加了无脊椎动物实验室生物安全的基本要求和消毒与灭菌等条款。

2004 年 4 月,国家质量监督检验检疫总局和标准化管理委员会联合发布《实验室 生物安全通用要求》(GB 19489—2004)。其中规定:以 ABSL-1、ABSL-2、ABSL-3 和 ABSL-4 表示动物实验室的相应生物安全防护水平。该标准对不同防护水平实验室的设施、设备和管理要求进行了详细规定。2009 年 7 月的新版标准增加了对从事无脊椎动物操作实验室设施的要求等。另一个重要变化,是把实验室分为可有效利用和不能有效利用安全隔离装置操作常规量、经空气传播致病性生物因子的实验室。由于动物笼具存在非气密性动物隔离设备和手套箱式隔离设备两大类,如果使用非气密性动物隔离设备,则在动物实验过程中,物品和动物进出笼具需要打开隔离器的门。此时,感染性气溶胶就会进入实验室内,那么该类动物实验室属于后者。如果使用手套箱式隔离设备或独立通风笼具(IVC),则该类动物实验室属于前者。因此,该变化对动物生物安全实验室的建设影响巨大,根据所使用动物笼具的不同,IVC 系统直接关系到所建实验室的类型、造价和后期的运行管理。

2004 年 9 月,国家质量监督检验检疫总局和建设部还联合发布实施了《生物安全实验室建筑技术规范》(GB 50346—2004)。该规范对动物生物安全实验室在设计、施工和验收方面满足实验室生物安全防护的通用要求进行了规定。2012 年 5 月施行的新版规范增加了生物安全实验室的分类、ABSL-2 中的 b2 类主实验室的技术指标,以及对动物尸体处理设备进行高效过滤器检漏和消毒灭菌效果验证的要求。

2005 年 4 月,经国家认证认可监督管理委员会公告,由中国实验室国家认可委员会(CNAL)编制的《实验室生物安全认可程序规则(试行)》《实验室生物安全认可准则》《实验室生物安全认可申请书》和《实验室生物安全评审报告》等规范评价生物安全实验室的技术文件正式实施,标志我国有了一套评价生物安全实验室的正式文件体系。《实验室生物安全认可准则》第一部分等同采用国家标准《实验室 生物安全通用要求》,第二部分引用了国务院《病原微生物实验室生物安全管理条例》有关规定。依据该准则,2005 年 6 月 2 日,武汉大学动物生物安全三级实验室获得国家认可,成为国家《病原微生物实验室生物安全管理条例》颁布后我国第一家获得国家认可的 ABSL-3 实验室,使我国生物安全实验室认可工作实现零的突破,并在国际实验室认可界成为表率。2006 年 3 月,CNAL 和中国认证机构国家认可委员会(CNAB)整合组成中国合格评定国家认可委员会(CNAS),并新颁布了《实验室生物安全认可准则》(CNAS-CL05:2006),2009 年修订形成 CNAS-CL05:2009,2019 年还进行第三次修订。同时,CNAS 陆续颁布了多部与生物安全实验室认可有关的制度,如《实验室生物安全认可准则对关键防护设备评价的应用说明》对负压动物笼具、独立通风笼具(IVC)和动物残体处理系统(包括碱水解处理和炼制处理)等技术指标的检测做出了具体的要求。2016 年 7 月,国家认证认可监督管理委员会发布的国家认证认可行业标准《实验室设备生物安全性能评价技术规范》(RB/T 199—2015)实施,该规范与 CNAS-CL05-A002:2018 配套使用。依据新准则标准,2017 年,位于武汉市江夏区的中国科学院武汉病毒研究所国家生物安全四级实验室(P4)通过 CNAS 认可,成为我国第一个生物安全四级实验室。该实验室可以开展小型啮齿类动物和非人灵长类动物感染实验。2018 年颁布的《动物检疫二级生物安全实验室认可指南》(CNAS-GL031:2018,2020 年 9 月第一次修订),用于对从事动物及动物产品中病原微生物进行检疫鉴定和研究的生物安全二级实验室的认可。

2014年10月,国家标准《实验动物机构 质量和能力的通用要求》(GB/T 27416—2014)开始实施。该标准要求实验动物设施应符合生物安全要求,保证进入机构的动物均符合微生物和寄生虫控制标准,不同级别的动物应分开饲养,应在独立的相应生物安全防护级别的动物房或设施内饲养感染性动物或从事实验活动;所有从动物设施出来的物品、废物、动物、样本等应经过无害化处理或确保其包装符合相应的生物安全要求;实验人员在患传染病期间及在传染期内不应接触实验动物。

2023年9月,《实验动物 动物实验生物安全通用要求》(GB/T 43051—2023)发布。该标准规定了动物实验生物安全相关的实验动物质量要求、从业人员资格、动物实验要求、风险评估和风险控制、管理要求等。

2018年,《实验动物 动物实验通用要求》(GB/T 35823—2018)发布,该标准对实验动物隔离检疫进行了规定:动物实验室应遵守相关的法律法规、制定对动物进行隔离检疫的标准操作规程,检疫人员宜做相应的安全防护,对隔离检疫不合格的动物应进行无害化处理。

综上所述,我国实验动物生物安全法制化、标准化管理体系逐渐完善,从实验动物传染病防控、实验动物资源保护、动物生物安全实验室管理,到实验动物相关生物技术研究开发与应用均有相应的法律、规章和标准。全国第一个获得认可的ABSL-3和ABSL-4实验室均建立在湖北省,相关科研机构及大学科技力量均参与了国家相关法规、标准等制定,为湖北省实验动物生物安全法规及标准体系建设奠定了良好的基础。

五、湖北省实验动物生物安全相关法规及标准体系

湖北省作为我国的生命科技大省,实验动物的使用量位居全国前列。虽然湖北省的经济实力有限,但省科技、卫生、教育、农业、药监等主管部门结合实际,相继出台了一些行之有效的生物安全相关法规及标准,对实验动物生物安全实施了有效的风险管控。

早在1993年,湖北省政府就依据国家《实验动物管理条例》,制定颁布了《湖北省实验动物管理办法》(鄂政发[1993]79号),其中第六条明确规定,感染性实验室必须按照安全性保护的规定进行建设和改造。这是对从事感染性动物实验的动物生物安全实验室的具体要求。第十四条、第十五条、第十八条和第二十一条则是对实验动物传染病防控与职业健康的要求。《湖北省实验动物管理办法》规定,引进各类实验动物,须进行隔离观察和检疫,证明健康后方可使用;利用野生动物进行科学实验和培育新品系,涉及国家规定保护的物种,必须经有关野生动物行政主管部门批准,在实施过程中要有一定的防护和检疫措施,严防传播疾病。进出口实验动物,必须严格按照国家有关规定办理手续,并按照《中华人民共和国进出口动物检疫条例》进行检疫。对于患病死亡的实验动物,应及时查明原因,动物尸体及污染物要消毒焚烧或按防疫机构规定要求处理。实验动物发生传染病时,要对可能被传染的动物分不同情况进行隔离观察、治疗或销毁,被污染的环境和物品要彻底消毒,以防疫情扩散,同时要查明原因并立即上报主管部门。实验动物工作人员,应每年进行一次全面的身体检查,发现患有传染病者,特别是人畜共患传染病者,应及时调换工作等。

2005年7月,针对SARS的巨大危害及相关危害因素控制,湖北省科技厅发起的《湖北省实验动物管理条例》(简称《条例》),经湖北省第十届人民代表大会常务委员会第十六次会议审议通过,并于当年10月1日实施。《条例》要求实验动物发生传染病以及人畜共患病时,从事实验动物工作的单位和个人应当按照国家法律法规的规定,立即报告当地动物防疫监督机构、畜牧兽医行政主管部门和卫生行政部门,并采取有效措施处理。如属重大动物疫情,应当按照国家规定立即启动突发重大动物疫情应急预案。《条例》在第五章专门对实验动物的生物安全进行了明确规定:从事实验动物工作的单位和个人,应当保障生物安全,对实验动物进行全流程溯源管理,严防可能危及人身健康和公共卫生安全的实验动物流出实验动物环境设施;凡开展病原体感染性、化学染毒和放射性动物实验,应当严格遵守有关国家标准和实验室技术规范、操作规程,采取安全防范措施;不再使用的实验动物活体、尸体及废弃物、废水、废气等,应

当经无害化处理;从事实验动物基因修饰研究工作的单位和个人,应当严格执行国家有关基因工程安全管理方面的规定,对其从事的工作进行生物安全性评价,经批准后方可开展工作;凡涉及伦理问题和物种安全的实验动物工作,应当严格遵守国家有关规定,并符合国际惯例。这些具体规定如生物安全、人畜共患病、基因工程技术、废弃物无害化处理等均与《中华人民共和国生物安全法》的核心内容高度一致,相关人大立法也是继北京市之后第二个对实验动物生物安全法制化管理的省份,表明湖北省的实验动物生物安全意识超前。需要特别说明的是,在湖北省人大法制委员会关于《湖北省实验动物管理条例(草案二审稿)》修改情况的说明中,第五章增加了实验动物不得流入市场的相关内容。但修改后的第二十四条变为:从事实验动物工作的单位和个人,应当保障生物安全,严防可能危及人身健康和公共卫生安全的实验动物流出实验动物环境设施。而实验动物不得流入市场的提法,在时隔15年后的2020年《中华人民共和国生物安全法》第四十七条则进行了明确规定。由此可见,又是湖北省第一次通过地方人大立法及行政规章,将感染性动物实验设施与实验动物生物安全联系起来,并首次系统诠释了实验动物生物安全的概念。

2006年5月,湖北省科技厅发布的《湖北省实验动物许可证管理办法》(鄂科技发财〔2006〕39号),在行政许可环节对实验动物生物安全提出了明确要求:申请许可证的单位和个人须提交"动物福利、生物安全、动物实验伦理审查制度"。2008年2月,湖北省卫生厅发布《湖北省病原微生物实验室生物安全管理办法》(鄂卫发〔2008〕7号)及《湖北省生物安全实验室备案管理规定》,要求三级和四级生物安全实验室按照国家《病原微生物实验室生物安全管理条例》执行;新建、改建或者扩建一级、二级实验室,则向所属市(州)、直管市、神农架林区卫生行政主管部门备案。各市(州)、直管市、神农架林区卫生行政主管部门每年将备案情况汇总后报湖北省卫生厅。

2020年2月8日,湖北省科技厅还针对省际新冠病毒疫情协查的要求,发布了《关于加强疫情防控期间实验动物安全管理工作的通知》,要求实验动物生产和使用单位认真落实主体责任。各单位要加强领导,完善制度,进一步规范实验动物管理流程,确保实验动物生产和使用稳定、安全、有序进行。建立对存栏实验动物的日常观察巡视制度,出现大批动物发病死亡或其他疫情应及时处理,并上报当地卫生管理部门和省科技厅。各单位应严格按照有关规定和要求,完善相应管理制度和标准化操作规程,强化实验动物相关物品如饲料、垫料、笼具、运输工具、消杀用品等风险管控,切实消除相关物品成为传播病原因子载体的可能性;完善实验动物尸体存放与交接、处置等相关记录,建立实验动物尸体及废弃物管理的工作台账;制定病原微生物泄漏及扩散的应急处置预案,特别是在重点领域、重点环节、重点岗位等方面定期对风险危害因素进行排查。

2022年1月26日,湖北省科技厅按照科技部实验动物许可"证照分离"改革的要求,同时为贯彻落实《中华人民共和国生物安全法》,强化底线思维,专项制定了《湖北省实验动物生物安全风险管理指导性意见》(简称《指导意见》),《指导意见》共7章25条,明确了实验动物机构的能力与生物安全的主体责任、监管责任、相关制度建设、设施设备安全保障、人员专业素质要求、实验动物质量控制及溯源管理、风险危害因素识别与监测评估、职业健康管理及风险管控等。《指导意见》首次按照风险识别、风险评估、风险控制的原则,对实验动物的生产、运输、使用及废弃物无害化处理等全过程,实施生物安全风险管理,为湖北省实验动物生物安全活动及风险管控提供了法规、政策与技术保证。

第三节　实验动物生物安全责任观诠释

《中华人民共和国生物安全法》(简称《生物安全法》)于2020年10月17日由第十三届全国人民代表大会常务委员会第二十二次会议通过,并于2021年4月15日起正式施行。其适用范围与具体规定应该是全球最严的并通过实践检验有效的生物安全法律。其中在第四十七条与第七十七条专门针对实验动物生物安全管理做出了具体规定,显然具有特殊意义。

根据实验动物的生物学特性及应用目标,其生物安全观体现在实验动物生产、运输、使用及无害化处理全过程,体现在实验动物环境设施建设与维护、实验动物培育及饲养、实验动物质量控制、实验动物活动、实验动物机构运行及监管各方面。本节结合《生物安全法》的10章88条条款内容及实验动物生物安全的关键技术控制特点,全面诠释实验动物生物安全的主体责任与监管责任内容。

《生物安全法》第一章"总则"第一条从国家安全及生物安全风险层面提出立法宗旨。实验动物作为人类的"替身"及特殊的"活体仪器""活体试剂""活体生物材料"等,直接应用于生命科技创新与生物医药发展的科研、教学、生产及检定等活动,很容易被反人类势力滥用于生物战争或生物恐怖袭击。因此,一方面要有能力识别其风险,同时还需要有相应的应对办法。故实验动物生物安全及风险管控,是关系到国家安全与人类健康的头等大事。从《生物安全法》第二条的生物安全概念及8项活动中也可以看出,实验动物是一种受微生物、遗传、环境、营养、卫生管理等因素严格控制的活体生物,每项活动均极易受到上述因素的影响或传播人与动物各种传染病,并引起重大公共卫生事件或生物安全灾难,成为直接威胁人类健康及农业安全生产活动的危害因素,故实验动物生物安全是国家生物安全的首要及重点关注对象。

维护实验动物生物安全"应当贯彻总体国家安全观,统筹发展和安全,坚持以人为本、风险预防、分类管理、协同配合的原则"(第三条);应当建立党和政府领导下的"生物安全领导体制",加强"生物安全风险防控和治理体系"建设(第四条);鼓励(实验动物)生物科技创新,并"以创新驱动提升生物科技水平,增强生物安全保障能力"(第五条);"积极参与生物安全国际规则的研究与制定,推动完善全球生物安全治理"(第六条);各级人民政府及其有关部门、相关科研院校、医疗机构以及其他企事业单位、新闻媒体等均要履职尽责,以"促进全社会生物安全意识的提升","应当将生物安全法律法规和生物安全知识纳入教育培训内容,加强学生、从业人员生物安全意识和伦理意识的培养";"增强公众维护生物安全的社会责任意识"(第七条);"任何单位和个人不得危害生物安全"(第八条)。

《生物安全法》第二章"生物安全风险防控体制"。包括党和国家层面的生物安全决策和议事协调工作机制及地方党政机构、群众组织、相关单位的生物安全监管与主体责任(第十条、第十一条、第十三条);同时也要发挥实验动物专家的"咨询、评估、论证等技术支撑"等作用(第十二条)。建立国家生物安全风险防控体制包括如下内容:必须建立"生物安全风险监测预警制度"(第十四条)、"生物安全风险调查评估制度"(第十五条)、"生物安全信息共享制度"(第十六条)、"生物安全信息发布制度"(第十七条)、"生物安全名录和清单制度"(第十八条)、"生物安全标准制度"(第十九条)、"生物安全审查制度"(第二十条)、"生物安全应急制度"(第二十一条)、"生物安全事件调查溯源制度"(第二十二条)、"首次进境或者暂停后恢复进境的动植物、动植物产品、高风险生物因子国家准入制度"(第二十三条)、"境外重大生物安全事件应对制度"(第二十四条);"县级以上人民政府有关部门应当依法开展生物安全监督检查工作,被检查单位和个人应当配合,如实说明情况,提供资料,不得拒绝、阻挠"(第二十五条)。作为实验动物机构,其生物安全风险防控制度不仅要与国家相关制度相配套,并且要更加具体、有针对性和可操作性,对政府部门开展的实验动物生物安全监督检查工作要给予全面配合,其"生物安全违法信息应当依法纳入全国信用信息共享平台"(第二十六条)。

《生物安全法》第三章"防控重大新发突发传染病、动植物疫情"。实验动物种类有小鼠、大鼠、豚鼠、地鼠、兔、犬、鸡、鸭、猪、鱼、猴、猫、树鼩、雪貂、土拨鼠、牛、羊、羊驼等,其中有些种类的实验动物按照微生物学控制程度还分为普通级动物、清洁级动物、无特定病原体级动物、无菌级动物等;按照遗传学控制程度又分为品种动物、品系动物、近交系动物、封闭群动物、杂交群动物、突变系动物、亚系动物、核转移系动物、回交体系动物、杂交-互交体系动物、重组近交系动物、重组同类系动物、同源突变近交系动物、同源导入近交系动物、染色体置换系动物、混合系动物、互交系动物、遗传修饰动物、转基因动物、基因敲除动物、克隆动物、基因编辑动物等。这些不同微生物学、遗传学等背景的动物均会在不同程度和(或)不同控制状态下对病原体发生敏感性程度不同的反应,并具有引发重大突发或新发传染病、动植物疫情及生物灾害等生物安全公共卫生事件的风险,故应采取有针对性的生物安全风险防控措施。

实验动物工作涉及科技、教育、医疗、卫生、食药、农业、市场、国防、海关、生态等多个部门,实验动物机构点多、面广,并分布在人口密集的城市和大专院校、企事业单位。按照"管行业、管安全"的总原则,涉及实验动物及其相关活动的主管部门,应当建立"安全监测网络"与"生物安全风险监测预警体系","完善监测信息报告系统"并"开展主动监测和病原检测"(第二十七条);相关"疾病"或"疫病预防控制机构",尤其是公益性"实验动物质量检测机构","应当对传染病、动植物疫病和列入监测范围的不明原因疾病开展主动监测,收集、分析、报告监测信息,预测新发突发传染病、动植物疫病的发生、流行趋势",地方政府或主管部门"应当根据预测和职责权限及时发布预警,并采取相应的防控措施"(第二十八条);对于因实验动物引起的"重大新发突发传染病、动植物疫情",应当及时报告并采取保护性措施,相关"主管部门应当立即组织疫情会商研判"与"报告",地方政府按照职责及联防联控机制"开展群防群控、医疗救治,动员和鼓励社会力量依法有序参与疫情防控工作"(第二十九条、第三十条、第三十一条),做到"尽早发现、控制重大新发突发传染病、动植物疫情",并支持相关"基础研究和科技攻关"工作(第三十二条、第三十三条)。

《生物安全法》第四章"生物技术研究、开发与应用安全"。利用实验动物开展生物技术研究、开发与应用,是当今科技创新研究与快速突破的热点,也是推动社会进步与大健康产业快速发展的动力。前述按照遗传学控制技术所获得的品种、品系实验动物,从生物安全角度分析,是存在重大安全风险的,尤其是利用小鼠、猴和人类胚胎的实验数据,滥用重组 DNA 技术而出现"基因编辑婴儿"事件后,人们更加关注实验动物、CRISPR 基因编辑技术及其脱靶效应。最先提出 CRISPR/Cas9 可进行基因编辑的美国生物学家詹妮弗·杜德纳说:"基因编辑涉及诸多伦理问题,这项技术不仅可以应用在成人细胞上,还可以应用在一些生物体的胚胎上,包括人类。但我们正在推动在全球暂停 CRISPR 技术在人体胚胎中的临床应用,因为该实验的不确定性可能带来安全性问题。20 世纪 70 年代,科学家们就共同倡导停止分子克隆的使用,直到技术安全性通过才得以恢复。我们需要充分考虑这样做的科学技术背后的预期和非预期后果。不对后果进行慎重思考和讨论就开展实验,是非常不负责任的。"显然,利用实验动物开展生物技术研究、开发与应用存在"危及公众健康、损害生物资源、破坏生态系统和生物多样性等危害生物安全"问题,"应当符合伦理原则"(第三十四条);相关机构必须承担生物安全风险防控主体责任,并"制定生物安全培训、跟踪检查、定期报告等工作制度,强化过程管理"及"制定风险防控计划和生物安全事件应急预案",应当进行伦理审查、风险评估,降低研究、开发活动实施的风险(第三十五条、第三十七条、第三十八条、第四十条);国务院科学技术、卫生健康、农业农村等主管部门根据监管职责分工,"根据对公众健康、工业农业、生态环境等造成危害的风险程度,将生物技术研究、开发活动分为高风险、中风险、低风险三类",并制定"生物技术研究、开发活动风险分类标准及名录"(第三十六条),"对涉及生物安全的重要设备和特殊生物因子实行追溯管理"及"跟踪评估",发现存在生物安全风险的,应当及时采取有效补救和管控措施(第三十九条、第四十一条)。

《生物安全法》第五章"病原微生物实验室生物安全"。根据前文相关法规标准,生物安全实验室是通过防护屏障和管理措施,达到生物安全要求的微生物实验室和动物生物安全实验室总称。生物安全实验室包括主实验室及其辅助用房。主实验室是生物安全实验室中污染风险最高的房间,包括实验操作间、动物饲养间、动物解剖间等,主实验室也称核心工作间。国家对动物生物安全实验室制定了"统一的实验室生物安全标准"及"安全防范措施"要求(第四十二条);并"对病原微生物实行分类管理""对病原微生物实验室实行分等级管理"及相关活动的"批准或者进行备案"等生物安全防护要求(第四十三条、第四十四条、第四十五条、第四十六条);尤其"对实验动物的管理,防止实验动物逃逸,对使用后的实验动物按照国家规定进行无害化处理,实现实验动物可追溯。禁止将使用后的实验动物流入市场"等,提出了具体防止污染、实验室生物安全管理及生物安全事件应急预案的主体责任与监管责任要求(第四十七条、第四十八条、第四十九条、第五十条、第五十一条、第五十二条)。

《生物安全法》第六章"人类遗传资源与生物资源安全"。该章明确"国家对我国人类遗传资源和生物资源享有主权",这些资源在"采集、保藏、利用、对外提供等活动"时要加强管理和监督(第五十三条),相关活动"应当符合伦理原则,不得危害公众健康、国家安全和社会公共利益"(第五十五条、第五十六条);并通过"国务院科学技术主管部门组织开展我国人类遗传资源调查,制定重要遗传家系和特定地区人类遗传资源申报登记办法"(第五十四条、第五十七条、第五十八条、第五十九条);"外来物种入侵"虽可形成"生物多样性",但可能引起生态平衡破坏及生物灾难,要加强"防范和应对",并"制定外来入侵物种名录和管理办法",加强对"入侵物种的调查、监测、预警、控制、评估、清除以及生态修复"工作(第六十条)。不同品种、品系的实验动物及基因工程动物,更是一种特殊的"外来物种",经过几十年的积累,已经形成了丰富的资源,这些资源动物须严格控制在实验室环境设施空间生存,如果逃逸或失控,将可能带来严重的生态危机,并将危害公众健康、国家安全和社会公共利益。

《生物安全法》第七章"防范生物恐怖与生物武器威胁"。过去及当前复杂的国际形势下,西方主要发达国家利用实验动物研发、储存、持有和使用生物武器或者制造恐怖气氛以发动战争的实例不断被揭露出来。故实验动物是最容易引起社会关注的生物体材料。因此,"国家采取一切必要措施防范生物恐怖与生物武器威胁"(第六十一条),国务院有关部门要制定、修改、公布"可被用于生物恐怖活动、制造生物武器的生物体、生物毒素、设备或者技术清单",并加强对其"进出境、进出口、获取、制造、转移和投放等活动的监测、调查","加强监管"(第六十二条、第六十三条);国务院有关部门负责组织"遭受生物恐怖袭击、生物武器攻击后的人员救治与安置、环境消毒、生态修复、安全监测和社会秩序恢复",组织开展"对我国境内战争遗留生物武器及其危害结果、潜在影响的调查",保障"安全处置"(第六十四条、第六十五条)。

《生物安全法》第八章"生物安全能力建设",包括制定国家生物安全事业发展规划、生物安全科技创新联合攻关、战略资源平台共建共享、学科及人才队伍建设、生物安全风险防控与应急处置等(第六十六条至第七十条)。实验动物的相关能力建设贯穿其中各个方面,如生物安全危害因素监测网络的构建和运行、应急处置和防控物资的储备、关键基础设施的建设和运行、关键技术和产品的研发、资源的调查与保藏等。

《生物安全法》第九章"法律责任"。共12条(即从第七十二条至第八十四条),包括生物安全管理的主体职责、监管职责及罚则,体现了"管行业必须管安全、管业务必须管安全、管生产经营必须管安全"和"谁主管、谁负责"的原则,突出底线思维、法律意识,防范和化解安全风险。尤其强调了实验动物生物安全法律的刚性责任和生物安全风险管理,明确规定"违反本法规定,将使用后的实验动物流入市场的,由县级以上人民政府科学技术主管部门责令改正,没收违法所得,并处二十万元以上一百万元以下的罚款,违法所得在二十万元以上的,并处违法所得五倍以上十倍以下的罚款;情节严重的,由发证部门吊销相关许可证件"(第七十七条);国家科学技术部在《实验动物许可"证照分离"改革工作实施方案》(国科发基〔2021〕354号)中也明确要"按照《中华人民共和国生物安全法》第四十七条、第七十七条关于实验动物生物安全管理的规定和《实验动物管理条例》的要求,结合疫情期间加强实验动物安全管理的实践经验,研究制定加强实验动物安全管理的政策文件,严格履行实验动物属地化管理责任,依法依规加强对本地区实验动物生产、使用的管理和监督,明确规定实验动物尸体等废弃物的无害化处理要求,提高实验动物生物安全风险管理水平",并"加强与相关部门协调配合,健全工作机制,形成工作合力,实现审批监管无缝衔接,强化实验动物生物安全风险管理"。

《生物安全法》第十章"附则"。对生物安全相关术语、信息、保密、执行时间等方面做了具体规定(第八十五条、第八十六条、第八十七条、第八十八条)。

综上所述,《生物安全法》中涉及实验动物生物安全的危害因素是多个方面的,包括生物及病原因子、生物体特性、疫病疫情、生物技术、产品质量、环境生态、社会舆情民情等,其生物安全影响也是随着危害因素的改变而改变的,故防范与控制措施更加复杂,而非固定不变,需要建立更加严密、多样的风险管控措施。

第四节 实验动物生物安全概念及意义

从上述文献资料的描述来看,有关实验动物生物安全的概念尚未见到明确的表述或名词性表述。本节将从前文《实验动物 术语》(GB/T 39759—2021)中涉及的动物所引发的各种重大公共卫生事件,以及实验动物等相关法律、规章、标准等涉及生物安全的内涵及外延,探索性地提炼出专业性、科学性的实验动物生物安全概念及相关内容,抛砖引玉、提供参考与借鉴,以便形成共识。

一、生物安全概念的内涵与外延

前文有关法律、环境、生物技术等专业性的生物安全表述比较多。世界卫生组织最新出版的第4版《实验室生物安全手册》对生物安全术语做了表述,即指"为防止无意暴露生物因子或无意释放而实施的防护原则、技术和做法";同时对生物因子则表述为"一种自然产生或转基因的微生物、病毒、生物毒素、粒子或其他感染性物质,可能对人类、动物或植物造成感染、过敏、毒性或其他危害"。这种表述与第3版手册有微妙的区别,即将"蓄意"修改为"无意"。与《中华人民共和国生物安全法》中的"生物安全"概念内容,有较大区别。

现代汉语词典对生物安全(biosafety)概念定义为"指采取有效措施,预防和控制在现代生物技术开发、应用中可能产生的负面影响,以保护生物的多样性,保护生态环境和人体健康"。这种表述符合当代国际关系实际与人类行为准则的普遍共识。生物技术是指运用分子生物学、生物信息学等手段,研究生命系统,以改良或创造新的生物品种的技术,也指运用生物体系与工效学相结合的手段,生产产品和提供服务的技术。生物多样性是指地球上所有生物,包括动物、植物、微生物以及它们所拥有的遗传基因和生存地共同构成和谐共生、命运与共的生态环境。生物多样性包括生态系统多样性、遗传多样性和物种多样性三个组成部分。正是由于这些形形色色、千姿百态的生物和它们的生命活动,才构成了自然界这个绚丽多彩、生机盎然的大千世界。生态环境(ecological environment),即"由生态关系组成的环境"的简称,指的是与人类密切相关的,影响人类生活和生产活动的各种自然(包括人工干预下形成的第二自然)力量(物质和能量)或作用的总和。健康则是指一个人在身体、精神和社会等方面都处于良好的状态。世界卫生组织提出,健康不仅是指一个人身体有没有出现疾病或虚弱现象,还指一个人生理上、心理上和社会上处于完好状态。

显然,正是基于生物技术发展可能带来的不确定性,包括"蓄意"或"无意"的,人们提出了生物安全的概念。生物安全问题引起国际上广泛关注是在20世纪的80年代中期,简单地说,生物安全性就是生物体对人体健康及生态环境是否安全,一般指生物体经过基因工程等生物技术改造后对人体健康及生态环境是否还依然安全。有关基因工程改造的生物产品,如转基因食品的生物安全性问题的争论由来已久,就像核技术开始发展时一样,有人坚决反对,也有人认为只要使用得当,并提供可靠的风险管理,就能为人类造福。

不过,近20年来一连串重大公共卫生事件的相继暴发及迷雾重重,迫使人们对生物安全概念的理解又上升到国家安全或社会稳定层面,故《中华人民共和国生物安全法》中的"生物安全"概念发生了变化,其"是指国家有效防范和应对危险生物因子及相关因素威胁,生物技术能够稳定健康发展,人民生命健康和生态系统相对处于没有危险和不受威胁的状态,生物领域具备维护国家安全和持续发展的能力"。

从上述两个权威性的"生物安全"概念中可以看出其内涵与外延,其中包括如下三点。

第一,生物安全问题必须以预防的态度及有效应对的手段对待,即预防为主,有效应对手段必须全面、明确、果断,以达到有效控制的目的。

第二,生物安全问题主要是针对危险生物因子及相关因素,要全面应对其不利或负面影响,包括潜在的针对健康与生态环境的威胁影响;而有利的具备维护国家安全和持续发展能力的生物技术,仍然需要大力研究、开发与应用。

第三,过去能够引起生物安全问题的主要是生物技术,尤其是分子生物学技术或分子生物学的基因工程技术。现在能引起生物安全问题还包括如下活动:防控重大新发突发传染病、动植物疫情;生物技术研究、开发与应用;病原微生物实验室生物安全管理;人类遗传资源与生物资源安全管理;防范外来物种入侵与保护生物多样性;应对微生物耐药;防范生物恐怖袭击与防御生物武器威胁等。这些方面的问题不是无限扩展、外延的,而是通过相应的重大公共卫生事件检验而总结出来的。

二、实验动物生物安全概念的内涵与外延

秦川主编的《实验动物学词典》收录的实验动物概念，"指经人工培育或改造，对其携带的微生物和寄生虫实行控制、遗传背景明确或来源清楚，用于科学研究、教学、生物制品或药品检定，以及其他科学实验的动物"。宽泛的实验动物概念还包括实验用动物，即用于科学研究、实验的所有动物，有限制的实验用动物则主要指《实验动物 术语》(GB/T 39759—2021)中所涉及的 18 种动物。实验动物对现代医学和生命科学的作用，因其被广泛应用到国民经济、安全与社会进步的方方面面，而受到特别的关注。生命科学家通过实验动物开展比较医学研究，可以深入探讨人类疾病的发生和发展机制，了解各种生命现象的本质，也可以通过实验动物进一步发展生物技术或生物制造，以探索或发现影响人类健康与国家安全的"危险"因素。实验室生物安全是指实验室的生物安全条件和状态不低于容许水平，可避免实验室人员、来访人员、社区及环境受到不可接受的损害，符合相关法规、标准对实验室生物安全责任的要求。

通过对生物安全、实验动物、实验室生物安全概念的表述与理解，实验动物生物安全概念的内涵与外延应该包括如下实质性内容。

第一，实验动物及生物安全概念与《实验室生物安全手册》所涉及的实验动物设施、实验动物设施试运行及实验动物机构认证相关生物安全指南的内容一致；另外，用于科学研究、教学、生物制品或药品检验实验的所有动物及相关的公共卫生事件或问题，包括与实验动物相关的重大新发突发传染病、公共卫生事件及动物疫情事件等，均应归属于实验动物生物安全概念范围。

第二，实验动物生物安全问题应体现出实验动物的生物学特性及应用目标，并体现预防为主、有效控制的核心内容。

第三，利用传统及现代生物技术对实验动物实施改造及相关的研究、开发与应用，无论是生物体自身，还是相关产品，均存在潜在的生物因子安全危害因素威胁，应建立有效的风险管控制度。

第四，实验动物相关生物安全活动包括实验动物培育与生产、运输、非感染或感染性动物实验、化学品染毒及放射性辐射检查、动物来源及追溯、废弃物无害化处理等，活动的设施、设备条件和状态控制指标不低于容许安全水平，能有效保障实验室人员、来访人员、社区人群身体健康，保证环境设施不受到损害、生态环境系统稳定，各种管理措施及设施设备条件符合相关法规、标准对实验动物生产、运输及使用的生物安全主体责任要求。

第五，实验动物生物安全包含职业个体、群体、公众健康及生态环境内容。

综上所述，归纳实验动物生物安全的概念内涵，应是指"有效防范和应对实验动物活动所引起的健康危害因素威胁与公共卫生影响，生态环境系统相对处于没有危险和不受威胁的状态，实验动物科技具备支撑和维护国家安全、社会稳定及经济可持续发展的能力"。

三、实验动物生物安全概念的意义

实验动物作为国家基础性、公益性、战略性的科技资源，是国家生物安全战略观的重要组成部分。实验动物生物安全概念的提出，不仅有助于对实验动物生物安全危害因素开展调查、识别、监测、评价、评估、预警、干预等风险管理工作，还为实验动物生物安全概念的准确定义及内涵、外延等提供了科学依据，其意义深远。

(一)从理论价值来看

第一，实验动物是一种来源于其背景生物种但有别于其生物种的生物学健康与安全特性的动物，故实验动物的生物安全内涵与外延有其遗传基因、生物学特征、环境控制、生理及免疫等方面的复杂性与多样性，在生物安全危害因素的识别、监测、评估、风险管理等方面也存在不同程度的差异，要通过系统方法开展生物安全风险管理。

第二，实验动物作为一种人工控制的实验室科技资源，其生物安全危害因素的形成既受实验室内部

条件的改变而改变,同时也受外部因素的影响而发生改变;同样,实验动物处于实验室内部或脱离实验室环境而处于其他的环境下,其生物安全危害因素也随之发生变化,故其生物安全风险管理的内容也是复杂多样的。

第三,实验动物的重要价值在于其应用活动,无论是资源生产增质、增量,还是资源本身在社会各方面的应用,对实验动物的任何处置,均会产生不同的生物安全后果,即所谓的因果关系。故对其生物安全危害因素的识别与评估应遵循因果原则,不能一成不变。

第四,实验动物作为国家生物安全的重要组成部分,实验动物、环境条件、操作人员之间时刻存在一种或多种的相互关系,生物安全实验室的各种活动与实验动物设施内各种活动在理论上是一致的,故实验动物机构的生物安全主体责任与监管责任,也是一致的。从国家生物安全法与实验动物生物学特性背景角度及其应用出发,充分分析实验动物活动的关键风险点,有利于通过风险管理的理论和技术发挥,对实验动物及其机构的生物安全问题实施有效管控,将实验动物生物安全的潜在危害控制在最低、可接受的程度,维护国家安全与社会稳定。

(二)从现实意义来看

中央财政列支预算对全国高致病性生物安全实验室的管理人员、实验操作人员、运行维护人员实施生物安全系统理论与操作技能培训,国家卫生健康委员会制定《首批国家高等级病原微生物实验室生物安全培训基地遴选工作方案》,并遴选出中国医学科学院、广东省疾控中心-中山大学、浙江省疾控中心、复旦大学、中国疾控中心、湖北省疾控中心首批六个高等级实验室生物安全培训基地,按照《实验室生物安全人才培训项目实施方案(2022年版)》,相关培训内容包括实验室生物安全法律、行政法规、部门规章、规范性文件、技术标准,实验室生物安全管理体系的建立和实验室备案、审批与认可管理制度,生物安全实验室风险识别、风险评估、风险防控与应急处置等风险管理方法,实验室主要设施设备和个人防护装备的使用、维护方法,病原微生物采样、菌毒种保存、运输要求及病原微生物、实验动物操作规范,实验室消毒灭菌和废弃物管理要求,实验室人员与健康管理要求,实验室及实验动物设施设计、建造要求,危险化学品、放射性物质操作规范,实验室安全保卫等。这些培训内容只有大纲要求,并无统一的理论培训教材。而实验动物生物安全概念的提出及系统性专业书籍编写,尚未提升到议事日程。故本书的出版对实验动物生物安全概念的完善,具有一定的指导意义。

第一,湖北省高致病性生物安全实验室的建设与运行管理起步早,许多专家及领导参与了国家生物安全法的讨论、制定和生物安全实验室技术标准的制定,并且区域内建立的实验室生物安全级别是全国最高、分布领域最广、实践经验最丰富的。实验动物生物安全概念的提出具有实践基础与湖北样板示范引领作用。

第二,实验动物生物安全概念是在国家重点研发计划"公共安全风险防控与应急技术装备"重点专项研究及湖北省实验动物生物安全关键技术研究课题的基础上提出的,并通过组织湖北省生物安全实验室权威专家在分析湖北省实验动物机构总体生物安全观基础上,利用风险评估指标体系,同时针对不同实验动物机构生物安全主要风险点的分析结果集体编写而成,有利于同行进一步完善我国的实验动物生物安全概念及相关的风险管理体系。

第三,实验动物生物安全概念包括职业个体、群体、社会大众及生态环境,指向性比较明确,针对性强,尤其是后续的职业健康管理部分内容,具有操作性比较强的应用价值。

第二章
生物安全风险评估及准则

按照国务院关于深化"证照分离"改革的决策部署,国家科学技术部(简称科技部)已在全国范围内全面推进《实验动物许可"证照分离"改革工作实施方案》,以进一步推进政府职能转变,履行好科技领域实验动物许可"放管服"优化准入服务职能,实现审批与事中、事后监管无缝衔接,强化实验动物生物安全风险管理,保障实验动物质量,确保实验动物生产和使用安全。风险管理通常包括风险评估、风险处理、风险承受和风险沟通过程,其管理的目标或依据则是相关评估的风险准则。

第一节 风险评估相关的基本概念

安全是指在人类生产过程中,将系统的运行状态对人类的生命、财产、环境可能产生的损害控制在人类能接受水平以下的状态,人类整体与生存环境资源和谐相处,互相不伤害,不存在危险、危害的隐患,是免除了不可接受的损害风险的状态。显然,生物安全也是一样,风险评估是为了风险管理,对人类的生物技术、生物制造与社会实践活动开展风险评估,实现风险准则控制目标,也是为了达到安全的风险管理目的。我们知道,任何生物性活动没有绝对的生物安全,只有风险的高低。实验动物的生物安全风险来自多个方面,通过对实验动物生产、运输、使用及相关废弃物无害化处置等活动所涉及的风险来源、程度分析,确定其生物安全防护水平、个人防护程度,以便制定相应标准操作规程、管理规程和应急预案等安全防范干预措施,即可减少或避免实验动物生物安全事件的发生。为了更好地理解实验动物生物安全风险评估的基本概念,有必要知晓有关以下术语和定义。

一、术语和定义

(一)风险

风险(risk)是指危险发生的概率及其后果(伤害)的严重性的组合,或不确定性对目标的影响(effect of uncertainty on objectives)。在缺乏风险控制措施的情况下进行的实验室活动或程序有关的风险为初始风险。

(二)事件

事件(event)指发生的一系列特定情况,如特定人员暴露于生物因子,可能导致实际伤害的事件。事件可能是确定的,也可能是不确定的,可能是单一的,也可能是系列的。

(三)概率

概率(probability)指某一事件发生的可能性。概率可指在一段相当长的时间内,某一事件将要发生的频率。

(四)风险准则

风险准则是评价风险严重性的依据。风险准则包括相关的成本及收益、法律法规要求、利益相关方的态度、社会经济及环境因素、优先次序和在评估过程中的其他要素。

（五）风险管理

风险管理（risk management）是指导和控制某一组织与风险相关问题的协调活动。风险管理通常包括风险评估、风险处理、风险承受和风险沟通。

（六）风险管理系统

风险管理系统（risk management system）的要素包括战略规划、战略决策和处理风险的其他过程。

（七）风险沟通

风险沟通（risk communication）指决策者和利益相关者（包括各类别的所有相关人员，以及适当的社区领导人和官员）交换有关风险的信息。这些信息包括风险的存在情况、特性、概率、严重程度、可接受程度和处理措施等。风险沟通是风险评估中不可分割和持续进行的一部分，目的是让人们对风险评估过程和结果有清楚的了解，从而正确地实施风险控制措施。

（八）风险评估

风险评估（risk assessment）指评估风险大小并确定风险是否可容许的全过程。风险评估是一个收集信息和评估风险的系统过程，以支持一项风险管理策略，该策略是根据不慎释放和（或）暴露生物因子的可能性和后果而制定的。这项评估需要考虑许多因素，包括生物因子的类型及特性与活动的潜在生物安全影响力、生物因子的传播途径、致病性和感染剂量、预防性治疗或疫苗的可获得性、疾病严重程度和死亡率、传染性、地方性、高风险的实验室程序（如与气溶胶打交道的工作、生产或处理高剂量或大体积的生物因子、锐器、动物）、实验室人员的能力，个别人员的易感性和生物安保（可能将生物因子用作有害武器等）。

（九）风险识别

风险识别（risk identification）指发现和描述风险要素的过程。风险要素包括识别危险源、事件、后果和概率。风险识别也可反映利益相关者关注的问题。

（十）风险分析

风险分析（risk analysis）指系统地运用相关信息来确认风险的来源，并对风险进行估计的过程。风险分析为风险评价、风险处理和风险承受提供了基础。信息包括历史数据、理论分析以及利益相关者关注的内容等。

（十一）风险评价

风险评价（risk evaluation）指将估计后的风险与既定的风险准则对比，以决定风险严重性的过程。风险评价有助于做出接受或处理某一个风险的决策。

（十二）风险处理

风险处理（risk treatment）指选择及实施调整风险应对措施的过程，有时指应对措施本身。风险处理措施包括规避、优化、转移或保留风险等。

（十三）风险控制

风险控制（risk control）指实施风险管理决策的行为，包括沟通、评估、培训以及物理和操作控制，将事件或事件的风险降低到可接受的程度。风险控制包括使用一系列工具开展监测、再评价和执行决策。

（十四）风险承受

风险承受指接受某一风险的决定，在考虑到计划活动的预期收益的情况下，允许工作继续进行。风险承受取决于风险准则，又称可接受风险。

（十五）剩余风险

剩余风险（residual risk）指风险处理后仍存在的风险。如果剩余风险不可接受，则可能需要采取额外的风险控制措施或停止实验动物活动。

（十六）意外

意外（accident）指造成实际伤害的意外事件，如感染、疾病、人身伤害或环境污染。

（十七）工程控制

工程控制（engineering control）指建立在实验室或实验室设备设计中的风险控制措施，以控制危险。生物安全柜（BSC）、隔离器和独立通风笼具（IVC）系统是工程控制的一种形式，目的是尽量减少生物因子暴露和（或）意外释放的风险。

（十八）良好微生物操作规程

良好微生物操作规程（good microbiological practice and procedure，GMPP）是一种基本的实验室操作规程，适用于所有类型的生物因子实验室活动，包括在实验室中应始终遵守的一般行为和无菌技术。旨在保护实验室人员和社区免受感染，防止环境污染，并为使用的工作材料提供保护。

（十九）危险

危险（hazard）指当与生物体、系统或（子）种群接触时，有可能引起不良影响的物体或情况。在实验室生物安全情况下，危险被定义为有可能对人类、动物以及更广泛的社区和环境造成不利影响的生物因子。在考虑到危险造成损害的可能性和后果之前，危险不成为"风险"。

（二十）生物因子

生物因子（biological agent）是一种实验动物、微生物、病毒、生物毒素、颗粒或其他传染性物质，无论是自然产生的还是经过基因改造的，可能会对人类、动物或植物造成感染、过敏、毒性或其他危害。因实验动物也具有上述物质的特性，故本文特将其纳入生物因子表述。

（二十一）生物安保

生物安保（biosecurity）指为保护、控制和问责生物材料和（或）与其处理相关的设备、技能和数据而实施的原则、技术和实践。生物安保是实验动物机构生物安全委员会的固有岗位设置，旨在防止未经授权的访问、丢失、盗窃、误用、转移或释放。

（二十二）个人防护装备

个人防护装备（personal protective equipment，PPE）指人员穿戴的防护生物因子的设备和（或）衣物，从而最大限度地减少暴露于生物因子的可能性。个人防护装备包括但不限于设施功能区大衣、隔离衣、全身服、手套、防护鞋、安全眼镜、安全护目镜、口罩、呼吸器、动物抓取及固定装置。

（二十三）风险控制措施

风险控制措施（risk control measure）指使用一系列手段，包括沟通、评估、培训以及物理和操作控制，将事件或事件的风险降低到可接受的程度。风险评估周期将确定应用于控制风险的战略以及实现这一目标所需的具体类型的风险控制措施。

（二十四）标准操作程序

标准操作程序（standard operating procedure，SOP）指一套记录良好并经过验证的逐步并概括叙述如何按照机构政策、最佳实践、适用的国家或国际法规，以安全、及时和可靠的方式执行的程序。

二、理解风险评估的基本概念

风险评估是由个人和组织在开放、信任和安全的氛围中灌输和促进，以支持或加强实验动物生物安全的最佳做法。无论操作守则和（或）规章是否适用，正确理解风险评估基本概念或术语，都有其价值。

（一）风险研究

国际标准化组织（ISO）于2009年下半年发布了ISO31000《风险管理原则与实施指南》，风险研究的目的是对风险因素开展定性与定量分析,为风险控制提供精准支撑。有关"风险"的确切定义在国际标准中或不同领域中也有不同的表述,世界卫生组织认为"风险"是事件发生的可能性与事件发生后其后果(伤害)的严重性的组合。风险关联到事件发生的不确定性和后果,这是风险定义的核心内容。

(二)风险评估

风险评估包括风险识别、风险分析和风险评价的全过程,是风险管理的基础。风险识别的目的是尽可能找出那些妨碍或延迟实验动物生物安全目标实现的因素、事件、影响范围、原因和潜在的后果。风险分析就是知晓风险的性质,为风险评价以及决定最佳的风险处理策略和方法提供依据。风险分析涉及风险原因、风险来源、风险后果及这些后果发生的概率。应当考虑现有控制方法的有效性,需要确定风险水平,要充分认识风险评估的风险,即假阴性和假阳性的问题。在需要时,应及时与有关部门或人员沟通。风险分析包括定性分析、半定量分析、定量分析或以上组合。风险评价的关键是确定风险准则,风险准则是评价风险严重性的依据。通常要依据法律、法规、标准、机构管理目标和相关方的承受能力等确定风险准则。风险评价的目的是将分析过程中确定的风险及其等级对比风险准则进行审核,确定哪些风险可以接受,哪些风险需要处理,并制定优先处理方案。

从生物安全角度考虑,风险可分为可接受、合理和不容许三种情况,绝对的生物安全是不存在的。在某些情况下,当风险低至可忽略时,则可接受,就不需主动采取风险处理措施。有些风险,如果不能降低到一定水平,则不容许。但"可接受"并非接受不必要风险的理由,应尽可能将风险降至最低水平。

(三)风险管理

风险管理是一个实验动物机构或组织应具备的核心能力。风险管理的首要环节是信息输入和确定风险准则,接下来是风险评估,然后是风险处理。通过监督和检查,获得新的信息,再从信息输入和确定风险准则开始,进入下一个循环。

风险管理强调信息和沟通。风险管理的输入信息是从经验、反馈、观察、预测等信息源得到的。要注意所采用信息的不一致性和局限性,应与实验动物机构内部和外部的相关方保持良好的沟通。有效管理的另一要点是广泛参与,即实验动物机构的全体成员应知晓风险、风险控制和所负责的风险管理任务,并在管理体系文件中予以明确,在培训实施过程中予以管控。

(四)风险评估的意义

生物安全的核心是危险度评估,危险度评估同时又是风险评估的依据,也是实验动物生物安全的重要保证,其指导意义如下。

(1)确定实验动物生物安全防护水平。根据对实验动物生产或使用机构风险评估的结果,确保实验动物、设施与设备、生物因子状态、工作人员个体防护装备和管理等能满足所从事工作的需要。

(2)依据风险评估结果,采取有效的风险控制措施。这些措施包括对人员的培训、设施设备的准备、环境控制、优化操作程序与管理规程、监测及监督,并制定应急措施等。

(3)风险评估报告中包含大量与实验动物背景相关的微生物、遗传、环境设施、环境参数、工艺流程及设备、生产或实验规范操作活动、生物安全防范、职业健康等信息,不仅在生物安全方面,而且在专业方面为所有员工及周边人群提供了难得的设施活动科普技术资料与安全信息资料。

(4)保证实验动物机构生物安全管理及行业监管符合相关风险准则的要求,并提高效率和减少成本。

(5)风险评估可以识别出相关缺陷和发现改进时机,对实验动物的科学发展有重要促进与保障作用。

第二节　生物安全风险评估依据

风险评估需要有风险准则作为前提,而实验动物风险评估的准则除实验动物生产与使用机构认可所明确的条件外,还有法律、规章、标准及实验动物质量管理方面的相关依据或技术要求。这也许是基于实验动物多样性及应用的不确立性考虑的。从基本原则来看,无论是开展何种形式的实验动物活动,其基本的风险准则是一致的,即以《中华人民共和国生物安全法》《实验动物管理条例》《实验动物机构 质量和能力的通用要求》(GB/T 27416—2014)所涉及的生物安全核查表相关条款内容为基本准则。针对教学用实验动物生物安全管理的薄弱环节,中国实验动物学会制定了《实验动物 教学用动物使用指南》(T/CALAS 29—2017)及《实验动物 从业人员要求》(T/CALAS 1—2016)团体标准,北京市也出台了《实验动物生产与实验安全管理技术规范》(DB11/T 1458—2017)地方标准。在此基础上,针对实验动物活动内容或生物安全管理目标,需附加新的风险评估依据,如《生物安全实验室建筑技术规范》(GB 50346—2011)、《实验室 生物安全通用要求》(GB 19489—2008)、《病原微生物实验室生物安全通用准则》(WS 233—2017)、《实验动物 动物实验通用要求》(GB/T 35823—2018)及中国实验动物学会团体标准《实验动物 动物实验生物安全通用要求》(T/CALAS 7—2017)等法规、标准,均是实验动物风险评估的准则性法规、标准等。

尽管明确了基本准则,但在专业技术上还需要对实验动物的呼吸、排泄、抓咬、挣扎、逃逸、动物实验(如染毒、医学检查、取样、解剖、检验等)、动物饲养、动物尸体及排泄物的处置等过程产生的潜在生物危害采取相应的防护措施,这就是实验动物生物安全特殊性之所在。故在中国合格评定国家认可委员会(CNAS)认可时,强调实验动物的生物安全防护设施应参照 BSL1~4 实验室的要求进行风险评估,还应特别考虑对动物源性气溶胶的防护,例如对感染动物的剖检应在负压剖检台上进行。因此,实验动物生产、运输及非感染性动物实验设施的最低生物安全防护水平均须参照 BSL-1 实验室的要求进行,且应根据动物的种类、躯体大小、生活习性、生产或实验目的等选择具有适当防护水平的、专用于动物的、符合国家相关标准的动物饲养设施、动物实验设施、生物安全柜、消毒设施和清洗设施等。

风险评估还提示,实验动物建筑设施应确保实验动物不能逃逸,非实验室动物(如野鼠、飞鸟、昆虫、蚊、蝇、蟑螂等)不能进入。其建筑设施设计应符合所用实验动物生物安全的需要,保证进入该建筑的动物均符合微生物和寄生虫控制标准。建筑设施内空气不应循环使用,动物源性气溶胶应经适当的高效过滤或消毒、除味后排出室外,不能被吸进新风口而进入室内循环,也不能被周边社区人群嗅闻而感受到。如动物需要饮用无菌水,供水系统应能以适当方式进行安全消毒处理。

此外,还应借鉴世界卫生组织《实验室生物安全手册》第 3 版对实验动物设施及试运行、认证的生物安全指南及《实验室生物安全手册》第 4 版对风险评估的相关规定,开展风险管理。

《实验室生物安全手册》中关于实验动物设施生物安全的指南包括实验室/动物设施试运行指南及实验室/动物设施认证指南。指南明确要考虑设施中动物的自然特性即动物的攻击性和抓咬倾向性、自然存在的体内外寄生虫与携带的微生物、所易感的动物疾病及播散过敏原的可能性等;如果是开展微生物活动则应考虑其正常的传播途径、使用的浓度、接种途径、能以何种途径排出等;如果是开展放射性检查及同位素动物实验,则应考虑其设施的防辐射控制效果评价、工作人员个人防护及公众照射防护、动物废弃物处理及防护等;如果是开展化学品染毒动物实验则应考虑染毒方式及剂量、排毒途径及废弃物的无害化处理等。实验动物设施与生物安全实验室的要求一样,根据动物生物安全等级,在设计特征、设备、防范措施方面要求的严格程度也逐渐增加,即高等级标准中包括低等级的标准。

新建及定期维护重新启用实验动物设施时,生物安全指南要求在设施启用早期由建造师、工程师、安全和卫生人员以及机构安全官员等就试运行设施的性能指标设定统一的期望值,试运行程序与计划为设施的全程施工和目标实现提供一个高度可信的保证,确保为设施中操作的所有潜在危险性生物因子提供有效的保护。设施的试运行计划通常包括远程监视,与控制点相连接的建筑自动化系统、电子监控和监测系统、局域网和计算机数据系统、通信及冷链监控系统、电子安全锁和接近装置阅读器、设施密封系统、净化通风空调系统、门禁及互锁控制系统、密封调节阀、冷热源及蒸汽系统、消防报警系统、给排水系统、强弱电系统、照明系统、支持不同区域不同级别压力差的验证系统、废水废弃物处理系统、化学除污系统、笼具清洗及消毒系统、净化淋浴与水处理系统、关键设备(如生物安全柜、动物 IVC 及隔离器、高压灭菌器、动物固定器等)性能验证等。

认证是基于结构化评估和正式文件的第三方验证，以确认一个系统、人员、实验动物活动及设施设备，符合规定的要求或达到某种准则标准。认证指南不仅是当今生物医学研究和临床实验室快速适应公共卫生需要的前提，也是实验动物设施运行管理必须面对的公共卫生挑战。定期的认证包括抽检、年检，其能确保设施环境及相关活动处于安全状态，并有助于确保实验动物机构按照设计目标正常运行，确保现场和规章管理控制到位，确保个体防护装备能满足所进行工作的安全要求，确保实验动物的来源与处理过程全程可追溯，确保清除污染及无害化管理程序到位，确保物理、化学、生物危害因子的常规安全处理程序到位。认证是对设施内部的所有安全特征和过程（工程控制、活动控制、管理控制等）进行系统性的定期检查，对生物安全操作（包括对实验动物的安全操作）进行定期检查，这是一种不断进行的保证质量和安全的公共卫生保障活动。

《实验室生物安全手册》第4版最显著的特征，是为风险评估提供了比较系统的标准与模板，包括风险评估入门指南、应用风险评估控制、实施策略和实际经验教训，同时提供了结核分枝杆菌检测、血源性病原体、流感研究及抗微生物药敏试验4个有代表性的风险评估长模板或短模板附件作为参考。

第三节 生物安全风险评估方法及程序

一、生物安全风险评估原则

《中华人民共和国生物安全法》明确规定，实验动物机构应建立相应的生物风险评估体系。根据风险评估的原则，需结合机构的特点，确定风险评估应考虑的内容、时机、过程和基本要求等，以持续进行危险识别、风险评估和实施必要的控制措施。如果没有风险评估体系，机构存在的风险就不可能被充分识别，就更谈不上风险防控了，隐患极大。

风险评估应遵循以下原则。

（1）风险管理伴随着实验动物生产或使用活动的全过程，实验动物机构应建立并维持风险评估和风险控制程序，以持续进行危险识别、风险评估和实施必要的控制措施。

（2）风险评估和风险控制活动的复杂程度取决于实验动物机构的活动性质及所存在的危险特性。

（3）风险评估所依据的数据及拟采取的风险控制措施、安全操作规程等应以国家主管部门、世界卫生组织、世界动物卫生组织、国际标准化组织及行业权威机构发布的指南、标准等为依据；任何新技术、新设备在使用前均应经过充分验证，使用时应得到相关主管部门的批准。

（4）风险评估报告应得到所在机构生物安全主管部门的批准；对未列入国家相关主管部门发布的病原微生物名录的生物因子的风险评估报告，使用时应得到相关主管部门的批准。

（5）风险评估报告应是机构采取风险控制措施、建立安全管理体系和制定安全操作规程的依据。

二、生物安全风险评估方法

针对实验动物生物安全问题相关的生物因子生物学特征及潜在的风险，选择合适的风险评估方法，有助于实验动物机构及监管机构获取可靠的安全信息。一般而言，适当的风险评估方法应具备以下特性。

（1）适应实验动物机构的特点。

（2）适应生物安全问题的特性。

（3）所得结果可加深人们对风险性质及风险应对策略的认识。

（4）可追溯、可重复及可验证。

（5）不同研究的结果具有可比性。

《病原微生物实验室生物安全风险管理指南》（RB/T 040—2020）附录 A 列出了 17 种常见的风险评

估方法,其中常见的方法如下。

（一）头脑风暴

头脑风暴（brain-storming）的原则是采用自由平等、畅所欲言、互相激励和激发潜能的方式,针对具体生物安全问题或隐患收集各种意见和方案。对各种意见和方案的评价放到最后,结束之前不对提出的意见给予评价。头脑风暴常以讨论会的形式进行。参会人员包括主持人、记录员、不同岗位和不同专业的人员。参会人数以 5～10 名为佳。会前要做好充分的准备,事先通报会议主题,选择合适的主持人和参会人员以及适宜的环境等。必要时可进行会前培训。

头脑风暴的优点,是让利益相关者参与,有助于全面沟通,发现新的风险和提出新的解决方案。其速度快,易开展,适合对实验动物机构综合管理因素进行风险评估。其局限性为参与者可能缺乏必要的专业知识和经验,难以提出有效的建议。由于头脑风暴比较松散,所以不易实现效果的最大化。

（二）情景分析

情景分析（scenario analysis）用于风险评估,指通过假设未来可能发生的各种生物安全问题或事件,分析其发生变化的前提条件,使决策者预知事件的发展方向,对未来的不确定性有一个直观的认识。情景分析可帮助决策,也可分析现有的活动。情景分析在风险评估过程的三个步骤中都能发挥作用。在识别和分析多种情景时,可用来识别在特定环境下可能发生的问题或事件,并分析潜在的后果。对于周期短和历史数据充分的情况,可从现有的情景推断出未来可能出现的状况。对于周期长或历史数据不充分的情况,情景分析的有效性会受影响。

（三）预先危险分析

预先危险分析（PHA）指在每项活动之前,尤其是在设计的开始阶段,对特定活动、设备或系统存在的危险类别、发生条件和后果等进行分析,尽可能发现与评价有关的潜在危险,也可为系统设计规范提供必要的信息。

预先危险分析的主要目的是识别危险,评价各种危险的等级,确定安全性的关键部位,确定安全性的设计准则,提出消除或控制危险的措施。预先危险分析有以下作用:为制定生物安全工作计划提供依据;确定安全工作的顺序;确定安全试验的范围;确定进一步分析的范围。

实施预先危险分析的步骤如下。明确所开发系统或所开展活动的目的、任务和基本活动的要求,了解环境设施及工艺设备等情况。参照历史数据,分析所开发的系统或活动是否会发生同样或类似的问题。确定能造成损伤、功能失效等的初始危险,明确初始危险的起因,提出消除危险的方法。如果危险不能控制,则分析最佳预防风险的方法,如隔离、个体防护和紧急救护等。明确实施纠正措施的责任人。

进行预先危险分析所需的资料包括:各种设计或系统部件的设计图纸、方案等;在系统的法定寿命周期内,系统各组成部分的活动功能和工作顺序的功能流程图以及有关资料,即在预期的实验、制造、储存、维护和修理、使用等活动中与生物安全要求有关的背景资料等。

预先危险分析尤其适用于已知生物因子的实验活动,通过制定相应生物因子的应急预案实施风险管理。

（四）危险与可操作性分析

危险与可操作性分析（hazard and operability study,HAZOP）的基本过程是以关键词为线索,寻找系统中实验过程或状态的变化或偏差,然后进一步分析该变化发生的原因、潜在的后果与预防对策和措施。通过调动操作人员、技术人员、管理人员和相关设计人员的想象力,找出设备、装置中的危险和有害因素,为制定安全措施提供依据(图 2-1),该方法适合实验动物设施中关键设备或系统如消毒灭菌设备、生物安全柜、解剖系统等的生物安全风险评估。

危险与可操作性分析通常在设计阶段开展。随着设计的深化,每个阶段采用阶段法用不同的关键词展开。对于每个评估点,应做好记录,包括:关键词、偏差、可能的原因、处理问题的措施和责任人等。对于任何无法纠正的偏差,还需要对偏差的风险进行评估。

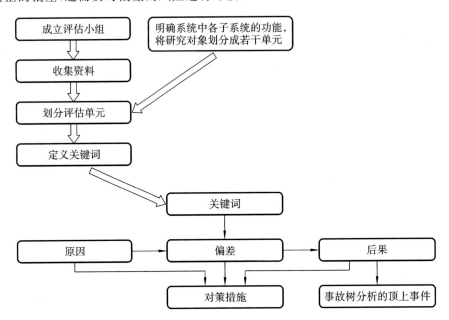

图 2-1 危险与可操作性分析过程

(五)危害分析与关键控制点法

危害分析与关键控制点 (hazard analysis and critical control point,HACCP)法不仅可以识别过程中各相关部分的风险,而且可以为采取必要的控制措施提供框架,以避免潜在的危险,并可提高安全性,如实验动物生产、销售、运输及使用全过程风险因素分析,或某项动物实验准备、动物采购、运输、接收、检疫、分组、处置等全过程风险因素分析。危害分析与关键控制点法旨在控制整个过程,而不是仅通过检查终端产品来降低风险。

危害分析与关键控制点法包括以下七项原则。

(1)识别危害及其预防措施。

(2)确定过程中可控制或消除危害的位点,即临界控制点。

(3)确定控制危害的关键限值,将每个临界控制点限制在具体的参数范围内,以保证危害得到控制。

(4)按照规定的间隔对各临界控制点的关键限值进行监控。

(5)如果过程处于已确定的限值之外,则立即采取措施。

(6)建立审核程序。

(7)对于每个步骤都进行记录和归档保存。

将危害分析与关键控制点法用于实验动物生物安全风险评估,应注意参数限制的范围和超出限值期间的风险。

(六)保护层分析

保护层分析(layer of protection analysis,LOPA)是对每一个假定问题或事件情景的每一个保护措施进行分析,即分析预防生物安全问题或事件情景发生的保护措施的效果和有效程度,各种保护措施的综合运用对降低风险的作用,是否需要增加新的保护措施,所增加的保护措施对降低风险的作用。这些分析通过具体的数学模型估算。保护层分析是一种半定量的方法,是风险识别过程中分析已有生物安全措施有效性的一种工具。所谓保护层,即保护措施,可以是一个设计、设备、装置、系统或对应的行动。它对不期望的问题或事件起到预防或减轻作用。

为了充分且适当地评估风险,保护层分析要求保护层必须真正起作用,即该方法中所称的独立保护层。独立保护层的确认必须满足以下四个方面的要求。

(1)专一性:独立保护层是针对特定的后果或危险事件而设计的。

(2)独立性:保护层的效果不依赖于其他保护层或受其他保护层的限制,在结构上完全独立,同时还独立于初始事件或独立于与情形有关的其他保护层的对应行动。

(3)可靠性:独立保护层必须能有效地依照设计的功能运行,并能防止危害事件的发生,PFDavg(要求时平均失效概率)值应该低于 1×10^{-1}。

(4)可审核性:独立保护层必须能定期进行审核和验证,以确保其可靠性维持在设计的水平。

保护层分析可以识别原来定性风险分析过程中被忽略的危险。定性风险分析一般只识别危险因素,但对危险发生的可能性不做分析,这可能会掩盖某些问题,使得实际风险升高。该方法可用于实验动物设施的特殊或专用设备、安全装置、病原因子识别等关键风险点的分析。

(七)人因可靠性分析

人因可靠性分析(human reliability analysis,HRA)是指根据行为的原理,将人因失误的原因归结为过负荷、决策错误和人机学原因。人因可靠性分析应达到三个基本目标,即辨识何种失误可能发生,确定其发生概率和如何减少失误及其影响。

人因可靠性分析的过程如下。

第一,问题界定:计划调查和评估哪类操作人员。

第二,任务分析:讲明操作人员的任务。

第三,人因失误分析:可能出现何种错误。

第四,表现形式:表达事件逻辑和量化结构。

第五,筛查:过滤不需细致量化的失误或任务。

第六,量化:推算失误的可能性。

第七,影响评估:评估应优先处理的失误、原因和后果。

第八,减少错误:如何提高人因可靠性。

第九,记录:记录和编制评估材料。

将人因可靠性分析应用于实验动物生物安全风险分析,应探讨能合理表征人、动物系统中人的行为特征和规律、系统特征,以及人、动物关系行为模型。注重人、动物功能分配,人、动物系统交互关系和操作人员的监督对系统可靠性的作用。

(八)根本原因分析

根本原因分析(root cause analysis,RCA)是通过识别问题、分析问题的根本原因,并针对性地制定纠正或预防措施,以达到解决问题和预防问题的目的。根本原因分析的流程通常包括范围和目标的确定、数据收集、原因分析、纠正措施的制定、信息沟通、纠正措施的验证和评估。在实验动物生物安全风险分析方面,若发生问题或事故,则在保证人身安全的情况下应立即收集相关证据和数据。信息收集的范围包括事故发生前、发生过程中和发生后的情况,如所涉及的人员、所采取的措施、设施设备、环境因素以及所有与问题或事故发生有关的其他因素。

采取根本原因分析,可应用结构化的风险分析工具,如鱼骨图分析、故障树分析、失效模式与关键危险分析等,目的是找出根本原因。可按直接原因、起作用的原因和根本原因的原因链,逐步追溯,原因分析阶段的终点是找到根本原因。

在提出纠正措施时,不仅要考虑针对性、可行性和优先性等,还要考虑实施该措施后的剩余风险和引入新风险的可能性。对所有的纠正措施都要追踪,以确保其正确实施和确实有效。对纠正措施还应做周期性评审,以确保达到预期效果和识别进一步的改进机会。根本原因分析可用于安全管理,也可用于质量管理。其局限性为分析结果受评估人员能力和数据完整性的影响。

(九)故障树分析

故障树分析(fault tree analysis,FTA)是用来识别并分析导致特定不良事件因素的手段,可做定性分析或定量分析,识别因素可以是与系统硬件故障、人为错误或导致不良事件的其他相关事项。故障树分析系统性、逻辑性强,直观明了。

定性分析的主要目的是,发现导致不希望事件发生的原因,即寻找导致顶上事件发生的所有故障模式。

定量分析的主要目的是,当给定所有底层事件出现的概率时,求出顶上事件发生的概率及其他定量指标。在系统设计阶段,故障树分析有利于判明潜在的故障,以便改进设计,包括维修性设计;在系统使用维修阶段,有利于故障诊断和改进维修方案。故障树还可用来分析现有的故障,以便探究不同事项共同作用造成故障的逻辑关系。

建立故障树分析的主要步骤包括:界定计划分析系统的内容和边界范围;资料分析;确定要分析的对象事件,即易于发生且后果严重的事故作为顶上事件;识别直接原因或失效模式,即按建树原则,从顶上事件往下一层层地分析各自的直接原因事件或失效模式,用逻辑门连接上下层事件,直至所要求的分析深度。故障树的树形结构直接影响到故障树的分析及其可靠程度。因此,故障树分析要遵循使用该方法的基本规则。故障树表达的是逻辑关系,由各种事件符号和逻辑门构成。

以下用活毒废水传播途径为例,说明某实验室对顶上风险因素进行剖析细分,并构建故障树模型的过程(图2-2)。经过对活毒废水处理系统各个环节的分析,识别出活毒废水传播途径的顶上风险因素,包含三类:废水收集管道泄漏、活毒废水消毒不彻底引起泄漏、废水处理间存在病原微生物气溶胶。按照此原理,相关领域的专家人员,构建了实验室外环境泄漏风险的完整故障树。

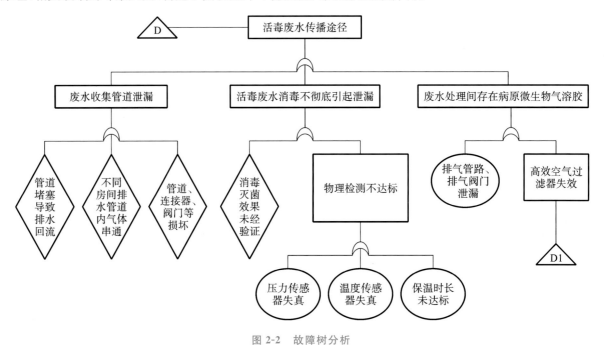

图 2-2　故障树分析

（十）事件树分析

事件树分析(event tree analysis,ETA)是一种依事件发生的时间先后,由事故原因向事故后果分析的一种归纳分析方法,既可定性分析也可定量分析。任何事件的发生都是多环节事件发展变化的过程和结果,事件树分析的实质是利用归纳逻辑思维的形式,分析事件的形成过程。它能动态地反映出系统的运行过程。事件树分析有两种应用方式:一种为事件发生前的分析;另一种为事件发生后的分析。前者是预先假设某一设备发生故障,或人为操作发生错误,将会导致何种后果。在发生严重灾害前,系统本身具防范设施。

事件树分析的过程是从事件的初因事件开始,按照事件的发展顺序,将事件分成若干阶段,逐一地进行分析。水平树状图能直观地表现系统的动态系统过程,把各事件简化为成功和失败两种状态,直至最后的结果(图2-3)。如果给定事件的概率,则可估计系统成功或失败的总概率,可为事件树分析提供顶上事件。

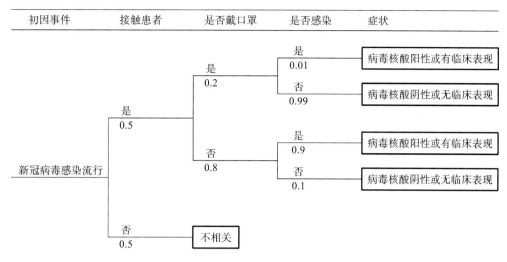

图 2-3 事件树分析示例

（十一）失效模式和影响分析

失效模式和影响分析(failure mode and effects analysis,FMEA)是对系统进行分析,以识别潜在失效模式、失效原因及其对系统性能(包括组件、系统或过程的性能)影响的系统化程序。"系统"包括硬件、软件(及其相互作用)或过程。失效模式和影响及关键性分析(failure mode and effects and criticality analysis,FMECA)是失效模式和影响分析的扩展,按失效模式严重程度的大小排序,以区分采取对策的优先次序。失效模式和影响分析实际上是事件发生前的行为,计划阶段就应开始考虑。

失效模式和影响分析通常处理单一失效模式及其对系统的影响。每一失效模式被视为是独立的,不适合分析关联失效或系列事件导致的失效。在确定失效影响时,考虑所导致的高一层次失效和可能的相同层次失效,可能需采用其他的模型评估影响的大小和发生概率。

典型的失效模式和影响分析的步骤如下:确定失效模式和影响分析或失效模式和影响及关键性分析的必要性,定义分析系统的边界条件,明确系统的要求和功能;定义失效的判定标准,定义并记录每个产品的失效模式和失效影响,归纳每种失效影响,报告结论。

失效模式和影响及关键性分析应增加的一些步骤如下。

定义系统严酷度的等级:确定产品失效模式严酷度,确定失效模式与发生频度和影响频率,绘制失效模式危害性的矩阵,依据危害性矩阵总结失效影响的危害程度;绘制失效影响的危害性矩阵;报告系统各层次失效模式和影响及关键性分析的结论。

三、实验动物生物安全活动风险评估方法

世界卫生组织《实验室生物安全手册》第3版的生物安全指南部分中实验动物生物安全管理分为实验动物设施、动物设施试运行指南及动物设施认证指南三个章节,第4版还为风险评估提供了具体指引。这主要出于实验动物是一类特殊的动物群体的考虑,因实验动物在培育过程中,其遗传特征、携带的微生物背景、环境设施特点、动物自身免疫水平等均发生了改变;在实验动物使用过程中,其特殊性更复杂。故实验动物生物安全活动风险评估伴随着其活动而相应开展,这些活动包括实验动物繁殖生产活动、运输转移活动、教学实践活动、生物制品组织或器官等原料供应活动、化学品毒性鉴定活动、放射性检查或诊疗、一般性实验动物活动、感染性实验动物活动等。

实验动物活动涉及人、环境、设备、生物因子(如实验动物及病原体等)及其饲料、垫料、笼具、操作等的相互影响过程。其中,工作人员的能力是最关键的生物安全保障,能力体现在饲养管理、对动物的认知、操作技能、动物行为信息采集与分析、对动物的驯养程度与护理水平、个人生物安全防护等方面。动物及其活动可能会对工作人员造成一定程度的危害,这种危害包括如下几点:一是动物咬伤、抓伤、动物臭气、过敏原等的直接危害;二是动物携带的人畜共患病生物因子在操作过程中通过空气、分泌物、直接接触等途径感染人类;三是人类或经济动物的致病性生物因子感染实验,出现生物因子"回流溢出"效应,导致人类健康或动物生产受到威胁;四是开展化学因子染毒或新化学药研发安全性试验,化学因子导致的对人体健康的危害或对环境的污染;五是利用放射性装置或同位素物质开展动物实验、临床检查及治疗试验等产生的职业与公众辐射安全危害等。

生物安全风险评估与风险控制的前提就是了解各项活动的相关风险,建立风险管理应急机制,一旦出现风险,就马上采取相应的控制手段。

无论开展何种内容的实验动物活动,风险评估的前提都是明确风险准则。《实验动物饲养和使用机构质量和能力认可准则》(CNAS-CL06)的相关内容与《实验动物机构 质量和能力的通用要求》(GB/T 27416—2014)的内容及条款完全一致,机构开展检测活动时应满足《检测和校准实验室能力认可准则》(CNAS—CL01)(简称《准则》)的要求。

CNAS-CL06:2018 中的实验动物机构认可评审核查表对应 GB/T 27416—2014 标准中第 4.1 项至第 8.11.5 项条款,涉及生物安全管理的条款比较多。涉及机构的生物安全规定要根据《实验室 生物安全通用要求》(GB 19489—2008)标准规定执行;涉及机构的职业健康安全管理应参照 GB/T 28001 和 GB/T 28002 的要求执行;涉及机构的环境管理应参照 GB/T 24001 的要求执行。

《实验动物机构认可评审核查表》第 5.1.10 项条款明确规定,动物房舍设施的设计应保证对生物、化学、辐射和物理等危险源的防护水平,控制在经过评估的可接受程度,为关联的办公区和邻近的公共空间提供安全的工作环境,以防止危害环境。工作人员休息区应与动物饲养区有效隔离。第 5.1.33 项条款规定,实验动物设施设计"应符合生物安全要求,设计时应考虑对动物呼吸、排泄物、毛发、抓咬、挣扎、逃逸等的控制与防护,以及对动物饲养、动物实验(如染毒、医学检查、取样、解剖、检验等)、动物尸体及排泄物的处置等过程产生的潜在生物危险的防护"。

《准则》中实验动物生产和使用机构认可的风险评估工作,从设施设计阶段就提出了具体核查条款的规定。故机构应针对活动目标制定风险评估程序,明确风险评估的具体准则、时机、要求、责任人、工作流程和组织结构,并建立检查机制,以便持续进行风险评估和实施必要的控制措施。

风险评估是一项技术性很强的专业活动,机构所指定的责任人应具有适当的知识、技术和足够的资源,并能完全理解和接受所承担的风险评估任务。风险评估要从管理流程和技术流程两个方面入手,首先确定工作流程图可以起到事半功倍的效果。

对一个动物生物安全实验室而言,风险评估大致可以分为如下四个阶段。

第一阶段,根据实验动物活动涉及的生物危险因子,确定实验动物设施和设备的防护水平。在一般情况下要依据国家、地方的法规和标准来决定。

第二阶段,对设施设备等资源的风险进行评估。根据防护水平,评估设施设备、管理和人员等资源与国家相关要求的符合性及可靠性,确定是否具备从事相关活动的条件。实验动物机构需要十分了解国家的法规和标准。对高级别动物生物安全实验室,实验动物机构不仅需要进行自我评估,还需要外部的评价和批准,如环境评价、建设工程质量评价、生物安全实验室认可和活动资格审批等。

第三阶段,根据实验室的具体情况,对实验动物活动中可能遇到的风险进行系统的评估,并实施必要的控制措施。实验动物机构的具体生产或实验活动、动物种类与级别、设施设备、人员能力、管理水平和周围环境不同,需要实验动物机构系统地评估"个体"风险。

第四阶段,实验动物机构在运行期间进行持续的风险评估。风险评估是动态的,是伴随活动发生的,故实验动物机构应持续进行风险评估。实验动物机构应按照风险评估政策和程序,根据生产或实验活动的进程和结果、各种变化和实践经验等进行持续评估。

程序是对完成各项活动的程序和路径所做的规定,一般不涉及纯技术性的细节,对于有严格要求的操作方法,需要制定详细的标准操作规程或作业指导书。

程序文件一般包括文件的编号和标题、目的和适用范围、相关文件和术语、职责、工作流程、支持性记录表格目录。标准操作规程类文件通常是程序文件的下层文件,必须详细、具体、易理解和接受。

作业指导书即规定某项工作的具体操作程序,以指导操作人员如何完成工作流程中的具体任务和工作,保证具体操作行为的规范性、一致性和可重复性。

工作流程和接口是其核心内容,其中工作流程应逐步地列出开展此项活动的细节,明确输入、转换的各环节和输出的内容,说明与其他活动的接口、每个环节转换过程中各项因素及所要达到的要求以及协调措施。此外,还应说明在物资、人员、信息和环境等方面应具备的条件,所需形成的记录、报告和相应的签发手续,注明需要注意的任何例外或特殊情况等(图 2-4)。

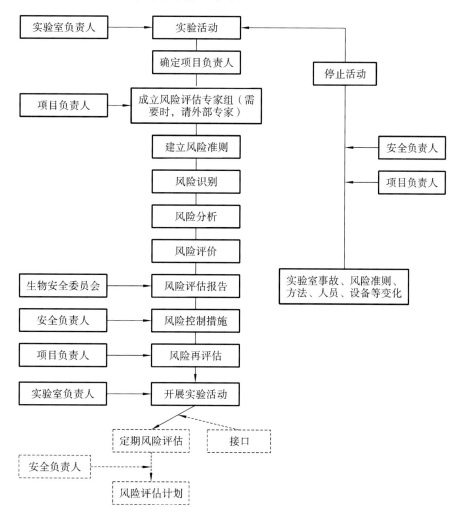

图 2-4　实验活动的风险评估流程示例

通常以年度为周期制定计划,如设施和设备检修、校准计划,安全演习计划,人员培训计划,内审和管理评审计划等。计划的具体内容包括目标、任务和任务分解、责任人、完成时间和监督等。必要时,需同时制定作业程序和指导书。

第四节　生物安全风险评估保障措施

由于近 20 年来陆续发生了多起国际关注的突发公共卫生事件,世界卫生组织《实验室生物安全手册》进一步强化了实验室生物安全保障措施,它要求单位和个人为防止病原体或毒素丢失、被盗、滥用、转移或有意释放而采取相应的安全措施。同时,还明确了生物安全官及生物安保的术语,明确生物安全官是被指定监督设施或机构生物安全(可能还有生物安保)程序的个人。履行这一职能的人也可称为生物安全专业人员、生物安全顾问、生物安全经理、生物安全协调员或生物安全管理顾问等;生物安保则是为生物材料和(或)与其处理有关的设备、技能和数据的保护、控制和问责而实施的原则、技术和实践。生物安保旨在防止未经授权的访问、丢失、盗窃、滥用、转移或释放等情况。

显然,有效的生物安全规范、相关的生物安全风险评估管理及第三方认证认可规则,是实验动物机构生物安全保障活动的根本。我国的生物安全规范、规章、标准比较系统,《中华人民共和国生物安全法》的立法宗旨体现在第一条,立法是为了维护国家安全,防范和应对生物安全风险,保障人民生命健康,保护生物资源和生态环境,促进生物技术健康发展,推动构建人类命运共同体,实现人与自然和谐共生。而该法第七条则是各级人民政府及其有关部门的主体责任体现,明确应当加强生物安全法律法规和生物安全知识宣传普及工作,引导基层群众性自治组织、社会组织开展生物安全法律法规和生物安全知识宣传,促进全社会生物安全意识的提升。该法第二章明确包括实验动物在内的生物安全风险防控体制,规定要建立生物安全风险监测预警、调查评估及信息共享、生物安全名录和清单、生物安全标准、生物安全审查、生物安全应急、生物安全事件调查溯源、动植物等高风险生物因子国家准入、境外重大生物安全事件应对等相关制度,为生物安全风险评估及控制决策、第三方定期认证检查提供安全保障,这些措施的出台是党和国家与突发公共卫生事件抗争实践成功的经验总结。

实验动物生物安全保障措施应以实验动物溯源管理及病原体生物因子和毒素为核心,涉及化学品毒性及辐射安全的实验动物活动机构,还应将化学及放射性因子作为生物安全保障的核心,以其核心责任的综合方案为基础,对其所在位置、进出人员资料、使用记录等最新信息,明确规定公共卫生和安全保障管理部门在发生违反安全保障事件时的介入程度、作用和责任。生物安全培训也是实验动物机构生物安全保障的重要措施,可以帮助工作人员理解保护实验动物活动及其相关材料的必要性,以及生物安全保障措施的原理,明确相关人员在发生违反安全保障事件时的相关作用和责任,尤其是接触实验动物敏感材料的相关人员,其专业素质与职业道德更是机构生物安全保障活动的关键内容。

从认证的角度来看,实验动物机构认证以《实验动物机构　质量和能力的通用要求》(GB/T 27416—2014)为基本准则,并且应以国家、地方等主管部门的安全要求为依据制定安全手册;应要求所有员工阅读安全手册并保证该手册在工作区随时可供使用。安全手册应包括(但不限于)以下内容:紧急电话、联系人;设施的平面图、紧急出口、撤离路线;标识系统;生物危险(包括涉及实验动物和微生物的各种风险);化学品安全;辐射;机械安全;电气安全;低温、高热;消防;个体防护;危险废物的处理;事件、事故处理的规定和程序;从工作区撤离的规定和程序。安全手册应简明、易懂、易读,管理层至少每年对安全手册进行评审,需要时进行更新。

总之,实验动物安全保障预防应与无菌规范操作程序一样,成为机构标准化操作文件的一部分,每个实验动物机构均须根据其业务性质、国家或行业要求、实验动物机构活动类型以及本地的情况来制定和实施特定的实验动物生物安全保障规划,包括制定安全手册,以健全生物安全风险防控制度及保障措施,使其更加具体、有针对性、可操作及标准化,并且要对政府部门开展的实验动物生物安全监督检查工作给予全面配合,通过危险度及风险评估工作,明确各机构在防止实验动物及相关标本、病原体和毒素被滥用方面应负的责任。生物安全保障的主体责任方与监督责任方密切配合、信息与资料有效共享,监督部门或人员既不干涉、干扰责任主体的日常工作,又要保障责任主体的活动安全;责任主体也要尊重、配合监督责任的落实,确保危险度评估及风险评估控制措施的落实。

第五节 实验动物生物安全风险评估报告示例或模板

本章从实验动物生物安全风险评估的理论、方法等开展了系统描述,对于绝大多数实验动物机构而言,其实验动物活动通常具有阶段性的项目特点,活动所产生的风险也同样具有阶段性的项目特点,在评估时没必要按照同一种模式开展风险评估,可以针对项目中某一种具体操作或某一阶段的活动开展评估。世界卫生组织为此提供了短模板及长模板两种模式供参考使用,本节结合工作实际提供具体的评估报告示例。

一、艾滋病病毒培养活动风险评估报告(短模板示例)

利用实验动物活动开展艾滋病病毒防治技术科学研究是当前的热点之一,其中艾滋病病毒培养是活动的阶段性关键风险因素。世界卫生组织提供的风险评估报告短模板示例如下。

本实验项目在研究所建立的 ABSL-3 实验室完成,其中包括在细胞实验室完成病毒培养工作。该实验室位于研究所某建筑第二层独立区域,相关艾滋病病毒培养活动已获科技部及国家卫生健康委批准,实验室已获中国合格评定国家认可委员会(CNAS)认可并具有实验动物使用许可资质,实验活动相关风险评估情况报告见表 2-1。

表 2-1 艾滋病病毒培养活动风险评估报告示例

评估内容提示	评估报告示例
机构/设施名称	××××研究所/ABSL-3 实验室
实验室名称	病毒学 ABSL-3 实验室
实验室负责人/主管	张三,ABSL-3 实验室负责人
项目名称及相关标准操作程序	艾滋病病毒培养风险评估;艾滋病病毒培养的标准操作程序
日期	2022 年 11 月 10 日
艾滋病病毒相关信息收集及识别	
描述生物因子和其他潜在危害(如传播、感染剂量、治疗或预防措施、致病性)	• 艾滋病病毒可能存在于血液、精液、阴道分泌液、乳汁、脑脊液中 • 艾滋病病毒能耐受低温而对高温敏感,煮沸可迅速将其灭活,室温(23～27 ℃)下液体环境中艾滋病病毒可存活 15 天,而在干燥环境下,病毒效价可在数小时内下降 90%～99%。被艾滋病病毒污染的物品至少 3 天内有传染性,液体中的艾滋病病毒加热 56 ℃ 10 分钟即可被灭活。干燥状态下外界蛋白质对艾滋病病毒有显著保护作用,真空冷冻干燥的血液制品加热 68 ℃ 72 小时才能保证所含艾滋病病毒被灭活,艾滋病病毒对甲醛、戊二醛、酒精、卤族化合物敏感
描述生物因子和其他潜在危害(如传播、感染剂量、治疗或预防措施、致病性)	• 艾滋病的传播途径:性接触传播、静脉注射传播、母婴传播、血液及血液制品(包括人工授精、皮肤移植和器官移植)传播 • 艾滋病病毒具有高度传染性,人体感染后,血液中最先出现艾滋病病毒抗原,然后很快消失,直到疾病后期才重新出现。几周后 IgM 抗体出现并很快消失,此后,IgG 抗体出现并一直存在。因此,艾滋病病毒感染的实验室诊断以抗体检测为主,病毒及相关抗原的检测为辅 • 无常规有效的免疫接种防护措施及有效药物治疗 • 生物因子潜在风险见于培养接种、物品高压灭菌和废弃物处理、实验室发生任何泄漏后的清洁及消毒、个人防护用品佩戴、样品及耗材收转、记录等过程中

续表

描述要使用的设备类型（个人防护装备（PPE）、离心机、高压灭菌器、生物安全柜（BSC））	• 艾滋病病毒培养工作在 ABSL-3 实验室内进行，个人防护装备如实验室防护服、乳胶手套、N95 口罩、护目镜等按规定佩戴 • 实验室相关设备包括冰箱、显微镜、利器盒、二氧化碳培养箱、高压灭菌器（每半年验证一次）按标准操作程序操作及维护
描述进行工作的设施的类型和状况	病毒培养在细胞实验室内完成，其设施设备符合 ABSL-3 实验室相关要求，通过权威机构中国合格评定国家认可委员会（CNAS）认证认可，具备开展相关实验的能力
描述相关的人力因素（如人员的能力、培训、经验和态度）	实验人员接受了本实验室生物安全方面的培训，具备实验室上岗资格，实验室管理体系完善，管理人员管理经验丰富。病原活动相关风险评估充分，并建立了标准操作规程。实验人员能严格遵守相关规程开展实验，并有生物安全官监督
描述可能影响实验室操作的任何其他因素（如法律、文化、社会经济）	实验人员中有学生，其标准操作程序依从性、纪律性及责任心略有欠缺，实验室所在地区治安情况良好，但实验室位于市区

评估风险	
有哪些可能发生暴露或释放的潜在情况	• 停电、设施设备故障可能引起病毒泄漏，加上公众对艾滋病病毒、标准操作程序依从性偏«，而导致的心理健康及行为风险 • 病毒培养器皿破损及病毒培养物转接溢洒，导致污染地面、台面甚至空气所形成的气溶胶被实验人员误吸入的传播艾滋病病毒风险 • 废水、耗材等无害化消毒不彻底、处理不当的风险 • 被锐器刺伤皮肤的污染接触风险
暴露或释放发生的可能性？（可能、不太可能、不可能）	• 病毒泄漏或偏离标准操作程序造成的心理健康及行为风险（可能） • 溢出造成的艾滋病病毒气溶胶暴露或释放风险（可能） • 消毒及处理不当的废弃物（可能） • 被污染的锐器刺伤（可能）
暴露或释放的后果有多严重（可忽略、中等、严重）	艾滋病病毒的传播方式，决定了上述风险可能性的危害程度为中等

优先实施风险控制措施后的初始风险	暴露或释放的可能性		
		不太可能	可能	很可能
暴露或释放的后果	严重	中	高	非常高
	中等	低	（中）	高
	可忽略的	非常低	低	中

整体风险评估			
实验活动或程序	初始风险程度（极低、低、中、高、极高）	初始风险是/否可接受	优先级（高、中、低）
病毒培养过程中产生气溶胶	低	是	低
培养物的溢出或污染	低	是	低
使用锐器处理培养物造成尖锐伤	低	否	高

续表

选择总体初始风险	□极低	□低	□中	■高	□极高
活动是否应在无额外风险控制措施下继续进行	是□ 否■				

<table>
<tr><td colspan="2" align="center">制定风险控制策略</td></tr>
<tr><td>资源是否足够保障和维持潜在的风险控制措施？</td><td>实验室提供了安全可靠的个人防护装备，而且随时可取得，并有额外的个人防护装备如呼吸防护装备等防护资源，足够保障和维持潜在的风险控制措施；上岗人员也开展了经常性的标准操作程序培训考核</td></tr>
<tr><td>描述指南、政策及策略（如有）所建议的措施</td><td>对全部上岗人员（包括学生人员）开展经常性的标准操作程序培训考核；对设施设备，包括过滤器、消毒器等关键设备的综合性能定期开展安全评估，加强安全监督性检查</td></tr>
<tr><td>活动是否能在无任何风险控制措施下进行？是否有替代品？</td><td>不可以；如果需要进行病毒培养，就必须严格按照相关规定在 BSL-3 实验室中进行相关操作。可使用经改造无复制能力的病毒进行实验，以降低暴露后的风险</td></tr>
<tr><td colspan="2" align="center">选择和实施风险控制措施</td></tr>
<tr><td>描述国家法律或法规要求采取的措施</td><td>《人间传染的病原微生物名录》</td></tr>
<tr><td>描述指南、政策及策略所建议的措施</td><td>• 世界卫生组织艾滋病指南
• 世界卫生组织《实验室生物安全手册》第 4 版</td></tr>
</table>

<table>
<tr><td colspan="5" align="center">风险控制措施的地点、时间及剩余风险与控制描述</td></tr>
<tr><td>实验活动/程序</td><td>选定的风险控制措施</td><td>剩余风险（极低、低、中、高、极高）</td><td>剩余风险是/否可接受</td><td>风险控制措施是/否可用、有效和可持续</td></tr>
<tr><td>培养物溢出，产生气溶胶</td><td>在密封容器内运输</td><td>低</td><td>低</td><td>是</td></tr>
<tr><td>培养物的溢出或污染</td><td>个人防护装备配2层手套及防护服、面屏；在生物安全柜中操作</td><td>低</td><td>低</td><td>是</td></tr>
<tr><td>使用锐器造成锐器伤</td><td>尽可能不使用锐器</td><td>极低</td><td>是</td><td>是</td></tr>
<tr><td>接触未经适当处理的废弃物</td><td>每月对高压灭菌效果进行验证</td><td>极低</td><td>是</td><td>是，如果可以随时获得用于验证高压灭菌效果的指示标识</td></tr>
</table>

<table>
<tr><td colspan="2">风险控制措施到位后的剩余风险</td><td colspan="3" align="center">暴露或释放的可能性</td></tr>
<tr><td rowspan="4">暴露/释放的后果</td><td></td><td>不太可能</td><td>可能</td><td>很可能</td></tr>
<tr><td>严重</td><td>中</td><td>高</td><td>非常高</td></tr>
<tr><td>中等</td><td>(低)</td><td>中</td><td>高</td></tr>
<tr><td>可忽略的</td><td>非常低</td><td>低</td><td>中</td></tr>
</table>

续表

整体残余风险	□极低	■低	□中	□高	□极高
剩余风险控制					

活动是否应按选定的风险控制措施进行?	是■　否□
批准人(姓名及职称)	李四,生物安全委员会主任
批准(签名)	李四
日期	2022 年 11 月 18 日
危害、风险和风险控制措施的沟通	标准操作规程将更新,包括标本运输、个人防护装备使用、锐器处置、洗手、消毒和灭菌等相关内容。标识和活动提示将更新和展示
风险控制措施	加强人员培训,提高操作熟练程度
操作和维护程序	为了更频繁的验证,高压灭菌器标准操作程序将更新
人员培训	员工将接受新的标准操作程序培训
评估风险和风险控制措施	
评估的频率	该风险评估将在 6 个月内进行,以确保所有建议的风险控制措施得到适当实施,之后每年进行一次
负责评估的人员	实验室负责人或生物安全员
描述更新或改变	更新标准操作程序并对员工实施系统培训与考核,提高其操作技能和生物安全意识
变更负责人或程序	实验室安全负责人组织操作人员实施变更,并经实验室负责人批准
批准人(姓名及职称)	张三,实验室负责人
批准(签名)	张三
日期	2022 年 11 月 30 日

二、非洲猪瘟研究活动风险评估报告示例(长模板示例)

猪是国家标准中的实验用动物,在药物研发方面的应用较普遍。非洲猪瘟研究活动风险评估报告的示例如表 2-2 所示。

表 2-2　非洲猪瘟研究活动风险评估报告示例

评估内容提示	评估报告示例
机构或设施名称	××××研究所或 ABSL-3 实验室
实验室名称	ABSL-3 实验室
实验室负责人或主管	张三,ABSL-3 实验室负责人
位置	市中心
项目名称和相关标准操作程序	• 非洲猪瘟研究的标准操作程序 • 实验室病毒泄漏清理的标准操作程序 • 废弃物及动物尸体等追溯管理的标准操作程序 • 实验室相关的操作规程
日期	2020 年 11 月 10 日

续表

风险信息收集与识别	
概述实验活动背景	为了尽可能减少非洲猪瘟病毒对研究活动、周边环境畜牧业及国家经济安全造成负面影响，实现非洲猪瘟的快速检测诊断，以及对预防免疫研究活动中灭活疫苗和减毒活疫苗等疫苗应用的安全监管，实验室必须具有非洲猪瘟病毒的检测方法以及疫苗研制方法。为了保护环境，并保证研究人员生物安全，相关实验须在 ABSL-3 实验室开展，为保障实验活动顺利开展，准确识别风险点，并有针对性地采取措施，为标准操作工作提供指导，应对实验活动进行充分的风险评估
描述生物因子和其他潜在危害	1. 非洲猪瘟病毒(African swine fever virus，ASFV) (1)非洲猪瘟的传播途径较为广泛。病毒可通过直接接触感染猪。被病毒污染的猪肉及其制品、饲料、泔水、粪便、垫料，以及带病毒蜱，均可传播非洲猪瘟。 (2)猪是非洲猪瘟病毒唯一自然宿主，除家猪和野猪外，该病毒不感染其他动物。病猪和带病毒猪是非洲猪瘟病毒的主要传播载体，病猪组织、器官、体液、分泌物、排泄物中均含有高滴度的病毒。因此，病毒可经病猪的唾液、鼻分泌物、泪液、尿液、粪便、生殖道分泌物以及破溃的皮肤、病猪血液等进行传播。欧洲野猪较容易被病毒感染，表现出的症状与家猪相似。有三种非洲野猪(疣猪、大林猪、非洲野猪)不表现出症状，是隐性带毒者，成为病毒的储存器。非洲猪瘟病毒是唯一的虫媒 DNA 病毒，软蜱是主要的传播媒介和储存宿主。因此，非洲猪瘟病毒在非洲的蜱和野猪感染圈中长期存在，难以根除，并在一定条件下感染家猪，引起暴发。此外，被污染的猪肉及其制品、饲料、水源、器具、泔水、工作人员及其服装，以及被污染的空气均能成为传染源。实验室误操作或防护措施失控，废弃物或空气处置不当，也能成为传染源。病毒经实验猪或畜牧场猪的上呼吸道途径传播疫病。 (3)暴露的可能后果：非洲猪瘟病毒自然感染的潜伏期一般为 4～19 天。非洲野猪对该病毒有很强的抵抗力，一般不表现出临床症状，但家猪和欧洲野猪一旦感染，则表现出明显的临床症状。根据病毒的毒力、感染剂量和感染途径的不同，感染猪的临床症状存在差异，分为最急性、急性、亚急性或慢性感染。 最急性多发生在非洲地区，近年最急性型在我国养猪业的发生率增加，病猪往往无明显症状就突然倒地死亡。急性表现为食欲减退，高热(达 40～42 ℃)，病猪挤成一团，共济失调，心跳加快，呼吸困难，部分咳嗽，眼、鼻有浆液性或黏液性脓性分泌物，皮肤发绀和出血，偶尔会出现呕吐和腹泻，血液学检测会出现白细胞减少等。临床症状出现后 7～10 天死亡，死亡率高，可达 100%。 亚急性或慢性感染多发生在非洲以外的地区，表现为妊娠母猪流产，呼吸改变，关节肿大，跛行，皮肤溃疡，消瘦，病猪死亡率低。 2. 环境中病毒的稳定性 非洲猪瘟病毒在环境中比较稳定，能够在污染的环境中保持感染性超过 3 天，在猪的粪便中保持感染性达到数周，非洲猪瘟病毒能够在室温保存的血清或血液中存活 18 个月，能够在腐败的血液中存活 15 周，能够在冷冻生肉中存活数周至数月。在腌制处理的产品(如帕尔玛火腿)中，经过 300 天的腌制处理后未发现有感染性的病毒；伊比利亚产猪肉经过 112 天腌制不含非洲猪瘟病毒；70 ℃制成的熟火腿或者罐头火腿中未发现有感染性的非洲猪瘟病毒；非洲猪瘟病毒在去骨肉里 110 天会失去感染性，在烟熏的去骨肉中经过 30 天存放会失去感染性。

描述生物因子和其他潜在危害	3.消毒剂敏感性 非洲猪瘟病毒在脂质溶剂、洗涤剂、氧化剂中很容易失活,如次氯酸盐、苯酚、合成碘溶液、福尔马林、氢氧化钠或氢氧化钙、甘油醛、过硫酸氢钾等很容易使非洲猪瘟病毒失活,养殖过程中建议使用有机磷酸酯类和合成的拟除虫菊酯等杀虫剂扑杀蜱。 本实验室选用3%次氯酸钠溶液作为非洲猪瘟病毒实验活动时实验室内环境及设施的消毒剂,75%酒精作为对实验室使用3%次氯酸钠溶液消毒后进行清洁的消毒剂。也可以用1%氢氧化钠溶液和过硫酸氢钾溶液对感染性物品进行消毒处理。 4.非洲猪瘟病毒诊断措施 可通过血清学酶联免疫吸附测定(ELISA)法和实时荧光定量聚合酶链反应(qPCR)法,检测非洲猪瘟病毒。 5.治疗、免疫和预防措施 目前无有效疫苗,只能通过采用隔离防护措施,防止病毒扩散,防止病毒入侵相关饲养机构。故动物疫情发生后,不进行急救和治疗,直接进行捕杀。 6.相关风险 (1)低温(干冰)的使用风险:细胞储存在-150 ℃,病毒储存在-80 ℃,两者都通过干冰冷冻环境运输。低温会导致研究人员冻伤;干冰升华后的二氧化碳气体在浓度较低时,也可对健康造成影响(有毒风险),在浓度较高时则有窒息风险。 (2)使用压缩气体(CO_2)进行细胞培养的风险:如果气瓶倒下或被加热,则有二氧化碳气瓶破裂的风险
描述要使用的实验室程序	在运输、处理或操作非洲猪瘟病毒时可能导致非洲猪瘟病毒传播的操作包括:离心机操作;样品接收和细胞接种等操作;实验室内外运输标本或材料操作;病毒核酸提取与分离培养操作;生物废弃物灭活程序操作(如化学处理、高热等)及处理程序操作(如高压灭菌、焚化等)。 病毒核酸提取:该实验活动需要在BSL-3实验室内用病毒DNA提取试剂盒中的工作液或Trizol试剂,对病毒感染细胞或培养液、感染性样品的血清或鼻拭子样品进行灭活处理,并转运出BSL-3实验室继续提取DNA。 病毒分离与培养:样本在BSL-3实验室生物安全柜中解冻后,接种至猪的白细胞培养物中,并在二氧化碳浓度为5%的培养箱中孵育6天,用1%猪红细胞检测是否发生血细胞吸附反应。阳性样本用PCR法证实,阴性样品盲传三代。成功分离病毒后,可将病毒液分装至冻存管,贴好标签后交给菌毒种保藏管理员保存。 废弃物处理:每次实验结束后,用3%次氯酸钠溶液对需要保存的生物材料外包装表面、实验耗材、固体垃圾等消毒,再移出生物安全柜;枪头、离心管等固体物包装后放入高压灭菌锅内,统一灭菌处理。灭菌后的废弃物根据当地环保部门的要求进行处置,并按照对应指南的要求收集锐器
描述使用的设备类型(确定将使用什么仪器和设备进行实验活动)	本项目所有可用和可能使用的安全设备包括个人防护装备、高压灭菌器、生物安全柜(BSC)、离心机、培养箱、旋涡混合器、冰箱或冰柜、病毒DNA提取试剂盒、PCR仪、血清学移液器和移液器辅助器、测序仪、泄漏包、洗手设施和手部消毒设施、高效过滤器及在线监测系统、液氮罐、二氧化碳培养箱、移动消毒设备、清洗消毒设备、废弃物收集装置等,每种设备都有其固有的风险。操作前须对相关研究人员实施上岗培训与考核

描述进行工作的设施类型和状况	本项目研究工作将在 BSL-3 实验室内进行,实验室符合 CNAS 高致病性病原微生物实验室的相关管理要求。实验室的门是可关闭互锁的。实验室机械通风,维持一定的负压差,确保核心区内的气流不会与外界交流,室温保持恒定。细胞培养箱位于生物安全柜(BSC)旁边,确保(受感染)细胞培养物的短途运输路线。实验室里还有实验台,一台带多视系统的光学显微镜和一台荧光显微镜,一台冰箱,一台大型离心机和一台台式离心机,一个金属浴锅和一台小型立式灭菌器。少量的耗材放在实验室内,确保当次实验够用。病毒存放在准备间的同一防护区内。采用特殊运输盒将感染物质运输到这些冰柜。来自实验室的废弃物和可重复使用材料的灭活和灭菌单元位于核心区内。经实验室内第一次灭菌后,再汇集其他实验室废弃物经灭菌器灭菌后存放在废弃物专门存放点,集中由专业废弃物处置公司处理
描述相关的人为因素(如人员的能力和适宜性)	所有实验室工作人员都接受过有关工程控制、非洲猪瘟风险评估、病毒培养及核酸提取、个人防护装备和工作程序(如生物安全柜、实验室工作服、卫生等)等标准操作程序培训。新上岗人员和经验不足的人(如在实验室进行有限时间实习或科学项目的本科生和研究生),通常由有经验的实验人员监督和培训实验操作程序。 每个项目的实验人员均来自同一部门,同一时间段同一区域只有一组人员开展实验项目,能保证实验人员高效进行相关实验活动。 免疫系统有缺陷的人员不允许与人类病原体打交道。非洲猪瘟病毒的宿主不包括人类,人员暴露后感染风险较小,主要风险为人员携带病毒后传染到附近养殖机构。故要求相关人员在实验结束后 21 天内,不得去养殖场、动物园等可能会导致病毒扩散的地方。清洁和内部维护人员均接受实验室基本知识和基本生物安全培训
描述可能影响实验操作的任何其他风险因素	本项目实验室依照国家相关法律法规《病原微生物实验室生物安全管理条例》设立,可能影响实验操作的任何其他风险因素,包括政府或公众的高度重视与认知、足够的组织和财政资源保障、可靠的公用设施(电力设施和供水设施)、良好的基础保养设施、社会环境稳定性、应急预防或治疗措施等
评估风险	
可能发生的接触或释放	(1)与污染物接触且未经消毒处理而带出实验室的风险 (2)未配备个人防护装备或不正确地使用个人防护装备,导致衣服或身体受到污染(污染后必须进行更换,或彻底消毒)的风险 (3)在生物安全柜外操作,接触传染性物质(感染性材料溢洒)的风险 (4)低温液体或冷蒸汽与身体未受保护部位的直接接触,会导致皮肤冻伤或眼睛损伤的风险
确定暴露或释放的可能性,以及哪些因素对可能性的影响最大	实验室要求单次操作的样品不超过 50 mL,最高的病毒滴度和需要处理的最大数量发生在病毒储存时。将病毒原液冷冻,分成 1~2 mL 的等份。在细胞培养物的实验过程中,使用的病毒株体积较小。目前的实验人员能胜任感染性病毒的操作。来自人类、鸟类、猪和蝙蝠的原代细胞培养总是在生物安全柜中处理,因为这些样品必须保持无菌,可能含有未被检测到的生物因子(尽管这是非常不可能的)。化学抑制剂不挥发,只在生物安全柜内处理,因为它们必须保持无菌。工作人员在使用这些抑制剂时要戴手套。操作低温样品时,应戴防寒手套。压缩的二氧化碳瓶用铁链固定,二氧化碳经管道输入实验室内,只有经过培训的技术人员才能操作。上述各种风险比较罕见,到目前为止,本实验室尚未发现任何已知的暴露

确定暴露或释放的后果,以及对后果影响最大的是什么	实验室内暴露的非洲猪瘟病毒不会引起人员损伤,不会对人的健康产生影响。为防止病毒扩散,在实验过程中和结束后应进行及时有效的消毒。本实验室用3%次氯酸钠溶液喷洒物品表面,对于生物安全柜的操作台面,用3%次氯酸钠溶液消毒后再用75%酒精进行清洁。实验结束后用过氧化氢进行终末消毒。核心区实验仪器设备原则上不搬出,一旦发现仪器故障不能运行需要替换,则需要用3%次氯酸钠溶液进行内外表面擦拭消毒,在完成终末消毒后再移出实验室。这样可避免病毒被带出实验室(会影响周边环境与养殖业的安全)。非洲猪瘟病毒暴露或释放,对养殖业影响较大,其他因素可忽略不计
描述在实施额外风险控制措施之前实验室活动的初始风险	在附加风险控制措施到位之前,圈出实验室活动的初始风险。相关的风险主要在设施启用时,上次实验活动的剩余风险及设施设备运行的固有风险,针对相关暴露的可能性和后果,确定所需的适当风险控制措施

初始风险可能性及后果		暴露或释放的可能性				
		罕见	不太可能	可能	很可能	几乎肯定
暴露或释放的后果	可忽略	中	中	高	极高	极高
	轻微	中	中	高	高	极高
	中度	低	(低)	中	高	高
	重大	极低	低	低	中	中
	严重	极低	极低	低	中	中

初始风险评估		潜在后果	措施
☐	极低	如果发生事故,伤害是不太可能发生的	在现有的风险控制措施到位的情况下开展实验室工作
☑	低	如果发生事故,会有很小的伤害可能性	必要时使用风险控制措施
☐	中	如果发生事故,将造成损害,需要基本的医疗处理和(或)简单的环境保护措施	建议采取额外的风险控制措施
☐	高	如果发生事故,将造成损害,需要进行医疗处理和(或)采取重大环境保护措施	在进行实验室活动之前,需要实施额外的风险控制措施
☐	极高	如果发生事故,很可能造成永久性、破坏性伤害或死亡和(或)广泛的环境影响	考虑采用实验室活动的替代方案。需要实施全面的风险措施以确保安全

实验室活动或操作程序的初始风险评级与控制措施			
实验室活动或操作程序的风险	初始风险等级	初始风险是/否可接受	优先级(高/中/低)
非洲猪瘟病毒	极低	是	中
来自人类、鸟类、猪和蝙蝠的原代细胞培养	极低	是	低
病毒感染免疫系统受损的人	极低	是	低
化学抑制剂	极低	是	低
低温窒息(CO_2)	极低	是	低
压缩二氧化碳爆炸	极低	是	低
选择总体初始风险	☑极低　　☐低	☐中	☐高　　☐极高

续表

活动是否应该在没有额外风险控制措施的情况下继续进行	是□ 否☑
活动是否需要额外风险控制措施	是□ 否☑

制定风险控制策略

说明：考虑所有需要额外风险控制措施的风险资源的适用性、可用性和可持续性。制定风险控制策略时应考虑以下问题。

- 是否有其他方法或风险控制措施可代替？
- 是否有足够的资源来确保和维持潜在的风险控制措施？
- 管理部门是否提供维护风险控制措施所需的预算？
- 管理部门是否支持对人员进行设备的正确安装、操作和维护以及相关风险控制措施的培训？
- 存在哪些因素可能限制风险控制措施的实施？是否存在财务、法律、组织或其他可能限制风险控制措施实施的因素？
- 在没有任何风险控制措施的情况下，工作是否能够继续进行

任何危害的替代都是不可能的，但管理层应通过适当的预算和资源分配，支持必要的风险控制措施。管理部门支持开展定期培训，展示良好的微生物操作方法和程序，以及个人防护装备操作示范

描述国家法律法规要求的措施	根据《中华人民共和国生物安全法》《中华人民共和国动物防疫法》，并在当地主管部门同意的情况下，由农业农村部批准这些实验活动。 培育无特定病原体猪，其种子血缘来自无特定病原体育种单位
描述何时何地需要额外的风险控制措施	说明：如实记录从上述风险评估中确定的不可接受的风险，选择最优风险控制措施来减少不可接受的风险。确定在实施风险控制措施后的新的剩余风险，以及它是可接受的（如极低或低）还是不可接受的（如中、高或极高），以及是否需要采取进一步的风险控制措施以降低风险，或者确定该活动根本不应继续进行，或考虑调整可接受的风险。请注意，有些操作程序可能需要几种风险控制措施（即在任何失败情况下所有可采用的措施），以将风险降到可接受的范围。 评估所选风险控制措施的可用性、有效性和可持续性，并在必要时提供额外信息以支持这一评估。如果使用可用的、可持续的风险控制措施不能将任何风险降到可接受的范围，就最好不要进行这类实验活动或在另一个有能力做这项工作的实验室开展相关活动。 一旦对风险进行了评估，就可以采取风险控制措施来降低风险。可考虑以下风险控制措施。 • 消除危害或用风险可接受的危害取而代之（如用减毒或毒性较低的菌毒株替代，或使用灭活材料） • 提高人员的熟练程度（如提供额外的培训和指导，做能力评估，开展演习和演练等） • 实施安全程序和标准操作程序（如尽量减少生物因子的传播和集中，限制使用锐器，张贴危险标志，执行职业健康方案等） • 使用个人防护装备，应对每种装备进行风险评估，以确保它为用户提供预期的保护 • 采用二级屏障，如生物安全设备、生物安全型离心机、生物安全柜和高压灭菌器，负压环境等 • 定期评估所有风险控制措施的有效性；任何故障都应记录在案并加以纠正 使用下表列出程序、选定的风险控制措施和剩余风险，并说明风险控制措施是否将风险降低到可接受的范围，是否有效和可持续

续表

实验室活动或操作程序的风险	选定的风险控制措施	剩余风险等级	剩余风险是否可接受	风险控制措施是否可用、有效和可持续
处理非洲猪瘟病毒和原代细胞培养物:避免气溶胶产生或与污染物接触	工程控制:在专用实验室开展非洲猪瘟病毒研究,并只在生物安全柜中操作感染性材料;使用生物安全离心机	极低	是	是

<table>
<tr><td colspan="6" align="center">对选定的风险控制措施和剩余风险进行评估</td></tr>
</table>

说明:选择风险控制措施后,圈出实验活动的剩余风险。根据上述额外的风险控制措施对剩余风险的影响及可用性和可持续性,评估实验室活动中暴露或释放的可能性和后果,确定剩余风险是否可接受,是否应继续工作,以确定所需的适当措施,指出谁负责批准进行工作

剩余风险暴露或释放的可能性及后果		暴露或释放的可能性				
		罕见	不太可能	可能	很可能	几乎肯定
暴露或释放的后果	可忽略	中	中	高	极高	极高
	轻微	中	中	高	高	极高
	中度	低	(低)	中	高	高
	重大	极低	低	低	中	中
	严重	极低	极低	低	中	中

剩余风险评估		潜在后果	措施
☑	极低	如发生事故,伤害是不太可能发生的	如果识别出的剩余风险是可接受的,则无须采取进一步措施进行实验室工作
□	低	如发生事故,会有很小的伤害可能性	
□	中	如发生事故,将造成损害,需要基本的医疗处理和(或)简单的环境保护措施	如确定的剩余风险不可接受,则需采取进一步行动,以便继续进行实验活动。对初始风险重新检查并重新评估风险控制策略。行动可能包括(但不限于)以下内容。
□	高	如发生事故,将造成损害,需要进行医疗处理和(或)采取重大环境保护措施	• 根据初始风险实施额外的风险控制措施,将剩余风险降到可接受的程度:如初步风险被评估为中、高,则在进行实验活动之前,实施进一步的风险控制措施;如初步风险被评估为极高,则需实施综合风险措施以确保安全。
□	极高	如发生事故,很可能造成永久性、破坏性伤害或死亡和(或)广泛的环境影响	• 重新定义活动范围,使风险在现有风险控制措施到位的情况下是可接受的。 • 确定一个具有适当风险控制策略的替代实验室,并保证能按计划开展工作

选择整体剩余风险	□极低	☑低	□中	□高	□极高
工作是否需要额外的风险控制措施?	是□ 否☑				
批准人(姓名及职称)	张三,实验室主任				
批准(签名)	张三				
日期	2022年11月18日				

<table>
<tr><td colspan="6" align="center">危害、风险和风险控制措施的沟通</td></tr>
</table>

说明:制定计划,与实验室和其他相关人员沟通风险和风险控制策略。这些计划应包括实验室内部的沟通机制,如面对面的团队会议和(或)培训班,公布的标准操作程序,以及确定一个可访问的地方来存储所有关于风险评估和风险控制策略的文件

由生物安全团队和实验人员共同制定新的标准工作程序。程序存储在电子数据库中。新入职的实验人员需要参加一些关于实际操作的生物安全培训,内容涉及相关的生物安全问题(如良好的微生物实践和程序,生物安全柜操作,溢出物清理,卫生,个人防护装备的穿脱,设施内和设施之间的运输等)。定期为在职人员提供进修课程。新入职的实验人员和经验不足的人(如本科生和研究生)由有经验的实验人员进行监督和培训

购买所需物品的风险控制措施

说明:描述实施所有风险控制措施所需的设备等物品,以及采购的过程和时间表。在开始实验室工作之前,要考虑所有风险控制措施的预算、财务可持续性、订购、接收和安装

所有所需的设备都已配备到位,并签订维护和服务合同

运行和维护程序

说明:描述一个过程和时间表,以确保所有的风险控制措施都有相关的标准操作规程,并且已经完成了关于这些风险控制措施的培训。该计划应包括标准操作程序的制定、工作人员的培训以及开始实验室工作前设备的维护和(或)校准、认证和验证

每年由制造商进行维护和校准(如生物安全柜、培养箱和其他设备等)

人员培训

说明:描述确保完成所有风险控制措施培训的过程和时间表。考虑到所有人员(如实验人员和支持、维护人员)在开始实验室工作之前,应完成实施所有风险控制措施所需的所有培训

为了跟踪员工的培训水平,所有员工在完成一门课程的学习后,都必须签署一份出勤表

评估风险和风险控制措施

说明:描述定期评估过程。应定期对风险、风险控制措施和风险控制策略进行评估,以确保实验室程序是安全的,并确保已实施的降低风险的风险控制措施仍然有效。定期评估的组成部分可能包括实验室检查、审核的结果和(或)在培训和团队会议期间征求的反馈意见。对风险和风险控制措施的评估还必须包括如下内容。

- 实验室活动或操作程序的更新
- 新的生物因子,或关于现有生物因子的新信息
- 人事变动
- 设备设施的变化
- 审核、检查的结果
- 从实验室事故或险些失误中吸取的教训
- 对操作程序、风险控制措施和剩余风险的宣传
- 负责评审的人员能力
- 记录更新和更改的方法
- 实施变更的操作程序

虽然年度评审可能是最常见的,但评审的频率应该与风险成比例,而且每当工作的任何部分发生重大变化时,都应该进行评审并重新评估风险

如果人员和(或)设备发生事故或发生重大变化,生物安全团队将与实验人员一起对标准操作程序进行评估。如果发生事故,或当改进的技术或最佳实践信息可用时,生物安全团队将实施更改,并得到管理部门的支持

审核人(姓名及职称)	李明,×××××研究所所长
审核(签名)	李明
日期	2022 年 11 月 30 日

第三章
实验动物生物安全风险概述

实验动物作为生物因子中的一种特殊"活体生物材料",一方面因其特殊的遗传学、生物学特性而与自然状态下的动物,以及所接触的人员、环境存在着相互影响;另一方面,它特殊的微生物学及环境学背景,包括人工饲养管理操作的规范性,也可能受外部各种因素的影响而发生改变,形成对人类、动物或植物等的危害,并带来生物安全问题。本章将从与实验动物生物安全密切相关的风险因素,如物理因素、化学因素、生物因素、社会因素等角度,对风险源、风险特征、潜在事件、后果和概率进行分析,便于风险识别及危险程度等级评判,为风险控制提供支撑。

第一节　实验动物设施类型与生物安全风险特性

实验动物设施类型因其机构的业务性质和需求不同,而存在不同的生物安全隐患,包括设施、设施试运行及认证方面的生物安全隐患。实验动物设施分为如下几种。

(一)普通实验动物生产设施

这种设施中的动物从种子的引进,到配种、繁育、产仔、离乳、培育、供应,新种替代母种的过程较长。尽管工作人员分工比较固定,动物与人员接触单一,但因设施中的实验动物受自然环境因素与生物因素的影响较大,规范性操作难度大,容易对人、动物造成风险较大的接触性伤害,人员容易患人畜共患病,动物易患烈性传染病。共性的生物安全风险体现在机构设施系统共用环节岗位人员自身的能力,以及普通实验动物设施外界的媒介物(如野鼠、昆虫、饲料、垫料、饮用水、笼器具、饲养器具)及工作人员将动物易感的病原因子带入设施中,并引起动物感染发病,或工作人员感染、过敏,或社区人群不适应所造成的生物安全问题。其他环境的实验动物生物安全风险也是如此。另外,实验动物生产繁殖与饲养管理技术能否保证动物健康及实验动物微生物控制级别的质量,也是实验动物生物安全的重要风险因素。从实验动物机构的能力来看,实验动物机构法人对实验动物生物安全的主体责任意识、实验动物组织架构的完善、实验动物设施条件的完备及防护措施建立、生物安全管理体系文件的落实程度,直接关系到实验动物生物安全管理及可追溯目标的实现。这是落实实验动物生物安全主体责任的核心保障内容。其他风险因素则是实验动物机构内部实验动物溯源、废弃物无害化处理、工作人员的资格及能力等因素所带来的风险,故其生物安全防护设施通常参照 BSL 1~4 实验室的要求建立及认证。需要特别说明的是,普通实验动物设施的工作人员接触的动物种类相对较多,进出设施的人员专业操作背景复杂,其生物安全要求通常高于同级别的实验动物生产设施及一般实验室,同时也使得其生物安全风险因素变得更加复杂,人员要求更加严格,生物安全事件出现的概率也相对较高。

(二)屏障及隔离环境的实验动物设施

维持这种设施正压环境的动力系统、保障实验动物健康生存所需要物品供应质量,成为实验动物生物安全的重要风险因素。同时,设施中的动物所携带的微生物种类及致病性、遗传背景等受控程度较高,它们对外界病原体的易感性要高于普通设施中的动物。因此,设施内的环境参数、物品消毒、无菌操作、动物逃逸、废弃物处理等因素的风险控制,直接决定着生物安全风险的高低。

(三)感染性实验动物设施

这种设施通常被负压环境条件所控制,除维持设施正压环境的重要风险因素外,其风险分析主要针对微生物的动物实验活动进行。在进行感染性动物实验活动时,实验室环境及操作水平对工作人员的健康风险影响要高于非感染性的实验动物设施,风险控制的复杂性也高于同级别的生物安全实验室,在开展风险评估时,必须结合具体的动物实验设施与微生物活动特点进行。

(四)放射性实验动物设施

这种设施的生物安全风险因素,除所对应的实验动物设施环境外,应重点考虑射线类及核医学类放射性装置及设施的辐射安全影响与防护措施到位程度,在生物安全影响方面,其风险与危害性程度要高于其他类型的实验动物设施。

(五)化学性实验动物设施

化学性实验动物设施的生物安全风险因素,除所对应的负压环境实验动物设施外,应重点考虑化学物质的危害程度及化学物质染毒的方式、剂量及防护措施,只有这样才能明确风险的高低。

总之,无论何种环境的实验动物设施,共性的风险因素包括不同动物呼吸特征、动物源性气溶胶、毛发、抓咬、挣扎、废水、废气,以及动物淘汰、安乐死、动物尸体及排泄物处置过程等所产生的潜在因素,同样决定着生物安全风险的高低。

无论何种类型、何种性质的实验动物设施机构,根据《实验动物机构 质量和能力的通用要求》(GB/T 27416—2014),所涉及的实验动物生物安全风险因素,通常来自管理体系、实验动物设施运行及管理、动物饲养等。概括地归类于综合性的社会管理学风险因素以及专业性的环境、物理、化学和生物风险因素。只有了解了不同类型实验动物设施或机构的生物安全风险,才能在出现风险后立即采取相应的措施以有效控制风险。

第二节 综合性的社会管理学风险因素

实验动物生物安全风险评估及风险管理是有针对性的,就是在了解了实验动物机构各种可能出现的生物安全风险因素基础上,针对风险危害程度立即采取相应的措施进行有效控制,避免事态扩大。实验动物因其生物多样性、标准化、规范化、法制化等特点,相关风险因素比较复杂。我国实验动物科技事业起步较晚,但发展较快,实验动物机构已经遍布大专院校、科研院所、医疗卫生机构、生物医药产业创新基地、高科技产业园区,生命科技创新研究、生物技术及生物制造已成为国内外争夺健康产业与国家安全"制高点"的关键,而实验动物科技资源则是关键的关键,但真正将实验动物作为关键的科技资源加以重视,并给予充分安全保障措施则存在较大风险,尤其是在实验动物机构主体地位、组织保障、人力资源、生物安全等综合性的社会管理学方面的风险较多。按照《中华人民共和国生物安全法》要求,实验动物机构综合性的社会管理学因素不仅是产生生物安全风险的根源,也是生物安全主体责任的集中体现。

综合性的社会管理学风险因素的内容复杂,其分析评估除遵循国家法律法规、技术标准外,通常还需要参考国际组织的法律法规、技术标准等相关规定,并结合已有的经验和历史数据。对照《实验动物饲养和使用机构质量和能力认可准则》(CNAS-CL06)(以下简称《准则》),实验动物机构(以下简称机构)基本的社会管理学能力认可内容包括管理体系文件的建立及设施设备运行管理、生物与职业健康安全,归纳起来包括实验动物机构的地位及能力、人员管理、动物饲养管理、危险材料管理、废弃物管理、管理体系检查与纠正、内部审查和管理评审、应急管理和事故报告、生物安保等因素内容,这些因素能否得到有效控制,直接关系到实验动物机构生物安全风险的高低。

中国的实验动物机构主要分布在大专院校与企事业单位,生物安全理念的提出也是基于中国的体制与机构。实验动物机构规范其人员、设施、环境、管理和运行程序,这是保证实验动物质量、福利伦理、生物安全及职业健康的良好途径。随着社会发展和人类命运共同体理念的形成,按社会现行可接受的《准则》来对待和使用实验动物,是实验动物机构落实其生物安全主体职责的根本保障。

一、实验动物机构法人的主体责任因素

实验动物机构是一个设施设备系统比较复杂、专业技术性强的实验动物生态环境系统,工作人员、实验动物及其相关活动,是实验动物机构的核心生物因子。由于人们的认知能力有限,加上科普及宣传能力跟不上,实验动物机构法人及内部组织部门重视设施设备条件建设,而忽视管理系统及运行资源配置,造成实验动物机构普遍存在生物安全风险管理能力不足问题,以至于《准则》所要求的生物安全主体责任存在诸多问题。工作人员是实验动物生物安全风险的关键控制因素,最高管理者即实验动物机构法人,能否配备足够的人力资源与运行财务资源成为风险管理的关键性因素。法人是生物安全的主体责任者,法人的法律意识到位,法人对管辖范围内实验动物机构的生物安全责任落实到位,对实验动物机构内的生物安全法宣传到位、制度健全、实验动物设施设备符合国家标准并满足功能要求,同时配备足够的人力资源、技术防护措施、监督检查措施和可靠的资金保障,即可对其实验动物活动的风险采取有效的控制措施,并将生物安全风险降到最低。相反,法人的生物安全法律意识不强,实验动物机构所配备的人力、财力等资源不够,甚至相关职能机构无法开展正常的工作,实验动物溯源管理、实验动物活动失去控制,废弃物的无害化管理缺位,必然导致实验动物机构的生物安全风险提高。

《准则》明确,实验动物机构或其母体组织应有明确的法律地位和从事相关活动的资格。中国政府对实验动物机构的实验动物活动实行生产和(或)使用许可证管理制度,只有具备独立的法律地位才能履行其生物安全职责,并建立合格的实验动物设施、组织架构、管理体系、人力资源等,提供资源保障,充分履行各自职责。实验动物机构组织架构中的实验动物使用与管理委员会和职业健康与生物安全委员会,是实验动物机构的基本组成部门与开展实验动物活动的组织保证,也是 GB 19489、GB/T 28001、GB/T 28002 及 GB/T 24001 的技术标准要求,具体履行实验动物福利伦理审查、科技诚信、职业健康、生物安保等职能工作;相关的管理体系文件则是控制实验动物潜在的生物安全风险、规范操作风险、实验动物活动风险的制度保障。我国的综合性大学通常占地面积较大,由于人类对生命及健康的高度关注,分子生物学技术的迅猛发展,其相关的医学院和(或)生命科学院均建立了各自独立的实验动物平台,造成平台资源分散,缺乏独立的法律地位,资源整合能力、风险管理能力不足,而非专业的使用对象对实验动物生物学特性、实验动物设施设备、实验动物规范操作、实验动物废弃物的无害化处理技术等了解较少,导致实验动物的系统性生物安全隐患增多、风险加大,故在风险评估及管理时要给予高度重视。

二、实验动物机构负责人的能力因素

实验动物机构负责人是实验动物设施、实验动物设施运行及实验动物机构认证生物安全管理的直接执行者,须具备丰富的专业素质和综合管理素质,并能利用最高管理者及法人赋予的资源,对实验动物质量与生物安全风险管理能力的相关法律、规章、标准、准则,管理体系建立及维护,人员专业岗位配置与培训,实验动物可追溯,设施运行及安全风险监管,职业健康等工作十分熟悉,并能领导建立合乎标准的、专业的实验动物环境设施及管理体系,合理安排质量、安全、职业健康、环境、动物福利、饲养管理、检测等事项的负责人。在保证无利益冲突的前提下,人员可以兼职多岗,保证管理体系正常运行,定期开展生物安全风险评估;同时,能按照国家科技诚信、生物安全相关制度的要求提供风险管理识别、可追溯的标识证据,自觉接受上级的生物安全责任监管与考核。否则,外界将无法对其机构生物安全危害因素的识别、监测、分析、评估等风险管理能力进行针对性的认证、考核,实验动物机构相关环境、相关活动的风险将会不断出现,并会对上级部门、政府监管部门及外界社区造成程度不等的公共卫生安全风险。

三、从业人员能力与职业健康因素

实验动物机构内部从业人员的专业素质高低、操作规范性与健康因素与实验动物生物安全风险呈负相关。实验动物机构的生物安全职责岗位较多，除机构负责人以外，从业人员岗位还包括执业兽医、动物饲养员及运输司机、清洗消毒员、动物实验操作员、动物临床及病理检查员、设施设备运行及维护管理员、废弃物处理员等岗位人员。按照《实验动物　从业人员要求》(T/CALAS 1—2016)，实验动物岗位从业人员可归纳到实验动物技术人员、实验动物管理人员、实验动物医师、实验动物研究人员、实验动物辅助人员、实验动物阶段性从业人员 6 大类、13 小类中。专业岗位人员配置的多少及专业化培训程度、对专业设施设备操作技能的熟悉与规范化程度、应急处理能力等均直接关系到实验动物生物安全风险的高低。故应定期接受生物安全知识与技能培训，落实生物安全职责，并开展应急演练与定期风险评估，实现风险管理目标。

另外，从业人员与实验动物之间直接或间接的身体接触，必定是实验动物生物安全风险的源头所在。实验动物气溶胶的危害及从业人员健康状况对实验动物质量与健康的影响是双向的，同样需要引起高度关注。按照《中华人民共和国职业病防治法》的要求，对实验动物从业人员定期开展岗前、岗中及离岗职业体检与健康状况风险评估，通过监测对比，可监测到其职业感染微生物的状况，对职业接触动物的过敏性疾病，并判断出生物安全风险的来源及高低。对于不同动物的职业接触者，还应按照相应的职业岗位危害因素，定期开展职业病危害因素风险监测、健康监护及评估，这是《准则》对从业人员职业健康安全的基本要求。

对从业人员的生物安全风险管理，除《准则》规定的外，还需要从新技术及伦理学上，提高对实验动物生物安全的认识。现代净化养殖业为克服生物安全隐患，已逐步引入智能化、数字化信息技术，减少了因人工操作、接触给养殖动物带来的生物安全风险。

四、社区人群因素

社区人群主要指实验动物设施周边的但又不直接从事实验动物工作、对实验动物生物安全缺乏了解的人群，还包括机构非职业性工作人员。这类人群通常会与实验动物设施排出的废气、废水、动物尸体或残体等有直接或间接接触，并会对实验动物设施的建立、日常运行、实验动物活动等有直接或间接的影响。实验动物逃逸或动物尸体处理不当，超出社区人群心理可接受程度的实验动物活动，可能会引起社区人群偶发性或群发性的事件或者心理健康障碍，甚至对相关的实验动物设施设备运行、安全保障系统造成破坏性的行为，导致实验动物逃逸或病原因子外溢而引发生物安全风险问题或事件。

五、管理体系文件因素

管理体系文件通常包括管理手册、安全手册、程序文件、作业指导书或标准操作规程等。如前所述，管理体系的完善程度与管理的执行能力与实验动物活动操作的规范性直接相关，而操作规范性本身与生物安全风险是密切相关的。

管理手册以国家主管部门和国际标准化组织等机构或行业权威机构发布的指南或标准，以及国家相关法律、法规等为依据，对实验动物机构组织结构、管理目标、体系文件架构、人员岗位及职责、权限、机构要求等进行规定和描述，其中生物安全与职业健康是管理手册的关键内容。机构管理目标在系统评估的基础上确定，包括对管理活动和技术活动制定的可考核控制指标及安全指标，并根据机构活动的复杂性和风险程度，定期评审管理目标和制定监督检查计划，保证其从业人员遵守管理体系要求，查找风险源头，提出风险管理与纠正措施，降低风险，持续树立生物安全意识。

安全手册以国家、地方等主管部门的安全要求为依据制定，相关内容应包括设施的平面图、关键设备管理、紧急出口、撤离路线，紧急电话及联系人，标识系统，生物危险（包括涉及实验动物和微生物的各种风险）、化学品安全、辐射安全、机械安全、电气安全、低温、高热、消防、个体防护及职业安全，废弃物的处置、事件、事故处理的规定和程序,从工作区撤离的规定和程序等。管理层应至少每年对安全手册进行评审和更新,并要求所有员工阅读、在工作区随时熟练使用,便于相关人员充分履行安全职责。评审计划越细、纠正措施越多,风险就越低。

程序文件应明确规定实施各项要求的责任部门、责任范围、工作流程及责任人、任务安排及对操作人员能力的要求、与其他责任部门的关系、应使用的工作文件等,要求工作流程清晰,确保各项职责得到落实,使生物安全制度与程序保障体系得以顺利执行。程序文件的针对性、过程性、完整性、可执行性决定了风险管理目标的实现。

标准操作规程应详细说明岗位或环节使用者的权限及资格要求、潜在危险、设施设备的功能、活动目的和具体操作步骤、防护和安全操作方法、应急措施、文件制定的依据等,应维持并合理使用工作中涉及的所有材料的最新安全数据单。任何偏离标准操作规程的操作,均会存在相关风险,质量监督或生物安全人员应针对具体偏离操作的生物安全风险进行评估。

六、外部监管因素

基于实验动物生产及使用许可和感染性、放射性、化学性动物实验室备案或审批政策,结合政府"放、管、服""证照分离"改革要求,实验动物设施、实验动物设施运行及实验动物设施认可,是国际实验动物生物安全管理的重要内容。我国政府对实验动物活动的事中、事后监管,将生物安全风险监管列为重要内容,实验动物机构的上级管理部门及政府管理部门(如环保、科技、卫生、农业农村、野生动物保护部门等),作为实验动物生物安全的外部监管机构,通过实施日常性安全检查、内部管理评审、"双随机一公开"抽检、年检等措施,对机构的实验动物活动开展履行主体责任与监管责任,其监管内容通常包括组织架构及制度建设、运行经费、法规宣传贯彻与培训、实验动物追溯管理与废弃物无害化处理、安全手册及保障、科技诚信、病原微生物或化学品、放射装置或元素及其活动项目、人员及环境设施设备管理、内部监督检查制度的落实情况等。机构外部监管体系的完善及监管措施的落实,对机构的生物安全隐患排查制度落实及风险控制影响较大。外部监管措施缺失或不健全,意味着机构内外生物安全风险识别能力下降,从而导致其生物安全风险升高。

第三节　环境及生态学风险因素

实验动物环境及生态学因素包括理化、营养、居住及生物因素等。

环境参数是否满足实验动物生理健康的需要,直接关系到实验动物生理、心理及天性表达的需要及生物安全防护的需要。根据科技部《关于善待实验动物的指导性意见》,在实验动物饲养管理和使用过程中,要采取有效措施,使实验动物免遭不必要的伤害、饥渴、不适、惊恐、折磨、疾病和疼痛,保证实验动物能够实现自然行为,受到良好的管理与照料,为其提供清洁、舒适的生活环境,提供充足、健康的食物、饮水,避免或减轻疼痛和痛苦等。只有这样,才能在合乎人类道德的前提下,开展实验动物活动。

一、居住因素

实验动物的居住因素,包括实验动物房舍设施因素、饲养用笼架具因素、实验动物垫料因素等。按照《病原微生物实验室生物安全环境管理办法》规定,新建、改建、扩建用于实验动物生产及与病原微生物菌(毒)种、样品有关的实验动物研究、教学、检测、诊断等活动的实验动物设施,应当按照国家环境保护规定,执行环境影响评价制度,其环境影响评价文件应当对实验动物及相关的病原微生物实验活动可能造成的环境及生态影响进行分析和预测,并提出预防和控制措施,其他的实验动物活动也是如此。

(一)实验动物房舍设施因素

实验动物房舍设施即实验动物的生存环境,包括笼具、笼架、饮水瓶、饲料盒、动物玩具等。不同种类及不同微生物与遗传控制程度的房舍设施,要从其生物学特性及生活环境的清洁、舒适、安全角度,提出不低于国家标准的饲养室内环境及动物所占笼具最小面积设计建设指标,并配备适用于实验动物生长繁殖及与动物实验相关的饲养设施,保证笼具内每只动物都能实现自然行为,包括转身、站立、伸腿、躺卧、舐梳、健康运动等。这是动物的生理与心理健康的需要,也是动物实验能真实表达数据的需要,动物生存环境不能满足其生物学特性要求,自然会出现潜在的生物安全风险。因此,动物笼具内应放置供其天性活动和嬉戏的物品。使用量大的小鼠、大鼠的饲养设施通常采用便于对动物实行物理隔离的独立通风笼具或者隔离器,这对控制生物安全风险十分有利。相反,使用开放式动物笼具的饲养方式,不仅会提升动物笼具之间的生物安全风险,还会提升工作人员对动物及动物对工作人员的生物安全风险。鸡的饲养设施通常为鸡隔离器;豚鼠的饲养设施通常为独立通风笼具或者开放式鼠笼;兔的饲养设施多为开放式兔笼;猪的饲养设施为开放式猪床或饲养笼(动物围栏限制的区域);牛的饲养采用开放式饲养(动物围栏限制的区域);犬和猴为犬笼或猴笼,其生物安全风险程度与大鼠、小鼠相似。

每种实验动物的环境,通常参照《实验动物 环境及设施》(GB 14925—2010)、《实验动物设施建筑技术规范》(GB 50447—2008)设计,孕、产期实验动物所占用笼具面积,应达到该种动物所占笼具最小面积的110%以上。实验动物设施运行时,要优先对设施的气密性、洁净度、正负压环境、消毒灭菌效果、关键饲养设备及关键控制系统运行等实施全面验证与风险管理评审,这是保证实验动物设施生物安全的前提。通常来讲,全钢制或全混凝土的屏障式或隔离式设施设备的生物安全风险明显低于拼装式实验动物设施;隔离器、独立通风笼具等屏障式饲养设备的生物安全风险也明显低于开放式动物饲养笼具。此外,还应定期对笼具、笼架、房间进行消毒灭菌,避免不同环境设施、不同区域或房间交叉污染。另外,屏障环境和隔离环境设施中的独立通风笼具、隔离器饲养笼具要特别关注空调通风系统的维修、关停状态,避免造成动物窒息死亡。为防止野鼠、昆虫等生物媒介进入实验动物设施和实验动物逃逸,应在出入口加装挡鼠板、诱蚊器(诱昆虫器)等防护装置,防止外来生物进入并影响实验动物质量,特别是生物安全实验室内的带毒动物安全,以免影响外环境生态或社区居民生活。

实验动物对工作人员的攻击伤害,是实验动物生物安全因素的重要风险来源。饲养人员在抓取动物时,应熟悉其生物学特性并且方法得当、态度温和、动作轻柔,最好在检疫期间与动物建立良性互动的条件反射机制,避免引起动物的不安、惊恐、疼痛、损伤甚至引起动物攻击而出现的生物安全伤害,更不得戏弄或虐待实验动物,以免引起动物心理健康损害而出现的异常风险。在日常管理中,应定期对动物进行健康监护,若发现动物行为异常,应及时查找原因,采取有针对性的措施予以改善,防止动物质量及健康出现生物安全问题。实验动物设施建设须根据环评目录规定做环评表评价,重点是对饲养管理方式、个人职业防护及气溶胶、实验动物逃逸、废水、废气、动物尸体、空气净化及过滤系统等的处理提出生物安全预防和控制措施。除此之外,还需要针对不同品种、品系实验动物的设施特点,提出具体的预防和控制措施。对于非灵长类实验动物及犬、猪等天性喜爱运动的实验动物、种用动物,应设有运动场地并定时遛放。运动场地内应放置适于动物玩耍的物品。实验犬、猪分娩或手术时,宜由兽医或经过培训的饲养人员对动物实施24小时健康监护,防止发生意外。对出生后不能自理的幼仔,应采取人工喂乳、护理等必要的措施。体型大的动物出售或对实验动物分组做标识时,采用永久性的生物芯片标识更有利于溯源及风险管理。

总之,实验动物居住环境对实验动物本身及人类健康和生态环境具有潜在的不同程度的多方面的风险影响,动物健康出现风险,会给从业人员健康带来风险,其影响是直接和正相关的。

(二)饲养用笼架具因素

如前所述,饲养用笼架具是从业人员与实验动物之间、饲养室动物个体之间最直接的物理隔离屏障,包括开放式、半开放式、屏障式及隔离式等多种。一方面可防止动物逃逸,避免笼具动物之间相互影响;另一方面,还可防止动物对从业人员造成直接的抓伤、咬伤等生物安全影响,故是实验动物生物安全至关重要的影响因素。不同用途或不同经济条件下的实验动物设施与饲养用笼架具设备,随其屏障及隔离环境或正负压环境的不同,或动物笼架具排列方式与环境气流方式组合的不同,所形成的物理隔离效果及生物安全风险高低是不一样的。从业人员与实验动物之间的物理隔离和气流隔离程度越高,相互之间的影响力及生物安全风险越低,实验动物对生态环境的风险影响也越低。

开放式饲养用笼架具在普通环境下,气流的控制能力越差,对从业人员的健康及环境生态影响因素越多,潜在生物安全风险就越高;在屏障环境下,气流的控制能力好于普通环境,加上个人防护措施较好,故对从业人员的健康及环境生态影响相对较小,潜在生物安全风险较低;在隔离环境下,从业人员与实验动物之间实现完全物理隔离,故其生物安全风险更低。以此类推,其他几种形式的饲养用笼架具,在不同环境下的生物安全风险应针对具体动物活动情况开展风险评估分析,在风险管理上,可根据风险程度实施进一步的风险控制。

与动物直接接触的其他器具如饮具及玩具、动物固定及个人防护用具、动物转移及标识用具、卫生及转运用具、数据采集器具等也是生物安全风险的相关因素,同样可根据其活动特点,开展风险分析。

(三)实验动物垫料因素

实验动物垫料包括木材锯末及刨花、玉米芯等,是动物直接接触的卫生消耗用品。未经消毒、灭菌的垫料通常携带媒介生物、化学污染物及腐败微生物等,或易被野鼠活动后的粪、尿及微生物、寄生虫、跳蚤等污染,成为实验动物及相关接触人群感染的源头。文献记载的由实验动物所引起的多起出血热等公共卫生事件,多通过污染的垫料等污染实验动物而引起。使用后未经无害化处理的垫料,通常因其卫生状况、难闻的气味、病原因子等而引起风险较高的公共卫生事件。故垫料来源与使用后的处理方式,是实验动物生物安全必须重点关注的风险因素。实验动物垫料的来源、种类、加工及消毒方式、包装、储存、运输、卫生检测及使用后废弃垫料的无害化处理等,均与动物质量、人员健康及生物安全风险直接相关,均属于生物安全风险可追溯管理的重点影响因素。

(四)饲料及饮用水因素

饲料及饮用水是维持实验动物健康与质量的关键因素。一方面,饲料营养成分无法满足动物生理需求,必然影响动物健康,使其抗病力下降;另一方面,病原因子可通过未经消毒处理的饲料及包装物、饮用水等感染实验动物,导致实验动物质量下降,甚至引发疫病而干扰动物实验结果,形成传染病源头,并引起人畜共患病或动物重大疫病,对从业人员及社区人群健康构成直接威胁。故实验动物饲料的原料来源、加工配方、包装材料、运输及消毒方式、营养成分、保藏条件等,饮用水的来源及消毒处理方式也与垫料一样,均是生物安全风险管理的重点关注因素。

(五)设施环境的空气质量与环境参数因素

实验动物设施环境的空气质量与环境参数如空气洁净度、温湿度、光照、噪声、气压、气流速度等,也是影响实验动物质量及健康的关键因素。洁净度是对设施外空气中微生物因子控制程度及动物质量控制的指标性参数;温湿度直接关系到实验动物的生理健康;气压是设施环境安全保障的指示性指标;气流速度关系到实验动物的健康舒适度与气溶胶控制。实验动物生物安全风险被控制在最低程度,一旦上述实验动物环境参数条件失去控制,必然导致设施内动物被污染,引起疫病及突发公共卫生问题。

(六)饲养管理及卫生护理因素

如前所述,实验动物的规范操作程度与其生物安全风险密切相关。基于实验动物的生物学特性及对环境的敏感性,应针对机构的人员、设施设备、环境、工作内容、动物种类等建立系统的管理与标准化操作程序并实施。因此,实验动物饲养管理者应及时发现与饲养相关的安全风险问题,并与动物使用者和兽医沟通具体的饲养管理方案和计划,在饲养动物前、饲养过程中和饲养后按区域、设施设备、动物种类和实验要求等特性定期监测和评价环境卫生管理效果,包括监测与评价害虫防治计划的实施效果。定期巡查设施运行情况、环境参数和卫生消毒状况、动物行为和健康状况、从业人员与动物的直接接触方式、饲养操作的熟练及标准化程度、实验或处置后的动物护理及从业人员职业健康监护状况、饮食和垫料供给安全状况等,发现任何异常情况,应及时报告,采取有效措施并记录,以保证实现最终的质量与安全控制效果,尽可能将人员安全、环境安全、实验质量以及动物福利等的风险因素控制在可接受的范围内。

二、环境及生态系统监测因素

实验动物屏障及隔离环境设施参数的维持控制,是一个持续、不间断完善的过程,环境参数的背后是设施运行及维护管理人员的职业精神、设施设备运行状态、机构管理水平、职业健康安全的体现。《准则》及《实验动物 环境及设施》等标准,对不同类型、不同级别的实验动物环境设施做了明确的规定,世界卫生组织也从生物安全角度对实验动物设施、实验动物设施运行、实验动物设施认可发布了指南性的规定。对于设施中的实验动物,从生物安全角度考虑,风险因素包括动物的自然特性即动物的攻击性和抓咬倾向性、自然存在的体内外寄生虫与媒介生物监测、易感的动物疾病与人畜共患病控制、播散过敏原的可能性;对设施中使用的微生物,则需重点考虑传播途径、使用的容量和浓度、接种途径和排出方式。此外,还需考虑辐射及化学品等风险因素。

许可或认可工作有助于实验动物机构采用正确的控制方案,并按设计正常运行。适当的现场制度和规章,专门管理控制措施到位,个体防护装备能满足所进行工作的要求,充分考虑对废弃物和已用过材料的清除,废弃物管理程序到位,物理化学及用电安全的常规实验室安全程序监测管理到位等,是生物安全风险管理中重要的环节。

无论是实验动物设施环境的生态系统,实验动物设施环境与社区人群组成的生态环境,还是设施内实验动物的感染(由外界媒介生物与病原生物引起)状况的监测,以及环境设施内实验动物及其相关活动等对外界人群的健康影响,都是生物安全风险监测的重点评估内容。

第四节 物理及化学风险因素

世界卫生组织所发布的关于实验动物设施的生物安全指南的相关内容包括:与远程监视和控制点相连接的建筑自动化系统;电子监控和检测系统;电子安全锁和接近装置阅读器;暖气、通风(送风和排风)和空调(HVAC)系统;高效空气过滤系统;高效空气净化系统;空调和排风系统控制;互锁控制;密封隔离调节阀;实验室制冷系统;过滤和蒸汽系统;火情探测、扑灭和警报系统;水处理系统(即反渗透蒸馏水);废水处理和中和系统;管道排水引流系统;化学除污系统;医学实验室供气系统;呼吸供气系统;仪器设备供气系统;实验室和支持区域不同级别压力差的验证;局域网(LAN)和计算机数据系统;正常/应急/不间断电源系统;应急照明系统;照明固定装置的穿透密封;电和机械设备的穿透密封;电话系统;气锁门互锁控制;气密门密封;窗户和可视面板的穿透密封;屏障传递口穿透;结构完整性(混凝土地板、墙及天花板)的核查;隔离涂层(地板、墙及天花板)的核查;BSL-4 及 ABSL-4 防护外壳的加压和隔离功能;生物安全柜;高压灭菌器;液氮系统和警报器;渗水监测系统(如流入防护区);净化淋浴和化学添加剂系统;笼具的洗涤和中和系统;废弃物处理等等。上述关键设施、设备、系统等因素与实验动物生物安全密切相关。

一、物理风险因素

从上文可知,实验动物设施的物理风险因素较多,并构建成普通、多重屏障及隔离环境,其构建方式及规范化操作管理,为从业人员及社区人群提供健康安全保障。正如世界卫生组织所关注的生物安全风险点,在从事实验动物活动时,受各种物理风险因素的影响,实验动物及微生物活动、防护装备、仪器设备操作规程和生物安全管理规范执行情况,与生物安全风险密切相关。一旦实验动物设施设备等物理风险因素出现问题,客观存在的潜在风险问题将不可避免地出现,故需要对其进行制度性的监测与评估分析。

(一)关键设备风险因素

除上述实验动物饲养用笼架具风险因素之外,来自实验动物设施的关键生物安全设备还包括笼具清洗消毒机、高压灭菌器、管道高压消毒器、过氧化氢消毒器、紫外线消毒器、生物安全柜、废弃垫料收集装置、低温设备、放射性装置等。

1. 笼具清洗消毒机因素 笼具清洗消毒机是实验动物机构设施的必备设备,各机构根据其财力或重视程度,通常配备具有清洗、漂洗、蒸汽或热水消毒、干燥、装填垫料等多功能或单一功能的设备,以保证笼具的清洁、卫生。其主要的生物安全风险来自设备功能下降、溢出的水或蒸汽与周边废气所形成的气溶胶被工作人员吸入对健康的影响。废弃物处理方式(开放式、半开放式、封闭式)不同,废弃垫料的活动背景或个人防护装备不同,生物安全风险程度也不同的,故需要针对具体场景及标准化操作的具体规定综合评估分析。

2. 高压灭菌器因素 高压灭菌器是实验动物机构设施的必备设备,主要用于对实验动物笼具、饲料、垫料、卫生用品等物品的消毒灭菌,或对感染性动物实验所使用的器械、衣物等实施无害化处理。通常要针对饲料、垫料等物品性质确定物品摆放方式及消毒灭菌时间。若消毒、灭菌条件达不到要求,将直接造成相关物品对动物设施、动物及人员本身的污染。高压灭菌器的压差参数也使设备具有随时释放能量的可能性和危险性,会引起爆炸和泄漏事故。

气体是高压灭菌器的工作介质,具有很大的压缩性,容器发生爆炸时,瞬时释放的能量巨大,危害性也很大。爆炸的危害主要表现为以下几点。①冲击波。爆炸冲击波超压,会造成人员伤亡和建筑物及动物设施的破坏,冲击波超压大于 0.1 MPa 时,大部分操作人员会在其直接作用下死亡;0.05~0.10 MPa 的超压可损伤人的内脏或引起死亡;0.03~0.05 MPa 的超压会损伤人的听觉器官或引起骨折;0.02~0.03 MPa 的超压也可使人体受到轻微伤害。②爆炸碎片。爆炸时高速喷出的气流将碎片反向喷出,这些具有高速度或较大质量的破裂碎片向四周飞散,将造成较大的危害,其危害程度与碎片的质量和速度成正比。在 20~30 m/s 的速度下,1 kg 的碎片足以致人重伤或死亡。③诱发事故。爆炸可波及周围的建筑和设备,损坏附近的管道,引起连续的爆炸或严重的火灾;爆炸释放的高温汽水混合物将致使人员烫伤、烧伤。

如果高压灭菌器内所盛装的为有毒气体、有毒液体、感染性材料或培养物,爆炸所产生的毒性介质有泄漏的风险和危害。①容器破裂时,毒性介质瞬间汽化并向周围大气扩散,将造成人员中毒、呼吸道感染、皮肤损伤等事件。②消毒不彻底或排放余气时不采用生物安全保障措施,会导致毒性介质严重破坏生态环境,危及中毒区人员、动物、植物等。

很多实验动物机构安排未经高压容器培训的人员操作高压灭菌器,从而使高压灭菌器在使用过程中存在安全隐患。故在高压灭菌器投入使用前,要到当地的质量技术监督部门办理注册登记手续,设备经检查合格颁发压力容器使用证后方可使用。实验室内操作和维护高压灭菌器的人员必须由经过专业培训和安全教育,并取得压力容器特种设备上岗证的人员负责。实验室应对每一台高压灭菌器制定标准操作规程。在设备运行过程中可能出现的异常现象和预防处理措施都应该写入标准操作规程中,并将标准操作规程放在设备附近明显的位置,以便时刻提醒使用人员按规程操作。设备在使用一段时间后,应到压力容器检验部门定期检验并定期接受监察部门的监察,对其性能及安全附件(如仪表、控制器、安全阀等)进行校验,以防患于未然。

消毒灭菌时,高压灭菌器的柜腔装载要松散,装载量不得超过柜式容积的 90%,以便蒸汽均匀作用于装载物,可定期在耐高压物品中放置灭菌指示卡来检测灭菌效果,避免发生灭菌不完全而使感染性生物因子暴露的事件。高压灭菌器内部加压时,温度会超过标准大气压的沸腾温度,特别是对液体进行灭菌时,液体因过热而沸腾,产生的高温、高压及蒸汽都可引起人员伤害。互锁安全装置可以防止门被打开,而没有互锁安全装置的高压灭菌器,应等到温度下降到 80 ℃ 以下时再打开门,操作者开门时可佩戴适当的手套和面罩来进行防护。

该设备的生物安全风险主要是对物品的消毒、灭菌条件及效果的验证。同时,设备所排放的废水、混有废气的气溶胶等对设施环境及设施外社区人群有影响。

3. 管道高压消毒器因素 管道高压消毒器一般是在新建的设施里配备的针对设施各区域辅助性或阶段性环境进行消毒的器械,通常由空气压缩机、密封管道及手持式喷雾器组成。其原理是通过压缩空气机形成空气高压,使局部可移动的中小型喷雾器中带有化学消毒药的液体,在高压作用下形成雾状消毒液,对动物周围环境可能存在的病原因子进行杀灭。管道高压消毒器生物安全风险来自配制消毒液的溶剂微生物背景、化学消毒液的性质及配制方法与浓度、个人防护、消毒过程的标准化及消毒过程中环境气溶胶对从业人员健康的危害程度。

4. 过氧化氢消毒器因素 过氧化氢的消毒作用原理与高锰酸钾溶液杀菌原理相似,是通过复杂的化学反应分解出具有高活性的羟基作用于细胞膜而发挥消毒作用的,过氧化氢具有强氧化性,可破坏细菌的蛋白质而使之死亡,杀灭细菌后剩余的物质是无任何毒害、无任何刺激作用的水,不会引起二次污染,故配备过氧化氢消毒器的实验动物机构逐渐增多。这种设备可在设施内各区域常温移动消毒,使用起来比较方便。市场上有冷蒸发、干雾及汽化三种类型的过氧化氢消毒器,各有优缺点,通常要求过氧化氢浓度不能过大,并避免在消毒空间的物体表面形成凝露,防止接触皮肤或被人体吸入而造成灼伤。

5. 紫外线消毒器因素 移动式紫外线消毒器和带有紫外线灯的传递窗、生物安全柜及水处理设备,是实验动物设施通常配置的功能设备,主要通过紫外线灯等对空间物体表面进行照射消毒。紫外线辐射是一种非电离辐射,其特点是消毒效率高、无污染,表面灼伤作用强,可杀灭各种微生物;但紫外线辐照能量低,穿透力弱,仅能杀灭直接照射到的微生物。紫外线消毒的适宜温度范围是 $20\sim40$ ℃,相对湿度应低于 80%,否则会影响消毒效果,应适当延长照射时间。需每周进行清洁,去除灯管上的灰尘颗粒、油污等影响杀菌效果的污垢;应定期检查紫外线的强度,如超过使用年限或照度低于 $40\mu\mathrm{W/cm}^2$,应对灯管进行更换,避免消毒杀菌效果达不到要求。

紫外线带来的物理危害主要有如下几点。

(1)灼伤眼睛和皮肤。房间有人时一定要关闭紫外线灯,以保护眼睛和皮肤,避免因不慎暴露而造成伤害。

(2)产生臭氧。紫外线照射后,空气中会产生臭氧,臭氧对人体有害,轻则使呼吸加快、变浅,胸闷,重则脉快、疲乏、头痛。人在紫外线下持续停留1小时以上,可发生肺水肿。

(3)汞中毒。由于紫外线灯管中有汞,在紫外线灯管破裂时应谨慎处理,防止汞泄漏到工作区域、下水管道等中。

6. 生物安全柜因素 生物安全柜是动物生物安全实验室的必备设备,在操作原代培养物、菌毒种等感染性实验材料、动物实验注射或采样时,可用于保护操作者、实验环境,避免操作者暴露于上述操作过程中可能产生的感染性气溶胶和溅出物中。世界各国对生物安全柜都有相应的标准,国际上应用较多的包括美国的 NSF49、欧盟的 EN12469、日本的 JISK3800 和澳大利亚的 AS2252 等。国家药品监督管理局、国家市场监督管理总局及地方市场监督管理局、地方质量技术监督局相继发布、整合、替代了部分生物安全柜的医药行业标准、检验检疫行业标准、地方标准和技术规范。国家药品监督管理局 2017 年发布的医疗器械分类目录(22 临床检验器械)的医用生物防护设备中增加了生物安全柜,并将其作为风险等级最高的Ⅲ类产品进行管理。2020 年 4 月由国家药品监督管理局组织起草了关于生物安全柜的强制性国家标准,并于 2022 年 10 月发布《生物安全柜》(GB 41918—2022)。有了相关的强制性国家标准和行业标准及技术规范的约束,以及生物安全柜质量控制技术要求,此类高风险产品在使用中的安全性和有效性得到保证。

由于空气通过前窗操作口进入生物安全柜的速度大约是 0.5 m/s,这种速度的定向气流极易受到人员走动、开窗、送风系统调整及开关门等的影响。因此,生物安全柜的位置应远离人员活动、物品流动以及可能会扰乱气流的区域。此外,不正确地使用生物安全柜,如生物安全柜内明火操作、物品阻碍排风口、手和胳膊频繁出入前门入口等影响气流的操作,会增加气溶胶的产生,引起实验室污染及培养物之间的交叉污染。生物安全柜紫外线灯的照射,会对人的皮肤和眼睛造成伤害,房间有人在工作时,不能打开紫外线灯。

按照国内生物安全柜的有关标准以及实验室生物安全的有关要求,除应定期对生物安全柜的完整性、高效过滤器的泄漏、下降空气流速、气流模式及警报和互锁系统等运行性能和安全防护效果进行评估外,还可以选择进行漏电、光照度、紫外线强度、噪声水平以及振动性的测试,以减少生物安全柜对人员的物理伤害。未能达到性能测试指标的生物安全柜会导致实验中的危害性气溶胶释放到空气中,对环境造成影响,也会被实验人员吸入体内,危害实验人员生命安全,故生物安全柜是一种风险等级较高的设备。

7. 废弃垫料收集装置因素 废弃垫料收集装置是实验动物生物安全重点关注的风险因素,各实验动物机构根据其经济状况及认识程度,通常配备有移动式现场收集装置或集中管道式收集装置。废弃垫料收集装置的原理是利用负压空气将废弃垫料集中收集到专用垃圾袋中密封存放,并集中交专业环保机构进行无害化处理。如果在饲养间或清洗消毒间常压或负压下收集废弃垫料,现场产生的有害气溶胶对工作人员会有较高的生物安全风险。集中管道式收集装置也存在饲养间或清洗消毒间相应的生物安全风险。在饲养间就地收集,可降低转运过程中的风险;在清洗消毒间集中收集,存在倾倒废弃物所产生的气溶胶风险,故在风险管理过程中要区别分析。

此外,还应建立废弃垫料的无害化处理交接台账,并与专业公司签订转运与无害化处理协议,便于追溯管理,降低废弃垫料对生态环境及社会的生物安全风险。

8. 离心机因素 离心机是动物生物安全实验室用于分离液相非均一体系的标配设备。离心技术是病毒学、分子生物学研究中必不可少的手段。生物安全实验室所配备的离心机,应满足生物防护要求,尽可能选用配有密封吊篮、转子的振动小、噪声水平低的离心机,以降低其生物安全风险。

离心机操作简单,但是一些不良或错误的操作习惯可能会降低离心机的使用寿命,严重的甚至危害实验人员的安全。离心机产生的物理危害如下。

(1)失衡。离心管和离心吊篮须对称放置,离心管及内容物需在天平上配平。不对称会导致离心过程中转轴受力不均而产生磨损,降低离心机的使用寿命,严重的甚至会导致离心转头飞出离心腔,造成人员伤害或污染扩大。

(2)过速离心。每台离心机的每个转头都有最大转速和最大离心力,要严格按照参数进行设置,超出范围会导致危险的发生。

(3)离心管破裂。离心管不合适、离心管内的液体装量不合理、离心转子盖未拧紧或未盖,会导致离心管在运行时破裂,样品外溢,导致有害物质及气溶胶泄漏。

(4)腐蚀损伤。化学溶剂或消毒剂使用不当,离心机管理不当,会发生腐蚀损伤,强行运行时易发生轴断裂和转子爆炸事故。因此,在使用离心机时,应定期清理离心管座,检查转子是否损坏、破裂或腐蚀;离心管发生破裂或气溶胶泄漏时应及时清洁消毒;如有生物安全风险,可加设负压排风罩或更换更加安全的生物安全离心机,在离心有潜在危害的生物材料时,打开离心机盖前要先等待 5 分钟。

离心机不得放入Ⅱ级生物安全柜中使用,在Ⅰ级生物安全柜中使用时,应评估离心机对生物安全柜开口气流的影响,以及生物安全柜对离心机可能产生的气溶胶的防护处理能力。

9. 低温设备因素 在动物实验及微生物实验中,很多实验操作(包括动物组织样本及微生物、细胞培养物的处理、保存,试剂的储存)、动物尸体暂存等都需要低温或极低温的环境。冰柜、液氮罐等要存放在通风良好的阴凉处,在运输、使用和存放时,不准倾斜、横放、倒置、堆压、相互撞击,做到轻拿轻放。冰柜、冷库、超低温冰箱和液氮罐是提供低温环境的常用设备,常见的物理危害如下。

(1)低温冻伤。在暂存动物尸体、运输处理液氮,放入、拿出低温设备中储存的材料时,有接触液氮和冰箱内凝霜的可能,在液氮罐保温性能降低时罐体、软管等部位会有凝霜出现,冰柜、冷库、冰箱等冷却不充分时,蒸发器表面会有冰霜,人员体表不慎接触后有发生冻伤的可能。因此,低温操作时,必须穿戴好防低温的衣服、帽子、手套、鞋套等。在转移动物尸体、运输处理液氮、放入或拿出在液氮中储存的材料时,还应佩戴面罩,灌注液氮时应穿防渗围裙。

(2)超压爆炸。当液氮罐在运输过程中发生严重碰撞、震动,造成罐体承压强度下降,储存过程中出现超温超压而未能及时打开放空阀泄压,保温故障引起罐内温度升高导致的液氮急剧汽化和安全附件失效时,均有引发超压爆炸的危险。

(3)窒息。液氮罐发生氮气泄漏,一旦通风系统出现故障或通风系统长期不用时,有发生人员窒息的危险。

10. 加热设备因素　除管道高压消毒器外,在动物实验室常见的加热设备有消毒灭菌用的电热恒温干燥箱和科学实验用的电热恒温水浴箱,可能发生的危险如下。

(1)烫伤。电热恒温干燥箱温度可达 200～300 ℃,多用于烘干、消毒、灭菌器具,工作人员在拿出物品时,切记不能直接用手接触干燥箱中的物品,要戴专用的工具或隔热手套取出物品,以免烫伤。

(2)漏电。电热恒温水浴箱无水时,加热会烧坏套管,使水进入套管毁坏炉丝或发生漏电现象。因此,使用前一定要注入适量净水,使用过程中要留意及时增补净水。

(3)影响环境温度和气流。加热设备会影响周围环境的温度;带鼓风装置的烘箱,在加热和保持恒温过程中,必须将鼓风机开启,这会影响动物实验室的气流。因此,动物实验室要对加热设备进行风险评估,并根据评估结果制定有关的操作规程。

11. 压力设备因素　除高压灭菌器外,动物实验室中常用的压力设备主要有高压气瓶等,其危害因素如下。

(1)物理爆炸。在阳光、明火、热辐射作用下,气瓶中气体受热,压力急剧增加,使气瓶变形,甚至发生爆炸;气瓶在搬运过程中坠落、碰撞可发生爆炸,也可在冷状态下爆炸;过量充装,在没有减压装置或减压装置失灵时,气瓶可能会发生超压爆炸。

(2)化学爆炸。气体混装、钢瓶中泄漏出性质相抵触的气体后,发生反应可引起爆炸。

(3)倾倒。高压气瓶如没有安全固定,容易发生碰撞、倾倒等安全事故,并引起人员伤害。

因此,钢瓶直立放置时,要稳妥固定(如用铁链锁住)在墙上或坚固的实验台上;气瓶存放在阴凉、干燥、远离热源(如阳光、暖气、炉火)处,避免暴晒和强烈振动压力设备。

12. 放射性装置因素　动物实验室中用于小动物影像学检查(如 X 线动物辐照仪、小动物 CT 成像仪、PET-CT 等)、放射性核素标记物质检测的科学研究设备逐渐增多,其辐射暴露的风险不可避免。因此要根据射线性质或放射性元素半衰期,对放射性装置使用的区域布局、装饰防护材料实施预防性安全评估及防护建设,并在指定区域进行实验、专业人员操作、辐射检测、留置观察等,相关场所、设备、用于个人的防护装备及个人辐射暴露量等均应定期监测,对相关风险实施评估及管理。

上文介绍了可能产生的物理危害因素,汇总所列危害主要有高温烫伤、低温冻伤、高压爆炸、紫外线灼伤、射线辐射以及操作维护不当间接引发的火灾、漏电、强光、噪声、气流、振动、腐蚀、化学危害、窒息等,应针对实际情况开展风险管理。

未介绍的注射器、移液器、动物固定器等小型常用器具,同样存在相应的生物安全风险。设计时,应考虑各种设备、器具是否与所从事的实验室活动相适应,并制定相应的操作流程。同时,在设备常规运行、维护保养和校验核查过程中,要充分考虑生物安全风险,评估风险高低,为风险管理提供依据。

(二)设施系统风险因素

实验动物设施环境是一种恒温、恒湿、洁净、正压或负压、内外界气体交换的生态环境,也是实验动物终身赖以生存的人工环境。故其设施系统复杂,包括电气及备用电源系统、中央净化通风空调系统、给排水系统、通信及环境参数采集监控系统、门禁及防媒介生物侵入系统、消毒系统、饲养管理系统等。这些系统支撑实验动物活动持续、安全运行,一旦设施系统出现故障,必须立即对实验动物采取应急措施,防止实验动物逃逸、意外死亡等生物安全事故。

1. 设施设计与施工因素　由于实验动物活动的特殊性,实验动物设施建设需遵循《实验动物　环境及设施》(GB 14925—2010)和《实验动物设施建筑技术规范》(GB 50447—2008)等标准要求,并符合《中华人民共和国生物安全法》《实验动物管理条例》等法律法规要求。其设施设计还要与所从事的实验动物活动相适应,包括活动性质、动物种类和数量、饲养工艺、相关实验仪器设备配置及操作流程,充分考虑后期使用中给排水、人员进出、动物进出、废弃物存放及处理的方便。故选址应避开污染源和居民区,宜远离有严重空气污染、振动或噪声干扰的区域。如选址区域不理想,建筑功能分区不规范,实验动物饲养空间规划不合理,建筑材料密封性能差,设施工艺流程设计不合理而不能满足实验动物活动要求,建筑设施地面、墙面等装饰材料不利于卫生消毒,门锁安装及门的开启方向不利于室内人员逃生和急救,设施安全设备配备不完备等,均会直接影响实验动物人工环境的维持及实验活动的开展,实验动物人工环境易与生态环境及社区人群环境发生相互影响,并可能对生态环境造成破坏,引起实验动物生物安全事故。因此,实验动物设施环境设计与施工,是设施及设施试运行、设施认证生物安全风险的源头,需要工程监理与专业技术专家全程监控,并对全部系统实施专业性、功能性及整体性验证与风险管理。

2. 电气系统因素　实验动物设施电气系统有强、弱电系统及备用电源系统,是保证设施环境人工气候参数稳定、维持动物正常生产或实验活动、避免设施内外生物因子相互影响及保证可持续安全运行的核心系统。其中,强电系统又分正常、应急和不间断电源系统、应急照明系统等。电气系统一旦失去控制,相关风险立即产生。

电气系统主要包括:通风、消毒、动物饲养、生物安全等关键设备动力配电系统;功能设备电源插座及自动控制配电、备用发电、中央设备监控管理,电话网络及安防监控系统;照明(工作照明、应急照明、动物照明),火灾自动报警系统;防雷接地及等电位接地系统。有生物安全防护级别的动物实验室在保证实验动物质量的同时,还要确保所有系统能协同运行,以满足生物安全防护的基本要求,如保护工作人员、保护实验室安全运行、保护环境和附近区域安全。故实验动物设施应采用不低于二级电力负荷供电及双回路供电,各建筑动力及照明系统的电源均由就近两个变配电站引来,根据电力或照明的负荷容量、供电距离及分布、用电设备特点等因素合理设计配电系统,做到电气系统尽量简单可靠、操作方便,在线路设计上合理布线,不走回头路,减少线路损耗。电气系统的可靠运行对于确保动物实验室正常运行至关重要,在运行过程中要避免断电,以免造成设施失压并导致设施内动物死亡、洁净区和感染区交叉污染、实验数据缺失。所有插座设置电流保护装置,一律采用防水、安全性插座,防止实验人员在使用电器时发生触电危险和实验动物无意识触碰到电器等危险行为发生。

弱电系统在设施环境参数监控、设施运行及维护管理、进出人员管理、实验动物逃逸、应急预案制定等方面具有特殊预警作用。如设施监控通信系统的摄像监控装置,可方便工作人员随时观察设施内实验动物状态、动物饲养工作及实验人员操作等情况,监控装置运行要尽可能减少对动物的干扰及人员与动物之间的相互污染。故摄像装置选择需充分考虑光滑、无死角,避免藏污纳垢,通常选择球形摄像装置为宜。同时,基于生物安全和应急管理需要,设施内需安装必要的通信设备,便于内、外部及时联系。

3. 净化通风空调系统因素　净化通风空调系统是实验动物设施的关键功能设备,设施通过该系统来满足并持续维持环境参数如温湿度、洁净度、气流组织等要求,确保相关数据不受外部条件的影响。良好的气流组织能够有效控制污染物,避免功能区域间的交叉污染。为节省能源,设施办公区和配套区可以采用普通空调系统,检疫区、实验动物区的空调系统则为全新风直流式空调系统,有洁净度要求的 SPF 动物实验区采用高效过滤风口上送风、单层百叶排风口侧墙下排风或者上排风,最理想的是垂直或水平单向气流组织方式。排风系统的风机应与送风机连锁,有正压要求的实验动物设施,送风机应先于排风机开启,后于排风机关闭;有负压要求的实验动物设施,排风机应先于送风机开启,后于送风机关闭。空调系统的新风须通过空调机组热湿处理后送入房间,由排风机组高空排放。考虑到动物饲养过程中粪便、动物体臭等散发出的气溶胶等对周围环境的影响,排风系统须设置活性炭过滤、除臭设备,以吸附气味;在负压屏障区,由于可能存在感染性因子的生物危害,负压屏障设施内的空气要经过高效过滤器过滤后才能高空排放。实验动物设施空调系统需配备备用送风机和备用排风机,以备排风机发生故障时系统能保证设施所需最小换气次数及温湿度。

密封隔离调节阀、跨区管线密封控制、互锁门控制等对设施气密性、送排风效果十分重要,也是风险管理的重点关注因素。

4.给排水系统因素 给排水系统是实验动物设施运行的重要组成部分,尤其是犬、猴、猪、兔等动物的给排水系统。动物给水系统包括动物饮用水给水和普通生活生产卫生给水,动物饮水应符合现行国家标准《生活饮用水卫生标准》(GB 5749—2006)的要求,屏障环境设施的净化区和隔离环境设施的用水应达到无菌要求。动物实验室给水管道有回流污染的风险,均应设置倒流防止器,避免给水系统污染。

动物实验室排水系统包括动物生活生产废水排水,动物饲养室、清洗室冲洗污水排水,生物安全实验室冲洗产生的有毒污水排水,灭菌器的高温排水等。实验动物设施排水系统必须和生活排水分开设置,有毒污废水与普通污废水分流:卫生间污水直接排至室外化粪池;动物室冲洗污水经室内集水坑沉淀后排至室外化粪池;高温排水排至室外热废水管网经降温池降温后,再排入废水管网;有毒污水经集水坑沉淀后排至活毒废水处理间,待无害化处理达标后再外排至废水管网,带毒区收集的动物粪便须经高压灭菌器灭菌后再处理。在排水系统运行中可能产生的危害如下。

(1)管道堵塞。大动物实验室冲洗动物舍、笼排水,其中含大量的动物粪、尿,用排水管道直接排水,容易造成管道堵塞。故整个排水系统必须充分考虑顺畅性,在每个动物舍内设置集水坑,对粪便进行收集和无害化处理。

(2)蚊、虫。排水管道易滋生蚊、虫,因此管道应设置弯头,设施内地漏均应采用密闭型,防止管道蚊、虫对设施内环境的影响。

(3)高温。高压灭菌器的高温排水管道的废水温度必须不高于 40 ℃才能对外排放,以免损害排水管道。

(4)感染性废弃物。生物安全实验室产生的动物粪便、有毒污水带有病原体,必须经高压灭菌或消毒无害化处理后排放,否则有生物危害暴露的风险。

(三)个人防护装备因素

个人防护装备(PPE)是指用于防止工作人员受到物理、化学和生物因子等伤害的防护用品的总称,涉及的保护部位包括鼻、口、眼睛、耳朵、头面部、手、足和皮肤。因此,实验动物机构需配备专用防护服、口罩、面罩、头罩、手套、鞋和鞋套、护目镜、防毒面具、动物抓取与固定工具、听力保护器等。

1.手部防护装置因素 实验动物机构对工作人员的手部防护有着特殊要求,要防止手部或经手部污染感染性物质(包括带毒动物的血液、分泌液、渗出液等)等影响动物健康,或感染性实验材料影响工作人员健康。防止化学溶剂、去垢剂和消毒剂刺激腐蚀皮肤,防止动物抓伤咬伤和利器刺伤割伤,防止高温加热设备烫伤等。手部防护装置为手套,除配备普通的单层或双层乳胶手套以保护工作人员免受污染物溅出或生物污染造成的伤害外,还要根据实验动物的类别、岗位特点、饲养和(或)实验操作配备特殊用途手套。聚腈类手套能有效避免生物材料污染,塑料手套可防止腐蚀和刺激,乳胶手套可防止化学溶剂或轻度腐蚀性材料的伤害和刺激,棉质手套或皮革手套有防火、隔热等特性,不锈钢网孔手套、厚帆布手套可防止被尖锐器械割伤、动物抓伤或咬伤。

佩戴手套会影响操作的灵活度,所以要按照风险评估结果来决定佩戴手套的种类。进行病原体操作时,在佩戴手套之前要认真检查,检查手套有无小孔或破损,尤其是指缝,这是不可忽视的风险点。使用后不要将污染的手套任意丢放,摘取手套一定要采用正确的方法,防止手套上沾染的有害物质接触皮肤和衣服,造成二次污染风险。

手套本身不会造成什么影响,对人体也不会有什么伤害。通常因间接原因或个人原因引起的危害如下。

(1)对乳胶手套过敏。天然乳胶含有蛋白质,长时间皮肤接触有过敏的风险。由于天然乳胶手套成本低、物理性能好以及灵活性较好,实验室大多数人员使用乳胶手套,但对乳胶手套及滑石粉过敏者,可使用聚氯乙烯或聚腈类手套,这两种手套都不含蛋白质等过敏原,不会对手部造成伤害。

（2）手套的"触摸污染"。工作人员培训不到位、生物安全意识不强，用戴手套的手接触眼睛、嘴以及鼻子等身体部位，以及调整其他个人防护装备（如眼镜等）；此外，佩戴手套的手随意触碰门把手、电灯开关、电脑以及电话等物体表面，有感染性材料污染人员的风险。

（3）手套的错误使用。用佩戴橡胶手套的手接触高温物体会被烫伤；佩戴聚氯乙烯手套接触有机溶剂，会洗掉手套上的增塑剂，导致化学物质的快速渗透等。

2.呼吸防护装置因素　在生物安全动物实验室中，气溶胶传播是导致工作人员发生获得性感染的主要途径及风险来源。因此，应该为工作人员配备呼吸防护装置，最基本的呼吸防护装置是口罩。生物安全二级及以上的动物实验室，尤其是在高致病性病原因子动物实验活动的环境下，更应配备具有防护作用的呼吸防护装置，如N95口罩、个人呼吸器、正压面罩等。正压面罩是生物安全二级及以上动物实验室中最常用的装备，实验人员无论是哪种类型的脸型都可以使用，即使实验人员佩戴眼镜也不会影响到正压口罩的使用。要根据实验室防护等级选择合适的呼吸防护装置，穿戴前要检查是否有破损、是否有洁净功能；按要求戴好口罩后，要捏一下鼻部，使其紧贴皮肤，以防漏气。在使用呼吸防护装置的同时，还要防护好面部，避免动物体液的喷溅。

3.躯体防护装置因素　躯体防护装置是实验动物工作人员最基本的生物安全配置装备，如防护服、实验服、隔离衣、连体衣、围裙以及正压防护服等，以避免工作人员接触动物时，被动物抓伤、咬伤或被动物唾液、尿液喷污等。清洁级及以上设施和生物安全动物实验室应储存足够量的有适当防护水平的清洁防护服，以防止工作人员皮肤、毛屑等污染动物导致其质量下降，或气溶胶、体液、过敏原等污染工作人员而造成安全风险。实验动物设施内的人员，应按操作规范穿好合适的防护服，保证躯体能被完全覆盖。当防护服已被危险材料污染时应立即更换，离开设施区域之前应脱去防护服，做无害化处理。当接触有潜在危险物质（如消毒液、血液或培养液等）或生物危害物质喷溅至防护服表面上时，应在防护服外面再穿上塑料高颈保护的围裙，将风险控制在最低程度。

4.头面部和足部防护装置因素　动物毛发、皮屑及动物血液、排泄物或者感染性生物因子对工作人员具有生物安全风险，故工作人员应尽可能多地使用头面部防护装置，如连体衣帽防护服、一次性帽子、护目镜或面罩等，以便包裹住身体、头发等，以避免头面部遭受气溶胶、生物因子等的危害。饲养动物的笼具、大型仪器设备等可能会有支脚或尖锐的棱角，对工作人员有潜在的伤害风险；在有动物血液、排泄物和其他潜在感染性物质喷溅造成的污染及化学品腐蚀的环境下，工作人员均应穿上合适的不露脚趾的胶鞋或配备鞋套或靴套等足部专用防护装置，防止工作人员足部（鞋、袜）受到损伤，并可降低对足部伤害的风险。

5.听力防护装备因素　实验动物机构中从事犬、猴等高分贝噪声饲养或实验工作的岗位，实验动物设施内高压灭菌器、气溶胶消毒喷雾器、超声粉碎器、废弃垫料收集装置及高分贝控制设备的操作岗位，以及动物手术室内使用各种监护仪、麻醉机、高频电刀、电锯、吸引器时也会产生噪声污染。长时间在这种紧张和高分贝噪声的环境中工作，可影响工作人员内分泌系统、心血管系统和听力系统的功能，出现头痛、头晕、失眠、烦躁、听力下降直至听力丧失等。故在实验动物设施中，噪声达75分贝或在8小时内噪声大于其平均值水平时，工作人员应该戴听力保护器，以保护听力。常用的听力保护器为御寒式防噪声耳罩和一次性泡沫材料防噪声耳塞等。

综上所述，个人防护装备的风险管理措施在于：若是防护措施力度不够，将使工作人员暴露在危险中；若是防护措施过度则会浪费资源，并增加不规范操作的风险。另外，若工作人员防护依从性不高，不能做到每一次都规范操作，同样也存在生物安全风险。故需根据各类设施的生物安全防护级别和所从事实验动物活动的性质，配备恰当的呼吸防护、躯干防护、手部防护以及头面部、足部等防护装备，避免交叉感染和人员伤害。

（四）实验动物操作和意外伤害因素

实验动物活动的特点是工作人员与实验动物之间的相互影响，发生在工作人员对不同动物的饲养、保定、给药、行为学观察、采样、麻醉、临床检查、解剖等操作过程中。如前文所述,不规范的实验动物操作会引起意外伤害风险或程度不等的生物安全风险。要降低其潜在的风险,就必须对不同动物的所有操作环节实施标准化规范管理。

1. 动物抓伤、咬伤因素 实验动物对陌生环境中意外图像、声音、气味等做出反应,如主动攻击、抓伤、咬伤不熟悉的人或试图逃跑而对工作人员造成意外伤害;不恰当的操作也会引起动物不适,如保定方法不合适、给药动作不轻柔,激怒动物抓咬操作者等,这些均是实验动物本能的保护性反应。工作人员一旦被动物咬伤、抓伤,可能出现疼痛、焦虑不安、心理健康障碍、潜在不确定病原因子感染等。如果紧急清洗和消毒伤口并包扎等处理不及时,没有针对性,将导致风险等级提高。故实验动物工作人员要配备适当的个人防护装备及应急处理药箱,必要时及时就医、对暴露伤口实施应急消毒处理或预防性免疫接种。

2. 利器伤害因素 在实验动物设施的各项操作过程中,工作人员不可避免地会与各种动物、饲养设备、动物固定器材、给药或采样器具等利器物接触,包括笼具、注射器、针头、碎玻璃、移液器和手术器械等各种锐利器械,若操作不规范、动物不适应、注意力下降等,均可能引起意外伤害。一旦发生刺伤、锐器伤,可能会造成血源性传播疾病。因此,工作人员应与动物之间建立良性互动交流,减少动物对陌生环境的恐惧。为预防利器伤害,正确取放针头和锐器:操作者在注射完毕后,将针头或锐器直接放入利器盒内,不要将用过的针头再回套针头帽或试图弯曲、剪切、折断、取出注射器上的针头等,以防针头误伤;拾、取污染针头或其他锐器时,要使用专用钳子或镊子,绝对不可徒手处理包括污染针头在内的破碎玻璃器皿。

3. 动物逃逸因素 实验动物饲养设施中有特定的环境要求,以保证设施符合其环境参数的标准化、一致性要求及实验动物居住环境的天性要求,以最大限度地满足动物福利伦理与生物安全风险管理要求。饲养笼具是动物居住的生存环境,也是防止动物伤人及逃逸的安全防护装置,如果笼具未盖严、笼门未关好或动物保定不牢靠,极可能会出现实验动物逃逸等意外状况,并对设施内的其他笼具内的动物造成污染或影响。动物一旦逃出饲养区域或设施外,会感染生态环境中病原微生物,或携带病原微生物的感染性动物、转基因动物等逃逸,也会对生态环境中的生物造成不确定性影响,包括传播病原微生物等。故实验动物发生逃逸后,要尽早预警、尽早抓捕、尽早做无害化处理,避免风险等级提高。

4. 搬运重物因素 在实验动物饲养及动物实验操作过程中,通常有搬运饲料、垫料、笼具、笼架、水箱、配件耗材等重物活动。如果用力不当、姿势不对、身体状况不佳(如腰背痛、劳累等),则可发生扭伤和磕伤等意外伤害。故应提早建立相应的规范操作指南、配备人体工效学搬运装备,并规范操作,可预防背部和肩部受伤。另外,良好的内务管理对减少物理风险至关重要,包括物料整齐摆放,工作台面保持清洁,清除障碍物、废弃物和其他非必要的物品,所有的盒子、软管或包垫材料应定期从工作区域移走,用适当的清洁消毒剂拖地和清洁表面,可减少意外伤害的发生。

(五)自然灾害因素

实验动物设施作为人类活动的一部分,恶劣天气、水险、火灾、地震等自然灾害对实验动物活动来讲,其后果可能是灾难性的,故要防患于未然。

1. 恶劣天气因素 气象灾害是指因气象因素造成设施破坏、人员伤亡、财产损失,并影响经济社会稳定发展、公众正常生产生活及造成突发公共卫生事件等情况。气象灾害包括暴雨、台风、海啸、暴雪、霜冻等,这些灾害可造成实验动物设施建筑倒塌及密封性破坏、断电、断水、监控及通信中断、动物逃逸等。故要针对不同灾害制定应急预案,及时预警,并能迅速组织人员做好防灾减灾工作,尽快撤离疏散,以减少损失、应对重大疫情风险。

2. 水险因素 实验动物设施因为遭遇洪水或供水管破裂、水压水量过大而引起管道漏水,进而发生水险,致使建筑设施损坏、电路中断、设备故障,灾后滋生媒介生物引起疾病的传播。若发生水险,实验动物设施应立即停止运行,关闭水阀,安全转移动物、菌毒种和相关材料,并通知专业检修人员,采取相应的应急措施;灾后对设施进行彻底消毒,经认证后才能重新使用。

3.火灾因素 实验动物设施电力保证,是设施运行最关键的能源安全保障。可能因电气设备过载、短路、绝缘性能下降等产生电火花而引燃周围可燃物,或因不规范操作引燃易燃、易爆危险品而引起火灾。工作人员在判断火情时,一定要冷静处理,力所能及地切断火源和电源,遇到可控制的小型火情时,可用设施内存放的专业灭火器或湿布进行灭火。如发生局部火情,监控人员应立即通知设施内的工作人员迅速撤离,并按照逃生标识沿安全通道逃离,密切关注设施内实验动物的安全及风险问题。

4.地震因素 地震属于无法预料、不可抗拒的突发性自然灾害,一旦发生,须迅速发出警报,组织滞留在建筑设施内的工作人员撤离;现场伤员做好自助自救;迅速关闭、切断电气系统和供水系统,密切关注设施内实验动物的安全及风险问题,防止震后滋生次生事故。

二、化学风险因素

影响实验动物生物安全的化学风险因素主要包括各种消毒剂、麻醉剂及非麻醉性气体等。

(一)消毒剂因素

实验动物设施的环境空间、不能经高压灭菌的设备或仪器、动物笼具、实验用品等的消毒,以及废弃物的无害化处理等,均需要使用消毒剂,以满足不同类型设施、设备的微生物控制要求,达到相应的洁净级别。

利用化学药物处理各种实验物品,达到消毒灭菌的目的。消毒剂的选择由待处理物品或空间的微生物耐受性决定,能杀死微生物的消毒剂有很多种,不同消毒剂的消毒效果及作用特点均不同,应根据消毒对象制定消毒方案,并充分考虑病原体的生物特性和抵抗力、传播方式等,还要考虑消毒剂残留对环境、人员和动物的危害,重点考虑影响消毒剂消毒效果的因素,如:化学品的浓度、化学试剂生效所需的时间、在什么温度和酸碱度条件下化学试剂有效;被消毒物品或空间是否存在有机物,其污染程度、污染类型及污染的表面或物体的物理特性等。

实验动物机构应对当前使用的消毒剂定期进行效力测试,并对相应的消毒效能进行评估。大多数有活性的细菌、真菌和有囊膜病毒,对消毒剂很敏感;结核分枝杆菌和无囊膜病毒次之;细菌芽孢和原生动物包囊较不敏感。

理想的消毒剂是广谱、高效的,能有效消除各种生物危害,而且起效快速,不容易失活,对使用人员无毒、无腐蚀。当然,这种消毒剂也是经济型的,容易使用,容易销毁,且有效时间长。常用的消毒剂主要有以下几种。

1.酒精 酒精是一种具有轻微特殊气味的无色挥发性液体,通常在 70%~ 85%的浓度下使用。酒精可以使蛋白质变性,对脂溶性病毒、有囊膜病毒和细菌具有有效的消毒效果,但其杀菌作用起效稍慢。酒精可有效杀灭真菌和分枝杆菌。对于无囊膜病毒,酒精的杀灭作用具有不确定性,而对细菌芽孢则不能起到杀灭作用。故酒精通常用于从业人员的手部消毒,并具有使用简便、无腐蚀性等优点。其缺点是容易挥发,极易燃烧,沸点 79 ℃,易在有机物中失活。

酒精忌与强氧化剂、酸类、酸酐、碱金属、胺类混合。其蒸气与空气形成爆炸性混合物,遇明火、高热能发生燃烧爆炸。其蒸气比空气重,能从较低处扩散到相当远的地方,遇明火引燃。若遇高热,容器内压增大,有开裂和爆炸的危险。设施内一旦出现酒精燃烧,用水灭火无效,可用泡沫或干粉灭火器、二氧化碳、砂土进行灭火。

(1)健康影响:酒精经消化道摄入对人体健康有害,对眼有刺激性,可引起头痛、头晕、乏力、震颤、恶心等;皮肤反复接触酒精可引起干燥、脱屑、皲裂和皮炎。

(2)酒精泄漏急救及处置措施:皮肤接触酒精时,迅速脱去被污染的衣服,用肥皂水及清水彻底冲洗。

眼睛接触酒精时,应立即翻开上、下眼睑,用流动清水或生理盐水冲洗至少 15 分钟,然后就医。吸入酒精时,须迅速离开现场至空气新鲜处,保暖并休息,必要时进行人工呼吸,呼吸困难时输氧,并及时就医。食入酒精时,误服者立即漱口,饮足量温水。酒精泄漏时,及时疏散泄漏污染区人员至安全区,禁止无关人员进入污染区,切断火源。应急处理人员戴好防毒面具,穿好工作防护服,在确保人员安全情况下堵漏、清理,工作现场严禁吸烟。

2. 过氧化氢 市面上的过氧化氢是 30% 浓度的水溶液,使用前必须稀释到 6%。这个浓度的溶液对分枝杆菌、真菌、病毒等有效,还具有一定的杀灭芽孢的活性,可用于铝、铜、锌或黄铜等金属制品表面的消毒,过氧化氢具有腐蚀性,一旦接触,应立即用大量水冲洗。

过氧化氢为无色液体,遇到光和热时不稳定,为爆炸性强氧化剂。过氧化氢本身不燃,但能与可燃物、许多有机物(如糖、淀粉、醇类、石油产品等)形成爆炸性混合物,放出大量热量,并引起爆炸。过氧化氢与许多无机化合物或杂质接触后,会迅速分解而导致爆炸,并放出大量的热量、氧和水蒸气。过氧化氢在 pH 3.5～4.5 时最稳定,在碱性溶液中极易分解。过氧化氢遇强光,特别是短波射线照射时,也能发生分解。当加热到 100 ℃ 以上时,过氧化氢开始急剧分解。大多数重金属(如铜、银、铅、汞、锌、钴、镍、铬、锰等)及其氧化物和盐类,都是过氧化氢的活性催化剂。尘土、香烟灰、碳粉、铁锈等能加速过氧化氢的分解。浓度超过 74% 的过氧化氢,在具有适当的点火源或温度的密闭容器中会产生气相爆炸。

(1)健康危害:吸入过氧化氢蒸气或雾对呼吸道有强烈刺激性。眼直接接触其液体可致不可逆损伤甚至失明。口服则中毒,出现腹痛、胸口痛、呼吸困难、呕吐、一时性运动和感觉障碍、体温升高等。个别病例出现视力障碍、癫痫样痉挛、轻瘫等。

(2)应急处理方法:泄漏时,迅速撤离泄漏污染区人员至安全区,并进行隔离,严格限制人员出入。建议应急处理人员佩戴自给正压式呼吸器,穿防酸碱工作服。少量泄漏时,用砂土、蛭石或其他惰性材料吸收,也可以用大量水冲洗,稀释后放入废水系统。

(3)废弃物处置方法:废液经水稀释后发生分解,放出氧气,待充分分解后,把废液冲入下水道。

(4)急救措施:

①皮肤接触过氧化氢时,脱去被污染的衣服,用大量流动清水冲洗。

②眼睛接触时,立即提起眼睑,用大量流动清水或生理盐水冲洗至少 15 分钟,然后就医。

③吸入:迅速离开现场至空气新鲜处,保持呼吸道通畅。如呼吸困难,输氧。如呼吸停止,应立即进行人工呼吸,及时就医。

④食入:饮足量温水,催吐,就医。

3. 含氯化合物 含氯化合物消毒剂是普遍使用的、对所有微生物(包括细菌芽孢)都有活性的消毒剂。

氯能与蛋白质结合而使自身浓度迅速降低,游离的有效氯才是活性成分。氯是强氧化剂,能腐蚀金属。次氯酸钠是含氯化合物消毒剂的基础成分。

漂白粉一般含有 5.25% 的有效氯,如果被稀释 100 倍,再加入 0.7% 的不电离的去污剂,就成了一种很有效的消毒剂。这种消毒剂还能做成片剂。

含氯化合物的主要缺点是有腐蚀性,有效期短,遇有机物易失活,能烧伤皮肤和眼睛,稀释液不稳定。因此,需要经常配制新鲜溶液使用。

4. 甲醛 甲醛作为消毒剂及动物病理材料固定剂,通常为市售甲醛浓度 37% 的水溶液(即福尔马林),或以一种聚合物的形式存在,称之为多聚甲醛。甲醛的浓度达到含 5% 的活性成分(即每升溶液含 18.5 g 甲醛)时,便可作为一种有效的液体消毒剂,但是需要延长处理时间至少 30 分钟,当达到 3 小时,则可以杀灭细菌芽孢。

浓度为 0.2%～0.4% 的甲醛,通常在疫苗制作中用于灭活病毒。它可灭活所有的微生物,是一种广谱消毒剂,而且有机组织对其杀菌作用影响不大。它的缺点是冷藏温度下会失去大部分消毒活性。甲醛具有刺激性气味,在实验室使用时要倍加小心。

(1)操作注意事项:密闭操作,提供充分的局部排风。操作人员必须经过专门培训,严格遵守操作规程。建议操作人员佩戴自吸过滤式防毒面具(全面罩),戴橡胶手套。防止蒸气泄漏到工作场所空气中。避免与氧化剂、酸类、碱类接触。搬运时要轻装轻卸,防止包装及容器损坏。配备相应品种和数量的消防器材及防泄漏应急处理设备。倒空的容器可能残留有害物。

(2)储存注意事项:储存于阴凉、通风的库房。远离火种、热源,库房温度宜保持为 10～30 ℃。包装要求密封,不可与空气接触。应与氧化剂、酸类、碱类分开存放,切忌混储。采用防爆型照明、通风设施。禁止使用易产生火花的机械设备和工具。储存区应备有防泄漏应急处理设备和合适的收容材料。

5. 酚类化合物　苯酚不常用作消毒剂,其气味难闻,在处理过的表面会留下黏性的残余物,特别是在蒸气消毒时。虽然苯酚本身不能被广泛使用,但其他酚类化合物(结合去污剂)是常用的消毒剂的基本类型。酚类化合物可有效杀灭有囊膜病毒和部分细菌,对真菌和分枝杆菌的杀灭效果不确定,对无囊膜病毒的作用是有限的,常规使用时对细菌芽孢无活性。此外,酚类化合物有毒性,存在烧伤皮肤的可能性,一旦接触皮肤,可用大量的水冲洗。

(1)泄漏应急处理:隔离泄漏污染区,限制出入。建议应急处理人员戴自给式呼吸器,穿防毒服。少量泄漏时,用干石灰、苏打灰覆盖。大量泄漏时,收集回收或运至废弃物处理场所处置。

(2)急救措施:①皮肤接触时,立即脱去被污染的衣服,用甘油、聚乙烯乙二醇或聚乙烯乙二醇和酒精混合液(7∶3)抹洗,然后用水彻底清洗,或用大量流动清水冲洗,至少 15 分钟,然后及时就医。②眼睛接触时,立即提起眼睑,用大量流动清水或生理盐水冲洗至少 15 分钟,之后及时就医。③吸入时,迅速离开现场至空气新鲜处。保持呼吸道通畅。如呼吸困难,输氧,如呼吸停止,立即进行人工呼吸,尽快就医。④食入时,立即饮植物油 15～30 mL,催吐,尽快就医。

(3)灭火方法:消防人员须佩戴防毒面具、穿全身消防服。使用水、抗溶性泡沫、二氧化碳灭火剂。

(4)防护措施:①呼吸系统防护:可能接触其粉尘时,佩戴自吸过滤式防尘口罩。紧急事态抢救或撤离时,应佩戴自给式呼吸器。②眼睛防护:戴化学安全防护眼镜。③身体防护:穿透气型防毒服。④手防护:戴防化学品手套。⑤其他:工作现场禁止吸烟、进食和饮水。工作完毕,淋浴更衣。被毒物污染的衣服需单独存放,清洗备用,保持良好的卫生习惯。

6. 季铵盐类化合物　尽管该类消毒剂已经应用了很多年,但关于季铵盐类化合物作为消毒剂的功效仍然存有争议。这些阳离子去污剂有很强的表面活性,这个特性使它们成为出色的表面清洁剂,季铵盐类化合物能与蛋白质结合,因此,在有蛋白质存在时,将使相应溶液失效。

低浓度的季铵盐类化合物能抑制细菌生长,如结核分枝杆菌、芽孢、真菌等。中等浓度时,能够杀灭细菌、真菌、亲脂性病毒。

该类化合物的优点是无味、无污染、对金属无腐蚀、稳定、廉价、无毒。缺点是这类化合物易被阴离子去污剂和有机质(蛋白质)抑制而失活,对革兰阴性细菌、芽孢、分枝杆菌和许多病毒无效。

7. 碘化合物　碘和氯的特性非常相似。在实验室里常用的是碘伏,与分子载体结合后能够增强其溶解度,并持续不断地释放出游离碘。溶液中活性碘的推荐浓度范围是 0.0025%～0.0075%。当游离碘的浓度达到 0.0075% 时,碘可被溶液中过量的蛋白质吸收。用作洗手液时,推荐的碘液浓度为 0.16%,溶于 50% 酒精中。0.16% 的碘液可以快速灭活所有的微生物。

碘化合物的缺点是具有轻度的腐蚀性,能被外来的有机物灭活,频繁使用能使物体表面着色。

8. 戊二醛　通常供应的戊二醛是浓度为 2% 的溶液,使用前要加入重碳酸盐的复合物进行活化。该化合物使用范围广,对很多种微生物有效,包括无囊膜病毒和分枝杆菌(作用时间最少 20 分钟),以及细菌芽孢(作用时间至少 3 小时)。

戊二醛的优点是无腐蚀性,能快速杀菌。缺点:有活性的产品,保存期限很短;对有机物不敏感,不容易穿透有机物;不利于身体健康(会刺激黏膜),以及引起接触性皮炎和典型性哮喘等。

戊二醛遇明火、高热可燃,与强氧化剂接触可发生化学反应。其蒸气密度比空气大,能在较低处扩散到相当远的地方,遇火源会着火回燃。戊二醛容易自聚,聚合反应随着温度的上升而急骤加剧。若遇高热,则容器内压增大,有容器开裂和发生爆炸的危险。

(1)健康危害:吸入、摄入或经皮吸收对机体有害。对眼睛、皮肤和黏膜有强烈的刺激作用。吸入可引起喉咙、支气管炎症,化学性肺炎、肺水肿。本品可引起过敏反应。因此,操作时应佩戴呼吸器或自吸过滤式防毒面具(全面罩)。

(2)急救措施:

①皮肤接触后,立即脱去被污染的衣服,用大量流动清水冲洗,就医。

②眼睛接触时,立即提起眼睑,用大量流动清水或生理盐水冲洗至少15分钟,就医。

③吸入后,迅速离开现场至空旷处,保持呼吸道通畅。如出现呼吸困难,吸氧。如呼吸停止,立即进行人工呼吸,就医。

④食入后,用水漱口。

(3)泄漏应急处理:迅速将泄漏污染区人员撤离至安全区,并进行隔离,严格限制出入。建议应急处理人员戴自给式呼吸器,穿一般作业工作服。不要直接接触泄漏物,尽可能切断泄漏源,防止其流入下水道、排洪沟等限制性空间。少量泄漏时,用砂土、蛭石或其他惰性材料吸收。工作现场禁止吸烟、进食和饮水。工作完毕,淋浴更衣。保持良好的卫生习惯。

(4)废弃物处置方法:建议用控制焚烧法或安全掩埋法处置。在能利用的地方重复使用容器或在规定场所掩埋。

9. 双氯苯双胍己烷化合物 市面上的产品有两种,一种是浓度4%的双氯苯双胍己烷的葡萄糖酸盐化合物溶液,用时不必稀释;另一种是溶于酒精的浓缩液,用时需要稀释。含有酒精的溶液比水溶液有更强的活性。此类化合物对真菌、分枝杆菌、无囊膜病毒有效,对芽孢无杀灭作用。双氯苯双胍己烷类(如洗必泰)被普遍用作皮肤的消毒剂和洗手液。

消毒剂在使用过程中不可避免地会进入环境,大部分消毒剂容易降解、不会造成长期残留。但是,当过量的消毒剂泄漏到环境中,尤其是与人类、野生动植物直接接触时,可能造成急性、慢性毒性效应。另外,当消毒剂进入大气、地表水、地下水和土壤环境时,需要一定时间才能降解。在这个过程中可能会和自然环境,尤其是水体中的有机物等发生反应,生成具有致癌性等潜在生态毒性的副产物,可能会产生长远的生态影响。

(二)麻醉剂因素

在动物实验中,采用安全有效的麻醉剂,是保证实验动物福利、防止动物伤害的一项基本要求。根据实验设计及不同实验动物,选择合适的麻醉剂、给药方式及给药剂量,是顺利开展动物实验的重要前提。理想的麻醉应该既要保证实验操作顺利进行,保证获得的实验数据可靠,又要将实验动物遭受的痛苦降至最低,保证动物福利。

动物麻醉按照不同的标准,可分为不同的类型:按照麻醉的途径可分为吸入麻醉、口服麻醉、皮下或肌内注射麻醉、腹腔麻醉以及静脉注射麻醉;按照麻醉部位可分为全身麻醉和局部麻醉;按照用药的种类可分为单一麻醉和复合麻醉。实验动物常用的麻醉剂如下。

1. 乙醚 乙醚是一种较低效、高挥发性的吸入麻醉剂,溶解性好;麻醉时肌肉松弛(简称肌松)作用较好,镇痛效果也好,对黏膜有很强的刺激性。挥发出的气体易爆炸,在实际应用和保存中需要格外小心。使用乙醚麻醉兔及鼠时,可将动物放入玻璃麻醉箱内,把装有乙醚棉球的小烧杯放入麻醉箱,然后观察动物。开始麻醉时,动物自主活动,不久动物出现异常兴奋,不停地挣扎,随后排出大小便。渐渐地动物由兴奋转为抑制,倒下不动,呼吸变慢。如动物四肢紧张度明显减弱,角膜反射迟钝,皮肤痛觉消失,则表示动物已进入麻醉状态,可行手术和操作。在实验过程中应随时观察动物的变化,必要时把乙醚烧杯放在动物鼻部,以维持麻醉的时间与深度。

2. 七氟烷 七氟烷为无色透明、芳香无刺激的液体,对呼吸道刺激小,挥发性强,较难溶解,不易燃易爆。七氟烷血气分配系数低,诱导期短,麻醉维持期平稳,仅适合在有精细标定的精密汽化器上应用。七氟烷为有效的心血管抑制剂,与其他全身麻醉剂相比,其肌松程度大,但镇痛效果差。动物苏醒快,是一种较为理想的吸入麻醉剂。七氟烷对心血管系统影响小,心律失常少见;有良好的肌松作用,随麻醉加深呼吸抑制加重;未见明显的肝损害。

3. 异氟烷 异氟烷是目前广泛使用的吸入麻醉剂,为无色澄明的液体,不易燃烧,化学性质稳定,诱导、恢复和起效快速,吸入后 80% 以上以原形随呼出的气体排出,体内代谢少,对药物代谢和毒理学实验的干扰小。

麻醉时无交感神经系统兴奋现象,可使肾上腺素对心脏的作用稍增强,有一定的肌松作用。不影响心肌收缩力,对肝、肾、脑无不良影响。深度麻醉时,能引起呼吸抑制。异氟烷麻醉操作比较简单,能够快速诱导麻醉和苏醒,可以达到足够的可重复的麻醉深度,对心血管系统影响小,并且具有镇痛作用,满足动物实验的伦理标准。

4. 一氧化氮 一氧化氮是比较弱的全身麻醉剂,难溶于脂类。单独使用进行全身麻醉比较困难,但可与其他注射麻醉剂及吸入麻醉剂合并使用。对呼吸和循环系统功能影响较小。该气体既无刺激性,也无爆炸性,有香甜气味。

5. 戊巴比妥钠 戊巴比妥钠是巴比妥酸衍生物的钠盐,属于中效巴比妥类镇静催眠药,呈粉状,安全范围大,毒性小,麻醉潜伏期短,维持时间较长,随用量的增加逐渐产生镇静、催眠和抗惊厥作用,大剂量使用时可产生麻醉作用。戊巴比妥钠通过作用于 GABA 受体而发挥麻醉作用,对呼吸中枢有较强的抑制作用,安全范围较小,药物过量时易导致动物死亡。

戊巴比妥钠在低剂量(60 mg/kg 以下)时镇痛作用差,在高剂量(100 mg/kg 以上)时,戊巴比妥钠可以提供足够的镇痛作用,但是与之相关的死亡率和血流动力学不稳定性增加。因此,有学者认为巴比妥类药物只适用于终末阶段,应高剂量使用并且不准用于疼痛控制,除非与阿片类或非甾体抗炎药共同使用。

6. 水合氯醛 水合氯醛是一种催眠药,也是抗惊厥药,为白色或无色透明的结晶,有刺激性气味,在空气中渐渐挥发。具有镇静、催眠和抗惊厥作用。其作用特点与戊巴比妥钠相似,能起到全身麻醉作用。

较大剂量应用时有抗惊厥作用,大剂量应用时可引起昏迷和麻醉,抑制延髓呼吸及血管运动中枢,导致动物死亡。水合氯醛不易在体内蓄积中毒,刺激性强,应稀释后使用。目前认为水合氯醛适合于催眠而非麻醉,动物手术所需麻醉剂量的水合氯醛无足够的镇痛作用,还会导致显著的呼吸抑制。20% 的水合氯醛具有很强的刺激性,可能会造成大鼠肠梗阻、腹膜炎以及胃溃疡等。因此,不推荐动物实验使用水合氯醛腹腔麻醉。水合氯醛对实验动物还具有致突变和致癌作用。此外,水合氯醛曾与硫酸镁、戊巴比妥钠联合使用,作为一种经济的用于大动物麻醉和安乐死的混合试剂,但是现在兽医领域已很少用这种方法。

7. 氯胺酮 氯胺酮是苯环己哌啶的衍生物,其盐酸盐为白色结晶粉末,溶于水,微溶于乙醇。该麻醉剂注射后很快使实验动物进入浅睡眠状态,但不引起中枢神经系统深度抑制,实验动物的一些保护性反射仍然存在。氯胺酮可广泛应用于所有动物,是一种镇痛麻醉剂。氯胺酮有多种副作用,包括妄想、幻觉、谵妄和混乱等,致使氯胺酮不再作为主流麻醉剂使用。氯胺酮其他可能的医学应用,包括抗抑郁以及可卡因成瘾的治疗等。

氯胺酮不适合单独用作手术麻醉剂,常与其他麻醉剂联合使用。与 α2-肾上腺素受体激动剂(甲苯噻嗪)联合使用,可增加镇静和镇痛作用。与苯二氮䓬类药物(如地西泮)联用,可缓解肌肉僵硬症状。与阿托品联用可以预防使用氯胺酮导致的唾液分泌物增多和心律失常。

氯胺酮能迅速通过胎盘屏障影响胎儿,故用于妊娠动物时必须谨慎。

8. 乌拉坦 乌拉坦又称氨基甲酸乙酯,是一种易逆性胆碱酯酶抑制剂。乌拉坦通过抑制乙酰胆碱酶的活性,造成乙酰胆碱的累积,干扰神经正常传导而发挥麻醉作用。此外,乌拉坦可能对多个受体具有调控作用,包括 GABA 受体、NMDA 受体等。乌拉坦作用持久,麻醉平稳,对实验动物生理变化影响较小,副作用包括致癌、骨髓抑制作用等。

实验人员操作时需注意:处理乌拉坦的结晶或粉末时,需戴口罩、防护眼镜和手套,防止吸入和接触皮肤,并且应戴手套处理乌拉坦麻醉动物的血液或血清。

在注射麻醉剂时,先用麻醉剂总量的三分之二,密切观察动物生命体征的变化,如已达到所需麻醉的程度,余下的麻醉剂则不用,避免麻醉过深而抑制延脑呼吸中枢而导致动物死亡。

9. 局部麻醉剂 局部麻醉是通过阻断机体局部的神经传导,使局部区域能进行比较小或比较快的操作的麻醉方法。局部麻醉剂可用于手术部位的表面麻醉、区域阻滞麻醉、神经传导阻滞麻醉、局部浸润麻醉等。

表面麻醉剂(如利多卡因)利用其组织穿透作用,透过黏膜,阻滞表面的神经末梢,称表面麻醉。在进行口腔及鼻腔黏膜、眼结膜、尿道等部位手术时,常将麻醉剂涂敷、滴入、喷于表面,或尿道灌注给药,从而产生麻醉效果。麻醉剂还可用于神经传导阻滞,即在神经干(丛)的周围注射麻醉剂,阻滞神经传导,使其所支配的区域无疼痛。

区域阻滞麻醉剂有普鲁卡因等。在手术区四周注射麻醉剂阻断疼痛的向心传导,称区域阻滞麻醉。局部浸润麻醉剂(如普鲁卡因),可沿手术切口逐层注射,靠药液的张力弥散,浸入组织,麻醉感觉神经末梢,称局部浸润麻醉。在施行局部浸润麻醉时,先固定好动物,用 0.5%～1% 盐酸普鲁卡因皮内注射,使局部皮肤表面呈现一橘皮样隆起,称皮丘,然后从皮丘进针,向皮下分层注射,在扩大浸润范围时,针尖应从已浸润的部位刺入,直至麻醉区域的皮肤都浸润。每次注射时,必须先抽注射器,以免将麻醉剂注入血管内引起中毒反应。出于动物福利考虑:在条件允许的情况下要及时使用麻醉剂,以减小和消除动物的疼痛;在不影响实验结果的条件下,在术前、术后给予麻醉镇痛药。

(三)非麻醉性气体

非麻醉性气体二氧化碳,价廉,不易燃,不易爆炸,基本上无危害,重于空气,分布在室内的低层,啮齿类动物的鼻子习惯置于较低层,而这一层正好含有足够浓度的二氧化碳气体,动物吸入后产生不可恢复的昏睡,故该气体被广泛应用于啮齿类动物的安乐死,使用设计合理的设备时,对操作人员无任何危险。

第五节 生物学风险因素

实验动物设施属于独特的人工环境,该环境条件失控,极可能造成设施内实验动物生存困难并出现微生物污染,甚至发病,或周围社区人员发生感染。故了解其生物学风险因素如实验动物、媒介生物、病原体、从业人员健康状况及相关操作等的潜在风险,对实验动物的生物安全风险管理至关重要。

一、实验动物本身的风险因素

实验动物的生物安全风险具有实验动物本身的遗传学、环境学及微生物学特点。传统的实验动物是按照经典的遗传学控制理论,对野生动物进行长期的驯养、选育等,所培育出的遗传性比较稳定的近交系、远交系、封闭群、杂交系等品种、品系动物。随着生物技术及信息技术等的不断进步,普通级环境动物、屏障环境动物、隔离环境动物及遗传工程动物等培育成功,并越来越多地用于精准生命科学研究及应用领域,且呈现出不同的生物安全风险控制特点。

（一）常用实验动物的生物学风险因素

1. 大、小鼠生物学风险因素　大、小鼠因其繁育周期短、繁殖数量多，成为生命科学领域使用数量最多的实验动物。《实验动物　微生物学等级及监测》（GB 14922.2—2011）和《实验动物　寄生虫学等级及监测》（GB 14922.1—2001）及《中华人民共和国药典》中"生物制品生产及检定用实验动物质量控制"均明确排除普通级大、小鼠的生产及使用，其主要目的就是排除人畜共患病病原体、动物烈性传染病病原体及对实验有较大干扰的病原体，为识别大、小鼠病原微生物来源和减少风险因素提供重要的依据。清洁级大、小鼠的生产与使用也只在中国范围内合法，只有无特定病原体的大、小鼠实验结果，才能得到国际同行的认可。故屏障或隔离环境设施中的大、小鼠，其本身携带的病原体种类及数量少（表 3-1、表 3-2）。外界的人畜共患病病原体可通过饲料、垫料、笼具、饮用水、媒介生物、窜入的野生动物、饲养用具、空气净化过滤系统及从业人员自身携带等方式传入设施内，其易感性强、传播快，大、小鼠感染后发病快、病情重。

大、小鼠一旦染病将直接造成其繁育群或实验群毁灭性损失，或实验中断。故实验动物微生物等级越高，其生物安全风险越大。

大、小鼠逃逸出设施进入外界环境，将成为相应病原体的易感动物；如果是基因工程动物，还存在生态环境安全风险，成为生物安全最重要的风险因素，故大、小鼠也是关键的"生物安全溯源管理对象"。

表 3-1　小鼠、大鼠病原菌检测项目

动物等级		病原菌	动物种类	
			小鼠	大鼠
无菌动物	无特定病原体动物	沙门菌 *Salmonella* spp.	●	●
		支原体 *Mycoplasma* spp.	●	●
		鼠棒状杆菌 *Corynebacterium kutscheri*	●	●
		泰泽病原体 Tyzzer's organism	●	●
		嗜肺巴斯德杆菌 *Pasteurella pneumotropica*	●	●
		肺炎克雷伯杆菌 *Klebsiella pneumoniae*	●	●
		绿脓杆菌 *Pseudomonas aeruginosa*	●	●
		支气管鲍特杆菌 *Bordetella bronchiseptica*		●
		念珠状链杆菌 *Streptobacillus moniliformis*	○	○
		金黄色葡萄球菌 *Staphylococcus aureus*	○	○
		肺炎链球菌 *Streptococcus pnemoniae*	○	○
		乙型溶血性链球菌 *β-hemolyticstreptococcus*	○	○
		啮齿柠檬酸杆菌 *Citrobacter rodentium*	○	
		肺孢子菌属 *Pneumocystis* spp.	○	○
		牛棒状杆菌 *Corynebacterium bovis*	◎	
		无任何可查到的细菌	●	●

注1：●必须检测项目，要求阴性。

注2：○必要时检测项目，要求阴性。

注3：◎只检测免疫缺陷动物，要求阴性。

表 3-2　小鼠、大鼠病毒检测项目

动物等级		病毒	动物种类	
			小鼠	大鼠
无菌动物	无特定病原体动物	汉坦病毒 Hantavirus（HV）	○	●
		小鼠肝炎病毒 Mouse Hepatitis Virus（MHV）	●	
		仙台病毒 Sendai Virus（SV）	●	●
		小鼠肺炎病毒 Pneumonia Virus of Mice（PVM）	●	●
		呼肠孤病毒Ⅲ型 Reovirus type 3（Reo-3）	●	●
		小鼠细小病毒 Minute Virus of Mice（MVM）	●	
		大鼠细小病毒 RV 株和 H-1 株 Rat Parvovirus（KRV & H-1）		●
		鼠痘病毒 Ectromelia Virus（Ect.）	○	
		淋巴细胞脉络丛脑膜炎病毒 Lymphocytic Choriomeningitis Virus（LCMV）	○	
		小鼠脑脊髓炎病毒 Theiler's Mouse Encephalomyelitis Virus（TMEV）	○	
		多瘤病毒 Polyoma Virus（POLY）	○	
		大鼠冠状病毒/大鼠涎泪腺炎病毒 Rat Coronavirus（RCV）/Sialodacryoadenitis Virus（SDAV）		○
		小鼠诺如病毒 Murine Norovirus（MNV）	◎	
		无任何可查到的病毒	●	●

注1：●必须检测项目，要求阴性。

注2：○必要时检测项目，要求阴性。

注3：◎只检测免疫缺陷动物，要求阴性。

　　不同遗传背景的动物，尤其是免疫缺陷动物、基因工程动物，发生上述病原体感染的生物安全风险程度不同。免疫缺陷动物对病原因子的敏感性、生物安全风险与 T 细胞、B 细胞及 NK 细胞的缺陷程度成正比；近交系动物比远交系动物或封闭群动物对病原因子的敏感性更高，近交系动物对病原因子的敏感性与生物安全风险也成正比；基因工程动物对病原因子的敏感性与生物安全风险关系的不确定性较大，通常需要结合基因与病原因子背景，并通过设置哨兵动物的病原因子监测结果，对其生物安全风险开展相关性综合评估，后续有转基因风险专项描述。

　　大、小鼠是常用且用量较多的实验动物，为肾综合征出血热病毒的直接传染源，并且大、小鼠等啮齿类动物中也可检出冠状病毒。冠状病毒对大鼠的致病性不强，但传染性强。小鼠易发生微生物感染，对鼠痘病毒、小鼠肝炎病毒、仙台病毒等高度易感；大鼠感染念珠状链杆菌、铜绿假单胞菌、沙门菌、钩端螺旋体等后，一旦咬伤从业人员，会引起从业人员严重的全身性感染。仙台病毒可引起大鼠肺炎。

　　大、小鼠可引起多种人畜共患细菌性、病毒性与寄生虫性疾病，生物安全风险极大，故国家标准禁止在普通级环境下开展大、小鼠生产与使用活动。

2. 兔、豚鼠、地鼠生物学因素　兔、豚鼠、地鼠是药物安全性评价实验常用的实验动物,其实验结果与药品出厂安全检验直接相关。

兔可患各种疾病从而影响实验研究,其中呼吸道疾病和肠道疾病尤为常见。沙门菌和假结核耶尔森菌可在动物群中潜伏或通过啮齿类动物污染的饲料、垫料传播,引起人畜共患病。设施中一旦发现动物有淋巴结肿大和急性腹泻等症状,应立即进行隔离。确认动物被感染时应将感染动物处死,并严格执行卫生措施,持续检疫直至疾病完全控制为止。

豚鼠中较为常见的细菌性疾病是地方性颈淋巴结炎,主要病原微生物为溶血性链球菌。动物和人类对淋巴细胞脉络丛脑膜炎病毒均易感,怀疑人员感染该病毒时,应立即进行隔离;确认动物被感染时,应将感染动物立即处死,并严格执行卫生措施。

地鼠是疫苗等生物制品生产最常用的活体组织原材料,根据 2020 年版《中华人民共和国药典》,对地鼠繁育的洁净环境背景菌进行分析,对动态沉降菌限度标准、遗传背景信息(13 个遗传位点的检测)和生理生化指标等进行有效控制,可明显提升乙型脑炎减毒活疫苗的产量与质量。否则,将直接影响生物制品的安全性。

总之,上述三种动物所感染的病原因子与药品研发和质量控制关系较大,病原因子、环境洁净度、遗传背景控制程度越高(表 3-3、表 3-4),动物发生病原因子感染的概率就越低,生物安全风险也越低。

表 3-3　豚鼠、地鼠、兔病原菌检测项目

动物等级			病原菌	动物种类		
				豚鼠	地鼠	兔
无菌动物	无特定病原体动物	普通动物	沙门菌 *Salmonella* spp.	●	●	●
			假结核耶尔森菌 *Yersinia pseudotuberculosis*	○	○	○
			多杀巴斯德杆菌 *Pasteurella multocida*	●	●	●
			支气管鲍特杆菌 *Bordetella bronchiseptica*	●	●	●
			泰泽病原体 *Tyzzer's organism*	●	●	●
			嗜肺巴斯德杆菌 *Pasteurella pneumotropica*	●	●	●
			肺炎克雷伯杆菌 *Klebsiella pneumoniae*	●	●	●
			绿脓杆菌 *Pseudomonas aeruginosa*	●	●	●
			金黄色葡萄球菌 *Staphylococcus aureus*	○	○	○
			肺炎链球菌 *Streptococcus pnemoniae*	○	○	○
			乙型溶血性链球菌 *β-hemolyticstreptococcus*	○	○	○
			肺孢子菌属 *Pneumocystis* spp.			●
			尤任何可查到的细菌	●	●	●

注1:●必须检测项目,要求阴性。

注2:○必要时检测项目,要求阴性。

表 3-4　豚鼠、地鼠、兔病毒检测项目

动物等级			病毒	动物种类		
				豚鼠	地鼠	兔
无菌动物	无特定病原体动物	普通动物	淋巴细胞脉络丛脑膜炎病毒 Lymphocytic Choriomeningitis Virus (LCMV)	●	●	
			兔出血症病毒 Rabbit Hemorrhagic Disease Virus (RHDV)			▲
			仙台病毒 Sendai Virus(SV)	●	●	
			兔出血症病毒ᵃ Rabbit Hemorrhagic Disease Virus (RHDV)			●
			小鼠肺炎病毒 Pneumonia Virus of Mice (PVM)	●	●	
			呼肠孤病毒Ⅲ型 Reovirus type 3 (Reo-3)	●	●	
			轮状病毒 Rotavirus (RRV)	●		●
		无任何可查到的病毒		●	●	●

注1：●必须检测项目，要求阴性。

注2：▲必须检测项目，可以免疫。

ᵃ 不能免疫，要求阴性。

3. 犬、猴生物学因素　犬、猴是比较常用的实验动物，但由于其体型较大、攻击性较强，所以犬、猴是实验动物活动中咬伤、抓伤的高风险因素；犬吠声还是职业健康噪声危害因素的主要来源。狂犬病毒引起的狂犬病属于人畜共患病，患者死亡率达到 100%，犬、猴、人对狂犬病毒均易感，狂犬病多见于犬。故开展犬相关活动的机构，应对犬实施狂犬病疫苗全程预防性接种，长期接触犬或开展犬实验的工作人员，也须提前半年接种人用狂犬病疫苗。犬、猴活动场所还须配备有狂犬病毒高免血清用于暴露人员应急，以防意外；接触猴的活动须配备安全帽及护目镜，并开展结核分枝杆菌、猴痘病毒监测工作。寄生虫也是常见的风险因素，故应定期检疫并对动物开展药物净化驱虫工作。

B 疱疹病毒是灵长类动物猴高度易感的病原体，猴感染后通常表现出一种亚临床症状，类似于人类的唇疱疹损害。B 疱疹病毒可通过感染的猴咬伤或抓伤传染给人，也可通过污染了病毒的设备造成的皮肤创伤传染给人，并可引起人类致命性的脑炎，尤其是出现不明原因的口腔或面部损伤的猴更应进行严格的隔离、检疫。此外，猴携带的猴痘病毒、结核分枝杆菌、肺炎链球菌、沙门菌和志贺菌等人畜共患病病原体均值得关注。肺炎多以在捕捉或运输中产生的精神紧张为诱因，感染肺炎链球菌、肺炎杆菌和嗜肺巴斯德杆菌而发病；肺螨虫病是某些灵长类动物（如恒河猴）的一种常见病；沙门菌和志贺菌感染性肠炎是灵长类动物常见的疾病。故应定期对猴进行相关的细菌学、病毒学和寄生虫学检查，以排除其隐性感染（表 3-5、表 3-6）。

表 3-5　犬、猴病原菌检测项目

动物等级		病原菌	动物种类	
			犬	猴
无特定病原体动物	普通动物	沙门菌 *Salmonella* spp.	●	●
		皮肤病原真菌 Pathogenic dermal fungi	●	●
		布鲁杆菌 *Brucella* spp.	●	
		钩端螺旋体 *Leptospira* spp.	△	
		志贺菌 *Shigella* spp.		●
		结核分枝杆菌 *Mycobacterium tuberculosis*		●
		钩端螺旋体ª *Leptospira* spp.	●	
		小肠结肠炎耶尔森菌 *Yersinia enterocolitica*	○	○
		空肠弯曲杆菌 *Campylobaceter jejuni*	○	○

注1：●必须检测项目，要求阴性。

注2：○必要时检测项目，要求阴性。

注3：△必要时检测项目，可以免疫。

ª　不能免疫，要求阴性。

表 3-6　犬、猴病毒检测项目

动物等级		病毒	动物种类	
			犬	猴
无特定病原体动物	普通动物	狂犬病病毒 Rabies Virus（RV）	▲	
		犬细小病毒 Canine Parvovirus（CPV）	▲	
		犬瘟热病毒 Canine Distemper Virus（CDV）	▲	
		传染性犬肝炎病毒 Infectious Canine Hepatitis Virus（ICHV）	▲	
		猕猴疱疹病毒Ⅰ型（B病毒）Cercopithecine Herpesvirus Type 1（BV）		●
		猴逆转 D 型病毒 Simian Retrovirus D（SRV）		●
		猴免疫缺陷病毒 Simian Immunodeficiency Virus（SIV）		●
		猴 T 细胞趋向性病毒Ⅰ型 Simian T Lymphotropic Virus Type 1（STLV-1）		●
		猴痘病毒 Monkeypox Virus（MPV）		○
		犬普通动物所列 4 种病毒不免疫	●	

注1：●必须检测项目，要求阴性。

注2：▲必须检测项目，要求免疫。

注3：○必要时检测项目，要求阴性。

（二）实验动物护理等接触操作因素

实验动物的培育、运输及使用等，均是在人工条件下，由受过培训的实验动物护理员或饲养员完成的。应依照动物种类及饲养目的给实验动物提供适宜的可促进其表现天性的物品或装置，如休息用的木架、玩具、供粮装置、筑巢材料、隧道、秋千等，使其获得心理与生理健康，鼓励在日常饲养和实验操作过程中对动物进行适应性训练，以减少变化的饲养环境、新的实验操作等对动物产生的刺激，保证实验数据的真实性、可靠性；在动物运输过程中，提供与其生活环境相当的运输工具，提供减少对动物运输应激的良好护理措施；实施动物手术时应开展安全性评估，评估内容包括动物的状况、手术者的经验和能力、术前和术后的医护条件、设施设备状况、可能出现的意外等，动物饲养管理人员和研究人员应熟悉实验对象的行为、生理和生化特征，了解和有能力辨识各类动物对疼痛等所表现出的反应，并计划好周全的术中、术后护理方案。应通过实施环境控制、饮食卫生、物品卫生、流程管理等各种措施，保证在运输、饲养、实验等过程中实验动物不被所接触人员、所处环境、所用物品等感染或相互感染；一旦出现标准操作偏离，将直接引起动物不安和应激反应，并出现生物安全风险问题。

接触动物或采集动物样品（如血液、粪便、皮毛、器官、排泄物等）时，均可能存在人与动物携带病原因子的双向感染，包括在设施内呼吸空气中带有病原因子的气溶胶，以及使用各种器械、仪器过程中接触可能存在的有害物质等，这些均会造成生物安全风险。生物安全事件调查显示：已知原因的设施感染只占全部感染的18%，而不明原因的设施感染高达82%。研究表明在这些不明原因的感染中，大多数可能是因为病原微生物形成感染性气溶胶后，随空气扩散，设施内工作人员吸入了污染的空气而感染发病。因此，实验动物设施气溶胶被列为最常见的生物安全风险因素。

造成这些感染的主要原因是工作人员操作失误，或个人防护措施缺失、不规范。感染途径主要有接触动物、吸入气溶胶、误食。

（三）实验动物常见的传染性病原因子风险因素

1. 细菌性病原因子风险因素 实验动物细菌性传染病的病原因子主要有志贺菌属（*Shigella*）、沙门菌属（*Salmonella*）、布鲁氏菌属（*Brucella*）、巴氏杆菌属（*Pasteurella*）、分枝杆菌属等。

1）志贺菌属 本属细菌是一种常见的人畜共患病的病原因子。本属细菌主要引起人和实验动物肠道感染，常见菌型为B群福氏志贺菌和D群宋氏志贺菌。

传染源：部分动物长期携带志贺菌，但不表现临床症状，成为健康带菌者。志贺菌在灵长类动物中带菌率较高，在猕猴自然群体中带菌率为3%左右。不卫生的饲料、饮用水、垫料、用具、饲养操作等均会成为条件性致病因素。

易感动物：实验动物及人均易感，尤以灵长类动物最为典型。

症状：在临床上可表现为急性型和慢性型。急性发病动物可出现高热、呕吐、排脓血便、剧烈腹痛，出现脱水和循环衰竭，如治疗不及时极易造成动物死亡。慢性发病动物排出糊状便或水样便，症状有时会自然缓解。

2）沙门菌属 本属细菌是一种常见的人畜共患的传染病病原因子。实验动物感染的沙门菌主要是沙门菌乙群的鼠伤寒杆菌和丁群的肠炎杆菌。

传染媒介：主要为苍蝇和野鼠，后者有时为重要传染源。饲养管理疏忽，不卫生的饲料、饮用水、垫料、用具，不恰当的饲养操作，营养状况降低，环境温度骤变等，均易造成本病流行。

易感动物：猕猴发生沙门菌感染的概率相当高。豚鼠、大鼠和小鼠等常用实验动物均易发生沙门菌感染。

症状：急性发病动物以急性败血症死亡而不表现临床症状，亚急性感染可引起动物腹泻、结膜炎等。

3）布鲁氏菌属 本属细菌可引起人畜共患传染病。牛、羊、猪较常发生，且可传染给人和其他动物。

犬常对马耳他布鲁氏菌、猪布鲁氏菌及犬布鲁氏菌三种布鲁氏菌呈隐性感染，少数表现出发热性全身症状。有时还可引起流产以及睾丸炎和附睾炎。布鲁氏菌也可感染人，感染途径为食入、接触和吸入，在病犬流产和分娩时人感染布鲁氏菌的概率最高。犬由布鲁氏菌感染引起的流产常发生在妊娠第 40～50 天,流产后阴道长期流出分泌液,于下次发情时有可能导致不孕。作为兽医、饲养人员和实验室工作人员,应做好自身防护。

4)巴氏杆菌属　出血败血性巴氏杆菌可引起多种动物,特别是兔和啮齿类实验动物(如豚鼠、小鼠、大鼠等)感染。

出血败血性巴氏杆菌感染的病变多种多样,临床症状亦随侵害部位而异。兔可出现鼻炎、肺炎、中耳炎、皮下或肺部脓肿、结膜炎,不断地分泌浆液性或脓性鼻液,病兔常以前肢搔鼻致使前肢内侧被毛被污染湿润。在鼻炎病兔或外观健康兔的鼻腔中,常可分离到多种细菌,出血败血性巴氏杆菌为最主要的病原因子,可引起兔败血症致死,也可引起猴肺炎。

出血败血性巴氏杆菌感染的治疗效果不理想,建立无本菌的健康群是根本方法。

5)分枝杆菌属　最常见的分枝杆菌病是人型或牛型结核分枝杆菌引起的结核病。结核分枝杆菌对外界环境的抵抗力较强,对 3％的甲醛、湿热、紫外线和 75％的酒精敏感。

人和患病动物是本病的传染源,牛、豚鼠、仓鼠、小鼠、兔、猫、猴均对结核分枝杆菌易感。

病原菌主要通过空气传播,亦可通过患病动物的粪、尿等排泄物污染的饲料、垫料而感染其他动物。猴可通过消化道和呼吸道感染。患病的猴可见咳嗽、消瘦、呼吸困难、体温升高(不明显),可见淋巴结肿大、肝脾肿大,有的皮肤产生结核性结节,有渗出物流出。

预防与控制:对实验动物尤其是猴要进行定期检疫,及时隔离、淘汰患病动物。若人员感染结核分枝杆菌,应及时进行治疗。

2. 病毒性病原因子风险因素　实验动物病毒性传染病主要有鼠痘、淋巴细胞脉络丛脑膜炎、流行性出血热、仙台病毒肺炎、小鼠肝炎、兔出血症、犬瘟热、猴痘等。

1)鼠痘　鼠痘为小鼠的一种常见急性传染病,由鼠痘病毒引起,又名小鼠脱脚病。特征是小鼠感染后不但出现全身或局部皮肤痘疹,还发生肢体末端皮肤坏死坏疽,发生脱脚、断尾和外耳缺损。

鼠痘病毒对乙醚、苯酚有抵抗力;对氯仿、甲醛敏感,能被灭活,如在 0.1％甲醛溶液中 48 小时即失去活力,对酸(pH 3.0)敏感,55 ℃、30 分钟即能被灭活。鼠痘病毒可在 Vero 细胞、Hela 细胞及仓鼠细胞中生长。

易感动物为小鼠,大鼠对本病毒有一定的抵抗力,乳兔对该病毒也有一定的抵抗力。

感染途径有经皮肤和呼吸道感染。由于毒株、小鼠品系和机体状况不同,感染后小鼠的临床表现也不一样,有的发病较急,迅速死亡,有的进程缓慢出现典型症状,但大部分小鼠不呈显性感染,有的小鼠既可无症状,又可获得免疫力。

预防与控制:目前无治疗办法。对污染的鼠群必须严格封锁,及早处理淘汰。

全部动物设施设备用福尔马林熏蒸或次氯酸钠溶液浸泡(有效氯 1000 mg/L)彻底消毒,死亡动物及废弃物污染的垫料等应予以隔离、焚烧。新引进的小鼠要隔离观察 2～3 周,健康者方能继续饲养繁殖,在做好日常综合性预防措施如清洁、卫生、消毒、检疫的前提下,最好采取自繁自养的方法。

2)淋巴细胞脉络丛脑膜炎　该病是淋巴细胞脉络丛脑膜炎病毒(LCMV)引起的一种人和多种动物共患的急性传染病,主要侵害中枢神经系统,呈现脑脊髓炎症状。

LCMV 是砂粒病毒属成员,对乙醚敏感,对热比较稳定,在 -70 ℃可长期保存,对酸敏感,1∶10000硫化汞使病毒滴度显著下降。可在小鼠、地鼠、猴、牛等多种动物和人的细胞中生长。小鼠、大鼠、豚鼠、地鼠、兔、犬、猴等实验动物均能发生感染。

LCMV 可通过皮肤、黏膜或吸入途径感染机体。可经唾液、鼻腔分泌物和尿液排毒,小鼠之间通过子宫传播。小鼠感染 LCMV 时表现为大脑型、内脏型和迟发型三种。

人类感染后表现为流感样症状和脑膜炎。

预防与控制:预防本病的侵入,必须严格贯彻防虫、灭鼠、消毒措施。对洁净鼠群最好进行自繁自养;对污染群最好全部淘汰,房舍彻底消毒,重新引种建立新群;对健康群进行定期检疫,淘汰阳性鼠。在严格的隔离条件下剖腹健康母鼠取仔饲养繁殖,建立新的无特定病原体鼠群。

3)流行性出血热　由流行性出血热病毒引起的主要发生于大鼠的烈性传染病。这是一种人畜共患的自然疫源性疾病。主要表现为高热、出血和肾脏损伤。

流行性出血热病毒属布氏病毒科汉坦病毒属。该病毒对紫外线敏感,56 ℃、30 分钟可被杀死;可在人肺癌细胞、非洲绿猴肾细胞上生长。

大鼠、小鼠、沙鼠、兔、人对该病毒易感。自然宿主主要为小型啮齿类动物。实验动物主要由螨虫叮咬及带毒鼠血、尿污染垫料、饲料、笼具等发生感染。

人接触带毒动物及其排泄物,或吸入污染的尘埃飞扬形成的气溶胶可发生感染。潜伏期 14 天。主要表现为高热,头痛,肌肉痛,结膜水肿、点状充血,肾脏衰竭,甚至出现尿毒症,严重的可导致死亡。人类感染症状重于大鼠,是实验动物工作中最常见的职业性接触传染病,须重点防范。

预防与控制:定期检查,发现感染时须及时处理,以免误诊。加强对设施的封闭式管理,消灭或阻止带毒野鼠进入设施区域,并防止饲料、垫料等被野鼠排泄物污染;防止动物出现外科损伤,避免伤口被鼠类排泄物污染;工作人员加强自我防护,与鼠接触或进入动物房时应戴口罩等个人防护装备,防止被鼠咬伤或接触感染。

4)仙台病毒肺炎　本病是由仙台病毒引起的一种呼吸道传染病。特征是能引起大鼠自发性急性肺炎。临床表现与流感相似,感染动物发出"呼噜呼噜"的异常呼吸音,食欲下降,精神萎靡,生长迟缓,乃至体重减轻,可致感染后仔幼鼠死亡。

仙台病毒属副黏病毒科副黏病毒属副流感病毒型。可在鸡胚中快速繁殖,以羊膜腔接种最敏感,尿囊腔传代接种生长良好。大鼠、小鼠、仓鼠、豚鼠均易感。据报道,大鼠群中仙台病毒的检出率为 42%,排第三位,抗体检出率为 95%,大鼠的带毒率很高,传播也很迅速。此外,该病毒在地鼠 10 种病毒性传染病中检出率为 50%,抗体检出率为 80%。

仙台病毒肺炎主要通过呼吸道途径传染。一年四季均可发生,以秋、冬季多发。环境参数及卫生条件控制不好,设施环境骤变等均可促进及加重发病与流行。

预防与控制:目前尚无切实的治疗和免疫预防方法,采取综合性预防措施很重要,淘汰处理显性感染鼠和阳性鼠,严防传播扩散,扩大饲养空间,加强通风。平时定期进行血清学检测;新引进动物须经无菌途径操作和严格检疫。

隔离饲养和剖宫产净化是建立无病种群的有效办法。

5)小鼠肝炎　小鼠肝炎病毒可致小鼠发生具有高度传染性的疾病,正常情况下多呈隐性感染,在一些因素作用下,可激发为急性致死性病变,主要表现为肝炎和脑炎,对实验研究影响极大。

小鼠肝炎病毒对甲醛和热敏感。

易感动物为小鼠。小鼠肝炎可通过消化道、呼吸道、接种和胎盘传染。此病发病急、病程短,病鼠萎靡、被毛粗乱、体重减轻,谷草转氨酶(AST)和谷丙转氨酶(ALT)水平急剧升高,2~4 天死亡,发病率和死亡率均很高。

该病毒在开放系统的实验鼠群中检出率可达 30%~50%。不显性感染鼠群可用血清学诊断,测其抗体。对于污染群,只有通过检疫淘汰、剖宫产净化消毒、引进无感染鼠等阻断该病毒传播。

预防与控制:基本原则为防止病原体通过未达到消毒标准的饲料、垫料、饮用水及净化效果的空气等进入动物设施内。定期检测,做好环境卫生。

6)兔出血症　由兔出血症病毒引起的一种急性致死性传染病,又称兔瘟或病毒性出血症。特征是传染力极强,发病急、病程短,发病率和死亡率高,呼吸器官和实质器官有出血点。

兔出血症病毒能被 1%氢氧化钠溶液杀死,在室温下 0.4%甲醛溶液能使之失去致病性,病兔肝脏病毒含量最高,其次是肺、脾、肾、肠道及淋巴结。

家兔尤其是长毛兔对该病毒易感。兔出血症可通过消化道、呼吸道途径传染,被污染的环境及空气可能传播此病。初期表现为体温升高,精神萎靡,食欲下降。后期可发展到呼吸困难,出现角弓反张等症状。

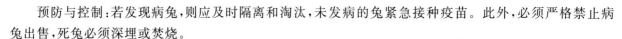

预防与控制:若发现病兔,则应及时隔离和淘汰,未发病的兔紧急接种疫苗。此外,必须严格禁止病兔出售,死兔必须深埋或焚烧。

7)犬瘟热　犬瘟热为主要发生于幼犬的急性传染病。主要表现为发热、急性卡他性炎症,有的出现皮疹或神经症状。

犬瘟热病毒在 56 ℃ 10～30 分钟能被灭活,但对干燥和寒冷有很强抵抗力,3％氢氧化钠溶液、0.75％福尔马林溶液均能杀灭病毒,0.5％～0.75％酚溶液可作为消毒剂。

易感动物有犬、狐、貂。病犬为主要传染源,入侵门户是上呼吸道和消化道黏膜,通过飞沫途径传播。

犬瘟热的主要临床表现为眼、鼻有流水样分泌物,精神萎靡不振,食欲差,体温升高,恶化后出现呕吐或发生肺炎,严重病例恶臭下痢,水样便混有黏液和血液,死亡率高。

预防与控制:病犬必须立即隔离或处理,免疫血清或球蛋白是有效药物。新引进犬必须进行 2 周检疫。

8)猴痘　猴痘是由猴痘病毒感染所引起的一种皮肤丘疹、痘疱性传染病。临床表现与天花类似,以皮肤发疹为主要特征。

猴最易感,幼龄猴易感性更强,可导致死亡。病猴、隐性感染猴和其他带毒动物如猩猩、松鼠都是本病的传染源。

人与患病动物接触可感染。主要表现为发热、全身皮肤出现圆形丘疹,继而形成痘疱。病毒灶以面部和掌部多见,死亡率不高。

预防与控制:猴痘病毒与痘苗病毒关系密切,有共同抗原,相互间有很强的血清学交叉免疫。因此,接种痘苗可产生满意的保护力。此外,还要注意饲养环境的卫生条件,卫生条件差可导致免疫力下降及继发感染。

二、实验动物设施病原因子活动的风险因素

(一)病原因子活动因素

菌、毒种是生物安全动物实验室必用的实验活动生物材料:有的实验活动生物材料是未知的,如来自动物或人的生物样本;有的实验活动生物材料是已知的,需要通过实验动物探索病原体的致病机制,或开展药物的功效学与毒理学评价研究。有的病原因子对某种动物易感,有的则易感性不强;同一个品种或品系的动物或转基因动物,因其所携带的病原因子致病性或感染剂量不同,对实验活动生物材料的易感程度也有较大差异。操作方式不同,造成的生物安全风险也可能不一样。故在动物设施内开展实验研究活动时,如果管理不严或操作不规范,病原因子就可能通过空气污染、水污染、动物感染、人体接触感染、设施设备污染等多种方式引发感染事件,故应开展系统性监测与风险评估工作。

1. 空气污染因素　空气污染分为设施内污染、设施外环境污染。在设施内的实验动物操作过程中,可产生微生物气溶胶的不规范饲养管理及实验操作活动如下:工作人员防护服、手套、帽子、鞋子等包裹身体不全,导致身体毛发、皮屑等脱离身体产生有机颗粒;抓取、固定动物产生粉尘颗粒,饲喂动物饲料或换垫料产生粉尘颗粒,实验动物活动、呼吸等形成气溶胶颗粒等;过滤器密封不严或破损,导致外界污染空气进入或设施污染空气排出设施外而形成气溶胶污染;实验活动中进行吸管操作时液体溢出;镜检涂片时,液丝断裂;装有感染性材料的容器破损或液体溢出;打开培养皿盖,凝水膜破裂;开启菌种管安瓿;机械振荡、超声振荡;超声波清洗污染器具;小型压力蒸汽灭菌器排气;拔出玻璃管或离心管上棉花塞;接种环培养操作和划线培养操作;粗糙培养基表面涂布菌液;烧接种环。离心机出现事故也很容易产生微生物气溶胶。总之,设施产生的各种类型的微生物气溶胶,可引起呼吸道感染,会给工作人员及外环境社区人群带来生物安全风险。

2. 水污染因素　在实验动物设施运行过程中,笼具清洗、消毒,更换动物饮用水,以及清洁工作面等可产生大量的污水。污水中多含有各种细菌、病毒和寄生虫虫卵,同时还有大量的有机悬浮物和固体残渣,若处理不规范,则会随污水进入外界环境的江河、池塘或直接灌溉,进而污染土壤、水源,并引起疾病

或公共卫生事件。

3.动物感染因素 动物接种已知病原微生物或未知感染性材料时,易感动物会很快出现相应的动物疾病临床表现,并出现数量更多与毒性更大或减弱的病原因子,生物安全风险加大;对于接种过疫苗或易感性不强的动物,接种的病原微生物也许会使动物带毒、带菌,生物安全风险不确定,更需要周全的风险应对措施,以防止不确定生物安全风险事件的出现。故须在接种前做好审批备案及相应的各种风险应对预案,相关工作人员要做好健康监护预案,严格控制感染动物的活动范围,进行无害化处置等风险管理,避免动物、病原微生物、人员、实验及饲养用品、设施及设备运行状况等失控,造成病原微生物外溢。

4.工作人员职业因素 感染性动物实验室有非常严格、规范的操作标准,即使如此,仍然时常出现工作人员感染事件,故在感染性动物实验室操作(包括个人防护装备穿戴、脱卸,感染动物及感染材料操作,废气排放,污染物品及废水处理等)过程中,工作人员可能因直接接触、吸入气溶胶等发生感染,甚至引起重大的突发公共卫生事件。

5.设备设施污染因素 感染性动物实验室通常配备有 DR、CT 等设备,还有生物安全柜、动物隔离饲养及固定器具、离心机、消毒器、解剖台、手术台、监护仪、移液器、注射器、接种工具等相关仪器与设备,设施内的污染区与半污染区空气极易存在感染性气溶胶,如发现污物或肉眼可见污渍,应先使用一次性吸水材料完全清除污渍后,再行规范、彻底消毒,避免形成感染性气溶胶。使用过的仪器、设备及破碎的玻璃器皿等也须按照规范彻底消毒,并保持送、排风系统空气过滤器的正常功能,保持净化通风顺畅,避免动物伤人、逃逸及人员的皮肤、鞋底接触病原微生物而出现交叉污染,并引起生物安全风险事件。

(二)病原生物制剂及毒素活动的风险因素

1.特定生物制剂因素 除了实验用菌、毒种外,实验室还有一些制剂本身就含有病原微生物。如采用减毒株制备的乙脑减毒活疫苗,疫苗研发或生产企业进行检定的病毒或细菌培养物等样品,均存在生物安全风险。实验室使用这些样品进行动物感染性实验时,应与使用菌、毒种等实验材料的风险管理策略相同。

随着疫病诊断技术的提高和人类探索大自然的深入,以及病原微生物的不断进化,新的动物源性疫病不断发生。朊病毒(又称朊蛋白)是一种具有感染性和自我复制能力的蛋白因子。虽然它们在细胞内具体的活动和复制机制还不是很清楚,但是它们通常被认为是引起一系列传染性海绵状脑病(如疯牛病)的根源。传染性海绵状脑病作为正在威胁人类的人畜共患传染病,其致病因子朊病毒是一个超出经典病毒学和生物学的全新概念。这些疾病对脑组织结构的影响是致命的。朊病毒最早由美国加利福尼亚大学的史坦利·布鲁希纳于 1982 年发现。朊病毒仅由蛋白质组成,没有核酸,主要成分是一种蛋白酶抗性蛋白,正因为这种结构特点,其具有易溶于去污剂、有致病力和不诱发抗体等特性,给诊断和防治带来很大麻烦,给人类和动物的健康及生命带来严重的威胁。

朊病毒颗粒对一些理化因素的抵抗力大大高于已知的各类微生物和寄生虫,其传染性强、危害性大的特性极不利于人类和动物的健康。除了牛之外,朊病毒还可通过非胃肠道途径感染绵羊、山羊、猪、长尾猴、水貂和小鼠。能否自然感染犬尚未见报道。朊病毒从一类动物传染给另一类动物(即这种病毒跨物种传播)后,其毒性更强,潜伏期更短。朊病毒在机体直接与受感染的组织接触时感染性很强。例如,通过注射来源于脑下垂体的生长激素或接触脑部外科手术器械,人体可发生朊病毒感染(朊病毒可以幸存于通常用于外科器械消毒的高压灭菌器)。通常人们认为,食用受感染的动物后,朊病毒可以通过缓慢积累而引起疾病。

了解朊病毒传染性、致病性及生物特性,对开展类似的感染性动物实验进行风险预警与风险评估有极重要的价值。

2.生物毒素因素 生物毒素又称天然毒素,是由生物体高度发达的分泌器官分泌或特殊细胞分泌的有感染性但不能通过复制或载体(如宿主)传播的毒素。随着生物医学实验室中涉及生物毒素的应用日益增多,对生物毒素的监管也亟待加强。我国发布了针对有毒有害化学药品和高致病性病原微生物的管理规范,而生物毒素本身兼具化学毒品和致病性病原微生物的一些特性。关于生物毒素生物安全要求的具体的指导原则和操作规范并不多,实验室生物安全风险管理应予以关注。

我国 2002 年起对 17 种毒素及其亚单位进行出口管制,2008 年又将 A 型肉毒毒素列入毒性药品管理,但对生物毒素用于实验室科研的管理规定以及安全评估研究不多。新加坡卫生部 2005 年即颁布了《生物制剂和毒素法令》,新法令对近 400 种生物制剂和毒素在当地的使用、运送和拥有情况进行管制,以确保安全作业,避免因处理不当而引发大规模感染以及不法之徒利用微生物作为武器等。为了确保生物毒素在实验室的安全操作、使用和储存,以及生物毒素的有效跟踪,美国疾病控制与预防中心对持有特殊管制抗原和毒素的最大许可剂量进行了规定(表 3-7)。

表 3-7 管制抗原和毒素的最大许可剂量和灭活方式

管制毒素	最大许可剂量/mg	灭活方式				
		蒸汽,121 ℃,1 小时(液体废弃物)	2.5% NaOCl+0.25 mol/L NaOH	0.1% NaOCl	1.0% NaOCl	2.5% NaOCl
相思豆毒素	100	Yes	N/A	N/A	N/A	N/A
肉毒毒素	0.5	Yes	Yes	Yes	Yes	Yes
芋螺毒素	100	向生物安全管理部门具体询问				
蛇形菌毒素	1000	No	Yes	No	No	Yes(3%~5%)
蓖麻毒素	100	Yes	Yes	Yes	Yes	Yes
蛤蚌毒素	100	No	Yes	Yes	Yes	Yes
志贺样核糖体灭活蛋白	100	Yes	Yes	Yes	Yes	Yes
志贺毒素	100					
金黄色葡萄球菌肠毒素	5	Yes	Yes	Yes	Yes	Yes
河豚毒素	100	No	Yes	No	Yes	No
T-2 毒素	1000	No	Yes	No	No	No

注:化学方法灭活要保证至少 30 分钟的接触时间,标有"Yes"的程序是经批准的毒素特异性灭活方法,No 为不可以,N/A 为不适合。

随着科技的发展,对生物毒素基因进行修饰、重组和嵌合,可能会带来许多潜在的生物危害和恐怖威胁。为此,美国国立卫生研究院重组 DNA 指导委员会多次制定和发布有关克隆生物毒素基因的指南。从事生物毒素基因的克隆表达研究需要何种防护水平,应依据生物毒素本身对人体的毒性而不是生物毒素基因原始宿主所致疾病的严重性。作为从事科学试验的研究人员有理由向公众说明,所进行的生物毒素基因实验研究的危险性是微乎其微的,即使存在潜在危险,也由于采取了适当的防护而阻止了生物毒素的扩散。

但是,若发生下列事件,则具有危险性:带有生物毒素基因的重组质粒转移到肠道非大肠杆菌的正常菌群里;得到表达的生物毒素释放到肠道中;该表达菌可在肠道中大量繁殖;有足够量的生物毒素从肠道进入循环系统,造成其他器官损伤,以及引起肠道本身的损害,在一定环境中,这种损害又会促进生物毒素更容易进入循环系统等。

就生物毒素特点而言,可能引起生物危害的有以下几点。

(1)生物毒素干粉操作:静电和气流可导致物质迅速形成颗粒状烟雾。故最好在封闭的手套式操作箱内或相似的工程控制器内操作生物毒素干粉,谨慎选择使用通风橱或生物安全柜。

(2)气溶胶:在生物安全柜内操作液体生物毒素,毒液暴露于空气中而可能产生气溶胶。

(3)空气扰动:在操作生物毒素时开启空气循环风扇、窗式空调和开窗,或干扰气流的人员移动等,可能损害通风橱和生物安全柜的捕获效率,带来潜在风险。

(4)溅洒:操作不当时引起生物毒素溅洒。

不同生物毒素的消毒方法亦有差异。对于大多数生物毒素,使用 0.5% $NaClO_3$ 溶液就能有效进行设备和工作台面的消毒。但是不同生物毒素的首选消毒方法差异很大。例如,葡萄球菌肠毒素 B(SEB)能抵抗活性氯,但能被甲醛有效灭活。霉菌毒素最好使用 1.0% $NaClO_3$ 与 0.1 mol/L $NaOH$ 的混合溶液作用 1 小时来消毒。

三、血液、器官、组织和细胞等风险因素

(一)血液、器官、组织等生物样本因素

在实验活动中,经常会对实验动物进行采血、解剖等操作以获得实验研究所需要的样本或数据,还有一些来源于人类或动物血液、组织、器官的药品或生物制剂等都有可能携带细菌、病毒等病原微生物。这类样本应采用硬质、防渗漏、耐高温高压并带盖的容器盛载,容器口密封后方可进行运送,以防出现泼溅。液体体积不要超过容器容积的 2/3,进行高压灭菌前要适当松开容器口,避免出现高压喷溅而污染灭菌器。这类废弃物在进行运送、消毒处理的过程中容易发生渗漏或飞溅,体积小于 20 mL 的液体感染性废弃物可作为固体废弃物处理。体积大于 20 mL 的液体感染性废弃物,建议采用消毒剂浸泡消毒与高压蒸汽灭菌相结合的处理方式,同时定期对消毒灭菌效果进行验证。

人类或动物血液、血液制品及其他具有潜在感染风险的生物样本,如人体血液来源的血液制品(如血清、血浆),包括来源于血液的免疫球蛋白、白蛋白等,任何肉眼可见污染了血液的精液、阴道分泌物、脑脊液或胸腔积液等,含有艾滋病病毒或其他病原体的动物组织或器官培养物,以及感染了血液传播性疾病微生物的组织和血液样本。

针头刺伤、血液检测、接触被血液污染的物品都是工作人员常见的生物危害因素。血液是潜在的感染源,飞溅到操作人员的皮肤、黏膜、衣服或仪器设备上,既污染环境,又对工作人员健康产生极大威胁,增加了病原微生物感染风险。

因此,实验动物工作人员应提高防护意识,严格执行各项操作规程,操作过程中佩戴口罩、手套,穿隔离衣,避免血液外溅,及时用含氯消毒剂擦拭或拖地。针对危险因素采取相应的针刺防护、血液接触防护、消毒剂使用防护、废弃物管理等措施,杜绝或减少经血液传播疾病,将意外接触血液等样本的风险降低到最低程度。

(二)实验细胞因素

生物性生产、检定或科研用的实验细胞可能携带细菌、真菌、支原体、病毒等病原微生物,并可能对实验产品、人员、环境等造成生物危害,应进行质量检测及控制。检测项目主要包括针对内源性、外源性病原微生物的检查、成瘤性/致瘤性检查等。

1. 内源性、外源性生物因子因素 内源性、外源性病原微生物均具有程度不等的生物安全风险。故对于生产、检定或科研用的细胞,应确保该细胞的检查结果均为阴性。

根据细胞系/株种属来源、组织来源及供体健康状况等确定被检测病毒的种类。对于鼠源细胞系/株,可采用小鼠、大鼠和仓鼠抗体产生试验(MAP、RAP 及 HAP)检测其种属特异性病毒。对于人源细胞系/株,应考虑检测人 EB 病毒、人巨细胞病毒(HCMV)、人逆转录病毒(HIV-1/2、HTLV-1/2)、人肝炎病毒(HAV、HBV、HCV)、人类细小病毒 B19、人乳头瘤病毒、人多瘤病毒、人腺病毒、人类疱疹病毒 6/7/8型等。对于猴源细胞系/株,应考虑检测猴多瘤病毒(如 SV40)、猴免疫缺陷病毒(SIV)等。

2. 成瘤性或致瘤性因素 成瘤性检查是确定细胞基质在动物体内是否能形成肿瘤的检查,是对细胞特性的鉴定。新建细胞系/株及新型细胞基质应进行成瘤性检查。某些传代细胞系已被证明在一定代次内不具有成瘤性,而超过一定代次则有成瘤性,如 Vero 细胞。用于疫苗生产的细胞系或株应进行成瘤性检查,但未经遗传修饰的二倍体细胞被证明无成瘤性时,可不作为常规检查要求。已被证明具有成瘤性

的传代细胞有 BHK21、CHO、HEK293、C127、NS0 细胞等,若细胞类型属成瘤性细胞(如杂交瘤细胞),则在生物安全风险评估时须注意其成瘤性风险。

四、转基因生物和实验风险因素

转基因技术是指将特定的人工合成基因片段导入目标生物体,通过生物体基因重组及人工选育,从而获得稳定表现特定遗传性状的个体。重组或合成的核酸,包括那些用化学方法或其他方法修饰的核苷酸类似物(如寡核苷酸),均具有生物安全风险。1972 年,生物学家保罗·伯格成功创造出第一个重组 DNA 分子,开启了转基因操作的大门。1974 年,第一只转基因小鼠诞生。

转基因技术是一项革命性的生物工程技术,它可突破群体或物种的界限定向产生新的性状,但人们对转基因技术仍然存在争议,转基因技术可以造福人类,也有可能危及天然基因、自然物种和生态系统,损害人体健康,带来生物安全风险,还有可能给伦理道德带来冲击。

1994 年美国国立卫生研究院就颁布了涉及重组 DNA 分子研究的管理导则。1995 年,日本政府颁布了重组 DNA 生物在农业、林业、渔业、食品业和其他相关产业的应用导则,导则对重组 DNA 生物在相关领域的应用进行了细致规范的说明,具有一定的前瞻性。欧盟委员会在 2000 年颁布了基因修饰释放法案,对基因修饰生物进入市场和故意泄漏基因修饰产物进入环境的行为进行了严格的法律约束。2003 年,欧盟委员会又颁布了基因修饰生物的跟踪和标记规范、基因修饰食品和供给品规章,加强了对转基因产业的管理和对生态安全的风险管理。

我国目前对待转基因生物的态度,可以概括为积极研究、慎重应用、科学宣传、严格管理。转基因生物安全的内涵包括三个方面的内容:

(1)各种生物正常生存和发展,人类生命和健康处于不受侵害的状态。

(2)生物安全所受的外来影响是指人类现代生物技术活动和转基因活生物体的商品化活动。

(3)人类的安全和健康。

采用转基因动物进行实验时,应该遵守所在国家遗传修饰生物工作的有关规定、限制和要求。动态地对转基因生物的研究进行生物安全风险评估,结合科学研究的进展,进行风险再评估,以确保重组 DNA 技术造福于人类。在转基因动物的安全评价中考虑到动物自身的健康状况、动物逃逸、动物扩散及对周围环境的危害等;在微生物的安全评价中则考虑到微生物对动物健康状况的影响,以及重组微生物在应用环境中的存活能力等。二者均从分子特征、遗传稳定性、食用安全、环境安全四个方面进行评估。其目的是保证转基因动物、微生物等在安全可控的条件下进行研究及生产。

在开展相关研究时需要关注以下四点。

(1)伦理问题。按人类的意愿设计、改造甚至制造生命体存在不确定性,有可能给自然界、社会、人类带来未知的风险。

(2)基因污染问题。实验动物科学研究中应用生物工程技术对基因进行体外操作,添加或删除一个特殊的 DNA 序列,然后导入早期的胚胎细胞中,可产生遗传结构修饰后的动物。利用基因修饰技术可建立人类疾病模型。然而,在生态方面,如果基因修饰后的外源基因向野生动物群体转移,就会污染整个种子资源基因库。因此,应采取相应的预防措施,防止基因修饰动物与正常野生动物群体交配,进而防止发生基因污染的情况。例如,表达某种病毒受体的转基因动物,自实验室逃逸并将外源基因传给野生动物群体,有可能产生储存该病毒的动物宿主生物安全风险问题。

(3)环境安全问题。转基因物种若释放或逃逸到外环境,是否会导致自然生态的失衡、有关物种的灭绝或野生生物群体多样性的消失等,需要通过风险评估才能得出答案。

(4)对人类健康的潜在威胁。某些外源基因具有药理活性或毒性作用,插入载体后其作用具有不确定性,对人体可能产生毒性作用。此外,不同基因重组后,其致病性可能发生改变,导致毒力增强或宿主范围改变,进而对人类健康产生新的威胁。

转基因动物或基因敲除动物及携带外源基因的动物,应当在适合外源基因防护特性的防护水平下操作。在对转基因生物有关研究进行风险评估时应充分考虑供体或受体/宿主生物体的特性,特别是考虑插入基因(如肿瘤基因序列、耐药基因序列等)可能导致的危害;还应评估插入基因发挥生物学或药理学活性时的表达水平。特定基因被敲除的动物一般不表现出特殊的生物伤害,但应考虑宿主易感性的改变、宿主范围的变化、免疫状况及暴露后果等。

随着现代生物技术的迅猛发展,应用重组 DNA 技术建立的基因工程细菌和动物,可能造成无法预见的危害。因此,关于基因工程动物的生物安全问题应该引起足够重视。

五、生物废弃物风险因素

实验动物设施机构在运行的过程中,会不可避免地产生许多危害性生物废弃物,包括传统医疗废弃物、传染性废弃物、动物用垫料废弃物等,其风险评估、分类、标记、收集、转运、储存、监督管理等,在世界各国均处于探索阶段。危害性生物废弃物的概念最早由美国在 1990 年提出,因具有较强的危害性和较高的风险控制难度,逐步引起社会各界的关注。危害性生物废弃物源于医疗废弃物,但是经过发展和更新,其定义已经超出了医疗废弃物的范畴。广义的生物废弃物不但包含了医疗废弃物中带有传染性的细菌、病毒等废弃物,还包含来源于实验室和医药企业的生物活体、实验动物尸体、基因废弃物,以及来源于转基因产业的、带有生物活性的相关废弃物。

截至目前,尽管危害性生物废弃物并没有明确统一的定义,但危害性生物废弃物具有以下三个基本特征:①对环境危害性大,潜在风险高,且潜在感染因子在人群或动物中传染性高;②与生物或生物技术密切相关;③在最终的处置之前,需要经过物理或化学方法消毒或灭菌,以消除传染性风险。

(一)病原微生物废弃物因素

病原微生物的危害程度取决于病原微生物的种属、形态、抗原、变异特性,以及人体的免疫防御功能。病原微生物形成生物危害的致病强度,取决于其毒力、侵袭力、数量及侵入部位。这类废弃物包括需要在二级及以上生物安全水平实验室操作的病原微生物(如细菌、立克次体、真菌、病毒等)培养物、标本和菌种、毒种储存液,也包括实验动物活动产生的废弃物、废弃的活疫苗或减毒疫苗。

(二)动物废弃物风险

1. 动物排泄物、分泌物因素 动物排泄物、分泌物中常含有实验研究的感染性病原微生物、抗微生物药物或耐药菌株等,如不按照要求处理,可能会导致病原微生物的大范围扩散。长期堆积易产生生物气溶胶风险。同时,动物排泄物还会产生有害气体如氨气等,特别是大动物排泄物多,更易产生高浓度氨气。饲养室饲养动物的密度过大,或更换垫料、粪便清理不及时,均会引起饲养室的氨气浓度增加。动物本身所带有的气味也是风险因素之一,该气味易与环境中的颗粒物形成气溶胶,对工作人员及社区人群造成健康影响。工作人员如果长期处在高浓度氨气、动物气体环境中,就可发生过敏,皮肤和眼睛也会受到强烈刺激,患上慢性鼻炎、支气管炎及眼结膜炎等。

2. 动物毛发、皮屑等因素 动物毛发、皮屑等进入环境空气后,易与环境中的颗粒物形成气溶胶,可通过吸入、皮肤接触和眼部接触等引起工作人员的过敏反应。典型症状有鼻炎、哮喘、眼睛痒和皮疹等。不仅会在工作人员接触实验动物或暴露于相关环境时引起咳嗽、呼吸急促等症状,而且会引起慢性哮喘症状,可持续数月或数年。国外的研究表明,实验动物工作人员中 3/4 的人有过敏症状,约 1/3 的人被诊断为实验动物过敏症,约 1/10 的人的症状可能会进一步发展为哮喘。动物性过敏原气溶胶通常具有较宽的粒径范围,已被发现遍布整个动物实验设施。大鼠和小鼠过敏原颗粒直径主要分布在 $6\sim18\ \mu m$,而兔的过敏原颗粒直径$\leqslant 2\ \mu m$。研究发现,动物设施内过敏原浓度的提高与较低的湿度、较高的动物密度和人员活动(如更换笼具、打扫卫生和动物操作)相关。因此,如果不严格控制动物设施环境的湿度和动物饲养密度,并加强饲养人员和实验操作人员的防护,就很有可能危害人员的身体健康。另外,房间内负压有利于降低过敏原浓度。

3. 动物尸体或组织因素 动物尸体是设施生产及使用过程中产生的主要废弃物之一。动物尸体可能携带动物固有的病原微生物,也可能携带因实验需要而感染的病原微生物。动物尸体解剖室是产生危害性物质的来源之一,如果没有采取适当的防护措施,组织固定液(如福尔马林)和动物身上的病原微生物不但会直接危害工作人员,也可能泄漏而污染环境,故动物尸体解剖室应设置负压式解剖台。

带有放射性物质的动物尸体,可直接掩埋或焚烧,并按放射性物质的两个以上半衰期单独处置,避免放射性危害。具有感染性的动物尸体应用塑胶袋妥善包装,经蒸汽高温、高压及无害化灭菌后,再以处理无害性动物尸体的方法(如置入冷冻库冷冻)保存。实验结束后动物尸体或组织应按照程序交第三方公司妥善处理,并对相关程序进行消毒效果验证和评估。大动物解剖后的尸体应分解后进行高压蒸汽灭菌处理或统一进行尸体焚烧。部分实验室直接进行完整尸体高压蒸汽灭菌处理,易导致灭菌不完全,不能够彻底杀死尸体内病原微生物,导致病原微生物散播。

(三)实验废弃物风险

实验过程中产生的非动物来源的废弃物若不妥善处理,则会给实验人员及外部环境带来生物安全风险。

1. 实验器皿及锐器因素 常用于穿刺、切割组织器官的器械等均有携带病原微生物的风险,包括针头、不带针头的注射器,外科手术刀或解剖刀片等,载玻片、盖玻片、剃须刀片、玻璃试管或小瓶等。此外,还有接触过实验动物或病原微生物的离心管、枪头、平皿以及塑料吸管等,它们很容易刺穿废弃物袋子,使病原微生物泄漏的可能性增加,造成生物安全风险。2004年5月,俄罗斯的一名女科学家因意外被一根沾染埃博拉病毒的针扎破手而感染身亡。因此,实验过程中产生的废弃物应妥善处理,以消除或降低其生物安全风险。

2. 个人防护物品因素 在生物安全实验室内使用过或被病原微生物污染的个人防护用品,包括但不限于帽子、护目镜、口罩、手套、防护服等物品,应采用适合的方式进行消毒或灭菌等无害化处理,避免处理不当而造成二次污染。

第四章
实验动物生物安全风险
识别与评估

风险识别是指在风险事故发生之前,人们运用各种方法系统、连续地认识机构所存在或面临的各种风险因素以及分析风险事故发生的潜在原因。故风险识别是在充分了解风险因素的基础上实施的,其包括感知风险和分析风险两个环节。通常采取收集风险因素,按机构认可的规则、流程对潜在风险进行分类筛选,识别风险并对出现风险全过程开展调查,或对关键因素进行监测、记录及分析,对风险的前因后果进行仔细检查、判断等步骤。

风险评估是指收集风险信息和评估实验动物机构危害暴露或释放的可能性和后果,并确定适当的风险控制措施以将风险降低到可接受的程度。风险评估的前提:识别实验动物机构生物安全面临的各种风险;分析风险概率和可能带来的负面影响;实验动物机构承受风险的能力;确定风险消减和控制的优先等级;提出消减风险对策或干预措施。如前所述,实验动物机构可能产生的风险因素有社会及管理因素、理化因素及生物性因素等。

定性分析一般是对风险发生的可能性和后果的严重程度进行的描述性分析。根据实验动物机构生物安全风险发生的概率,风险通常分为很少发生(Ⅰ级)、不大可能发生(Ⅱ级)、可能发生(Ⅲ级)、很可能发生(Ⅳ级)、几乎确定发生(Ⅴ级)这5个等级;而根据后果的严重程度则分为轻微(1级)、轻度(2级)、中度(3级)、高度(4级)、灾难性(5级)这5个等级。风险等级是风险管理的关键依据,根据风险发生的可能性和后果的严重程度,综合两方面的因素可将风险等级划分为低风险、中风险、高风险、极高风险这4个风险等级(表4-1)。

表 4-1　风险矩阵——风险等级

可能性	后果等级				
	1 级	2 级	3 级	4 级	5 级
Ⅰ 级	低	低	低	中	中
Ⅱ 级	低	低	中	中	高
Ⅲ 级	低	中	中	高	高
Ⅳ 级	中	中	高	高	极高
Ⅴ 级	中	高	高	极高	极高

如前所述,因风险因素较复杂,故风险识别方法较多,通常包括实验动物机构能力风险分析、实验动物生产或使用流程风险分析、关键设施设备或环节风险分析、失误树分析、事故分析等。

第一节 关键风险点及风险等级

一、综合管理关键风险

根据实验动物机构生物安全管理体系的要求,实验动物机构综合管理风险因素包括机构地位及能力、人员管理、实验动物管理、危险材料管理、废弃物管理、管理体系文件、内部审核和管理评审、应急管理和事故报告、生物及安保管理等多项内容。因其内容复杂,通常需要参考国际组织、国家或地方的法律法规、技术标准等相关规定,以及对已有的经验和历史数据进行分析,故常采用头脑风暴法、检查法等方式对风险因素进行风险分析(表 4-2)。

表 4-2 实验动物机构综合管理风险因素分类及分析

风险点识别		可能后果	风险等级	原因分析	控制措施
机构地位及能力	机构或上级无明确法律地位	无足够资源维持其生物安全管理要素落实,很可能无法承担相应的法律责任	高风险	无组织机构则无职能、职责及资源保证;无法人地位或法人授权,则无主体责任落实	法人机构须成立实验动物机构,法人正式授权机构负责人具体的生物安全职责
	机构无许可证、备案等审批文件	为非法实验动物活动行为,无能力应对生物安全问题,很可能面临违法处罚及责任追究风险	高风险	许可证、认可证或审批文件是合法性、能力、质量和安全的责任体现,是社会和谐、安全与职业健康的基础	取得实验动物生产或使用许可证;从事感染性、化学性、放射性实验动物活动前取得生物安全、辐射安全、化学鉴定等审批文件或机构认可文件
机构法人	无生物与职业安全、动物福利机构成立文件	无专职机构及人员履行相关法规及标准宣传、检查协调、内控监督、审查保障等职能	高风险	机构职能与资源配置是保证履职的基本要求,也是机构法人落实安全主体责任的具体体现	法人机构批准成立 IACUC 及 OHSC 等专业组织,明确其动物福利与生物安全审查职能及责任人,并建立相关活动档案
机构负责人	授权范围、个人能力和管理职责	未充分授权或个人能力不够,很可能无资源及管理体系保障,风险点多、面广、危害大	高风险	缺乏对关键岗位及环节人力资源的调配,设施及生物安全保障体系得不到监控	明确机构负责人及相应管理权力、职责等;机构建立运行管理机制及实验动物溯源管理活动档案;接受上级或外部监督检查及风险控制措施
机构管理体系	无明确的组织和管理结构	部门或岗位之间协调性差、生物安全管理责任无法落实,安全风险及外部检查问题多	高风险	组织及机构设置不合理、职责不明确;机构行政隶属和资源保障不明确;管理体系构建不科学、不实用	根据工作内容和机构运行基本需求,优化设计内部组织框架,加强职能与技能培训;根据行政和安全管理要求对接外部机构监管

	风险点识别	可能后果	风险等级	原因分析	控制措施
机构管理体系	机构内各部门与岗位间职责及相互关系不明确	部门或岗位之间协调性差、管理不科学、系统或连锁性生物安全风险多	高风险	法人授权不够或生物安全资源保障不够；机构及部门负责人能力或责任不够；有针对性的职责与技能培训不够	根据机构职能及涉及的质量、安全、职业健康、环境、设备、动物福利、废弃物等，明确部门职能和岗位职责，建立制度性培训计划并量化考核结果，与绩效挂钩
	机构无兽医岗位及IACUC、OHSC相关工作机制、文件等	在科学、人道、安全地使用实验动物方面缺少咨询、审查、指导、评估和监督机制，会导致活动混乱、社会管理风险出现	高风险	机构负责人对兽医、IACUC、OHSC的职能与机制不清，授权不明确，相关责任人能力或责任心不够，未建立科学、实用、制度性的活动记录档案	配备合格兽医并建立IACUC、OHSC机构；按照国家规章及标准要求落实相关责任，并建立章程及体系运行文件、活动档案，机构负责人充分支持其活动，及时处理风险问题
管理体系文件	管理目标、方针和安全指标不明确，体系文件不科学、不实用	未制定目标等体系文件，会导致工作人员无工作信仰及标准，并缺乏相关安全责任意识等，执行具体任务时存在安全不确定风险	高风险	没有统一思想及管理标准，就没有生物安全等明确的奋斗目标；没有确定的组织机构和职责，就无法开展有针对性的培训与考核	要组织各岗位人员并结合岗位职责任务要求、业务特点及个人习惯，按照工效学原则建立相应的管理技术标准，并有计划地开展针对性的培训及制度性的监督管理，针对机构的关键风险点制定系统性的风险管控措施
	管理手册等文件制定不科学、不准确、无针对性	管理体系文件与机构业务实际不对应、不系统，职责、任务、岗位不统一，操作性不符合最新安全标准和要求	高风险	管理体系文件是机构落实法律、标准管理目标的最高、最实用的依据，也是职工的行为准则具体体现及考核依据；文件要系统、科学、实用	要针对国家法律、标准要求及机构业务实际，组织岗位职工按照管理目标及任务要求，建立科学、系统、实用，便于培训、监督管理及考核的依据，并实时建立可追溯的档案记录文件，真实地接受上级和外部监督检查
	程序文件规定的工作流程和职责不清晰	程序文件是管理科学、有效的基础保障，也是员工的行为准则，否则会造成风险不可控	高风险	程序文件是依具体岗位、设施设备、任务职责而编制的；机构内部岗位、部门之间无良性互动、相互配合，则工作流程混乱，风险不断	程序文件的编制要体现层级关系，要针对实际岗位职责与任务性质要求组织编写，并经负责人批准后及时培训，便于员工行为符合程序规范要求及进行内部考核
	标准操作制定、管理等内容不科学、不实用	不能保证操作人员的操作过程符合岗位特点及安全要求	高风险	编制人员不熟悉流程；编制时没有考虑实际工作特点，导致标准操作偏离实际需求	组织经过培训或有经验的人员编制文件并进行监督及考核，便于工作人员操作

	风险点识别	可能后果	风险等级	原因分析	控制措施
管理体系文件	工作中涉及的所有材料的最新安全数据缺乏或不完善	材料清单缺乏即缺乏相应的风险信息收集与识别,也缺乏评估依据,并导致相应的风险出现	高风险	材料或设备清单,是风险信息收集与评价的依据,未对使用的材料或设备清单信息进行收集,就无法发现关键风险点	通过关键岗位人员对(化学品、微生物、实验动物等)供应商的资格及背景资料进行审查,可建立相应的风险管控机制及管控档案,为风险评估提供基础数据
	没有有效的安全手册	安全手册是处理突发事件或施行安全措施的操作依据、安全保障	高风险	未编制或编制不完整的安全手册,导致安全风险点较多,处理安全风险措施无法到位,无法应对安全问题	安全手册要针对生物安全风险因素组织相关岗位人员进行编写,以便于使用;每年对安全手册内容进行演练、评审和更新
	缺少记录或记录不规范	记录是溯源的客观依据,可真实反映事件过程及风险控制措施效果	高风险	无记录即无法追溯风险真相;记录不规范,说明风险评估依据不充分、不可靠,也无法分清风险责任	记录文件是管理体系文件的关键组成部分,每个岗位均应按照任务特点制定相应的记录文件,并列入受控管理内容,也是内外部监督追溯的依据
	安全标识不明确	关键安全标识不清易导致误操作,并出现安全风险,出现安全事故	高风险	缺乏安全意识或安全意识不全、资源无保障、各种危险或安全警示未及时更新、张贴	机构负责人组织安全员按照风险清单及标识性质张贴到位,并定期检查各种安全标识,考核安全责任制度落实情况并记录
	文件不受控	导致文件误用或无执行文件可用,并出现偏离文件风险,工作标准不统一,风险难控制	高风险	文件没有明确的受控标识及管理制度;文件控制人员职责未落实,出现风险问题无法追溯、无法考核追责	受控文件的针对性比较强,每一份受控文件须组织专人编写、更新、编码、批准、培训、使用与追溯管理
工作计划	没有工作计划或计划不完善	无计划或计划不完善则导致工作随意与安全管理无目标,安全风险无法预判与识别	高风险	平台资源的使用具有规律性、有限性。工作计划对于活动及资源的合理安排十分必要,也便于追溯评判	设施负责人要与服务对象保持密切沟通,并建立开放式信息管理系统,安排专人收集活动需求信息,按平台资源情况与服务对象沟通确立活动具体执行计划
监督检查与持续改进	没有使用核查表定期检查	核查表是针对机构风险特点制定的,偏离则易造成风险漏洞或不能及时发现隐患	中风险	核查表具有生物安全风险指引性、系统性,外部使用时具有监督作用,内部使用时具有管理与控制风险作用,便于机构安全风险管理	机构负责人应安排安全员按照外部核查表内容并结合机构业务实际与风险特点,制定内部风险管理用核查表,作为机构定期管理评审的重要依据

	风险点识别	可能后果	风险等级	原因分析	控制措施
监督检查与持续改进	对剩余风险未采取纠正控制措施和进行持续改进	剩余风险是外部监管人员提出的整改要求,不及时纠正控制会导致风险扩大升级,危险度提高	中风险	剩余风险无具体责任人员跟踪整改或提请负责人重视,管理体系对不符合项的识别、纠正、控制、预防程序的规定不明确	机构负责人针对监管要求,及时组织力量完善管理体系文件,督促责任部门或责任人完善管理体系文件的相关控制要求,并完善管理、及时落实培训责任
内部审核和管理评审	策划和组织的人员身份不符合要求	导致审核与评审结果的权威性、专业性不够,并使风险得不到有效纠正与控制	中或高风险	岗位职责决定任务及管理目标,风险管理识别职责不清,说明机构负责人未正确授权	机构负责人要明确安全及管理评审负责人,并明确职责任务,完善内部审核和管理评审等文件系统
	未定期评审或审核的周期超过12个月	无法及时识别或预防控制风险,导致管理目标及方针未贯彻执行,风险责任下降	高风险	内部审核与管理评审是风险管理的重要手段,是提升员工安全意识的具体措施,评审无规律性说明管理体系依从性不好	应加强机构安全责任人的安全责任主体意识,并建立相应的管理制度与措施
	存在员工审核自己工作的情况	易形成风险识别盲区与职责不清,导致风险发生	中风险或高风险	员工在工作中存在惯性思维,有时候很难发现自己工作中存在的问题	机构负责人要通过建立制度性的监管措施,明确每位员工的职责与工作内容
	针对审核和评审中发现的问题没有及时改进	剩余风险不及时纠正、控制会导致风险扩大升级,危险度提高	高风险	剩余风险无具体责任人员跟踪整改或提请负责人重视,管理体系不完善所致	剩余风险需要机构负责人对初始风险进行重新评估并组织人员完善管理体系及提出系统性改进措施
人员管理	缺乏合适的教育背景和工作经验	对所从事的专业工作和安全常识缺乏理解,不能胜任工作	高风险	机构未按岗位要求设置人员教育背景要求或岗位人员自学能力与培训不够	按照岗位要求确定入职人员的教育背景与在职继续教育要求,制定岗位技能培训计划及考核措施
	未经过适当的培训或培训效果不好	对所从事的专业工作和安全常识缺乏理解,不能胜任工作	高风险	机构负责人未落实培训责任,培训力量不够或考核指标无针对性	机构负责人提供充分的培训资源,明确责任人及培训计划,加强考核措施的创新
	工作能力不足	对工作职责理解不透,责任心与执行力不够,易出安全事故	高风险	能力是胜任工作的基础,未通过继续教育提升能力;考核指标无法完成	严格规定入职条件,定期进行培训考核;加强标准操作依从性培训学习,加强安全责任底线考核
	特殊岗位工作人员不具备资质证书	导致兽医、压力容器工作人员等特殊岗位安全责任无法落实,承担安全风险后果	高风险	法人法律意识淡薄、不重视特殊岗位用人与管理体系建设,未提供安全保障资源	通过第三方采购服务或按照管理体系的岗位职责要求,公开招聘特殊岗位人员,并提供相关的安全保障资源

续表

风险点识别	可能后果	风险等级	原因分析	控制措施
人员管理 身体健康隐患和职业禁忌证	导致工作人员身体健康状况恶化或出现新的健康问题;造成动物出现人为健康质量问题,干扰实验活动结果	高风险	未按要求开展入职上岗禁忌证体检及职业健康监护,未将出现职业健康问题者及时调离职业岗位;工作场所无应急处理措施	建立工作人员健康体检制度及健康管理,对从事病原微生物实验活动的人员进行实验前/后的职业体检与健康监护;必要时,对工作人员采用特殊指标体检与预防接种等措施
心理健康不良	容易导致健康状况恶化甚至引起重大公共卫生事件,影响机构设施的正常运行或安全	高风险	未对设施内、外人群开展职业健康教育与促进活动;未开展有针对性的职业体检和入职心理测评;工作氛围和人文环境欠佳	应对设施内、外人群开展经常性的职业健康教育与促进活动;对新入职人员开展心理测评,排除心理禁忌证人员;建立和谐的工作氛围;建立员工心理问题疏导机制与健康监护制度
没有针对外来人员的管理制度	外来人员不熟悉相关管理制度易引起健康与动物质量问题,一旦出现安全风险无法保障其健康权益	高风险	无相关制度即无法纳入上岗体检与培训,易偏离标准工作而出现安全风险事故	对外来人员制定适合的管理要求;保证外来人员的背景、身体和心理健康状况符合工作需要;保证外来人员了解安全风险、安全管理制度和应急预案制度等;外来人员一般在机构内部工作人员的陪同下开展工作
应急管理和事故报告 应急预案未制定或不完善	发生安全事故时未采用有效的预案及时处置	高风险	应急预案是确保风险得到有效处理的技术保障与监管技术支撑,以识别和监测潜在的风险事件或紧急情况	完善应急预案的制定程序,定期组织人员对可能发生的风险进行评估,制定应急措施,并定期进行审查;监管机构应建立具体的抽检、年检制度
人员不熟悉应急预案、应急报告程序	对突发事件无法进行有效的应对,造成事故处理不及时,风险扩大	高风险	工作人员没有得到有效培训和演练,无法及时有效处理应急问题	定期进行理论培训和考核;每年至少要进行一次现场演练
实验动物管理 动物携带病原微生物,特别是人畜共患病病原体	造成动物重大疫病感染或人畜共患病的传播	高风险或中风险	动物的来源供应商不可靠,其质量与健康状况未经过评估,没有建立动物的质量、检疫验收标准	对动物供应商开展定期安全风险评估,并建立实验动物的准入、隔离和检疫制度,建立动物的健康监测制度
未在符合生物安全要求条件下进行饲养、实验和运输动物	动物感染病原微生物,并造成病原微生物的传播与疫病流行	高风险或中风险	不具备饲养和运输动物的条件即开展活动;不具备国家标准的硬件条件与管理体系文件	建立符合国家标准的环境或防护条件,以开展实验动物生产或使用活动;采取规范的动物运输程序及监测措施;需要从制度上进行规范和执行

续表

	风险点识别	可能后果	风险等级	原因分析	控制措施
实验动物管理	没有妥善处理废弃物等相关物品	未经处理的废弃物流入社会引起公共卫生事件；未经灭活的废弃物污染环境，造成风险	高风险	未制定废弃物（如动物尸体等）的处置程序，或执行不严格、监管措施不力所致	建立废弃物处置的追溯制度；定期校验废弃物消毒灭菌效果，确保废弃物经过合法的途径处理
	遗传修饰技术滥用	改变动物微生物环境或易感性；造成环境生态平衡破坏及动物遗传污染	高风险	遗传修饰技术未经过科技伦理审查与动物福利审查；遗传修饰动物逃逸和遗弃	遗传修饰动物的开发应经过实验动物管理委员会及科技伦理、动物福利机构的审查；加强遗传修饰动物的溯源管理
动物实验活动	无实验活动审批和评估的制度或有制度但没有严格执行	对实验活动无法进行安全监管	高风险	体制机制不完善；岗位责任不明确	建立完善的实验活动申请、批准、实施、监督和评估程序；明确相关职能部门和责任人；充分发挥实验动物管理委员会和生物安全委员会的职能
	实验活动没有明确的项目负责人	项目涉及的实验活动没有安全责任人，造成责任不清	高风险	制度不完善或执行不力	健全项目审批制度，明确项目负责人的安全责任
	没有建立良好的涉及生物危险因子的操作规程	导致操作不规范或者无标准参考执行	高风险	文件体系的制定程序不明确，相关人员的责任不清楚，相关制度执行不严格	实验活动中每一项实验操作都应该有相应的操作规程，并且有相应的人员进行监督和检查
	对未知的用于动物的材料未进行风险评估或没有相应的处理程序	被微生物污染的材料用于实验动物，造成动物的感染和环境污染，易出现生物安全风险	高风险	实验材料未去除微生物的危害	针对所有用于实验动物的材料，建立除菌消毒程序，并开展微生物监测，确保这些材料不会被微生物污染
危险材料管理	感染动物的病原微生物未经过评估	未采取相应的防护措施，导致病原微生物在人和动物间传播并引起疫病	高风险	未制定或未按照实验活动的审查要求开展实验前审查与评估	所有的实验活动要经过生物安全委员会的审查。在实验开始之前，要对所涉及的病原微生物实验活动进行风险评估
	危险材料的保管、使用和运输不规范	易造成病原体泄漏及危险材料被误用、被盗或遗失而引起疫病	高风险	相关的制度不完善或执行不力	对所有危险材料建立清单，包括来源、接收、使用、处置、存放、转移、使用权限、时间和数量等内容，相关记录安全、长期保存。有可靠的物理措施和管理程序确保实验室危险材料的安全

风险点识别		可能后果	风险等级	原因分析	控制措施
废弃物管理	无完善的废弃物处理和培训制度	废弃物得不到安全有效处置,造成病原微生物泄漏	高风险	安全责任不明确	制定完善的废弃物管理制度,明确相关人员职责,开展岗前培训和在岗培训
	废弃物处置记录不完善	废弃物的处置无法追溯	高风险	执行不力,监督缺失	通过监督检查,确保废弃物处置的记录完整
	废弃物处置的效果不明确	可能会造成感染性因子外泄,导致"三废"处置安全风险	高风险	无制度和方法进行监控,职责不明确	制定废弃物的消毒除菌效果评估方法,落实监督部门和人员的岗位职责
卫生及消毒管理	内务程序的适应性不足	现有的清洁和消毒程序无法完全去除风险	高风险	没有根据对象和工作区域制定不同的内务程序	根据工作区域风险制定日常清洁与终末清场消毒程序;不同区域物资和装备不混用;建立危险材料溢洒以及突发事故的应急处理程序
	对内务工作没有进行监督和评价	清洁卫生和消毒灭菌程序未得到有效实施,导致感染因子处理不彻底	高风险	没有明确执行监督工作的人员职责和相关制度不完善	内务工作专人专职,定期评估考核。当所涉及制度、设备和材料发生改变时,要通知相关人员,并进行风险控制培训,以免发生无意识的安全事故
	消毒剂和消毒设备未经过评估	消毒剂和消毒设备性能未验证导致卫生风险及病原因子污染风险	高风险	未了解消毒剂或消毒设备性能;未开展消毒灭菌效果评价	建立消毒剂和消毒设备性能验证制度;新采购消毒剂和消毒设备,以及维修后的消毒设备在使用前必须进行消毒效果评价验证,使用过程中也要定期进行评价验证
设施设备管理	设备的性能不符合生物安全要求	造成危险生物因子的泄漏	高风险	购置产品性能不满足生物安全要求;定期维护不足和校准缺失,影响性能发挥	根据机构所从事工作的风险评估确定设施设备类型;建立设施设备的维护、校准及综合性能评估验证
	设备使用后或发生污染后未及时消除污染	造成危险生物因子的泄漏	高风险	未建立设备的清洁卫生和去污染程序及培训考核	应制定设备使用后的清洁去污染程序,以及发生事故或溢洒后的清洁和消毒灭菌的预案,并定期开展演练
	设备的标识不明确	设备的标识不明确,导致设备误用或使用不符合生物安全要求的设备	高风险	未建立机构的标识管理系统,未建立设备的档案文件及风险提示	应在设施设备的显著部位标示出其唯一编号、校准或验证日期、下次校准或验证日期、准用或停用状态

续表

风险点识别		可能后果	风险等级	原因分析	控制措施
生物及安保管理	应急预案未制定或不完善	发生安全事故时无有效的预案进行及时处置	高风险	没有建立应急预案的程序和方法,以识别和监测潜在的事件或紧急情况	完善应急预案的制定程序,定期组织人员对可能发生的风险进行评估,制定应急措施,并定期进行审查
	人员不熟悉应急预案、应急报告程序	对突发事件无法进行有效的应对,造成事故扩大	高风险	工作人员没有得到有效培训和演练	应定期进行理论培训和考核;每年至少要进行一次现场演练

二、建筑环境及设施设备关键风险

实验动物环境指人工控制的供实验动物繁殖、生长及进行实验活动等的特定场所和相关设施设备条件,是围绕实验动物活动的所有事物的总和。可分为外环境和内环境,其中外环境是指实验动物生产与使用设施以外的环境及生态;内环境是指依据实验动物生产与使用条件和生物安全标准要求所设计、建造、运行的人工环境及设施设备特定场所。

受机构业务性质、认识程度、经济状况、外环境的限制,实验动物建筑环境及设施设备类型、规模,实验动物活动内容,管理模式等与实验动物生物安全风险有一定的关系,故需要在明确的实验动物活动内容前提下,对实验动物建筑环境及设施设备风险因素进行综合分析。

原则上看,无论什么类型的实验动物活动,其生物安全风险都在生物安全一级实验室(P1)之上("P"是英文 protection(保护)的缩写)。从事动物实验的生物安全一级实验室,则用"A1"表示("A"是英文 animal(动物)的缩写)。实验动物生产、非感染性实验动物生物安全一级实验室(A1),因主要从事通常不会引起人类或者动物疾病的饲养管理或微生物的操作,其生物安全风险有限。但对于一些特殊人群,如孕妇、婴幼儿、过敏体质或有特定疾病的人员,尤其是利用实验动物开展培训和教学等涉及学生的活动时,由于学生安全意识差、人员多,可能会有一些意想不到的状况发生,故仍可能存在较高的生物安全风险。此外,还应从环境安全、实验动物质量安全、实验结果的可靠性等角度对相关建筑结构、设施设备、微生物污染、相关化学物质等因素进行识别与控制(表4-3)。除此以外,对于环境参数还可以采取监测并结合设施设备系统条件、综合性能风险评估的方式进行识别,以判断设施设备的运行状况。

表 4-3　实验动物建筑环境及设施设备因素风险点识别与分析

风险关键点		潜在风险	风险是否显著		风险关键点控制
			是	否	
实验动物建筑结构	选址规划	选址所存在的生物性、化学性、物理性危害因素	●	○	避开易发自然灾害地
			●	○	避开自然疫源地
			●	○	建筑处于一个独立的区域或通过物理屏障与其他区域隔离
	布局设计	布局不同会引起不同功能区域和不同洁净等级区域间生物性、化学性风险因子交叉传播	●	○	生产区、实验区与辅助区有明确分区
			●	○	办公区与生产区或实验区独立分开
			●	○	实验动物设施的人员流线之间、物品流线之间和动物流线之间无交叉污染
			●	○	不同级别、不同种属实验动物分区管理
			○	●	污物暂存空间是否独立
			●	○	实验区与工作区之间加装消毒或灭菌系统

风险关键点		潜在风险	风险是否显著		风险关键点控制
			是	否	
实验动物建筑结构	建筑卫生	建筑材料本身的生物性、化学性风险因子污染引起人员健康安全风险	●	○	建筑材料无毒、无放射性
			○	●	建筑材料易清洁、易消毒、耐腐蚀、防渗
	围护结构	围护结构、管线与过滤器安装的密闭性不够，引起生物性、化学性风险因子侵入	○	●	入口设置门禁、驱昆虫等设施
			○	●	生产区或实验室主入口和各功能室的门或各功能室靠近走廊的墙壁安装透明的窗户，便于及时观察设施内部的情况；维护结构整体密封、抗压
			●	○	门窗具有良好的密闭性，避免害虫侵入或藏匿
			○	●	在设施的主要通道入口处的明显位置粘贴生物安全级别标识
实验动物设施	空调通风	管道破损漏气、气溶胶吸入感染、噪声污染	●	○	送排风管线、阀门的气密性，有压差措施控制不同区域空气的交叉污染；控制人员、物品及动物的流向为洁净区至半污染区、污染区的单向流动，避免反向串流
			●	○	负压设施如动物隔离器、动物解剖台等生物安全设备有独立通风系统，产生的污染气溶胶流向有单独排风
		实验动物生长环境变化引起的行为改变	●	○	有适宜的控制方案，保证每个房间的温湿度等参数符合各自的要求
		气流紊乱引起设施内不同区域的交叉感染	○	●	有适宜的控制方案，保证每个房间的压力参数符合各自的要求
	净化设施	气溶胶吸入感染	●	○	净化暖通系统设施设备满足气流组织、压差与洁净等级要求
	消防设施	火灾	●	○	消防设施的正确安装及有效性、应急备用电源
	给水和排水	漏水、渗水及反水	●	○	供水、下水管道要密闭，不能渗漏，下水管道要具有防回流设计
			●	○	动物饮用水管道和配件材质符合卫生要求
		引起地面积水	●	○	设有排水口的地面，其坡度应易于排水
		排水不畅引起溢水，无法及时排出	○	●	合理设置排水管，洁净地漏存水弯足够深，排水管直径足够大
		不同排水源间交叉污染，引起环境污染	●	○	设施排水系统须和生活排水系统分开设置，有毒污废水与普通污废水分流，并集中进行无害化处理
		污染扩散	●	○	给水、排水管道的关键节点安装截止阀、防回流装置、高效过滤器或呼吸器等装置

续表

风险关键点		潜在风险	风险是否显著		风险关键点控制
			是	否	
实验动物设施	电力和照明	电力中断引起的安全隐患和经济损失	●	○	有双回路电力供应及应急电源,供电原则和设计符合国家法规和标准的要求
		设施突然断电引起设施环境参数失控,内、外环境相互影响	●	○	是否建立相关的应急预案及演练、应急启动运行及风险评估记录
	门禁及监控系统	无法及时了解环境参数、内环境变化,造成系统环境状况不明	●	○	有双回路电力供应及应急电源及多位点温湿度、压差及风机运转状况实时监控报警器等
			○	●	重点区域设置监视系统和紧急报警按钮
		突发紧急情况下,设备互锁造成人员无法逃离引发伤亡	●	○	遇紧急情况,设施逃生位置图、应急手电、中控系统可解除其控制的所有涉及逃生和应急设施互锁功能的设备及通道
实验动物设备	高温高压设备	爆炸、消毒不彻底、人员烫伤、人员和环境被病原微生物感染	●	○	配备充足且符合要求的消毒灭菌设施:屏障系统中应设有高压灭菌仓;洗涤消毒室至少配备两台高压灭菌器,分别对洁净物和实验室废弃物品进行无害化处理
			○	●	利用智能化系统,对除动物饲养间外的其他区域于夜间定时开启紫外线照射
			●	○	消毒灭菌效果验证符合要求
	生物安全柜	气溶胶吸入感染,人员和环境被病原微生物感染	●	○	在操作病原微生物或可能含有病原微生物样品的实验室内配备Ⅱ级生物安全柜
			●	○	生物安全柜定期检测及验证
	传递窗	物品消杀不彻底,人员伤害,废旧灯管污染	●	○	传递窗紫外线灯的有效率
			●	○	传递窗紫外线灯的杀菌时间充足
	电离辐射仪器(放射性装置)	辐射暴露引起人员伤害和环境污染	●	○	所有的辐射源装置来源及使用合法,设施及场所防护措施符合标准;制定应急预案等
		人员操作失误引起辐射暴露	●	○	从事辐射管理和操作的人员经过电离辐射安全和防护的培训,并取得培训合格证书
		个人防护缺失或不当引起人员伤害和环境污染	●	○	提供满足辐射防护要求的物理隔离屏障、个人防护装备、辐射水平监测及定期休息措施等
	离心机	失衡造成人员伤害	●	○	离心管和离心吊篮必须对称放置,离心管及内容物需在天平上配平
		转速过快引起危险	○	●	合理设置转速等参数
		离心管破裂,样品外溢,产生有害物质及气溶胶泄漏	●	○	配备大小适宜的离心管,离心管液体装量合理,拧紧离心转子,设置紧急处理措施
		化学溶剂或消毒剂使用不当,离心机发生腐蚀损伤、轴断裂和转子爆炸等事故	○	●	定期清理离心管座,检查转子是否损坏、破裂或腐蚀;离心机发生破裂时或泄漏时及时清洁消毒、修理、维护或更换

续表

风险关键点		潜在风险	风险是否显著		风险关键点控制
			是	否	
实验动物设备	低温设备	转移、储存材料或尸体时偏离操作标准引起低温冻伤或污染	●	○	材料或动物尸体包装好,分类;低温操作时必须穿戴好防低温的衣服、帽子、手套、鞋套等防护装备,两人同时操作
		超压爆炸	●	○	运输前做好设备固定,定期检查罐体压力是否符合要求
		液氮罐发生氮气泄漏,通风系统故障或长期不用时,有发生人员窒息的危险	●	○	液氮罐要存放在通风良好的阴凉处,在运输、使用和存放时不准倾斜、横放、倒置、堆压、相互撞击,做到轻拿轻放
	加热设备	拿取消毒物品时烫伤	●	○	戴专用的工具或隔热手套取出物品
		恒温水浴箱无水时加热会烧坏套管,使水进入套管毁坏炉丝或发生漏电现象	●	○	使用前一定要先注入适量净水,使用过程中要留意及时增补净水
		影响环境温度和气流	○	●	要对加热设备进行风险评估,并根据评估结果制定有关的操作规程及控制措施
	其他设备	化学染毒装置功能失控或偏离操作标准引起人员及环境污染	●	○	人员培训后上岗、双人操作及监督;配备个人染毒应急处理装置及进行应急演练;化学染毒装置定期验证;剩余化学物质及染毒动物尸体进行无害化处理
		对动物实施安乐死的二氧化碳气体泄漏	○	●	二氧化碳气体能引起动物发生窒息性死亡,由于它的比重比空气大,密闭环境下的大量气体泄漏才会对人体造成伤害
	个体防护装置	动物抓咬伤引起病原微生物感染	●	○	接触灵长类动物的人员,佩戴适宜的眼部和面部防护设备,抓取和保定动物时应穿防护服、戴长臂手套等,其质量符合技术要求
		乳胶手套过敏,滑石粉吸入暴露	○	●	使用不含过敏原的手套,不会对手部造成伤害
		气溶胶吸入感染	●	○	进行动物气体麻醉操作时,应在独立的操作间内配备废气回收装置和麻醉气体浓度监测设备
	饲养笼具	生物性及化学性接触污染	●	○	笼具材质符合动物健康和福利要求,无毒、无害、无放射性、耐腐蚀、耐高温、耐高压、耐冲击、易清洗、易消毒灭菌
		人员或动物受伤感染	●	○	笼具内、外边角均应圆滑,动物不易咬、咀嚼。内部无尖锐突起伤害到动物
		动物逃逸风险	●	○	设施及笼具的门或盖有防逃装置,能防止动物自己打开笼具或打开时发生意外伤害或逃逸
		动物抓咬伤引起病原微生物感染	●	○	笼具可限制动物身体伸出伤害人员或邻近的动物

续表

风险关键点		潜在风险	风险是否显著		风险关键点控制
			是	否	
实验动物设备	运输笼具	生物性及化学性接触污染	●	○	笼具适应动物特点,材质符合动物的健康与福利要求,运输环境及时间得到有效控制,符合国家标准
		动物逃逸风险	●	○	笼具足够坚固,能防止动物破坏、逃逸或接触外界
		人员或动物受伤感染	●	○	运输笼具内部无尖锐突起伤害到动物
		动物抓咬伤引起病原微生物感染	●	○	运输笼具外面具有适合搬动的把手或能握住的把柄,搬运者与笼具内动物无身体接触

三、实验动物等生物因子关键风险

在实验动物常规饲养及一般性实验操作过程中,由于实验动物及工作人员均携带不同等级的微生物,会对饲养人员、实验人员、实验动物和环境造成一定的感染或者污染,是潜在的生物安全风险来源,其生物安全风险与生物安全一级动物实验室(A1)一致。同时,不同实验动物具有不同的攻击行为,与动物接触及换笼、换窝等饲养管理操作过程中,会存在动物咬伤或者抓伤人员风险。动物实验中,经常要进行实验动物的识别、保定、称重、麻醉及采集实验动物的血液、粪便等生物样本,或通过血管、消化道、呼吸道、皮肤给予药物等试验样品;尤其是在进行病原微生物感染接种、解剖操作时,操作者有机会通过设施设备、环境空气、误操作等接触到高剂量的病原微生物而出现较大安全风险。

在生物安全二级动物实验室(A2)操作时,因工作量大、工作种类多,故未知影响因素也多。如果样品中还包含未知病原微生物或高风险等级的病原微生物,就极有可能导致严重后果,包括对个体产生不同形式和不同程度的损害,甚至导致死亡,这是生物安全事故发生概率最高的一类实验室。

生物安全三级动物实验室(A3)是操作绝大多数高致病性微生物的地方,可通过气溶胶经呼吸道造成人员感染,其传播性强、危害大,防护难度相对较大。一旦发生感染事件,就可能严重危害人员的健康和生命,并引起社会恐慌及公共卫生安全事件,会造成巨大损失。从实验室活动来看,A3和A2并无本质上的区别,但A3工作人员的心理压力较高,操作灵活性降低(安全防护要求和心理压力均是影响因素)。从操作对象来看,样品来源和目标微生物通常比较明确。从设施设备、个体防护、人员、管理体系等方面的要求来看,都显著高于A2。因此,A3风险级别更高。

A4的微生物是目前人类已认识或尚未认识的最危险的病原微生物,其传播性强,机体感染后死亡率高,如天花病毒,在自然界中存活力强,易于通过气溶胶传播,毒力强,曾给人类带来极大的灾难。由于生物安全风险极高,故A4有严格、复杂的管理程序,以保证其绝对安全,只有得到批准和持有磁卡通行证的人才能进出,有的通过指纹门禁系统进入,而且所有出入的人员都有电脑记录,人员与操作动物必须在完全隔离的状态下从事相关活动。进入A4的研究人员,都必须换上隔离正压防护服,即在人与微生物之间设置可靠的隔离系统。为保证环境安全,还须采用两层高效过滤器处理排出的气体;所有废弃物须经可靠消毒后,才能移出实验室。

另外,对实验动物进行比较医学研究时,经常会进行影像学检查,包括CT、PET-CT、磁共振、超声检查等,操作人员会受到辐射,有发生过敏、感染等健康风险。

生物性危害因素,无疑是实验动物生物安全风险最主要的监测、识别对象,除列表分解的识别与分析方式外,在设施内设置"哨兵"动物及进行实验动物管理溯源、病原微生物监测,也是必不可少的。因此,对动物饲养管理、实验过程及相关环境微生物进行风险监测及评估就显得十分必要。通过分析风险点可能造成的后果,并针对每个风险点提出相应的预防措施,可达到明确风险、评估风险、降低风险的作用。

(一)实验动物等生物因子活动关键风险

动物实验和饲养管理过程的生物风险有两点:一是实验动物与工作人员本身携带的病原微生物;二

是实验操作活动中的风险。工作人员携带的病原微生物主要来自不规范的个人防护装备穿戴及不规范的无菌操作,所涉及的病原微生物危害等级较低;实验动物携带的病原微生物与其微生物控制等级和设施设备环境条件关系密切,普通级动物对感染的耐受性要高于清洁级、SPF级和无菌级动物;普通级环境设施控制病原微生物感染的能力又低于屏障环境及隔离环境。因此,要针对具体活动条件开展具体风险分析。而设施内病原微生物实验操作活动的风险与其本身存在的风险也有关,例如低致病性微生物(动物携带对人不致病的病原微生物)相关动物实验,操作人员可能暴露于低等级风险中。但在某些感染实验过程中,人为地给动物感染高致病性病原微生物后,操作人员就可能暴露于高等级的风险中;实验操作的风险与动物的行为习性及操作的难易程度相关,要针对不同实验动物行为习性和动物实验操作过程,评估其危险程度(图4-1),进而选择合适的个人防护装备,并制定相应预防措施。

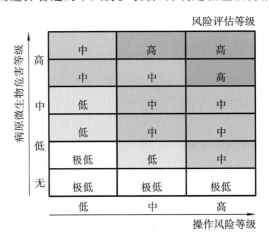

图 4-1 评估风险示意图

(二)病原微生物类别及操作关键风险

我国卫生部(现为国家卫生健康委)制定的《人间传染的病原微生物名录》(以下简称《名录》),以及农业部(现为农业农村部)颁布的《动物病原微生物分类名录》中,明确规定了病原微生物的危害程度级别及实验活动所需的生物安全防护实验室的级别。根据病原微生物的传染性、感染后对个体或群体的危害程度,病原微生物可分为四类。

一类病原微生物:机体感染这类病原微生物后发病的可能性大,症状重并能危及生命,缺乏有效的预防方法,传染性强,对人群危害性大。包括国内未发现或虽已发现,但无有效防治方法的烈性传染病菌种(风险等级Ⅳ)。

二类病原微生物:机体感染这类病原微生物后的症状较重并危及生命,发病后不易治疗及对人群危害较大(风险等级Ⅲ)。

三类病原微生物:仅具有一般危险性,引起实验室感染的机会较少,采用一般实验技术能控制感染,或有有效的免疫预防方法(风险等级Ⅱ)。

四类病原微生物:包括生物制品、菌苗、疫苗生产用各种减毒、弱毒菌种及不属于上述一、二、三类的各种低致病性的病原微生物菌种(风险等级Ⅰ)。因此,这类病原微生物属于低风险或者无风险危害因子。但是对于不在病原微生物名录之中,且生物学特性不详者,要通过病原微生物实验室生物安全专家委员会的讨论来确定风险危害级别。

根据世界卫生组织的分级,病原微生物的风险可分为4个等级。

①风险等级Ⅰ:也称为个体和群体低危险,指不能使健康工作者和动物患病的细菌、真菌、病毒和寄生虫等(非致病病原微生物)。

②风险等级Ⅱ:中等个体危险,有限群体危险。能引起人或动物发病,但一般情况下不会引起健康工作者、群体、家畜或环境严重危害的病原微生物。实验室暴露后很少引起严重疾病,且有有效的治疗和预

防措施,传播危险有限。

③风险等级Ⅲ:高个体危险,低群体危险。能引起人或动物严重疾病,或造成严重经济损失,但不能造成日常的个体间的接触传播,或能使用抗生素等治疗的病原微生物。

④风险等级Ⅳ:高个体危险,高群体危险。能够引起非常严重的人类或动物疾病的病原微生物,一般不能治愈,容易直接或间接地在个人日常接触中传播。或由动物传染给人,反之亦然。

实验动物活动操作中经常要进行实验动物的识别、保定、分组、麻醉,采集实验动物的血液、粪便等样本,或通过血管、消化道、呼吸道、皮肤给予药物等操作。针对已知病原微生物的风险识别,主要通过对下列操作规程的偏离情况进行分析,更精准地识别,即针对已知病原微生物开展实验室监测并结合个体健康状况进行综合评价;针对未知病原微生物的风险识别,则还需要开展实验室鉴别诊断以分析其风险(表4-4)。

表 4-4　实验动物活动操作存在的风险因素

风 险 事 件	操 作							
	动物保定	动物麻醉	动物给药	样本采集	样本处理	更换垫料	废物处理	实验结束清场
①抓伤、咬伤;②气溶胶;③动物逃逸;④被利器刺伤;⑤排泄物或者分泌物滴溅或遗洒;⑥样本采集渗漏或者进溅;⑦样本处理渗漏或者溅洒;⑧环境消毒灭菌不彻底;⑨消毒剂残留	①②③⑤	①②③④⑤	①②③④⑤	①②③④⑤⑥	②⑦	①②③⑤	②⑤⑥⑦	⑧⑨

(三)实验动物来源及操作关键风险

无论是实验动物生产还是使用活动,来源于实验动物的生物安全风险因素都始终存在。根据《中华人民共和国生物安全法》来识别,实验动物溯源管理及废弃物无害化处理因素已被列入具体条款内容;实验动物的抓伤、咬伤,设施环境的混合气溶胶,实验动物的排泄物或者分泌物,生物样本,动物逃逸等是所有类型实验动物活动中共同的风险因素。此外,实验动物饲料、垫料、饮水等物品污染病原微生物后的消毒不彻底风险,同样不可小视,故通常采用设置"哨兵"动物,并通过动物行为学与病原因子监测的方式,判断实验动物来源的风险因素。充分考虑不同来源实验动物的特点,以及它们可能携带的病原微生物情况,对于风险防控很有必要。源于具有生产资质单位的动物,通过规范的运输程序运送到购买单位,动物携带的病原微生物清楚,动物来源的风险因素主要包括包装材料、运输环境及运输时间等。无论何种因素,运输及移动实验动物都必然存在风险,只是风险的高低之别而已。

源于野外捕获或者无相关资质来源的实验动物,可参考病原微生物基本特性的相关背景资料。重点了解病原微生物传播途径及动物与动物、动物与人、人与动物之间的传染性。感染动物有可能携带人畜共患病病原微生物或者其他的病原微生物,在实验和饲养过程中通过呼吸、排泄、抓咬、挣扎、逃逸从而污染环境或者感染工作人员,而引起突发性公共卫生事件。一旦发生,就应立即报告、记录,并通过设施内设置的应急救护箱及对应的应急处理药械迅速处理,以降低风险,为后续正规医疗与健康监护创造条件。

被动物抓伤或者咬伤的安全风险与不了解动物生物学特性有关,小动物如啮齿类和兔等动物比较温顺,不易咬伤操作者,或咬伤轻微。较大动物如雪貂、猫、犬和灵长类动物,因其牙齿尖锐、身体强壮、反抗及攻击性强烈,故多可引起工作人员严重的创伤,可以导致人员伤口感染。为防止被动物咬伤和抓伤,在处置动物时要使用正确的捕捉和保定方式,戴特制的防咬手套、穿长袖防护服,保护操作者不受或少受伤害。受伤后,要及时使用大量清水和肥皂水清洗伤口,这可迅速降低风险,同时视情况就医,以消除风险。

变应原是引发人和动物过敏反应的重要风险因素,尤其是来自动物的抗原性物质,可引起从事实验动物工作的人员常见的严重职业病。主要特征为患者呈现皮肤和呼吸道反应,包括鼻充血、流鼻涕、打喷嚏、眼部发痒、哮喘和各式各样的皮肤症状。为了防止变应原因素引发的过敏反应,要审查进入设施内的工作人员,了解其家庭和个人的过敏史,对长期工作人员应定期做健康检查。

检疫识别也是发现实验动物风险的重要方式。新引进动物检疫,应遵照《中华人民共和国进出境动植物检疫法》的规定执行,并应有供应商提供的实验动物质量合格证书、最新健康检测报告。到达设施检疫区要检查运输的包装并实施外包装消毒措施,以判断运输过程中动物是否被病原微生物污染。啮齿类动物一般实行 1 周隔离检疫;犬、猫为 3 周,兔类为 2 周,灵长类动物为 4 周。兔、犬和猫等动物要有供应商提供的健康监测报告及常见传染病接种疫苗记录,如实验犬活动的狂犬病疫苗接种记录;灵长类动物的检疫要区别是直接来自野外还是人工繁殖的第二代,两者风险存在较大差异,尤其是要注意 B 病毒、猴痘病毒、结核分枝杆菌等病原微生物或抗体的监测与识别,以确保新引进的实验动物不带动物及人畜共患病病原微生物(表 4-5)。

狂犬病是目前人们已经充分研究及认识的传染病中病死率最高的人畜共患病。世界卫生组织规定,从事犬繁育生产及狂犬病毒实验活动,开展动物处理、尸体解剖及样本采集、处理等常规的实验室活动,只需要满足 A2 的基本设施、安全操作控制预防措施、个人防护设备(如服装、手套、护目镜)和疫苗接种要求。在某些情况下,如生产大量浓缩病毒、进行可能产生气溶胶的操作、操作尚不清楚当前的预防措施是否具有保护效果的新分离狂犬病毒时,可考虑采用 A3。

表 4-5　动物常规实验操作风险分析

风险因素	动物携带病原微生物种类	可能的后果	风险等级	相关预防措施
抓伤、咬伤	无病原微生物 四类病原微生物 三类病原微生物 二类病原微生物 一类病原微生物	操作者受伤 操作者被感染	I I[a] 或 II[b] III IV IV	①进入与操作病原微生物危害等级对应的生物安全实验室 ②穿戴与操作病原微生物危害等级对应的个人防护用品(PPE) ③参加动物保定等技术培训 ④戴防护手套 ⑤使用合适的动物固定器
动物逃逸	无病原微生物 四类病原微生物 三类病原微生物 二类病原微生物 一类病原微生物	实验终止 饲养环境被污染	I I[a] 或 II[b] III IV IV	①②③同上 ④笼具确定盖好后放回笼具架 ⑤灵长类笼具需要装配合适的笼锁 ⑥在通风柜或生物安全柜中进行操作 ⑦动物麻醉充分后操作 ⑧根据操作病原微生物准备有效消毒剂,发生意外时及时消毒污染区域
利器刺伤	无病原微生物 四类病原微生物 三类病原微生物 二类病原微生物 一类病原微生物	操作者受伤 操作者被感染	I I III IV IV	①②同上 ③注射麻醉时应由操作者一人完成,注射器不用盖帽直接丢入利器桶内 ④禁止徒手安装、拆卸手术刀片 ⑤双人操作时,禁止传递利器
利器割伤（解剖）	无病原微生物 四类病原微生物 三类病原微生物 二类病原微生物 一类病原微生物	操作者受伤 操作者被感染	II 或 I II III IV IV	①②同上 ③在生物安全柜内操作 ④戴防割手套 ⑤人员经过解剖操作培训,合格后方可进行本操作,并需在有经验的人员指导下进行 ⑥人员需经过配合操作训练,考核合格方可开展本操作 ⑦禁止徒手安装、拆卸手术刀片和回套注射器针帽 ⑧双人操作时,禁止传递利器

续表

风险因素	动物携带病原微生物种类	可能的后果	风险等级	相关预防措施
排泄物或分泌物滴溅或溅洒在操作者身上或者仪器设备上	无病原微生物 四类病原微生物 三类病原微生物 二类病原微生物 一类病原微生物	操作者被污染 操作环境被污染 仪器设备被污染	Ⅰ Ⅰ Ⅱ Ⅲ Ⅲ	①②同上 ③在通风柜或生物安全柜中进行操作 ④操作台面铺设一次性台垫、在检测设备内铺垫一次性消毒巾 ⑤根据操作病原微生物准备有效消毒剂,发生污染时及时清理污染区域 ⑥准备备用手套和防护服,便于及时更换
样本液渗透或溅洒	无病原微生物 四类病原微生物 三类病原微生物 二类病原微生物 一类病原微生物	操作者被污染或操作环境被污染	Ⅰ Ⅰ Ⅱ Ⅲ Ⅲ	①②同上 ③在生物安全柜中进行操作 ④操作台面铺设一次性台垫 ⑤用防渗漏的容器装标本,容器密封 ⑥实验室内准备消毒桶,将毛巾浸泡在消毒液中,发生渗漏或迸溅时立刻覆盖 ⑦实验室放置消毒装置,可进行实验室的全面消毒
离心时离心管破裂	无病原微生物 四类病原微生物 三类病原微生物 二类病原微生物 一类病原微生物	操作者被污染或仪器被污染	Ⅰ Ⅰ Ⅱ Ⅲ Ⅲ	①②同上 ③在生物安全柜中处理标本 ④使用质检合格的离心管 ⑤使用生物安全型离心机 ⑥实验室内准备消毒桶,将毛巾浸泡在消毒液中,发生溅洒时立刻覆盖 ⑦实验室放置消毒装置,可进行实验室的全面消毒
环境消毒灭菌不彻底	无病原微生物 四类病原微生物 三类病原微生物 二类病原微生物 一类病原微生物	设施辅助人员被感染;病原微生物外泄污染外环境;对后续实验造成污染;形成重组病原微生物	Ⅰ Ⅰ Ⅲ Ⅳ Ⅳ	①选择合适的消毒剂 ②环境消毒应按照标准操作规范进行 ③制定并评估消毒方案 ④环境消毒后做目标病原微生物培养实验以验证消毒效果
垫料飞屑或动物毛发、皮屑洒落	无病原微生物 四类病原微生物 三类病原微生物 二类病原微生物	操作者过敏 操作者被感染 操作环境被污染	Ⅰ Ⅰ Ⅱ Ⅲ Ⅲ	①②同上 ③在通风柜或生物安全柜中操作 ④涉及感染性动物操作时,操作台面铺设一次性台垫 ⑤操作者眼、口和鼻黏膜以及皮肤不暴露于实验环境内 ⑥实验室内准备消毒桶,将毛巾浸泡在消毒液中,发生洒落时立刻覆盖 ⑦实验室放置消毒装置,可进行实验室全面消毒

注:风险等级由低到高分为四级。Ⅰ:基本无风险或者极低风险。Ⅱ:较低风险等级。Ⅲ:中等风险等级。Ⅳ:高风险等级。Ⅰ[a]:无病原微生物或者感染四类病原微生物的大鼠、小鼠、豚鼠、雪貂为无风险或者极低风险。Ⅱ[b]:无病原微生物或者感染四类病原微生物的猴为较低等级风险。

（四）感染性动物实验操作关键风险

感染性动物实验的风险更多地来源于活动对象，即感染性病原微生物的性质。若感染动物的病原微生物致病力强、感染浓度高，则同样的操作活动会面临更高的风险。

感染性病原微生物从实验动物体内逸散出来，传播给工作人员，并引起工作人员出现职业性感染，必须具备以下三个环节，即逸散方式、传播方式和感染途径。

（1）逸散方式：感染性病原微生物可通过天然或人为的方式从实验动物体内逸散。天然逸散方式包括经尿液、唾液和粪便排出，或从皮肤损害部位释放。人为方式包括利用针头和注射器，从病毒血症、菌血症动物中抽取血样，进行活组织检查或尸体解剖等。受到污染的手术器械、从动物体内取出的各种组织和体液、新购入实验动物体表的虫媒或新侵袭的虫叮咬等，均可能带有感染性病原微生物。

（2）传播方式：病原微生物感染实验动物并不断繁殖，可通过多种途径传播给其他动物或实验室工作人员。常见的传播方式是通过污染的针头和注射器，以及与感染动物及其相关的垫料、笼盒等物品直接接触而传播。动物呼吸或皮屑所形成的气溶胶极易传播，也是常见的传播方式。

（3）感染途径：常见的感染途径是操作者被带有污染物的针头或刀刃刺伤、割破或擦伤，以及被动物咬伤；照料动物、进行实验操作时，吸入带污染物的气溶胶而发生感染；被溅出的污染物污染手，或污染物表面接触到操作人员的眼睛、鼻腔或口腔等黏膜而发生感染；违反操作规程，使用吸管进行操作或在工作区内进食和喝饮料的人，都有经口摄入病原微生物而发生感染的可能。

携带病原微生物的感染动物逃出笼具等设施外，其逃逸存在生物安全风险，要及时针对其所处的状态开展风险识别与评估。同一种动物感染不同等级病原微生物，感染剂量不同，操作失误或偏离，可存在不同程度的风险，要注意识别与分析（表 4-6）。

表 4-6 病原微生物动物实验感染中风险分析

误操作风险	动物携带病原微生物种类	可能的后果	风险等级	相关预防措施
抓伤、咬伤	无病原微生物 四类病原微生物 三类病原微生物 二类病原微生物 一类病原微生物	操作者受伤 操作者被感染	II III IV IV	①进入与操作病原微生物危害等级对应的生物安全实验室 ②穿戴与操作病原微生物危害等级对应的个人防护用品（PPE） ③参加动物保定等技术培训 ④戴防护手套 ⑤使用合适的动物固定器
利器刺伤	无病原微生物 四类病原微生物 三类病原微生物 二类病原微生物 一类病原微生物	操作者受伤 操作者被感染	I III IV IV	①②同上 ③注射麻醉时应由操作者一人完成，注射器不用盖帽直接丢入利器桶内 ④禁止徒手安装、拆卸手术刀片 ⑤双人操作时，禁止传递利器
接种液溅洒	无病原微生物 四类病原微生物 三类病原微生物 二类病原微生物 一类病原微生物	操作者被污染或环境被污染	I III IV IV	①②同上 ③在生物安全柜中进行操作 ④操作台面铺设一次性台垫 ⑤用防渗漏的容器装标本，容器密封 ⑥实验室内准备消毒桶，将毛巾浸泡在消毒液中，发生渗漏或迸溅时立刻覆盖 ⑦实验室放置消毒装置，可进行实验室的全面消毒

注：风险等级由低到高分为四级。I：基本无风险或者极低风险。II：较低风险等级。III：中等风险等级。IV：高风险等级。

（五）实验动物环境气溶胶关键风险

通过对早期动物实验过程中发生感染事件的原因进行分析,人们发现除了被动物咬伤或者抓伤、被利器刺伤或者割伤、因离心机事故等造成感染外,仍有 80% 以上不明原因的感染事件发生。对各种实验操作产生微生物气溶胶的情况进行分析,结果表明,许多常规的实验操作(如对感染性物质进行混合、研磨、振摇、搅拌、超声处理以及离心)和动物饲养活动环境均会产生气溶胶。其中,部分粒子可随着人的呼吸进入体内导致感染。这些"起因不明"的事故,原因可能与操作活动产生的微生物气溶胶引起感染传播有关。携带同样等级的病原微生物的动物,它们与人类遗传上的同源性程度也决定了风险等级的高低。例如,携带了三类、四类病原微生物或者携带了一类、二类病原微生物的小鼠、大鼠和豚鼠,其风险等级通常为极低或中等,而在雪貂和猴的感染实验中,则为低或高风险等级。故气溶胶危害因动物物种、环境设施、病原微生物种类与剂量及操作过程的不同而不同,要多方面分析考虑(表 4-7)。

表 4-7　动物饲养及实验中气溶胶风险分析

动物病原微生物分类	操作	风险等级(大小鼠、豚鼠)	风险等级(雪貂、猴)	可能后果
无病原微生物	保定 麻醉 给药 样本采集	Ⅰ	Ⅰ	操作者被感染 实验室或饲养间被污染 实验室辅助人员或者垃圾处理人员被感染
四类病原微生物		Ⅰ	Ⅱ	
三类病原微生物		Ⅰ	Ⅱ	
二类病原微生物		Ⅲ	Ⅳ	
一类病原微生物		Ⅲ	Ⅳ	
无病原微生物	解剖	Ⅰ	Ⅰ	
四类病原微生物		Ⅱ	Ⅱ	
三类病原微生物		Ⅲ	Ⅲ	
二类病原微生物		Ⅳ	Ⅳ	
一类病原微生物		Ⅳ	Ⅳ	

注:风险等级由低到高分为四级。Ⅰ:基本无风险或者极低风险。Ⅱ:较低风险等级。Ⅲ:中等风险等级。Ⅳ:高风险等级。

针对感染性动物实验活动的气溶胶风险,通常采取的相关措施如下。

①进入与操作病原微生物危害等级对应的生物安全实验室,开展相关活动。

②穿戴与操作病原微生物危害等级对应的个人防护装备。

③在生物安全柜及负压通风橱中操作、饲养动物。

④操作时,台面上铺设一次性台垫,便于安全清理污染物。

⑤在一次性台垫上喷洒酒精,起到吸附气溶胶和对滴落液体进行消毒的作用。

⑥操作低风险等级与中等风险等级病原微生物时,需佩戴好口罩和防护面罩。

⑦操作携带高风险等级病原微生物动物时,需佩戴 N95 口罩和防护面罩或半身正压防护服。在解剖操作过程中,除做好以上防护外,还需在负压解剖台中进行操作。

（六）实验动物等相关废弃物处理关键风险

动物饲养和实验会产生很多废弃物,如动物饲养时产生的排泄物、垫料、分泌物、毛发、废气、废水等;取样时获得的血液、各种组织样品以及最后的动物尸体;实验过程中使用的离心管、枪头、平皿、注射器、手术器械等实验器具以及实验过程中培养的细胞、废弃培养液等;人员操作过程中使用的个人防护用品等。这些废弃物均要进行相应的无害化处理,尤其是在进行感染性动物实验后,如不按照规定进行标准化的程序处理,很容易造成人员感染和环境污染。

病原微生物感染后的动物尸体、排泄物、垫料、分泌物、毛发、血液、各种组织样本,均需进行化学消毒或者高压灭菌无害化处理。若高压锅灭菌操作偏离规范、消毒不充分或者高压锅灭菌时出现设备故障,则会导致相关物体中病原微生物未被彻底消灭而排放到环境中,从而污染环境,造成感染事件的发生,其风险等级高低与病原微生物类别成反比。

(七)实验动物基因工程生物技术关键风险

应用基因工程生物技术对实验动物基因序列进行体外修饰,然后导入早期的胚胎细胞中,可产生遗传结构修饰的动物。利用基因修饰技术可建立人类疾病动物模型,如制备的多种癌症动物模型、高血压动物模型以及其他疾病动物模型。这些模型动物的应用,较传统遗传工程的啮齿类动物而言有诸多优势,包括动物用量少、实验周期短、费用低、特异性及敏感性高等。但外源基因的插入或敲除,也会引起诸多的生物安全问题。

1. 受体动物安全关键风险 基因工程受体动物的安全风险主要表现为如下几点。

(1)所携带的病原微生物及其潜在影响,是否具有某种特殊的、易于传的病原微生物。

(2)受体动物的遗传物质是否可以和外源 DNA 结合,是否存在交换因子,是否有活性病毒物质与其正常的染色体交互作用。

(3)是否可观察到由基因突变导致的异常基因型和表现型,发生的遗传变异对人类健康或生态环境是否产生不利影响。

(4)在脱落实验室环境的自然条件下与其他动物种属进行遗传物质交换的可能性。

(5)在自然条件下与微生物(特别是病原微生物)进行遗传物质交换的可能性。

2. 操作基因的安全关键风险 在对转基因生物(genetically modified organism,GMO)有关研究进行风险评估时,要特别考虑所转基因的如下风险。

(1)插入基因(如肿瘤基因序列、耐药基因序列等)所致的可能危害。

(2)外源基因插入位点对受体生物的影响,是否引起受体生物代谢改变,引起受体死亡。

(3)特定基因被有目的地删除的动物(基因敲除动物)一般不表现特殊的生物危害,但应考虑宿主易感性的改变、宿主范围的变化、免疫状况及暴露后果等。

(4)还应评估达到生物学或药理学活性所需的表达水平。

3. 转基因动物本身的安全关键风险 在生态方面,如果基因修饰的外源基因向野生群转移,就会污染整个野生种子动物群资源基因库。因此,应采取相应的预防措施,防止基因修饰动物与正常野生群动物交配,进而防止发生基因污染的情况,如表达某种病毒受体的转基因动物自实验室逃逸并将外源基因传给野生动物,有可能导致该病毒在野生动物宿主体内储存。利用转基因动物模型对疾病进行研究时,也应该关注转基因动物及其产品对环境安全、动物健康与福利、人类健康与伦理、食品安全等方面的潜在威胁。故采用转基因动物进行实验时,应该遵守所在国家遗传修饰生物工作的有关规定、限制和要求。动态地对转基因生物的研究进行生物安全风险评估,并结合科学研究的进展进行风险再评估,以确保重组 DNA 技术造福于人类。

1)伦理关键风险 伦理关系到人类对基因工程活动或基因工程产品的接受程度。科学家按人类的意愿设计、改造、改良甚至制造生命体,存在较大的不确定性,有可能给自然界、社会、人类带来未知的风险。因此,在开展此研究前,应该通过机构伦理委员会对活动方案进行充分的风险评估。相关的因素包括如下几点。

(1)操作环境和防护措施。转基因动物或基因敲除动物及携带外源基因的动物,应当在适合外源基因防护特性的防护水平下操作,避免基因外溢。

(2)在对转基因生物有关研究进行风险评估时,应充分考虑供体或受体/宿主生物体的特性,特别是考虑插入基因(如肿瘤基因序列、耐药基因序列等)所致的可能危害。

（3）评估改造的新生命体达到生物学或药理学活性所需的表达水平。

（4）特定基因被有目的地敲除的动物,一般不表现出特殊的生物伤害,但应考虑宿主易感性的改变、宿主范围的变化、免疫状况及暴露后果等。

2）环境安全关键风险

（1）动物逃逸对环境的影响。在自然界中,转基因动物可能无法生存,也可能有旺盛的繁殖,甚至改变自然界的生态平衡,改变生物的多样性和破坏生态环境。此外,转基因动物逃逸后与同类野生动物交配,可以将转入的基因遗传下去,从而对生物多样性造成影响。

（2）基因水平转移对环境的影响。基因水平转移（horizontal gene transfer,HGT）常见于微生物之间,动物虽然发生基因水平转移的现象很少,但也存在基因水平转移的可能性,比如转基因动物有可能会通过肠道系统将外源基因转入肠道细菌中,转基因动物在饲养过程中有可能会通过接触、交配、分娩和泌乳等行为出现基因水平转移现象。

（3）木马基因效应对环境的影响。木马基因效应被用来形象地描述转基因的有意或无意释放,对环境造成的毁灭性影响。

3）转基因动物健康关键风险

（1）基因整合位点影响邻近调控元件,使基因不表达、过量表达或异常表达。

（2）影响重要功能的基因正常表达,从而影响转基因动物的正常发育与代谢。

（3）如果是利用病毒载体,就有可能引起病毒基因表达的风险。

（4）利用体细胞核移植方法制备转基因动物时,可能会导致动物生长缺陷、基因甲基化增加、蛋白表达受挫等异常现象的发生。有些异常表现还可能会遗传给后代。

4）人类健康关键风险　人类健康是生物安全风险考虑的主要对象。由于外源基因具有药理活性或毒性作用,所以插入载体后的作用具有不确定性,对人体可能产生某些毒性作用。转入病毒全基因组的动物,病毒可能在动物体内复制,组装成成熟的病毒颗粒,通过转基因动物扩散到环境中,或通过转基因食品直接被动物或人类摄入。此外,不同病原微生物的基因重组,可能改变其致病性,导致毒力增强或宿主范围改变,进而对人类的健康产生新的威胁。

四、从业人员职业健康安全关键风险

实验动物从业人员是指从事实验动物工作,包括实验动物管理、实验动物饲养、动物实验操作的人员等。在工作中或多或少会接触到各种物理、化学和生物等有害因素。所以,了解实验动物从业人员工作中可能存在的有害因素,对制定安全防护措施是非常必要的。

实验动物从业人员因职业暴露导致健康安全问题的主要风险因素可分为四类:生物因素、化学因素、物理因素和心理因素。具体风险点识别与分析见表4-8。

表 4-8　实验动物从业人员职业健康安全因素风险点识别与分析

风险关键点	潜在风险	风险是否显著		风险关键点控制
		是	否	
生物因素	布鲁氏菌病、结核病、流行性出血热和狂犬病等人畜共患病是常见的危险因素	●	○	避开易发自然灾害地
		●	○	避开自然疫源地
	动物病例取材时防腐用固定剂误接触皮肤或吸入引起的伤害	●	○	防腐固定剂的存放、管理、使用等由专人负责,按不同消毒对象进行药物配制及使用,有意外伤害救护预案并及时处理

续表

风险 关键点	潜在风险	风险是否显著		风险关键点控制
		是	否	
生物因素	动物本身的皮屑、毛发、粪便以及携带病原微生物等成了影响工作人员健康的过敏原	●	○	生产区、实验区与辅助区有明确分区
		●	○	办公区与生产区或实验区独立分开
		●	○	实验动物设施的人员流线之间、物品流线之间和动物流线之间无交叉污染
		●	○	不同级别、不同种属实验动物分区管理
化学因素	大量的消毒剂或药品以及消毒设备用于环境消毒时,可引起咽喉炎、职业性哮喘,甚至致癌	●	○	室内应有良好的通风设备,工作人员操作时应戴橡胶手套、口罩
	消毒剂意外喷洒到工作人员身体表面或吸入体内,引起损伤	●	○	消毒剂的存放、管理、使用等由专人负责,按不同消毒对象进行药物配制及使用,有意外伤害救护预案并及时处理
	其他化学品误用引起人体伤害	●	○	针对具体化学品的性质及使用注意事项采取相应的控制措施
物理因素	通风机组稳定性差、通风系统管路设计不合理;过滤器超过使用年限,或其本身容尘量过小,引起实验动物垫料灰尘等暴露	○	●	对通风设施定期进行检修,保证其处于良好运行状态;定期做好环境卫生
	针刺伤、锐器伤	●	○	正确取放针头等锐器。受伤后,及时清理消毒就医,必要时抽血体检,同时,需按程序向上级主管部门报告并备案,做好跟踪复查和治疗
	动物咬伤出现疼痛、焦虑不安、伤处毁损、伤口被细菌感染(如破伤风梭菌感染)	●	○	通过不同途径,学习、了解实验动物从业人员职业性感染及其危害的相关知识,不断加强自我保护,规范技术操作,加强熟练性训练,逐步掌握正确的防护措施。如发生啮齿类动物引起的细小咬伤,伤口应仔细清洗,并用抗菌药物治疗,并及时进行破伤风免疫接种。如被疑似患有狂犬病的动物咬伤,应接种狂犬病疫苗等
	工作人员较长时间被射线照射,又缺乏相应防护时,可出现全身不适、食欲不振、头晕、四肢无力甚至灼伤等严重问题	○	●	减少不必要的紫外线照射。工作时需断开辐射电源并适当通风,人离开后再进行照射消毒
	各种监护仪、麻醉机、高频电刀、电锯、吸引器等,以及实验动物设施内高压灭菌器、气溶胶消毒喷雾器、推车和压缩机引起的噪声对身体健康的影响	○	●	对仪器、设备定期进行检修,对器械台、麻醉机和推车等的活动部件及时添加润滑剂,尽量减少其使用次数,减少不必要的噪声发生。实验人员根据噪声强度,也可选择个人防护用品如耳塞或耳罩等
	搬运饲料、水箱等重物时,由于用力不当,可发生扭伤和磕伤等意外伤害	○	●	开设抬举课程培训,合理运用工效学原理,减少腰、背等肌肉负荷及合理用力等

续表

风险关键点	潜在风险	风险是否显著		风险关键点控制
		是	否	
实验药物	在接触抗癌药物时如不注意防护也会带来危害	●	○	严格遵守操作规程,戴口罩、帽子、手套,如被药液污染应立即冲洗
	特别是当粉剂安瓿打开及瓶装药液抽取完毕拔出针头时,均可出现肉眼看不见的溢出,形成含有微粒的气溶胶或气雾,通过皮肤或呼吸道进入人体,危害实验人员并污染环境	●	○	废液瓶和注射器放入固定容器,及时焚烧
	麻醉剂被误吸或误注射,引起人员伤害	●	○	按管制药物管理;按规定标准操作及使用,出现意外有相应的医护应对措施
	残留有放射性药物的器具、动物及废弃物、粪污水对公众的不当照射伤害	●	○	用于动物实验的放射性药物装配、移动、使用须由有资质人员处理,动物饲养、观察、采样、检查等人员按要求配齐个人防护用品,动物及相关废物等存放设施符合防护要求,并按半衰期要求存放及进行无害化处理
心理因素	在诸如动物抓咬伤、锐器伤等职业伤害后感到恐惧和担忧	●	○	健全职业伤害管理体系,对职业暴露者应提供专业的心理辅导,引导其宣泄不良情绪,并密切重视从业人员的心理变化
	实验动物从业人员政策上没有明确的社会保障福利制度,所属单位对实验动物从业人员职业病保护没有具体的执行标准,保健和福利待遇相对落后,使实验动物从业人员因所处工作岗位和环境等容易产生自卑心理	○	●	通过宣传和学习,提高管理层对实验动物从业人员的职业健康及防护的重视;提供关于职业健康与防护相关教育培训

第二节 关键风险分析原则及方法

实验动物生物安全风险关键因素、关键点的收集、分类及风险等级初步分析,为综合因素风险分析奠定了基础。

一、关键风险分析原则

实验动物活动类型多、风险类别复杂、关键风险环节或关键风险点多,风险等级也随之发生改变。故对生物安全风险关键点的分析与识别,需要遵循如下基本原则。

(一)定量与定性相结合原则

定性评估是评估者根据自己的主观经验与观察,以及获取的文献资料等,对所评对象的属性做出价值判断的评估方法,定性评估的优点在于凭借已有经验、更加关注"质"与事物的独特性,给出概括性与总体性评估,其缺点在于评估结论过于主观、随意,评估的客观性、精确性易受质疑。定量评估是评估者运用统计学、模糊数学等量化方法,收集、分析、处理相关数据,对被评估者的特性用数值描述,并做出价值判断的评估方法,定量评估的优点在于评估结果精确公平、直观具体、操作性强,但与定性评估不同,该方法的缺点表现为重共性轻个性、重结果轻过程、量化标准刚性等。基于此,在设计和构建实验动物生物安全监测风险评估指标体系时,应树立两种评估方法有机结合的意识,采用定性评估深层次剖析和考察被评估方,采用定量评估公平客观测量被评估方,以提高评价结果的客观性和准确性。

(二)可操作性原则

设计实验动物生物安全监测风险评估指标体系,目的在于对实验动物生物安全危害因素进行风险评估与评级。这就要求设计出的体系必须具有可操作性,即选取的具体行为、特征、指标应当是可观察、可测量、可检验、可描述的项目,而不是提空头理论,或者所提原则、方法、标准在现实中无法具体落实与实现。

(三)可比性原则

作为评估实验动物生物安全风险的手段与途径,其风险评估指标体系的设计还应遵循可比性原则,至少包括指标统一性和指标一贯性两个方面。其中,前者是指不同级别生物等级的实验动物机构风险评估指标之间存在可比性,后者是指同一生物等级的实验动物机构不同时期的风险评估指标之间存在可比性。

二、关键风险分析方法

相关风险评估分析方法在第二章做了理论上的描述,实验动物生物安全风险分析则因实验动物活动特点,有其行业上的特点。

(一)实验动物活动过程分析法

实验动物生产及使用活动,因机构业务职能、实验动物生产与使用活动性质及设施类型不同,饲养笼具的不同,而有不同的过程与环节特点。如实验动物工作人员进出不同设施的人流程序、物品消毒及传递程序、动物检疫接受程序、空气进出过滤与气流组织流程、设备操作流程等,这样就自然存在相应的过程及不同的风险表现。因此,实验动物机构在开展业务之前,需建立相应的设施设备条件及管理体系文件,并获得科技主管部门及其他管理部门的许可与认可,取得从事实验动物生产和使用的许可资格后,还需接受定期或不定期的外部监督评估。在业务开展后,运营过程的内部质量与安全控制、主管部门的定期监管和考察是评估的核心与重点。基于实验动物生物安全定性、定量控制指标要求,内部质量控制及第三方技术支撑机构的外部监督检测与监测,在业务开展的整个过程中,都必然参与到风险监测评估过程之中。故应对机构实验动物活动的综合管理、建筑环境及设施设备配置、实验动物等生物因子、职业健康安全等因素开展有针对性的风险分析。

(二)结构化和半结构化访谈分析

结构化访谈又叫标准化访谈,通常采用事先统一设计、有一定结构的问卷进行访问。通常这种类型的访问都有一份访问指南,对问卷中有可能引起误解的问题都有说明。非结构化访谈又称为非标准化访谈、深度访谈、自由访谈等。它是一种无控制或半控制的访谈,事先没有统一问卷,而只有一个题目或大致范围或一个粗线条的问题大纲。访谈者可以根据访谈时的实际情况灵活地做出必要的调整,至于提问的方式和顺序、访谈对象回答的方式、访谈记录的方式和访谈的时间、地点等没有具体的要求,由访谈者根据情况灵活处理。如对实验动物机构法人或负责人开展生物安全主体责任访谈调查(表 4-9),既可制定完整的知晓率问卷开展调查,也可列出提纲通过"双随机"抽查或许可证年检报告进行访谈分析,风险评估者采取该方法听取利益相关者的意见,并进行汇总。

表 4-9　实验动物安全管理状况调查案例表

实验动物机构基本信息	
机构名称	
设施地址	邮箱/邮政编码
联系人	联系电话
关键岗位信息	机构负责人(□专职/□兼职)_____;生物安全员(□专职/□兼职)_____; 职业健康员(□专职/□兼职)_____;福利审查员(□专职/□兼职)_____
实验(用)动物 种类及用途	□大鼠(品系有_____);□小鼠(品系有_____);□兔;□豚鼠;□地鼠;□犬;□猴;□猪;□羊; □鸡;□鸭;□牛;□马;□青蛙;□蟾蜍;□斑马鱼;□昆虫;□模式动物;□其他_____ □教学用;□科研用;□生产用;□检测测试用
实验动物 行政许可	□有□无实验动物生产许可证;□有□无实验动物使用许可证; □有□无实验动物防疫证;动物来源□有□无实验动物生产许可证
实验动物行业法规与国家 标准知晓情况调查(法人 代表与管理部门负责人)	实验动物管理条例□Y□N;湖北省实验动物管理条例□Y□N;实验动物环境及设施标 准□Y□N;实验动物设施建筑技术规范□Y□N;生物安全实验室建筑技术规范□Y□N; 实验室生物安全通用要求□Y□N;实验动物机构质量和能力的通用要求□Y□N;实验动 物质量控制要求□Y□N;动物实验通用要求□Y□N;实验动物福利伦理审查指南 □Y□N
机构管理体系	工作人员_____人,专职_____人,兼职_____人,管理岗_____人,业务岗 _____人,□有□无兽医
实验动物管理委员会	成立文件□有□无;运行文件□有□无
职业健康管理委员会	成立文件□有□无;运行文件□有□无
动物福利伦理委员会	成立文件□有□无;专职兽医□有□无;运行文件□有□无
生物安全管理委员会	成立文件□有□无;体系文件□有□无;运行文件□有□无
实验动物生物安全防护情况	

1.实验动物生产建筑设施投入使用时间为_____年_____月_____日,与周边建筑环境及居民环境物理隔离距离分别为_____米、_____米,周边建筑用途是_____。

2.实验动物使用建筑设施投入使用时间为_____年_____月_____日,与周边建筑环境及居民环境物理隔离距离分别为_____米、_____米,周边建筑用途是_____。

3.实验动物设施防蚊、蝇、野鼠等进入的制度□有□无;防动物逃逸制度□有□无;消毒(对环境及物品)制度□有□无;动物尸体处理制度□有□无;设施废气处理制度□有□无;废弃垫料处理制度□有□无;废水处理制度□有□无;遗传修饰动物处理制度□有□无;生物安全防护应急预案□有□无。

4.实验动物设施环境相关安全性监测参数及频次:送排风设备位置(独立空间;非独立空间)及维护管理人员(□专职;□兼职;□24小时值班;□非24小时值班);设施密闭性评估(□自评_____次/年;□第三方评_____次/年;□双随机抽评_____次/年;□未评);设施综合性能生物安全性风险评估(□自评_____次/年;□第三方评_____次/年;□双随机抽评_____次/年;□未评);来自公共媒体有关生物安全负面消息(□有;□无;□不实)

5.实验动物活动相关工作:审批和评估制度□有□无;项目负责人制度□有□无;建立生物危险因子操作规范制度□有□无;危险材料管理制度□有□无

（三）检查表分析

实验动物机构或上级主管部门，按照实验动物生产或使用许可证的验收标准，或实验动物机构质量与能力认可准则条款，通过机构内部风险评估人员或外部监管技术支撑机构的工作人员用检查表法，对涉及生物安全的单因素风险或多因素风险逐条开展识别及判断，并汇总形成综合风险评估报告。该方法比较适合实验动物的生物安全风险评估。

（四）危险分析与关键控制点分析

风险评估者可在临界控制点，判断其观测值是否超过预先制定的上下限值。如果超过规定的范围，如实验动物单个或多个环境参数超出标准范围、单项或多项关键指标超出控制程度，就均可采取该方法进行分析，风险评估者需要及时向生物安全主体或监管责任方提出解决建议。

（五）风险矩阵分析

风险评估者可以用风险矩阵分析法来进行风险评估，以获取风险等级信息。风险矩阵分析法包括风险矩阵定性分析法、风险矩阵定量分析法、风险矩阵半定量分析法。其中风险矩阵定性分析法的风险评估结果与风险评估者有直接的关系。风险矩阵定量分析法的风险评估结果与风险评估者无关。

（六）专家法分析

基于实验动物生物安全风险的复杂、多因素技术特点，风险评估者除具备多学科知识、多岗位技能与管理经验外，在风险指标选定过程中，还需要采用专家法，对实验动物活动领域相关专家进行走访和问卷调查，或开展多轮研讨、座谈等，以充分吸收各方意见。专家意见在评估指标取舍、指标赋值、各类指标权重分配等方面具有重要作用。

（七）监管实践分析

根据我国实验动物及生物安全相关法规，各级政府科技主管部门是实验动物科技行业发展及监管的主体，政府相关部门协助科技主管部门对本系统、本领域的实验动物活动实施风险管理，国家发展和改革委员会、科学技术部、卫生健康委、农业农村部、市场监督管理总局等部门负责生物安全动物实验设施的认可或备案审批及监管工作，如机构认可、生物安全检查、许可证事中监管、科技伦理及实验动物福利审查等。在日常监管和审批中，科技主管部门秉承鼓励创新、营造营商环境、防范风险的原则，对实验动物机构的动物质量、活动内容、环境设施、从业人员资质及培训、生物安全、科技诚信等进行重点监管，并通过监管措施分析相关风险，为落实相关法规提供风险管理依据。

第三节 关键风险点内容评判指标

通过关键风险点分析及实验动物机构活动全流程特点分析，分类梳理出综合管理、建筑环境及设施设备、实验动物等生物因子活动、职业健康安全四大类风险指标（表4-10）。

综合管理指标是评价实验动物机构内部管理情况，与具体操作关联度较低的指标。该指标旨在对实验动物机构进行全面、综合的风险评估。

建筑环境及设施设备指标是对实验动物机构建筑环境和设施设备进行评估的系统评价指标，该指标旨在对实验动物机构设施设备进行全面的风险评估。

实验动物等生物因子活动指标是评价实验动物活动中病原微生物信息更新和实验动物生物安全活动等的指标。

职业健康安全指标是为保障实验动物从业人员的职业健康和个人防护所提出的评价指标。

表 4-10 实验动物生物安全关键风险点评估指标体系

风险因素类别	指 标 内 容
综合管理	(1)机构地位及能力；(2)管理体系；(3)内部控制；(4)外部监管；(5)纠正措施；(6)预防措施；(7)风险管理
建筑环境及设施设备	(1)建筑环境设计及防护；(2)设施安全；(3)设备安全
实验动物等生物因子活动	(1)实验动物溯源；(2)废弃物及动物尸体等无害化处理；(3)实验动物质量控制；(4)实验动物饲养管理；(5)危险源管理与控制；(6)实验动物疫病管理
职业健康安全	(1)人员健康档案管理；(2)职业健康监护服务；(3)职业健康防护及应急；(4)职业健康风险评估；(5)设施设备安全设计保证及运行管理安全

（一）指标要素计算

为便于计算，将上述指标体系分别标识为综合管理（A）、建筑环境及设施设备（B）、实验动物等生物因子活动（C）和职业健康安全（D）。以上四类指标要素均由各自领域内的二级、三级指标组成，对各指标按其风险特点均赋予一定的分值，所有指标的分值合计即为该单项要素计分结果，总分均为 200 分。每项指标最低得分为 0 分，最高得分为事先赋予该指标的分值。具体计分方法如下：

$$A = A_1 + A_2 + \cdots + A_i + \cdots + A_n$$
$$B = B_1 + B_2 + \cdots + B_i + \cdots + B_n$$
$$C = C_1 + C_2 + \cdots + C_i + \cdots + C_n$$
$$D = D_1 + D_2 + \cdots + D_i + \cdots + D_n$$

其中 $A_1 \sim A_n$、$B_1 \sim B_n$、$C_1 \sim C_n$、$D_1 \sim D_n$ 为四类指标的变量内容。

（二）指标要素权重

对实验动物机构进行打分的目的是对其进行评级分类，这是进行分类差别化管理的方法。通过评估综合管理、建筑环境及设施设备、实验动物等生物因子活动、职业健康安全四类要素中各单项要素（一级指标）的得分，加权后合计取得评级得分。评级总分为 200 分，得分越高表明该机构该项生物安全风险越低。根据风险评估相关分析方法，结合实验动物生物安全相关管理要求及机构业务特点，对实验动物机构生物安全风险进行权重划分，实验动物生物安全关键风险点评级权重表见表 4-11。

表 4-11 实验动物生物安全关键风险点评级权重表

类 别	综合管理	建筑环境及设施设备	实验动物等生物因子活动	职业健康安全
权重	25%	32%	28%	15%

（三）风险评估分级

根据评级得分不同，实验动物机构生物安全风险可划分为 5 个等级。评分 85 分(含 85 分)以上为 A

级;评分 75 分(含 75 分)至 85 分为 A⁻ 级;评分 60 分(含 60 分)至 75 分为 B 级;评分 50 分(含 50 分)至 60 分为 B⁻ 级;评分 50 分以下为 C 级。

A、A⁻、B、B⁻、C 共 5 个风险等级的描述如下。

A 级:实验动物机构生物安全风险管控机制健全,风险管理能力强,整体风险低。

A⁻ 级:实验动物机构生物安全风险管控机制较为健全,风险管理能力较强,整体风险较低。

B 级:实验动物机构生物安全风险管控机制基本健全,具有一定的风险管理能力,并存在一定的风险,但基本可控,整体风险中等。

B⁻ 级:实验动物机构生物安全风险管控机制不完善,风险管理能力较差,整体风险中等偏上。

C 级:实验动物机构生物安全未建立风险管控机制或存在重大缺陷,风险管理能力差,整体风险高。

(四)指标及赋值

1. 综合管理指标及赋值　综合管理指标下,细化出 12 个二级指标,69 个三级指标。二级指标分别为机构基本情况、管理体系文件、检查和改进、人员管理、应急管理和事故报告、实验动物管理、实验活动管理、危险材料管理、废弃物管理、内务管理、设施设备管理、生物安保。共计 200 分。

(1)机构基本情况包括机构地位、机构法人、机构负责人、机构组织体系、管理责任、个人责任、生物安全委员会、实验动物管理与使用委员会、强制性资质、自愿申请资质 10 个三级指标。共计 18 分,详细指标内容、分值和评分说明见表 4-12。

(2)管理体系文件包括安全管理方针和目标、安全管理手册(质量管理手册)、程序文件、说明及操作规程、安全手册、记录、标识系统、文件控制 8 个三级指标。共计 38 分,详细指标内容、分值和评分说明见表 4-12。

(3)检查和改进包括工作计划、检查、不符合项的识别和控制、纠正措施、预防措施、持续改进、内部审核和管理评审 7 个三级指标。共计 38 分,详细指标内容、分值和评分说明见表 4-12。

(4)人员管理包括人员素质、岗位职责、人员培训、人员健康、人事档案、能力评估 6 个三级指标,共计 22 分,详细指标内容、分值和评分说明见表 4-12。

(5)应急管理和事故报告包括应急预案和应急培训 2 个三级指标,共计 6 分,详细指标内容、分值和评分说明见表 4-12。

(6)实验动物管理包括动物来源、动物质量、动物饲养环境、动物尸体和废弃物、遗传修饰技术滥用 5 个三级指标,共计 12 分,详细指标内容、分值和评分说明见表 4-12。

(7)实验活动管理包括实验审批、实验项目责任人、实验活动风险评估、实验操作规程、人员培训 5 个三级指标,共计 12 分,详细指标内容、分值和评分说明见表 4-12。

(8)危险材料管理包括使用、运输和保存经过风险评估,制定危险材料的相关操作规程,危险材料清单,使用记录 4 个三级指标,共计 12 分,详细指标内容、分值和评分说明见表 4-12。

(9)废弃物管理包括废弃物相关制度、废弃物存放、废弃物处理记录、废弃物处置的追溯和验证、监督检查 5 个三级指标,共计 12 分,详细指标内容、分值和评分说明见表 4-12。

(10)内务管理包括消毒灭菌方法的适用性、专用工具、意外溢洒、日常内务的监督评价、消毒灭菌效果的验证 5 个三级指标,共计 10 分,详细指标内容、分值和评分说明见表 4-12。

(11)设施设备管理包括关键设备安全评估、维护和校准、设备的清洁和维护、设备档案、设备标识 5 个三级指标,共计 10 分,详细指标内容、分值和评分说明见表 4-12。

(12)生物安保包括人防、物防、技防、制度、安保预案、安保培训、演练 7 个三级指标,共计 10 分,详细指标内容、分值和评分说明见表 4-12。

2. 建筑环境及设施设备指标及赋值 建筑环境及设施设备指标下,细化出 3 个二级指标,21 个三级指标。二级指标分别为建筑及防护、设施安全、设备安全。

(1)建筑及防护:包括设施选址、建筑布局、建筑卫生、围护结构 4 个三级指标。共计 98 分,详细指标内容、分值和评分说明见表 4-13。

(2)设施安全:包括空调安全,通风净化安全,消防设施,给水和排水设施,电力和照明,自控、监视和报警设施 6 个三级指标,共计 49 分,详细指标内容、分值和评分说明见表 4-13。

(3)设备安全:包括消毒灭菌设备、生物安全柜、紫外线灯、电离辐射仪器、离心机、低温设备、加热设备、其他设备、个体防护装置、饲养笼具、运输笼具 11 个三级指标。共计 53 分,详细指标内容、分值和评分说明见表 4-13。

3. 实验动物等生物因子活动指标及赋值 实验动物等生物因子活动指标下,细化出 6 个二级指标,21 个三级指标。二级指标分别为实验动物溯源、废弃物及动物尸体等无害化处理、实验动物质量控制、实验动物饲养管理、危险源管理与控制、实验动物疫病管理,共计 200 分。

(1)实验动物溯源包括身份识别和信息化管理 2 个三级指标,共计 16 分,详细指标内容、分值和评分说明见表 4-14。

(2)废弃物及动物尸体等无害化处理包括处置原则及记录、污水处理、废弃物处理、动物尸体处理、废气处理 5 个三级指标,共计 60 分,详细指标内容、分值和评分说明见表 4-14。

(3)实验动物质量控制包括动物来源及遗传控制、微生物控制、营养控制 3 个三级指标,共计 32 分,详细指标内容、分值和评分说明见表 4-14。

(4)实验动物饲养管理包括微环境控制、大环境控制 2 个三级指标,共计 30 分,详细指标内容和评分说明见表 4-14。

(5)危险源管理与控制包括实验动物的风险与控制、动物逃逸的管理与控制、气溶胶传播的风险与控制、操作中的风险与控制、生物材料转运的风险与控制 5 个三级指标,共计 40 分,详细指标内容、分值和评分说明见表 4-14。

(6)实验动物疫病管理包括检疫与隔离、预防接种、传染病控制、动物疫病预防与控制 4 个三级指标,共计 22 分,详细指标内容、分值和评分说明见表 4-14。

4. 职业健康安全指标及赋值 职业健康安全指标下,细化出 5 个二级指标,14 个三级指标。二级指标分别为风险评估、职业健康保健服务、人员管理、设施卫生设计保证及运行管理安全、个人职业健康防护及应急,共计 200 分。

(1)风险评估包括评估内容、评估要点 2 个三级指标,共计 16 分,详细指标内容、分值和评分说明见表 4-15。

(2)职业健康保健服务包括服务政策、服务内容、职业健康安全信息沟通 3 个三级指标,共计 42 分,详细指标内容、分值和评分说明见表 4-15。

(3)人员管理包括员工行为规范、员工能力要求和培训、人文关怀 3 个二级指标,共计 62 分,详细指标内容、分值和评分说明见表 4-15。

(4)设施卫生设计保证及运行管理安全包括技术保障、人员保障、安全监测 3 个三级指标,共计 34 分,详细指标内容、分值和评分说明见表 4-15。

(5)个人职业健康防护及应急包括技术保障、装备要求、突发公共卫生事件及管理 3 个三级指标,共计 46 分,详细指标内容、分值和评分说明见表 4-15。

实验动物生物安全与职业健康风险管理 ········· ■ ·126·

表 4-12 实验动物生物安全风险评估综合管理指标及赋值

一级指标	二级指标	三级指标	指标内容	分值	评分说明
综合管理指标（200分）	机构基本情况（18分）	机构地位（3分）	机构或其母体组织有明确的法律地位，具有独立法人地位	3	机构是独立法人得 3 分，是二级单位得 2 分，是二级以下单位得 1 分，机构所在组织不具有独立法人地位得 0 分
		机构法人（2分）	法人是实验动物机构的第一安全责任人	2	有制度文件明规定得 2 分，没有得 0 分
		机构负责人（2分）	机构负责人有法人的书面授权，职责明确	2	有书面授权得 2 分，没有得 0 分
		机构组织体系（1分）	机构有明确的组织和管理结构，有从事实验动物和安全管理的专业和技术团队	1	有机构组织体系得 1 分，没有得 0 分
		管理责任（1分）	机构管理层对机构所有人员的安全负责，提供了安全管理方案	1	有安全管理方案得 1 分，没有得 0 分
		个人责任（1分）	机构所有人员知道工作风险，并能自觉遵守机构的管理规定和要求	1	有安全责任书得 1 分，没有得 0 分
		生物安全委员会（2分）	所在的机构应设立生物安全委员会，负责咨询、指导、评估、监督实验室的生物安全相关事宜	2	有成立文件且有运行记录得 2 分，只有成立文件得 1 分，没有成立文件得 0 分
		实验动物管理与使用委员会（2分）	所在的机构应设立实验动物管理与使用委员会，负责咨询、指导、评估、监督实验动物使用中的福利和伦理相关事宜	2	有成立文件且有运行记录得 2 分，只有成立文件得 1 分，没有成立文件得 0 分
		强制性资质（3分）	具有合法的实验动物许可证等相关资质。例如，实验动物生产许可证、实验动物使用许可证、野生动物经营利用许可证、辐射安全许可证等	3	取得全部必需的资质得 3 分，缺项得 0 分
		自愿申请资质（1分）	CNAS认可、AAALAC认证等	1	取得一项即得 1 分，没有得 0 分
	管理体系文件（38分）	安全管理方针和目标（3分）	安全管理方针和目标明确	1	有明确的安全管理目标得 1 分，没有得 0 分
			承诺符合地方相关法规和标准	1	有明确的相关法规和标准作为管理依据得 1 分，没有得 0 分
			定期对安全管理目标进行风险评估和监督评审	1	每年至少进行 1 次评审得 1 分，没有得 0 分

续表

一级指标	二级指标	三级指标	指标内容	分值	评分说明
综合管理指标（200分）	管理体系文件（38分）	安全管理手册（质量管理手册）（3分）	对组织结构、人员岗位及职责、安全及安保要求、安全管理体系、体系文件架构等进行规定和描述	2	对安全管理全要素有详细规定和描述得2分，每缺一项扣1分
			安全要求和标准不得低于国家和地方的相关规定及标准	1	符合国家和地方的相关规定及标准要求得1分，低于相关要求得0分
		程序文件（3分）	明确规定实施各项要求的责任部门、责任范围、工作流程及责任人，任务安排及对操作人员能力的要求，与其他责任部门间的关系	3	程序文件较完善得3分，每缺一项扣1分
		说明及操作规程（3分）	详细说明使用者的权限及资格要求，潜在危险，设施设备的功能、活动目的和具体操作步骤，防护和安全操作方法，应急措施，文件制定的依据	3	操作文件较完善得3分，每缺一项扣1分
		安全手册（4分）	安全手册包括紧急联系人、紧急出口、撤离路线、危险标识系统、应急处置程序	2	安全手册较完善得2分，每缺一项扣1分
			工作区随时可获得	1	现场可以获取得1分，没有得0分
			每年进行评审	1	每年进行了评审得1分，没有得0分
		记录（7分）	有对记录管理的相关规定，至少包括内容和格式要求、修改要求、档案管理、保存期限、收集、识别、借阅授权、存放和维护等	2	记录相关规定较完善得2分，有1～2项缺陷得1分，有2项以上缺陷得0分
			任何对原始记录的更改均不应影响被修改内容的识别、修改人应签字并注明日期	2	无更改得2分，有更改但符合要求得1分，有更改且不符合要求得0分
			原始记录应真实并可以提供足够的信息，保证可追溯性	1	记录规范、信息齐全得1分，有缺陷得0分
			有专人负责记录归档	1	有专人负责归档得1分，没有得0分
			有专门的档案室存放记录并符合记录存放条件	1	有单独的档案室存放记录得1分，记录与其他文件混放得0分

续表

一级指标	二级指标	三级指标	指标内容	分值	评分说明
综合管理指标（200分）	管理体系文件（38分）	标识系统（11分）	各类标识明确、醒目易区分，符合国际和国家规定的通用标准	2	标识醒目且符合标准得2分，发现一项不符合或缺失得1分，发现一项以上不符合或缺失得0分
			有对生物危险材料、腐蚀、辐射、电击、易燃、易爆、高温、低温、强光、振动、噪声、动物咬伤、硬伤等危险源的警示标识	2	警示标识齐全得2分，每缺一项扣1分
			应在须验证或校准的实验室设备的明显位置注明设备的可用状态、验证周期、验证或校准的时间等信息	2	标识齐全有效得2分，无标识或过期得0分
			动物设施入口处应有标识，明确说明生物防护级别、操作的致病性生物因子、负责人姓名、紧急联络方式和国际通用的生物危险符号	2	有入口标识得2分，没有或信息不对得0分
			紧急出口、管道、线路和开关等有明确、醒目且易区分的标识	2	警示标识齐全得2分，每缺一项扣1分
		文件控制（4分）	每年至少进行一次标识评审	1	有标识评审得1分，没有得0分
			有对所有管理体系文件进行控制的程序	1	有制度程序文件得1分，没有得0分
			文件体系经过管理层的审批，由机构负责人发布	1	有审批和发布得1分，每缺一项扣1分
			所有的文件均有唯一识别性，文件要素齐全	1	文件要素齐全得1分，每缺一项扣1分
			有文件控制清单保证文件的状态和有效性	1	有文件清单得2分，清单信息每缺一项扣1分
	检查和改进（38分）	工作计划（14分）	计划应包括管理层、IACUC和IBC的各项工作计划	2	工作计划齐全得2分，每缺一项扣1分
			实验动物生产和使用计划	2	计划齐全得2分，每缺一项扣1分
			各项人员培训和健康监测计划	2	计划齐全得2分，每缺一项扣1分
			各项安全检查和评估计划	2	计划齐全得2分，每缺一项扣1分
			设施设备维护和校准计划	2	计划齐全得2分，每缺一项扣1分
			应急演练计划	2	计划齐全得2分，每缺一项扣1分
			工作计划包含计划内容、负责人或部门、实施时间同等要素	2	计划内容齐全得2分，每缺一项扣1分

续表

一级指标	二级指标	三级指标	指标内容	分值	评分说明
		检查（5分）	每年至少根据管理体系的要求系统性地检查一次	2	检查一次以上得2分，检查一次得1分，没有检查得0分
			根据不同的风险领域制定检查表	3	检查内容齐全得3分，每缺一项扣1分
			生物安全委员会应参与检查	1	生物安全委员会参与检查得1分，没有得0分
		不符合项的识别和控制（2分）	当发现有任何不符合机构所制定的管理体系的要求时，管理层应将解决问题的责任落实到个人，采取应急措施，分析产生的原因，进行风险评估，记录过程并形成文件	2	有针对不符合项的全部管理制度得2分，每缺一项扣1分
		纠正措施（3分）	有针对识别出不符合项进行原因调查，采取有效纠正措施的制度文件	2	制度文件较完善得2分，有缺陷得1分，没有得0分
			对纠正措施的效果进行评估	1	对纠正措施的效果进行评估得1分，没有得0分
综合管理指标（200分）	检查和改进（38分）	预防措施（2分）	有对管理体系进行风险分析和对预防措施进行评价的制度文件	2	制度文件较完善得2分，有缺陷得1分，没有得0分
		持续改进（2分）	有文件要求持续改进的机制，包括主动识别不符合项，定期评审、文件体系改变的文件化、人员持续教育培训等	2	持续改进制度较完善得2分，每缺少一项扣1分
		内部审核和管理评审（9分）	内部审核和管理评审的负责人、范围、频次、方法和所需的文件等信息明确	2	内容较完善得3分，每缺少一项扣1分
			每年至少进行一次内部审核和管理评审	2	均进行得2分，每缺少一项扣1分
			员工不能审核自己的工作	1	员工互相审核工作得1分，否则得0分
			发现的问题有改进措施及记录并改进	2	针对问题有改进措施及记录得2分，没有得0分
			内部审核和管理评审不能相互替代	2	内部审核和管理评审分别进行得2分，缺少一项扣1分

续表

一级指标	二级指标	三级指标	指标内容	分值	评分说明
综合管理指标（200 分）	人员管理（22 分）	人员素质（4 分）	机构负责人为动物学、生物学、医学、药学及生物医学相关专业学科背景	2	机构负责人有生物医学相关专业背景得 2 分，无相关专业背景得 1 分
			所有岗位人员满足相应的教育、培训和专业资格要求	2	人员教育、培训和专业资格满足岗位要求得 2 分，每缺少一人不满足扣 1 分
		岗位职责（6 分）	每个岗位均有明确的岗位职责	2	岗位职责明确得 2 分，每缺少一个扣 1 分
			有专人负责生物安全	2	有指定人员负责生物安全得 2 分，没有得 0 分
			有兽医（专职、兼职、外聘）负责动物护理	2	有兽医负责动物护理得 2 分，没有得 0 分
		人员培训（4 分）	有明确的人员上岗和持续培训要求	2	要求较完善得 2 分，缺少部分要求得 1 分，没有得 0 分
			每年至少进行一次继续培训	2	分类别进行培训得 2 分，缺少部分内容得 1 分，没有培训得 0 分
		人员健康（4 分）	有明确的人员健康监测评估要求，包括身体和心理健康	2	要求较完善得 2 分，缺少部分要求得 1 分，没有得 0 分
			每年至少进行一次健康体检和心理测试	2	完成一次心理测试和健康体检得 2 分，缺少得 1 分，没有得 0 分
		人事档案（2 分）	所有员工建立人事档案，包括专业背景、资质、健康、培训等相关材料	2	人事档案较完善得 2 分，档案不全得 1 分，没有得 0 分
		能力评估（2 分）	每年进行一次能力评估和考核	2	完成一次测评得 2 分，没有得 0 分
	应急管理和事故报告（6 分）	应急预案（4 分）	根据机构风险制定了应急预案和报告程序	4	制定了不同事故的应急预案和报告程序得 4 分，每缺少一项扣 1 分
		应急培训（2 分）	所有人员经过了应急培训	2	所有人员经过应急培训得 2 分，每缺少一人扣 1 分

续表

一级指标	二级指标	三级指标	指标内容	分值	评分说明
	实验动物管理（12分）	动物来源（3分）	动物来源合法	3	动物来源机构合法且经过评估得 3 分，合法但没有经过评估得 1 分，动物来源机构无资质得 0 分
		动物质量（3分）	动物质量明确	3	大、小鼠优先使用 SPF 级或中型动物优先使用清洁级得 3 分，大、小鼠使用清洁级或大中型动物使用普通级得 2 分，微生物等级不明确得 0 分
		动物饲养环境（3分）	符合国家实验动物环境和动物福利要求	3	动物饲养条件符合要求的环境且环境丰富度良好得 3 分，仅提供满足基础饲养条件的环境得 1 分，饲养环境不符合国家标准的环境得 0 分
		动物尸体和废弃物（2分）	动物尸体和废弃物处理合法、记录清晰	2	动物尸体和废弃物均按医疗废弃物处理得 2 分，非感染性动物垫料按普通垃圾处理得 1 分，动物尸体和废弃物未按医疗废弃物处理得 0 分
综合管理指标（200分）	实验活动管理（12分）	遗传修饰技术滥用（1分）	经过 IACUC 和 IBC 的审查和评估	1	经过 IACUC 和 IBC 审批得 1 分，没有审批得 0 分
		实验审批（3分）	所有实验活动在开始前经过了 IACUC 和 IBC 的审批	3	实验活动均经过了 IACUC 和 IBC 审批得 3 分，每缺少一项扣 1 分，没有得 0 分
		实验项目负责人（2分）	实验项目负责人是安全责任人、签订安全责任书	2	实验项目负责人是安全责任人且签订安全责任书得 2 分，没有签订安全责任书得 1 分，没有明确实验项目负责人得 0 分
		实验活动风险评估（2分）	实验活动在开始前经过了安全风险评估	2	实验活动经过安全风险评估得 2 分，没有得 0 分
		实验操作规程（3分）	所有的实验操作均有操作规程	3	所有的实验操作均有操作规程得 3 分，每缺一项扣 1 分，没有得 0 分
		人员培训（2分）	实验人员经过了实验操作培训	2	实验人员经过了操作培训，熟悉操作内容得 2 分，未经过培训得 0 分

续表

一级指标	二级指标	三级指标	指标内容	分值	评分说明
综合管理指标（200分）	危险材料管理（12分）	使用、运输和保存经过了风险评估（3分）	危险材料在使用前经过了风险评估	3	使用、运输和保存经过风险评估得 2 分，缺项得 1 分，没有得 0 分
		制定危险材料的相关操作规程（3分）	选择、购买、采集、接收、查验、使用、运输、处置和存储危险材料规程的制度	3	危险材料相关制度较完善等得 3 分，每缺少一项扣 1 分
		危险材料清单（3分）	具有危险材料数据单，对危险材料性质和处理措施明确	3	具有危险材料数据单且较齐全得 3 分，每缺少一项扣 1 分
		使用记录（3分）	具有危险材料清单，包括来源、接收、使用、处置、存放、转移、使用权限、时间和数量等内容，相关安全保存、保存期限不少于 20 年	3	相关记录齐全得 3 分，每缺少一项扣 1 分
	废弃物管理（12分）	废弃物相关制度（3分）	制定完善的废弃物管理制度和岗位职责	3	制度较齐全得 2 分，没有得 0 分
		废弃物存放（3分）	废弃物的容器、存放场所和个人防护符合要求	3	废弃物的容器和存放条件符合要求、存放现场提供个人防护用品得 2 分，无防护用品得 1 分，答器或存放条件不符合要求得 0 分
		废弃物处理记录（3分）	废弃物处理记录完整	3	废弃物处理记录完整得 2 分，有缺项得 1 分，没有得 0 分
		废弃物处置的追溯和验证（2分）	评估废弃物消毒除菌效果	2	评估废弃物消毒除菌效果得 2 分，没有得 0 分
		监督检查（1分）	定期检查废弃物处理记录和现场	1	定期检查废弃物处理记录现场得 1 分，没有得 0 分
	内务管理（10分）	消毒灭菌方法的适用性（2分）	有清洗、消毒和灭菌的程序	2	文件制度完整得 2 分，缺项得 1 分，没有得 0 分
		专用工具（2分）	不应混用不同风险区的内务程序和装备	2	不同风险区域的工具分开使用得 2 分，没有得 0 分
		意外溢洒（2分）	建立有意外事故的清理和消毒程序	2	具有针对意外溢洒的清理和消毒程序且程序合理得 2 分，有程序但不合理得 1 分，没有得 0 分
		日常内务的监督评价（2分）	指定专人监督内务工作，并定期评价评估内务工作的质量	2	有专人负责检查得 2 分，没有得 0 分
		消毒灭菌效果的验证（2分）	建立消毒剂和消毒设备的去污消毒能力的评估制度和方法	2	有消毒效果的验证程序并定期验证得 2 分，有程序但没有实施得 1 分，没有得 0 分

续表

一级指标	二级指标	三级指标	指标内容	分值	评分说明
综合管理指标（200分）	设施设备管理（10分）	关键设备安全评估（1分）	根据实验动物机构所从事工作的风险评估确定设施设备	1	关键设备采购前经过安全论证得1分，没有得0分
		维护和校准（2分）	有设施设备的采购、使用、维护和校准程序	2	有设施设备的采购、使用、维护和校准程序并按程序执行得2分，没有得0分
		设备的清洁和维护（2分）	有设备使用后或发生污染后的去污装程序及记录	2	有文件要求并按要求执行得1分，没有得0分
		设备档案（2分）	关键设备有设备采购、验收、维护、校准、维修等相关档案	2	设备档案齐全得2分，缺一项得1分，没有得0分
		设备标识（3分）	应在设施设备的显著部位标示出其唯一编号、校准或验证日期、下次校准或验证日期、准用或停用状态	3	每台设备有标签且信息齐全得3分，每缺一项扣1分，没有得0分
	生物安保（10分）	人防（3分）	配有负责安保的负责人和管理团队	2	指定了安保负责人和管理团队得2分，没有得0分
			对所有人员进行审查和授权	1	有审查和授权得1分，没有得0分
		物防（1分）	配有门禁、监控、防盗、安检等安全保卫设备和防暴力闯入装备	1	有较齐全的安全保卫设备和防暴力闯入装得1分，没有得0分
		技防（1分）	通过信息技术等加强安保	1	有技防措施得1分，没有得0分
		制度（1分）	有安全保卫制度和岗位职责	1	有安全保卫制度和岗位职责得1分，没有得0分
		安保预案（2分）	有安保应急预案	2	有安保应急预案得2分，没有得0分
		安保培训（1分）	定期进行理论培训和考核	1	有定期进行理论培训和考核得1分，没有得0分
		演练（1分）	每年至少要进行一次现场演练	1	有安保演练得1分，没有得0分
总计				200	

实验动物生物安全与职业健康风险管理 ·············· ■ ·134·

表 4-13　实验动物生物安全风险评估建筑环境及设施设备指标及赋值

一级指标	二级指标	三级指标	指标内容	分值	评分说明
建筑环境及设施设备（200分）	建筑及防护（98分）	设施选址（16分）	避开自然疫源地。生产设施远离可能产生交叉感染的动物动物饲养场所	4	避开自然疫源地，生产设施远离可能产生交叉感染的动物饲养场所时得 4 分，有一定交叉感染风险时得 2 分，有严重交叉感染风险的得 0 分
			远离有严重空气污染、振动或噪声干扰的铁路、码头、飞机场、交通要道、工厂、储仓、堆场等区域	2	远离有严重空气污染、振动或噪声干扰的铁路、码头、飞机场、交通要道、工厂、储仓、堆场等区域得 2 分，靠近 1 处风险点得 1 分，靠近 2 处及以上风险点得 0 分
			远离易燃、易爆物品的生产和储存区，并远离高压线路及其设施	4	远离易燃、易爆物品的生产和储存区，并远离高压线路及其设施时得 4 分，靠近 1 处风险点得 2 分，靠近 2 处及以上风险点得 0 分
		建筑布局（54分）	动物生物安全实验室与生活区的距离符合合 GB 19489—2008 和 GB 50346—2011 的要求	2	动物生物安全实验室与生活区的距离符合 GB 19489—2008 和 GB 50346—2011 的要求得 2 分，不符合要求得 0 分
			建筑物为独立式，或在建筑物的一个独立区域，或有严格的隔离措施与其他公共空间隔离	4	建筑物为独立式，或在建筑物的一个独立区域，或与其他公共空间隔离的隔离措施与其他公共空间隔离措施得 4 分，无任何隔离措施隔离得 2 分，无任何隔离措施得 0 分
			生产区、实验区与辅助区有明确分区	4	生产区、实验区与辅助区有明确分区得 4 分，仅部分有明确分区得 2 分，无任何分区得 0 分
			办公用房与生产区明确分区	4	办公用房与实验区和生产区明确分区得 4 分，仅部分有明确分区得 2 分，无任何分区得 0 分
			动物实验设施与动物生产设施分开设置	4	动物实验设施与动物生产设施分开设置得 4 分，未分开设置得 0 分
			动物实验室内动物饲养间与实验操作间分开设置	2	动物实验室内动物饲养间与实验操作间分开设置得 2 分，未分开设置得 0 分
			不同级别的实验动物分开饲养	4	不同级别的实验动物分开饲养得 4 分，未分开饲养得 0 分

续表

一级指标	二级指标	三级指标	指标内容	分值	评分说明
建筑环境及设施设备（200分）	建筑及防护（98分）	建筑布局（54分）	不同种类的实验动物分开饲养	4	不同种类的实验动物分开饲养得4分，未分开饲养得0分
			实验动物设施设置检疫隔离观察室，或两者均设置	2	实验动物设施设置检疫隔离观察室，或两者均设置2分，均未设置得0分
			发出较大噪声的动物和对噪声敏感的动物设置在不同生产或实验区	1	发出较大噪声的动物和对噪声敏感的动物设置在不同生产或实验区得1分，在同一区域得0分
			实验动物设施的人员流线之间，物品流线之间和动物流线之间避免交叉污染	4	实验动物设施的人员流线之间，物品流线之间和动物流线之间避免交叉污染得4分，存在一定交叉污染风险得2分，风险较为严重得0分
			动物饲养间入口/出口处设置缓冲间，必要时缓冲间设置气锁，具备对动物饲养间的防护服或传递物品的表面进行消毒灭菌的条件	4	动物饲养间入口/出口处设置缓冲间，必要时缓冲间设置气锁，具备对动物饲养间的防护服或传递物品的表面进行消毒灭菌的条件得4分，设置了缓冲间，但无对动物饲养间的防护服或传递物品的条件得2分，均未设置0分
			动物进入生产区（实验区）设置单独的通道	1	动物进入生产区（实验区）设置单独的通道得1分，未设置得0分
			犬、猴、猪等实验动物入口处设置洗浴间	1	犬、猴、猪等实验动物入口处设置洗浴间得1分，未设置得0分
			根据需要，实验室防护区内设置淋浴间/防护服更换间，必要时，设置强制淋浴装置	2	根据需要，实验室防护区内设置淋浴间/防护服更换间2分，未设置得0分
			根据生物安全等级，出口处设置手动/非手动洗手池或手部清洁装置	2	根据生物安全等级，出口处设置手动/非手动洗手池或手部清洁装置得2分，未设置0分
			设计紧急撤离路线，紧急出口应有明显的标识	2	设计紧急撤离路线，紧急出口应有明显的标识得2分，未设置得0分

续表

一级指标	二级指标	三级指标	指标内容	分值	评分说明
建筑环境及设施及设备（200分）	建筑及防护（98分）	建筑布局（54分）	屏障环境清洗消毒室与洁物储存室同设置高压灭菌器等消毒设备，必要时，配备局部灭菌装置并配备有消毒剂	4	屏障环境清洗消毒室与洁物储存室同设置高压灭菌器等消毒设备，必要时，配备局部灭菌装置并配备有消毒剂的得4分，仅设置紫外线灯消毒设备的得1分，所有均未设置得0分
			清洗消毒室设置地漏或排水沟	2	清洗消毒室设置地漏或排水沟得2分，未设置得0分
			清洗消毒地面做防水处理，墙面做防水处理	2	清洗消毒室地面做防水处理，墙面做防水处理得2分，仅1处处理得1分，均未处理得0分
			屏障环境设施净化区不设置排水沟	2	屏障环境设施净化区不设置排水沟得2分，有设置得0分
			屏障环境设施，洁物储存室不设置地漏	2	屏障环境设施，洁物储存室不设置地漏得2分，有设置得0分
		建筑卫生（10分）	具有阻隔走廊噪声、污染物和其他危险源的措施	1	具有阻隔走廊噪声、污染物和其他危险源的措施或措施效果不明显得1分，无任何措施得0分
			所有围护结构材料无毒、无放射性	2	所有围护结构材料无毒、无放射性得2分，存在毒性或放射性得0分
			建筑内墙表面光滑平整，阴阳角均为圆弧形，易清洗、消毒	2	建筑内墙表面光滑平整，阴阳角均为圆弧形得2分，表面粗糙不平、掉皮粉化、不易清洗消毒得0分
			墙面采用不易脱落、耐腐蚀、无反光、耐冲击的材料	2	墙面采用不易脱落、耐腐蚀、无反光、耐冲击的材料得2分，墙面材料不符合要求得0分
			地面防滑、耐磨、无渗透	2	地面防滑、耐磨、无渗透得2分，地面材料不符合要求、有裂缝得0分
			天花板耐水、耐腐蚀	2	天花板耐水、耐腐蚀得2分，无相关处理或工艺标准且有掉皮粉化现象得0分

续表

一级指标	二级指标	三级指标	指标内容	分值	评分说明
	建筑及防护（98分）	围护结构（18分）	入口设置门禁	2	入口设置门禁得2分，未设置得0分
			门窗具有良好的密闭性，避免害虫侵入或藏匿	4	门窗具有良好的密闭性，可避免害虫侵入或藏匿得4分，密闭性一般得2分，密闭性存在严重漏洞得0分
			动物饲养间门有可视窗	2	动物饲养间门有可视窗得2分，未设置得0分
			门的开启方面考虑气流方向，对安全的影响，动物逃逸等事项	4	门的开启方面考虑气流方向，对安全方面部分考虑气流方向以及动物逃逸风险得4分，门的开启方向考虑气流方向，动物逃逸风险存在一定得2分，门的开启方向以及动物逃逸风险均未满足要求得0分
			对不同控制区的门按权限设置出入限制	2	对不同控制区的门按权限设置出入限制的得2分，未设置得0分
			应有防止节肢动物和啮齿动物进入和外逃的措施	4	有防止节肢动物和啮齿动物进入和外逃的措施得4分，无防范措施得0分
建筑环境及设施设备（200分）		空调安全（12分）	空调符合国家的质量要求	1	空调符合国家的质量要求得1分，不符合要求得0分
	设施安全（49分）		实验动物生产设施和实验设施的空调净化系统分开设置，空调净化系统采取有效措施避免污染和交叉污染	4	实验动物生产设施和实验设施的空调系统分开设置，空调净化系统采取有效措施避免污染和交叉污染得4分，采取措施避免污染和交叉污染，但实验设施和实验动物生产设施采取有效措施的空调系统分开设置的得2分，实验动物生产设施的空调系统未分开设置，空调净化系统未采取有效措施避免污染和交叉污染的得0分
			空调净化系统充分考虑实验室其他设备的冷、热、湿和污染负荷且满足同时满负荷使用需求	2	空调净化系统充分考虑实验室其他设备的冷、热、湿和污染负荷且满足同时满负荷使用需求得2分，空调净化系统仅可满足同时使用部门设备满负荷使用的得1分，空调净化系统不能满足实验室内温度和压力的维持需求及其他设备的冷、热、湿和污染负荷得0分

续表

一级指标	二级指标	三级指标	指标内容	分值	评分说明
建筑环境及设施设备（200分）	设施安全（49分）	空调安全（12分）	有适宜的控制方案，保证每个房间的温湿度参数符合各自的要求	2	有适宜的控制方案，保证每个房间的温湿度参数符合各自的要求得2分；仅能保证50%房间的温湿度参数符合要求得1分，所有房间均无法保证温湿度参数符合要求得0分
			温湿度传感器的位置和数量应合理，保证可以代表其实际情况	1	温湿度传感器的位置和数量合理，保证可以代表其实际情况得1分，温湿度传感器数量少或者位置不合理得0分
			空气净化消毒装置种类、用途及安装部位，空调管路合理，无软管	2	空气净化消毒装置种类、用途及安装部位，空调管路合理，无软管得2分；空气净化消毒装置种类、用途及安装部位、空调管路不合理，无软管得1分；空气净化消毒装置种类、用途及安装部位、空调管路部分有软管得0分
		通风净化安全（13分）	通风，需要时，形成定向气流	2	通风，保证充足的氧气，需要时，形成定向气流得2分；通风，保证充足的氧气，但无法保证形成定向气流得1分；无法保证充足的氧气得0分
			设置备用送风机和排风机，屏障环境设施的送风机和排风机故障时，可满足实验动物设施所需设施的需求最小换气次数及温度要求	1	设置备用送风机和排风机，屏障环境设施的送风机和排风机故障时或备用风机故障时，可满足实验动物设施所需最小换气次数及温度要求得1分，未设置相应设施得0分
			饲养间合理组织气流和布置送、排风口位置，避免死角、断流、短路，排风口位置充分考虑实验室生物安全要求	2	充分考虑实验室生物安全要求得2分；送、排风口与房间内设备、物品以及工作性质存在一定冲突但不影响组织气流得1分；送、排风口与房间内设备、物品以及工作性质冲突造成断路、短路得0分
			实验室的送、排风管均安装气密阀门，使用高效过滤器，不使用木框架	1	实验室的送、排风管均安装气密阀门，使用高效过滤器，不使用木框架得1分，未安装得0分
			有控制不同区域空气交叉污染的措施	3	控制不同区域空气交叉污染的措施有效得3分，有控制措施但效果不佳得2分，无任何控制措施得0分

续表

一级指标	二级指标	三级指标	指标内容	分值	评分说明
建筑环境及设施设备（200分）	设施安全（49分）	通风净化安全（13分）	动物隔离器、动物解剖台等生物安全设备有独立通风	2	动物隔离器、动物解剖台等生物安全设备有独立通风系统，产生的污染气溶胶有单独排风得2分，无相应设置得0分
			生物安全实验室不循环使用动物实验室排出的空气，必要时，排出气体经过高效空气过滤器过滤后再排出	2	生物安全实验室不循环使用动物实验室排出的空气，必要时，排出气体经过高效空气过滤器过滤后再排出得2分，反之得0分
		消防设施（3分）	所有疏散出口有消防疏散指示标志和消防应急照明措施	1	所有疏散出口有消防疏散指示标志和消防应急照明措施得1分，无相应措施得0分
			设置火灾自动报警装置和合适的灭火器材	2	设置火灾自动报警装置和合适的灭火器材得2分，缺少任何一项则得1分，均未设置得0分
		给水和排水设施（10分）	排水管道关键节点安装截止阀、防回流装置，需要时，可封闭所有排水口	1	排水管道关键节点安装截止阀、防回流装置，需要时，可封闭所有排水口得1分，未安装得0分
			动物饮用水管道材质和配件材质符合卫生要求	1	动物饮用水管道材质和配件材质符合卫生要求得1分，材料不合格或无任何材质合格证明材料得0分
			地面设有排水口，地面设有排水坡度易于排水	2	地面设有排水口，地面坡度易于排水得2分，坡度反向或平行得0分
			合理设置排水管，存水弯足够深，排水管直径足够大	1	合理设置排水管，存水弯足够深、排水管直径足够大得1分，排水管径不足，易造成堵塞甚至反流得0分
			实验动物设施排水系统和生活排水分开设置	2	实验动物设施排水系统和生活排水分开设置得2分，未分开设置得0分
			实验动物设施有毒污废水与普通污废水分流	2	有毒污废水与普通污废水分流得2分，未分流得0分
			给排水管道的关键节点安装截止阀、防回流装置、高效过滤器等装置	1	给排水管道的关键节点安装截止阀、防回流装置、高效过滤器等装置得1分，未安装得0分

续表

一级指标	二级指标	三级指标	指标内容	分值	评分说明
建筑环境设施及设备（200分）	设施安全（49分）	电力和照明（7分）	产品符合国家相关部门对该类产品生产、销售和使用的规定和要求	1	产品符合国家相关部门对该类产品生产、销售和使用的规定和要求得1分，无任何合格证明材料得0分
			有足够的电力供应，供电原则和设计符合国家法规和标准要求	1	符合国家法规和标准要求得1分，不符合得0分
			对关键系统和设备配备备用电源或不间断电源（UPS）	1	配备备用电源或不间断电源（UPS）得1分，未配备得0分
			合理安排配电箱、管线、插座等，保证其密闭性、防水性、防爆性符合所在房间的技术要求和特殊要求	1	符合所在房间的技术要求和特殊要求得1分，存在相应风险得0分
			紧急供电采用自动启动的方式切换	1	可自动启动切换得1分，需手动启动得0分
			重要开关安装防止无意操作或误操作的保护装置	1	重要开关安装防止无意操作或误操作的保护装置得1分，未安装得0分
			光的照度和波长范围保证动物表得清晰视觉和维持生理规律，并满足人员工作和观察动物的需要	1	满足条件得1分，无法维持动物生理规律等得0分
		自控、监视和报警设施（4分）	大中型设施和复杂设施配备自控、监视和报警系统，设置中央控制室	1	大中型设施和复杂设施配备自控、监视和报警系统，设置中央控制室得1分，未设置得0分
			采用自动方式采集环境监测参数	1	采用自动方式采集环境监测参数得1分，无环境监测采集系统或系统无法正常使用得0分
			重点区域设置监视系统和紧急报警按钮	1	重点区域设置监视系统和紧急报警按钮得1分，未设置得0分
			遇紧急情况，中控系统可解除其控制的所有应急设施设备的互锁功能	1	遇紧急情况，中控系统可解除其控制的所有应急设施设备的互锁功能得1分，反之得0分

续表

一级 指标	二级 指标	三级指标	指标内容	分值	评分说明
建筑环境 及设施 设备 （200 分）	设备安全 （53 分）	消毒灭菌设备 （16 分）	配备充足且符合要求的消毒灭菌设施，屏障系统中应设有双屏障高压灭菌仓	4	配备充足且符合要求的消毒灭菌设施，屏障系统中设有双屏障高压灭菌仓得 4 分，消毒灭菌设施不足或屏障系统未设置单屏障高压灭菌仓得 2 分，消毒灭菌设施还不能满足屏障运行需求得 0 分
			洗涤消毒至少配备两台高压灭菌器，分别对洁净物和实验室废弃物进行处理	4	配备两台及以上高压灭菌器，分别对洁净物品进行处理得 4 分，仅配备 1 台高压灭菌器得 2 分，无配备得 0 分
			携带可传染性病原的大型动物尸体的消毒灭菌选用专门设备	4	携带可传染性病原的大型动物尸体的消毒灭菌选用专门设备得 2 分，无相应配备得 0 分
			利用智能化系统，对除动物饲养间外的其他区域于夜间定时开启紫外线照射	2	利用智能化系统，对除动物饲养间外的其他区域于夜间定时开启紫外线照射得 2 分，设施外设置开关手动开启得 1 分，无相应配备得 0 分
			负压屏障环境设施设置无害化处理设备，废弃物品、笼具、动物尸体应经无害化处理后运出实验区	2	负压屏障环境设施设置无害化处理设备、废弃物品、笼具、动物尸体应经无害化处理后运出实验区设置 2 分，无相应设置得 0 分
		生物安全柜（4 分）	规范、标准地选择、安装和使用生物安全柜	2	规范、标准地选择、安装和使用生物安全柜得 2 分，如某一环节有缺失得 1 分，问题严重得 0 分
			生物安全柜满足高效过滤、柜体密封、负压系统的相关要求	2	满足相关要求得 2 分，无法满足得 0 分
		紫外线灯（3 分）	照射强度充足	2	照射强度充足得 2 分，强度不足得 0 分
			紫外线照射时间可自动设置且满足消毒要求	1	满足消毒要求得 1 分，不合法得 0 分
		电离辐射仪器（1 分）	所有的辐射源来源合法	1	来源合法得 1 分，反之得 0 分
		离心机（3 分）	离心管和离心吊篮对称放置	1	对称放置得 1 分，反之得 0 分
			配备大小适宜的离心管	1	配备大小适宜的离心管得 1 分，未配备得 0 分
			转子无损坏、破裂或腐蚀	1	转子无损坏、破裂或腐蚀得 1 分，如有任一情况得 0 分

续表

一级指标	二级指标	三级指标	指标内容	分值	评分说明
		低温设备（3分）	存放在通风良好的阴凉处	1	存放在通风良好的阴凉处得 1 分，在暴晒等处得 0 分
			液氮罐内压力正常	2	罐内压力正常得 2 分，不正常得 0 分
		加热设备（2分）	无漏电风险点	2	无漏电风险点得 2 分，存在漏电风险点得 0 分
		其他设备（2分）	化学染毒装置各项检测指标符合相关要求且定期验证	1	有定期验证合格报告得 1 分，没有得 0 分
			二氧化碳动物安乐死设备无气体泄漏	1	无泄漏得 1 分，反之得 0 分
			接触灵长类动物的人员，佩戴适宜的眼部和面部防护设备，抓取和保定动物时应佩戴防护长臂手套，其质量符合技术要求	2	接触灵长类动物的人员，佩戴适宜的眼部和面部防护设备，抓取和保定动物时应佩戴防护长臂手套，其质量符合技术要求得 2 分，无相应防护得 0 分
			使用不会过敏原的手护，不会对手部造成伤害	1	使用不会过敏原的手护，不对手部造成伤害得 1 分，反之得 0 分
建筑环境及设施设备（200分）	设备安全（53分）	个体防护装置（9分）	提供满足辐射防护要求的工作场所，物理隔离屏障、个人防护装备和辐射水平监测措施等	2	提供满足辐射防护要求的工作场所，物理隔离屏障，个人防护装备和辐射水平监测措施等得 2 分，反之得 0 分
			低温设备配置防低温的衣服、帽子、手套、鞋套等防护装备	1	低温设备配置防低温的衣服、帽子，手套，鞋套等防护装备得 1 分，反之得 0 分
			加热设备配置专用的工具或隔热手套取出物品	1	加热设备配置专用的工具或隔热手套取出物品得 1 分，未配置得 0 分
			对动物进行气体麻醉操作时，应在独立的操作间内配备废气回收装置和麻醉气体浓度监测设备	2	对动物进行气体麻醉操作时，应在独立的操作间内配备废气回收装置和麻醉气体浓度监测设备得 2 分，未配置得 0 分
		饲养笼具（5分）	笼具内外边角均应圆滑，无锐口，动物不易噬咬、咀嚼，内部无尖锐突起伤害到动物	1	笼具内外边角均应圆滑，无锐口，动物不易噬咬，咀嚼，内部无尖锐突起伤害到动物得 2 分，反之得 0 分
			笼具的门或盖有防备装置，能防止动物自己打开笼具或打开时发生意外伤害或逃逸	2	笼具的门或盖有防备装置，能防止动物自己打开笼具或打开时发生意外伤害或逃逸得 2 分，反之得 0 分
			笼具可限制动物身体伸出，避免其受到伤害，并限制其伤害人类或邻近的动物	2	笼具可限制动物身体伸出，避免其受到伤害，并限制其伤害人类或邻近的动物得 2 分，无法限制动物得 0 分

续表

一级指标	二级指标	三级指标	指标内容	分值	评分说明
建筑环境及设施设备（200分）	设备安全（53分）	运输笼具（5分）	笼具适应动物特点，材质符合动物的健康与福利要求	1	笼具适应动物特点，材质符合动物的健康与福利要求得1分，反之得0分
			笼具足够坚固，能防止动物破坏，逃逸或接触外界	2	笼具足够坚固，能防止动物破坏，逃逸或接触外界得2分，反之得0分
			运输笼具内部无尖锐突起伤害到动物	1	运输笼具内部无尖锐突起伤害到动物得1分，反之得0分
			运输笼具外面具有适合搬运的把柄，搬运者与笼具内动物无身体接触	1	运输笼具外面具有适合搬动的把柄或能操作的把手或能搬动的把柄，搬运者与笼具内动物无身体接触得1分，反之得0分
总计				200	

表4-14 实验动物等生物因子活动指标、分值及评分说明

一级指标	二级指标	三级指标	指标内容	分值	评分说明
实验动物等生物因子活动（200分）	实验动物溯源（16分）	身份识别（12分）	建立针对不同动物进行个体或群体识别的程序和方法，所用方法经过IACUC审核	4	经过IACUC审核得4分，没有得0分
			使用给当方式对动物进行个体或群体识别，建立实验动物标识体系（电子标签）	4	建立了标识体系得4分；虽建立了标识体系，但是体系不完整，得2分；未建立得0分
			标记物或标记方式不对动物产生任何伤害	2	不产生任何伤害得2分，有任何一项伤害得1分，2项以上伤害不得分
			标记物或标记方式稳定可靠，标识信息被正确记录且不易丢失	2	被正确记录且信息不丢失得2分，反之得0分
		信息化管理（4分）	应用信息管理软件建立关于实验动物出生，饲养，销售，接收，以及科研（检验、检定、生物制品生产、教学）活动和动物尸体处理的档案体系	4	建立了此体系得4分，未建立得0分

续表

一级指标	二级指标	三级指标	指标内容	分值	评分说明
实验动物等生物因子活动（200分）	废弃物及动物尸体等无害化处理（60分）	处置原则及记录（18分）	将其对环境的有害作用减至最小	2	有此评估文件得 2 分；无得 0 分
			使用被承认的技术和方法处置危险废弃物	2	是得 2 分；不是得 0 分
			处置时充分考虑生物安全级别的要求，必要时设置消毒处理装置并开展消毒灭菌效果的监测	4	是，且进行了监测得 4 分；未监测得 2 分；反之得 0 分
			储存和排放符合国家或地方规定和标准的要求	4	符合要求得 4 分；反之得 0 分
			优先采用高压蒸汽等物理方式消毒灭菌	2	是得 2 分；反之得 0 分
			所有的废弃物处理均有记录，各个环节可追溯	4	废弃物处理可追溯得 4 分；反之得 0 分
		污水处理（12分）	有相对独立的污水初级处理设备或化粪池	4	有得 4 分；无得 0 分
			动物粪尿、笼具洗刷用水、废弃的消毒液、实验中废弃的试液等污水经过处理并达到排放标准要求后排放	4	达到得 4 分；未达到得 0 分
			感染性动物实验产生的废水先彻底灭菌后再排出	4	是得 4 分；未消毒或者消毒不彻底得 0 分
		废弃物处理（20分）	根据普通、生物性、放射性和化学性污物等不同处理要求，实现分类处置	4	进行分类处置 4 分；未分类得 0 分
			危险废弃物置于专用的和有标识的容器内，按照规定处理后拿出	4	是得 4 分；反之得 0 分
			锐器弃置于耐扎的容器内	4	是得 4 分；反之得 0 分
			实验动物废弃垫料集中无害化处理。一次性工作服、口罩、帽子、手套及实验废弃物等按医院污物处理规定进行无害化处理	4	按照规定进行了无害化处理得 4 分；反之得 0 分
			感染性动物实验产生的废弃物先行高压蒸汽灭菌后再处理	4	是得 4 分；反之得 0 分
		动物尸体处理（6分）	动物尸体及组织装入专用尸体袋中，存放于尸体冷藏柜或冰柜内，集中无害化处理。感染性动物实验的动物尸体及组织经高压蒸汽灭菌后再做弃置或做相应处理，其中大型动物尸体的消毒灭菌应用专用设备；转基因动物的尸体妥善保管并按规定处置	6	不携带病原微生物的集中无害化处理得 6 分；携带病原微生物的先灭菌再进行无害化处理得 6 分；不进行无害化处理得 0 分
		废气处理（4分）	普通环境或者无特定病原体（SPF）级环境排放的气体进行除臭处理或者感染动物房排出的气体进行灭菌处理后再进行排放，并且对排放气体进行监测	4	进行了相关处理并且进行了监测得 4 分；仅进行处理得 2 分；未处理得 0 分

续表

一级指标	二级指标	三级指标	指标内容	分值	评分说明
实验动物等生物因子活动（200 分）	实验动物质量控制（32 分）	动物来源及遗传控制（10 分）	来源于国家允许的机构，遗传背景清晰；或者基因动物、转基因动物经过伦理委员会、生物安全委员会和 IACUC 的审核，符合国家法规和标准的规定	4	是得 4 分，反之得 0 分
			用于保种及生产的繁殖系谱及记录卡清楚完整，繁殖方法科学合理	2	方法科学，记录卡清楚完整得 2 分；记录卡不完整得 1 分；无记录卡得 0 分
		微生物控制（10 分）	每年至少进行一次遗传质量检测	4	是得 4 分，未进行得 0 分
			实验动物微生物监测项目合格，且监测频率符合相应等级要求	6	是得 6 分，不符合得 0 分
			实验动物寄生虫监测项目合格，且监测频率符合相应等级要求	4	是得 4 分，不符合得 0 分
	实验动物饲养管理（30 分）	营养控制（12 分）	配合饲料营养成分应符合 GB 14924.1—2001 和 GB 14924.3—2010 的要求，卫生指标应符合 GB 14924.2—2001 的要求，每批饲料均有相关检测报告	3	有检测报告得 3 分，无得 0 分
			饲料密封保存于搁板、架子上，存放区域远离高温、高湿、污染，有昆虫及其他害虫的环境	2	饲料密封、存放环境符合要求得 2 分；密封与存放环境有一项不符合得 1 分；两项均不符合得 0 分
			包装开启后标注开启时间及过期时间，未使用完的放在密闭的容器内保存	2	符合规定得 2 分，不符合得 0 分
			变质、过期的饲料无使用现象	2	未使用过期、变质饲料得 2 分，反之得 0 分
			基础级实验动物饮水符合 GB 5749—2022 要求，无特定病原体（SPF）级实验动物饮水达到无菌要求	3	符合得 3 分，不符合得 0 分
		微环境控制（10 分）	宠具的材质工艺及规格应符合实验动物健康和福利要求，符合 GB 14925—2010 的规定	3	符合规定得 3 分，不符合得 0 分
			垫料符合实验动物健康和福利要求，材质应吸湿性好、尘埃少、无异味、无毒性、无油脂、耐高温高压	2	符合规定得 2 分，不符合得 0 分
			垫料应储存在干燥和卫生的专用储存间，避免野鼠、虫媒等生物污染及其他化学污染。存放期不应超过保质期	2	符合规定得 2 分，不符合得 0 分

续表

一级指标	二级指标	三级指标	指标内容	分值	评分说明
实验动物等生物因子活动（200分）	实验动物饲养管理（30分）	微环境控制（10分）	垫料经消毒灭菌处理后方可使用，用量和更换周期根据笼具内实验动物的数量而定	3	符合规定得3分，不符合得0分
			饲养环境所有功能区域应具有明确的环境控制指标和参数要求	2	功能区域明确，各项指标参数正常得2分，指标或参数不正常得1分，指标或参数均不正常得0分
		大环境控制（20分）	不同级别的动物分开饲养	2	不同级别的动物分开饲养得2分，反之得0分
			定期清理动物饲养设施所有区域并进行消毒	4	所有区域定期清理并进行消毒得4分，部分区域定期清理得2分，无任何清理消毒得0分
			优先使用物理方法清除异物，排泄和代谢物，食物残渣，害虫等，不使用对任何动物有毒有害，有气味，易残留的清洁剂和消毒剂	2	物理方法优先，且消毒剂等无毒无害得2分，反之得0分
			指定专人管理和监督环境卫生工作	2	有专人管理并监督2分，反之得0分
			不同区域的清洁用具不混用，用具摆放在洁净，无虫害和通风良好处	4	不同区域的清洁用具分开，且保存区域洁净，通风好得4分，反之得0分
			定期检查，监测动物饲养环境指标和参数是否符合控制要求并记录	4	定期检查，监测并记录完整得4分，记录不完整得2分，不进行得0分
	危险源管理与控制（40分）	实验动物的风险与控制（8分）	评估实验动物的攻击性，选择适合的笼具，并采取相应的防范措施	4	评估动物的攻击性，有相关的防范措施得4分，没有评估得2分
			依据动物携带病原微生物的不同，采用与之相应的饲养环境和设施	4	不同级别的动物饲养在相应的饲养环境和设施中得4分，饲养环境低于动物级别得0分
		动物逃逸的管理与控制（10分）	动物笼具与动物种类相适应，有专门防范动物自行打开笼门的装置，门有气锁，防止动物逃离饲养室	4	动物笼具和饲养室房间有防范动物自行打开笼门，防范措施不得力或者无则得0分
			饲养人员或者实验人员经过专门的操作培训，能够正确抓取和固定动物	4	人员进行了培训，且合格后上岗得4分，无培训得0分
			针对动物逃逸有程序性的文件进行记录，并对风险进行分析	2	对动物逃逸事件进行了分析，且对措施进行了改进得2分，反之得0分

续表

一级指标	二级指标	三级指标	指标内容	分值	评分说明
实验动物等生物因子活动（200分）	危险源管理与控制（40分）	气溶胶传播的风险与控制（6分）	动物饲养的数量要适宜，设施运行要正常，保证换气和湿度，在防生柜中清理动物的垫料，减少气溶胶和灰尘的产生	6	动物密度合适得2分；换气和湿度正常得2分；在防生柜中更换垫料得2分；得分总和为6分
		操作中的风险管理与控制（12分）	实验人员在抓取和固定动物时被动物咬伤或者抓伤，有相关处理和治疗方案，且记录在案	4	操作人员进行培训，且咬伤抓伤后及时处理且记录在案得4分；未记录在案得2分；未进行培训得0分
			操作人员在操作中发生刺伤、割伤等，无论程度轻重，有相关处理和治疗方案，且记录在案	4	操作人员进行了培训，发生伤害后进行治疗且有记录得4分；操作人员进行了培训，治疗后没有记录得2分；未进行培训得0分
			实验操作时，有防止药品、试剂或者取材过程中迸溅的预案，并且在事故发生时及时处理并且记录在案	4	有预案且在事故发生时按照预案进行处理，并记录在案得4分，无记录得2分；无预案得0分
	生物材料转运的灭菌与控制（4分）		获取的生物材料置于相应的安全容器内，有相关程序以确保材料的存储、转运、收集、处置	4	有确保材料存储、转运、收集、处置的相关程序并对人员进行了培训得4分；没有程序或者未进行培训得0分
	实验动物疫病管理（22分）	检疫与隔离（10分）	对新引入的实验动物，进行适应性隔离或检疫	6	严格按照规定进行操作得6分，未进行操作或者未完全按照规定操作得0分
			立即隔离患病动物和疑似患病动物，并在兽医的指导下妥善处置	4	对患病或者疑似患病动物及时处理且妥善处置得4分，未及时处理得0分
		预防接种（4分）	对必须进行预防接种的实验动物，根据实验要求或者按照《中华人民共和国动物防疫法》的有关规定，进行预防接种	4	按照规定进行预防接种得4分，未预防接种得0分
		传染病控制（4分）	实验动物患病死亡的，及时查明原因，妥善处理，并记录在案	4	建立了患病动物治疗档案得4分，未建立得0分
		动物疫病防控与控制（4分）	建立动物健康档案，抗生素等药物的使用和残留管理可追溯	4	建立了动物健康档案得4分，未建立得0分
总计				200	

表 4-15 实验动物从业人员职业健康安全指标内容、分值及评分说明

一级指标	二级指标	三级指标	指标内容	分值	评分说明
职业健康安全（200分）	风险评估（16分）	评估内容（8分）	评估常规和非常规活动存在的风险	2	有相应记录得2分,无得0分
			评估进入工作场所所有人员活动的风险	2	有相应记录得2分,无得0分
			评估工作场所所有设施设备的风险	2	有相应记录得2分,无得0分
			评估所有从事活动的职业健康安全风险	2	有相应记录得2分,无得0分
		评估要点（8分）	风险评估由具有经验的专业人员进行	2	符合得2分,不符合得0分
			定期进行风险评估或对风险报告进行复审	2	有相应记录得2分,无得0分
			开展新的活动或改变评估过的活动时重新进行风险评估,发生事件、事故时重新进行风险评估、相关政策、法规、标准等发生改变时重新进行风险评估	4	有类似活动的记录得2分,无得0分
	职业健康保健服务（42分）	服务政策（2分）	制定关于员工职业健康保健服务的政策和计划,符合国家法规的要求	2	有相应记录得2分,无得0分
		服务内容（38分）	为岗前、岗中、离岗的每位员工建立职业健康安全档案并保存,尽可能保存健康时的本底血清	8	记录完整得8分,缺项得4分,无相关记录得0分
			定期监测职业危害特征	6	定期监测6分,不定期监测得3分,无监测活动得0分
			根据职业危害特征安排员工健康检查项目、参数和周期	8	查询分析健康检查记录,项目、参数和周期均符合条件得8分,1项不符合扣2分,均不符合得0分
			选择取得职业健康检查资质的机构进行体检	4	符合得4分,不符合得0分
			如果进行存在病原微生物危害的操作,应为员工提供免疫计划	2	提供得2分,未提供得0分
			为员工提供职业健康安全政策、知识和技能培训,并随时提供相关咨询服务	8	有相应设置得8分,没有得0分
			为员工购买职业伤害保险	2	购买得2分,未购买得0分

续表

一级指标	二级指标	三级指标	指标内容	分值	评分说明
职业健康安全（200分）	职业健康保健服务（42分）	职业健康安全信息沟通（2分）	需要时，员工可获取机构的职业健康安全信息	2	可获取保障2分，无法顺利获取得0分
		员工行为规范（10分）	根据风险评估报告，对认定的风险采取控制措施，规范相关的流程和活动	2	有相应记录2分，没有得0分
			员工理解并执行规范文件	4	通过调查了解，员工完全理解并执行规范文件得4分，员工部分理解规范文件得2分，员工完全不了解得0分
			员工不从事不了解或风险不可控的活动	4	通过调查了解，员工不从事相应活动得4分，员工从事相应活动得0分
	人员管理（62分）	员工能力要求和培训（46分）	机构内承担职业健康安全职责的所有人员具有相应工作能力，并规定了教育、培训、岗位等能力的胜任要求	6	员工岗位职责清晰，专业能力匹配得6分，部分满足条件得3分，无明确职责分工且专业能力均欠缺得0分
			培训内容和方式适应于员工和来访者的职责、能力及文化程度，以及面临风险	4	培训内容与培训对象分类清晰得4分，无任何分类得0分
			告知员工和来访者将面临的所有风险，和对他们的相应要求，达不到机构要求者不允许进入或从事相关活动	4	有相应提示和（或）记录得4分，没有得0分
			开展员工上岗培训（个人卫生及防护，人畜共患病，危害因素，废弃物的处理）	8	各项内容均有开展培训且有记录得8分，缺少一项扣2分，无任何培训记录得0分
			开展实验室管理体系培训	4	有相应记录得4分，没有得0分
			开展员工安全知识及技能培训	8	有相应记录8分，没有得0分
			开展实验室设施设备（包括个体防护装备）的安全使用培训	4	有相应记录得4分，没有得0分
			开展应急措施与现场救治培训	4	有相应记录得4分，没有得0分
			开展员工能力考核与评估	4	有相应记录得4分，没有得0分

续表

一级指标	二级指标	三级指标	指标内容	分值	评分说明
职业健康安全（200分）	人员管理（62分）	人文关怀（6分）	为从业人员提供合适的缓解压力、抒发情绪的途径，并遵循以人为本的管理原则，有针对性地实行调休机制	4	人力资源配备合理，法定节假日休假的实施情况合国家要求得4分，不符合得0分
			对职业暴露者应提供专业的心理辅导，引导其宣泄不良情绪，并密切重视从业人员的心理变化	2	有相应措施得2分，没有得0分
	设施卫生设计保证及运行管理安全（34分）	技术保障（18分）	设施的设计、工艺、材料和建造符合职业健康安全要求	4	各项条件均符合得4分，部分符合得2分，均不符合得0分
			有对设施设备（包括个人防护装备）管理的政策和程序	4	有相应有效措施得4分，没有得0分
			有保证及时维修设施故障的技术保障	4	有相应有效措施得4分，没有得0分
			制订巡检计划，明确巡检周期和核查表	2	有相应措施得2分，没有得0分
			开展职业卫生评价，健康危害因素监测及健康风险管理	4	有相应记录得4分，没有得0分
		人员保障（6分）	有专业工程技术人员负责维护机构的设施	4	有固定维护人员得4分，有非固定维护人员得2分，无任何人员负责维护得0分
			设备由经过授权的人员依据制造商的建议操作和维护	2	有相应授权措施且依规操作的得2分，没有相应授权措施或未依规操作的得0分
		安全监测（10分）	投入使用前核查并确认设备的性能可满足机构的安全要求和相关标准	4	核查记录结果均符合相应条件得4分，部分符合得2分，均不符合得0分
			定期监测作业环境中有害物质的浓度	4	有相应记录得4分，没有得0分
			定期维护和保养设施	2	有相应记录得2分，没有得0分

续表

一级指标	二级指标	三级指标	指标内容	分值	评分说明
职业健康安全（200分）	个人职业健康防护及应急（46分）	技术保障（4分）	制订作业文件指导相关人员正确选择和使用个体防护装备	4	有相应记录得4分，没得0分
			根据风险特征和实验活动，备有充足的个体防护装备	8	根据活动情况和人员情况，防护装备的数量能满足全部人员进出大于等于1周的得8分，0～1周的得4分，仅满足1天无法满足的得2分，1天无法满足的得0分
			不同场合需要配置不同的防护装备，保证防护的有效性	10	查询不同防护装备的配置情况，配置完全且有效得10分，缺少一处扣2分，无配置任何防护装备或装备均不符合防护有效性得0分
		装备要求（28分）	需要使用个体防护装备的区域有醒目的提示标识	2	有提示标识得2分，没有得0分
			非一次性个体防护装备及时清洁、消毒	2	有相应操作规程记录得2分，没有得0分
			废弃个人防护装备时，采取适宜的方式处置可能携带的危险物质	4	有相应措施得4分，没有得0分
			如使用个体呼吸保护装置，做个体适配性测试，每次使用前核查并确认符合配套要求	2	有得2分，没有得0分
	突发公共卫生事件及管理（14分）		制定有应急措施	4	有相应措施得4分，没有得0分
			实验室所有人员熟悉应急行动计划、撤离路线和紧急撤离的集合地点	4	有相应培训及考核记录得4分，没有得0分
			针对实验室所有人员每年至少组织一次演习	6	有相应记录得6分，没有得0分
总计				200	

第四节　生物安全风险监管对策

一、建立风险评估指标体系

《湖北省实验动物管理条例》于 2005 年 7 月 29 日湖北省第十届人民代表大会常务委员会第十六次会议通过。湖北省科技厅行政部门是颁发实验动物生产、使用许可证的主管部门。涉及高致病性动物病原微生物实验室的 CNAS 认证，则由中国合格评定国家认可委员会主管。此外，还有 AAALAC 国际认证。不同地区、不同机构的认可方式及范围、内部管理体系、风险防控评估体系等差别很大，如果没有建立统一的风险评估指标体系，行政部门将难以对如此多的实验动物机构的生物安全实施有效风险监管。因此，建立风险评估指标体系，不仅在行政监管方式上是必要的，而且在贯彻《中华人民共和国生物安全法》上是必须的。

第一，制定风险评估指标体系。基于上述理论，结合生物安全风险评估流程，确定 4 类一级指标，具体包括综合管理指标、建筑环境及设施设备指标、实验动物等生物因子活动指标、职业健康安全指标，在此基础上，确定了二级指标和三级指标，从而构建统一的风险评估指标体系，对实验动物机构实施风险监管评估，实验动物机构内部也可借助该体系，有针对性地开展经常性的管理评审。

第二，定量风险评估。在建立上述指标体系后，采用百分制计分法，以风险重要程度为依据，设定相应分值与权重，在现场检查和非现场检查的基础上，计算实验动物机构的得分，为下一步实施分类监管提供依据，从而使监管者实现由定性向定量风险监管的转变，达到监管的科学性、公平性、重点性，有效解决监管者手段单一和监管能力较弱的问题。

二、实施风险为本的分类监管

实验动物机构数量很多、规模不同、业务方向不同、发展水平不齐、风险防控能力有差异。因此，必须施行分类监管。分类监管是实验动物机构提升风险管控水平和监管者实施有效风险监管的可行途径，可促进高效利用有限监管力量。尤其是近几年来，随着生物产业快速发展，实验动物产业发展的步伐很快，监管力度不够的问题越来越明显，如果实施分类监管，监管者可以将有效监管力量用于监管高风险机构，实现监管资源的合理高效利用，提高监管效率。监管者可以通过本书设计的风险评估指标体系，将实验动物机构划分为不同的风险评估等级，实施以风险为本的分类监管。

(1)风险评估等级属于 A 和 A⁻ 级别的实验动物机构的生物安全监管策略：由于该机构的管理能力强、技术安全性高、机构管理结构合理、内部管理严格、业务操作规范、实验室管理安全、管理体系健全，监管者可以采取更为宽松的监管政策环境。

(2)风险评估等级属于 B 和 B⁻ 级别的实验动物机构的生物安全监管策略：由于该机构的管理能力较强、技术安全性较高、机构管理结构较合理、内部管理较严格、业务操作较规范、管理体系较健全，所以监管者要重点关注，采取较严格的监管政策环境。

(3)风险评估等级属于 C 级别的实验动物机构的生物安全监管策略：由于该机构的管理能力很弱、技术安全性低、机构管理结构有缺陷、内部管理不严格、实验室安全管理有重大隐患、业务经营不规范，所以监管者要采取更加严格的监管政策环境，必要时采取限制业务发展的措施或者实施兼并重组，甚至取消实验动物使用许可证等。

三、完善实验动物机构配套风险监管法规制度

建立实验动物生物安全风险评估指标体系，实现由定性监管向定量监管的转变，还必须健全相配套的监管措施，重点提升监管依据层次和完善相关规章制度，特别是生物安全风险评估指标体系制度。

（1）提升监管依据层次。现有的对实验动物机构生物安全风险进行监管的依据主要是 2005 年颁布的《湖北省实验动物管理条例》和 2020 年颁布的《中华人民共和国生物安全法》，两者在监管上的效力级别较高，体现了生物安全风险评估指标体系的地位。

（2）不断完善相关规章制度。除上述两项监管依据外，可参考的规章制度还有《实验动物设施建筑技术规范》（GB 50447—2008）和《实验动物机构 质量和能力的通用要求》（GB/T 27416—2014）等国家标准。随着国内外生物医药技术的发展及生物安全要求的提高，新的相关制度不断推出，以规范实验动物机构的行为，从而形成一套完善、全面、系统的风险监管体系。

四、坚持风险监管与鼓励发展相结合

近年来，我国生命科学研究及生物医药产业发展迅速，推动了实验动物行业的快速发展，并逐步形成一个独立、完整、具有公益性与前瞻性的科学管理体系。实验动物机构已经成为生物研究及健康事业体系的重要参与者。实验动物主体机构及监管部门，必须面对和重视该重要领域。随着实验动物事业的不断创新，行政管理部门要坚持有效监管与鼓励发展相结合的管理思路，积极扶持并鼓励行业发展，兼顾创新发展与风险防控，兼顾监管精准性与灵活性，引导实验动物机构依法合规活动，遵守监管政策，加强自我约束，不断创新发展，规范健康发展。

（1）坚持鼓励发展。对于实验动物机构要遵循"鼓励创新、防范风险、趋利避害、健康发展"的总体要求，坚持风险防控前移，规范各项安全措施，鼓励创新发展，包容失误，努力为行业发展预留空间，引导机构准确研断和把握风险因素，从业活动切实符合生物安全管控要求，不断增强管控能力及竞争力。

（2）坚持风险监管。在鼓励实验动物机构创新发展和营造良好外部环境的同时，监管者要关注监管的有效性，实施分类监管；行政管理机构既要实施差异化监管，也要设置监管基准底线；制定相关制度时，既要有共同遵循的规范，也要有针对不同机构的差别化管理，为机构发展留下足够的空间。另外，在监管方式上要充分利用互联网、大数据和云计算等技术，不断丰富监管手段，提升监管效率；在管理体系建设、微生物控制等方面，要求机构恪尽职守，履职尽职，确保其长期健康发展。

五、实现相关部门间风险监管协作

实验动物机构从事实验动物生产或使用活动，面向的服务群体是全国性的，没有地域限制。因此，建立相关部门间风险监管协作十分重要，这样可以充分利用各自监管优势，实现监管资源共享。对于风险评估等级较差的实验动物机构，相关部门可以实现协同联动，重点加强监管；对于风险评估等级较好的实验动物机构，相关部门可共同给予宽松的监管环境，促进其健康发展。

实现相关部门间风险监管协作主要包括两个方面。

（1）本省科技主管部门与其他省级科技主管部门之间的风险监管协作。随着信息技术的不断发展和进步，"互联网＋"等基于网络信息技术的理念不断深入人心，对社会经济、民众生活的影响也不断加深。实验动物信息化管理起步较晚，在实验动物质量许可方面已实现了功能融合，其他方面的信息共享还需要进一步开发。因而，对实验动物机构生物安全风险的监管，也需要全面吸纳各方力量，上下联动，实现协作监管。

（2）科技主管部门内部的风险监管协作。主管部门上下层级之间的沟通联动，强化省级与市级主管部门之间的风险监管协作。应充分调动和运用好全省科技主管部门的监管力量，在省级主管部门的统一部署下，规范有序地开展工作，实现实验动物机构生物安全风险有效监管全覆盖。

六、加强实验动物机构内部风险控制体系建设

内部风险控制体系建设，是实验动物机构稳健开展实验动物活动的前提和基础。因此，要充分发挥机构自身的主观能动性，实现自我约束，通过政策文件、规范管理、社会舆论等外部因素规范约束行为，同时引导机构加强内部风险控制建设，严格按照规章制度和操作流程开展活动，强化约束机制，积极适应外

部监管和法规条文的要求。

(1)建立实验动物机构生物安全风险预警系统。通过信息技术手段监测风险,自动识别微生物类别与预警值,以控制各类风险,在风险将要来临时快速反应,及时采取有效的应急措施,减少不必要的经济损失。

(2)定期检查维护自身软、硬件设施设备。实验动物机构要定期检查维护正常活动的软、硬件设施设备状况,统计分析风险指标体系,分析各方的风险隐患,建立有效的风险预警体系,减少参与各方的损失。

(3)实施关键环节风险控制。利用生物安全风险评估指标体系,采取相应的风险控制手段,严格按照风险管理标准,重点分析风险原因,加强关键环节风险管理。一是加强相关从业人员生物安全管理,加大培养人员安全意识和合规意识,约束违规行为,提升违规成本,确保不因工作失误或道德缺失而发生安全事故。二是实验动物本身的微生物控制、实验动物来源质量的保障、操作过程的规范化处理等,均需符合相关标准程序要求。三是对于实验动物环境生物安全的控制,从建筑设施的设计、施工及日常管理方面加强生物安全管理,确保符合相关建筑设施的安全要求。四是主动适应行政管理部门的要求,依法合规地公开机构信息,包括安全监测报告等内容。

七、引入第三方评估机构参与风险评估

实验动物生物安全风险评估有助于监管机构了解被评估方的风险防控综合状况,便于开展风险防控。故应形成常态化、固定化的制度规定,对实验动物机构活动的评估时间、评估频次、评估内容等进行要求。对其进行评估时,可借助专业评估机构的力量,积极引入外部独立机构进行检查与评估,以利于其健康发展,实现监管的公平和公正。

(1)选择资质好的外部评估机构。行政部门选择并授权有资质、有能力、信誉良好的独立第三方评估机构,对实验动物机构开展生物安全风险评估,发挥专业评估机构的业务专长,有助于提升评估结果的可靠性,确保评估的公平、公正。第三方评估机构根据行政部门授权,按照风险评估指标体系,独立实施风险评估,撰写安全性评估报告书及专家组对报告书的评审意见,给予风险等级评定,向监管者给予监管政策建议,为监督部门执法提供技术支撑。

(2)发挥实验动物学会等社会行业组织的作用。实验动物学会等社会行业组织可以充分利用职责与专业资源,积极摸清和掌握实验动物机构真实情况,并建立相应的行业信息交流平台,研究制定实验动物行业自律公约,依法合规做好生物安全日常风险监督,引导实验动物机构严格执行各项规章制度,切实提高管理质量和水平。

(3)集中监管者的监管资源。各地省级科技部门作为主要监管者,无论是人员配置还是监管精力都是有限的,如果对实验动物机构全面开展生物安全风险评估,就一定会投入大量时间、人力和精力,这必然会弱化对监管的思考,以及实施针对性、有效性、重点性的监管。通过引入外部机构力量,可以解决科技部门监管力量不足的问题,也可将有限的监管资源集中到重要领域、重点风险环节实施监管,从而确保风险评估结果的公平、公正。

第五章
职业健康管理与生物
安全风险控制

职业健康与生物安全管理是实验动物机构组织管理体系不可分割、关键的组成部分,也是实验动物机构生存与发展的基石。国际实验动物评估和认可委员会(Association for Assessment and Accreditation of Laboratory Animal Care,AAALAC),是国际间互认的评估和认证实验动物机构的重要组织。职业健康与安全委员会是保护从业人员个体职业健康和安全的内设机构,主要包括健康管理、健康检查、职业安全教育和培训、风险预防、职业病诊断、鉴定和治疗、个人防护等。

有关职业健康管理与生物安全方面的关键风险点较多,如动物抓伤、动物咬伤、高温烫伤、电离和非电离辐射、化学物质及消毒卫生清洁剂、病原因子、基因工程技术、过敏原、气溶胶、动物逃逸、人畜共患病和废水、废气、动物尸体等,除生物安全风险外,这些职业健康问题与传统职业健康管理的内容不完全相同,在分类上也存在一定差异,属于新时代、新业态的职业健康问题,需要从职业健康风险、公众健康风险、生物产业可持续发展风险等公众生物安全的角度,研究与实施新的风险管理模式。

第一节　国际实验动物职业健康安全的发展历程

国际实验动物职业健康安全的发展同样经历了从问题的提出,到法规标准的建立及职业健康风险管理的发展过程。

一、发达国家实验动物职业健康安全发展历程

实验动物过敏症(laboratory animal allergy,LAA)被认定是一种职业病,最早在 1957 年被发现,随后其他相关健康问题和疾病陆续被人们发现、报道和重视起来。1963 年芝加哥地区由研究机构兽医师组成的动物管理小组编写了《实验动物管理与使用指南》(以下简称《指南》)。1970 年美国颁布了《职业安全卫生法》,基于该法,美国确立了以职业安全与卫生监察局(OSIIA)为执法机构、职业安全与卫生复审委员会(OSHRC)为监督机构的职业卫生监管体系。随后的几十年中,美国国家科学院下属的实验动物研究所一直在研究实验动物从业人员面临的职业危害,广泛征求动物医学方面专家的意见,不断修订、更新、完善《指南》,第八版(2011 年)的《指南》已细化到管理机构、环境及设施设备、理化微生物、实验动物等生物因子活动的危害因素识别及风险评估各方面。AAALAC 非政府组织将《指南》作为认可准则,扩大了它在全世界的行业影响力。《指南》指出,员工职业健康与安全计划(OHSP)是实验动物饲养管理和使用计划的重要组成部分,每个机构都应建立员工职业健康和安全程序。员工职业健康与安全计划现已成为评估一个机构的实验动物饲养管理和使用计划是否能够得到认证的重要依据,应遵守各国现有的法律、法规和科学标准。《指南》被全球广泛接受和高度认可,是全球实验动物管理和使用的参考标准和

主要指南。

日本从 1973 年起,就相继颁布了涵盖实验动物管理要求的多个法规和指南,1980 年制定的《饲养和管理实验动物法》,成为各个高校、研究机构等的使用准则。这项法规内容涉及运输、隔离检疫、职业健康、废物处理、育种和环境保护等内容。日本实验动物科学委员会制定了《动物实验指导纲要》,供各个研究部门参考使用。这些法律、法规和纲要的颁布和执行,使日本的实验动物工作较早地走向法制化管理的轨道,进而为日本实验动物产业的持续、快速发展提供了重要保障。近年来,许多日本的医学院校和科研机构非常注重卫生防护设备的创新,如动物饲养独立通气笼具、笼具自动清洗消毒机械、自动给水和给料系统等先进设备的广泛研发应用。这不仅减少了人员与动物、污物的接触机会,也有效减少了人员对动物居住环境的干扰,同时降低了人员的劳动强度,提高了工作效率,减少了气溶胶对健康的影响。

加拿大实验动物管理委员会成立于 1968 年,1982 年改组为独立社团组织,其主要由加拿大自然科学与工程研究委员会(NSERC)、加拿大医学研究委员会(MRC)和联邦各部门资助,也有部分资金来自政府的成本补偿计划和一些私人机构。加拿大实验动物管理委员会旨在最大限度地保护动物和保证合理及人道地使用动物,并发布动物实验指南及各种工作条例。最新版指南于 1993 年发布,该指南共 22 章,内容翔实,针对各品种、品系动物的职业健康与安全风险展开描述,并给予风险提示,该指南被世界上很多国家采用。

澳大利亚的用于科研目的动物管理和使用条例以动物法为基础,为研究教学用动物的使用和管理提供了一个基本准则。要求雇主竭尽所能为员工提供安全的工作环境,为员工提供培训机会,同时监督员工的工作行为;要求员工必须遵从安全规章制度,使用保护性设施开展实验动物活动,与雇主共同合作保护个人的安全和健康。

英国等发达国家的职业健康管理体系与美国基本相似。1989 年,英国建立了工作相关职业性呼吸系统疾病监护系统,在此基础上建立了职业病信息网络,医院专家、职业病医师利用该网络来报告传染病、皮肤病等。此外,英国还建立了劳动力调查中的事故和疾病问卷调查、自报工作相关疾病调查、自报工作相关情况等 7 个职业健康监护系统。在行政监管方面,日本同美国、英国的区别不大,日本职业健康监护的独特之处在于对职业卫生技术机构的系统分类,职权明晰,规定了 76 种职业危害的检查内容。

二、国际实验动物职业健康安全相关法规标准体系的建立

劳动卫生与职业病学也可称职业卫生与职业医学,现在还包括放射卫生,故统称为职业健康,是预防医学的一个分支,旨在研究劳动条件对健康的影响,以及如何改善劳动条件,创造安全、卫生、满意和高效的作业环境,提高劳动者的职业生活质量,其雏形始于远古时代。随着大工业的发展,欧洲从 16 世纪开始就有职业病的报道,职业医学之父、意大利学者拉马齐尼(1663—1714 年)在《论手工业者的疾病》中提出了制镜工人的汞中毒职业问题;美国的汉密尔顿(Alice Hamilton,1869—1970 年)在他 1925 年出版的《美国的工业中毒》一书中首次描述了火柴工人黄磷中毒损害;英国的亨特(Donald Hunter,1889—1976年)在他的《职业病》中,强调医师了解"环境"和"群体"的重要性。最权威的职业健康的定义是 1950 年由国际劳工组织(ILO)和世界卫生组织(WHO)职业卫生联席协调委员会给出的,即职业健康应以促进并维持各行业职工的生理、心理及社交处在最好状态为目的,并防止职工的健康受工作环境影响,保护职工不受健康危害因素伤害,并将职工安排在适合他们的生理和心理的工作环境中。

作为联合国专门机构之一的国际劳工组织成立于 1919 年。国际劳工组织通过了《白磷建议书》(第6 号),呼吁成员国批准《伯尔尼公约》。国际劳工组织通过独特的雇主、工人和政府三方达成共识的程序,以公约和建议书的形式制定国际劳工标准。目前,国际劳工组织已制定了近 190 个公约和近 200 个建议书,这些国际劳工标准都经国际劳工大会通过,一半以上直接或间接与职业安全卫生有关。1950 年

世界卫生组织（WHO）成立后不久，职业卫生联席协调委员会便在国际劳工组织和世界卫生组织的合作下产生。1976年通过的"改善工作条件和工作环境国际计划（PIACT）"，标志着国际劳工组织职业安全与卫生观念的巨大进步。1978年，国际初级卫生保健大会在苏联的阿拉木图举行，所有与会者签署了《阿拉木图宣言》。这份宣言为发展、壮大、推广职业健康和安全的概念提供了良好的环境。1981年《职业安全与卫生公约》要求成员国制定、实施和定期审核协调一致的国家职业安全、卫生和工作环境政策，以建设优质工作环境为主，并提供法律和基础设施支持，以确保工作场所的卫生和安全。

职业安全健康管理体系（occupational health and safety management system，OSHMS）是20世纪80年代后期在国际上兴起的现代安全生产管理模式，它与ISO 9000（质量管理体系）和ISO 14000（环境管理体系）等标准化管理体系一样被称为后工业化时代的管理方法。职业安全健康管理体系的总要求是建立并保持职业安全体系，促进用人单位持续改进职业安全绩效，遵守适用的职业安全健康法律、法规和其他要求，确保员工的安全和健康。职业安全健康管理体系包括方针、组织、计划与实施、评价、改进措施五大要素，要求这些要素不断循环，持续改进，其核心内容是危险因素的辨识、评价与控制。虽然国际标准化组织（ISO）1996年讨论的国际标准未果，但众多经济发达国家认为职业安全健康问题涉及劳工权益、国家利益及主权等问题，因此都在建立自己的职业安全健康管理体系标准。

1996年第49届世界卫生大会通过了"人人享有职业卫生保健"的全球战略建议书，并推荐了10个优先行动领域。欧洲工作场所健康促进网络于1996年成立，第二年在卢森堡举行会议通过此宣言。1998年欧洲工作场所健康促进网络采纳了一份有关中小型企业健康促进的备忘录，强调中小型企业对经济的重要性。世界卫生组织西太区在1999年提出"发展健康工作场所指南"，目的是为西太区工作场所健康促进的开展提供背景信息和方法。

1999年4月在第十五届世界职业安全健康大会上，国际劳工组织提出将像贯彻ISO 9000和ISO 14000一样，依照国际劳工组织的155号公约和161号公约推行企业职业安全健康评价和规范化的管理体系，这表明职业安全健康管理成为继质量管理、环境管理标准化之后世界各国又一关注的问题。2001年4月24日，国际劳工组织宣布将4月28日作为世界安全生产与健康日和联合国官方纪念日。2001年6月，在国际劳工组织第281次理事会上，审议、批准印发了职业安全健康管理体系导则（ILO-OSH 2001），职业安全健康管理体系成为安全生产领域主要工作内容之一。

2003年国际劳工组织通过了职业安全和卫生的全球性战略，要求成员国通过宣传培训，逐步建立发展国家预防性安全卫生文化，并采取系统管理的方式完善和加强国家职业安全卫生体系建设。2006年国际劳工组织187号公约颁布，其基本框架在2006年第95季度国际劳工组织会议上通过，旨在强化之前的公约，这极大地促使成员国运用职业安全健康（OSH）管理系统继续完善职业卫生与安全，以健全国家政策，促进国内保护卫生与安全的文化发展。2007年制定的工人健康全球行动计划，目的是制定关于工人健康的政策文件，保护和促进工作场所健康，改进职业卫生服务的运作并提高其可获得性，提供和交流预防行动所需的证据，以及将工人健康融入其他政策。

2007年5月在瑞士日内瓦万国宫举行的世界卫生组织（WHO）第60届世界卫生大会上通过了工人健康全球行动计划，表明保护劳动者的健康及相关权益，已经成为全球职业卫生工作者关注的问题。

针对实验动物从业人员的职业健康，国际上成立了专门的研究机构用于实验动物及从业者的健康评估和管理。AAALAC是设立在美国的国际实验动物评估和认证委员会，于1965年成立，是一家民间、非营利的国际认证机构，其宗旨是通过对实验动物生产和使用的机构进行统一的评估和认证，以保证实验动物的管理和使用的规范化与标准化，保证实验动物从业人员的安全和健康。AAALAC本身并不制定有关实验动物管理与使用的标准，在AAALAC成立后的时间里，AAALAC一直将《实验动物管理与使用指南》（Guide for the care and use of laboratory animals）作为主要参考标准，同时AAALAC还将各国的实验动物相关法律及标准作为参考指南。根据相关规则，对其他国家有关机构的申请认证结果分为完全认证、临时认证、保留认证、继续完全认证、延后继续认证、缓限认证和取消认证七种。

1983 年世界卫生组织出版的《实验室生物安全手册》中明确了实验动物生物安全问题,并在 2003 年版的《实验室生物安全手册》中,将实验动物设施、运行管理及认可环节的生物安全进行了风险描述。在 2022 年版《实验室生物安全手册》中还对风险问题进一步提出了风险评估模板,为实验动物生物安全风险管理提供了新型模式。

三、国际职业健康安全体系风险管理效果

国际职业健康组织的成立及相关法规、标准体系的建立,为包括实验动物从业人员在内的职业人群的健康与生活质量提升,发挥了很好的健康促进作用,也为企业本身的产品工艺、产品质量及影响力提升提供了良好的制度保障。

(一)促进了职业人群的健康与安全

美国职业安全与卫生监察局(OSHA)成立以来,通过实施强制性职业安全与健康法律法规,加强对工作场所的监察,使意外事故所致人员死亡人数减少一半以上,职业伤害与职业病人数下降 40%。英国最早推行风险评估方法,并要求企业自主评估安全风险及控制措施的效果。2007 年,英国的休业事故(休业事故是指因工伤休息 4 日及 4 日以上的事故)发生率是日本的 2.5 倍。日本通过开展安全确认、危险预知训练等方法减少了人的不安全行为的发生率,但其工亡事故发生率较英国高,这是由于日本没有开展针对设备设施等硬件的风险评估,导致机械设备的安全化水平不如英国,在此之后日本便开始推行风险评估。

(二)促进了作业环境的改善

为实验动物质量控制所制定的标准化的洁净、换气、采光、照明、温湿度等环境条件同时也为职业人群的工作环境改善提供安全与健康保障,并可防止噪声、振动、辐射等物理因素对公众的影响。通过技术与材料进步等手段进行设备和作业方法创新可使环境得到持续改善。如在存在有害物质扩散危险的地方,采取变更设施设备环境、动物饲养管理装备,使用防护工程,替代使用原材料,抑制扩散,密封或隔离设备,设置局部排气装置等措施。此外,测定环境中有害物质的浓度,监测是否达到影响健康的浓度等,也为干预措施提供直接依据。

(三)形成职业安全与健康并重理念共识

美国《职业安全与健康法》同时强调职业安全与职业健康的重要性,即达到职业健康,公众接受,才能实现安全生产;安全生产也同时促进了职业健康环境的改善,有利于制定行业新标准。

(四)实现公众及雇主多赢

职业安全与健康的促进不仅仅有利于公众(包括职业劳动者),同时也将有效增加雇主的利益。如事故的减少、公众支持、职业安全与健康项目培训的开展与职工伤亡的降低,大大降低了雇主的生产成本,减少了损失,节约了巨额赔偿金及职工医药费,同时安全设施的投入也会带来更高效的生产。

(五)促进职业健康法律标准健全与机制保障

经过约半个世纪的努力,美国已经建立了一个系统全面、功能完善的职业安全与健康法律体系和赔偿方案。国际职业健康管理也有了更大力度的监管,有效地保障了职业安全与健康管理,确保政府与企业有效遵循相关法律。

(六)建立了良好的协作机制

职业安全与健康是全社会的系统工程,职业健康企业通常涉及多个行业及多个政府管理部门或行业协会。美国职业安全与卫生监察局积极发展了多个战略合作项目,鼓励第三方机构参与职业安全与健康管理,发展职业教育和培训,并促进在政府与政府之间、政府与企业之间、政府与协会等第三方机构之间建立起良好的协作机制,共同促进职业安全健康风险管理,切实保护劳动者与企业的共同利益。

第二节　我国职业安全健康发展历程

我国在以农业为主的基础上，逐步建立起基础工业与现代工业。职业安全与健康发展的历程比较短，与之相关的职业健康与职业病防治机构则是在中华人民共和国成立后才建立起来的。吴执中教授（1906—1980年）是我国职业医学的先驱者和奠基人，当时的职业健康管理主要面向大型矿山、冶炼、制造、石油化工等企业，现在则面向所有涉及职业危害活动的企事业单位或个体组织。

一、职业健康标准及职业健康管理体系的建立

1956年国务院发布的《关于防止厂、矿企业中矽尘危害的决定》中提出，厂矿企业应该对接触矽尘的工人进行定期健康检查。1963年，卫生部（现国家卫生健康委）等部门联合颁布了《矽尘作业工人医疗预防措施实施办法》，对接触粉尘工人的健康检查周期、检查项目、禁忌证等做出了明确的规定。1974—1976年，卫生部组织开展了全国尘肺病普查，粉尘作业工人定期健康检查逐步由健康筛检向健康监护过渡。1987年，国务院颁布《中华人民共和国尘肺病防治条例》，规定各企业、事业单位对新从事粉尘作业的职工，必须进行健康检查。对在职和离职的从事粉尘作业的职工，必须定期进行健康检查，各企业、事业单位必须贯彻执行职业病报告制度。1991年，卫生部发布了《卫生防疫工作规范（劳动卫生分册）》，进一步规范了职业健康检查工作。

1994年世界卫生组织（WHO）第二次职业卫生合作会议在北京召开，全体成员国签署通过了"人人享有职业卫生保健"的全球宣言。该宣言明确指出"职业卫生"包括事故预防（健康与安全）和心理健康等。我国的职业安全健康状况经常受到国际社会的批评，尤其是工伤事故与职业病成为一些国际组织攻击中国的借口。一些发达国家已将劳工标准作为非关税贸易壁垒。

在这种国际和国内形势下，为保护劳动者健康，我国卫生系统专门成立国家卫生标准技术委员会，以加强标准宏观政策研究、修订管理、宣传与咨询、信息收集与交流等工作。根据《职业安全健康管理体系导则》（ILO-OSH 2001）的要求，国家经济贸易委员会（现为商务部）于2001年12月20日发布了《职业安全健康管理体系指导意见》和《职业安全健康管理体系审核规范》的公告，鼓励企业建立职业安全健康管理体系。

二、职业健康的立法

为了预防、控制和消除职业病危害，防治职业病，保护劳动者健康及其相关权益，促进经济社会协调发展，2001年10月27日，第九届全国人民代表大会常务委员会第二十四次会议审议通过了《中华人民共和国职业病防治法》，该法自2002年5月1日起施行。《中华人民共和国职业病防治法》明确规定了我国职业病防治的方针与工作原则、劳动者的权利、用人单位的主体责任、国家职业病防治政策、各级政府责任和社会监督。同时，建立了一系列职业病防治制度，如国家职业卫生监督制度、用人单位职业病防治主体责任及职业病防治基本制度、职业病诊断与鉴定制度和职业病报告制度等。这些均标志着我国职业病防治工作步入法制化管理轨道，是我国职业病防治法制化建设的里程碑。

随着经济、社会的迅猛发展，《中华人民共和国职业病防治法》的不足之处也在逐渐显现。企业职业病防治的主体责任未完全落实，作业场所职业卫生监管力度不够，实验动物机构的职业安全健康场所还未纳入监管体系，职业病诊断难，职业病相关群发事件和严重事件屡见报道，修改完善相关法律法规的呼声日渐高涨。2011年，第十一届全国人民代表大会常务委员会第二十四次会议表决通过了关于修改《中华人民共和国职业病防治法》的决定，这也是《中华人民共和国职业病防治法》的首次修改，改进了职业病诊断鉴定和病人保障制度，方便了劳动者进行职业病诊断。

《中华人民共和国职业病防治法》自颁布至今，共修改过4次，分别是在2011年、2016年、2017年以

及 2018 年。2016 年的修法背景是党的十八大报告提出深化行政审批制度改革,此次修订中,取消了建设项目职业病危害预评价报告审核、职业病防护设施设计审查及竣工验收 3 项审批制度,同时取消建设项目职业病危害预评价、控制效果评价两项中介服务事项,以减轻企业经济负担。然而,职业病涉及的行业广泛,接触职业危害的人群逾 2 亿,且人员流动性大,而职业健康检查机构较少。面对严峻形势,2017 年、2018 年《中华人民共和国职业病防治法》连续修订,取消了职业健康检查机构、职业病诊断机构由省级以上人民政府卫生行政部门批准的环节,职业健康检查、职业病诊断改由取得医疗机构执业许可证的医疗卫生机构承担。有专家认为,其目的在于降低职业健康检查机构和职业病诊断机构的准入门槛,进而提升职业健康服务的供给水平。修法的同时,更多配套措施和管理办法也相继颁布实施,如《职业健康检查管理办法》《职业健康监护技术规范》《用人单位职业健康监护监督管理办法》《职业病诊断与鉴定管理办法》等陆续公布。2007—2017 年,我国相继颁布和实施了服装干洗业、密闭空间作业、建筑行业、纺织印染业、中小箱包加工企业、造纸业、木材加工企业、火力发电企业、电池制造业等职业卫生/职业病管理规范、控制指南等,给多个行业的劳动者提供了捍卫职业健康的法律保护。

2018 年我国机构改革,职业健康管理职责由国家卫生健康委负责。《健康中国行动(2019—2030年)》显示,2019 年我国约有 2 亿劳动者接触职业病危害,而截至 2018 年底,全国共计报告职业病达 97 万余例。劳动者除了遭受职业性尘肺病、职业性中毒、噪声聋和职业性放射性疾病等传统职业病危害的威胁外,新经济模式下的劳动者还面临着新的职业病。此外,特定的职业人群因工作性质而患"病",如教师、医护人员和驾驶员等职业人群易患高血压、颈椎病等与工作相关的疾病。虽然这些与工作相关的疾病并没有纳入《职业病分类和目录》的范畴,不能称为法定职业病,但劳动者受到职业伤害,其职业健康权被侵害。因此,做好职业病与工作相关疾病双重预防控制,实现"人人享有职业卫生保健"的全球宣言目标及职业人群健康保护全覆盖,对促进整个经济社会发展乃至建设"健康中国"具有不可替代的意义。《健康中国行动(2019—2030 年)》明确提出职业健康保护行动要求、目标等职业健康相关内容,此举标志着我国劳动者职业健康权益保障由职业病防治转向职业健康治理阶段。自此,我国的职业健康工作走上了法制化、规范化的管理轨道。

尽管如此,我国职业病的防治问题还任重道远。目前,出于对我国现阶段经济社会发展水平和工伤保险承受能力的综合考虑,列入国家《职业病分类和目录》的职业病有 10 大类 132 种,大部分类别与实验动物职业密切相关,但列入国家基本公共卫生服务职业病监测对象的主要是企业、事业单位组织的劳动者,个体及实验动物机构的劳动者尚未列入监测对象,劳动者一旦出现实验动物活动相关的职业性疾病,就可通过体检、鉴定等健康管理程序及方式得到法律的保护。故实验动物机构应该按照相关法律要求,对与实验动物机构有劳动协议关系的劳动者,包括职业从业人员、临时聘用人员等建立职业健康档案,实施职业健康管理与监护,将职业病风险控制在最低及可承受的程度。

实验动物生物安全风险因素所致职业病的遴选遵循同样的原则,即有明确的因果关系或剂量效应关系、有明确数量的暴露人群、有规范可行的医学认定标准及方法,通过限定条件可明确界定职业人群和非职业人群等,这些均具有实验动物职业接触史特征。

三、我国职业健康监护的发展

职业健康监护是职业健康安全的重要组成部分及关键保障措施,中华人民共和国成立以来,我国职业健康监护体系逐步建立并不断完善。1974—1976 年,卫生部在组织开展全国尘肺病普查的基础上,粉尘作业工人的定期健康检查开始向健康监护过渡。

一些职业病危害较为严重的行业也在不断探索行业内职业健康监护制度。1988 年,化学工业部颁发了《化工健康监护技术规定(试行)》,1991 年颁发了《中小型化工企业健康监护技术要求》,1992 年颁发了《化工健康监护技术规定》的修订意见,这些规定对化工企业职业健康监护工作进行了很好的实践探索、提高和巩固,旨在认识、评价和控制职业健康危害,完善三级预防体系,保护和促进职工健康,并使工业卫生工作达到管理系统化、技术规范化的目标。

随后,卫生行政部门又先后制定了《职业健康监护管理办法》《职业健康监护技术规范》《放射工作人员健康要求及监护规范》等。我国从 1988 年开始正式提出健康监护的概念,该概念经过多次修订,目前确定为以下内容:根据劳动者的职业接触史,对劳动者进行有针对性的定期或不定期的健康检查和连续、动态的医学观察,以记录职业接触史及健康变化。及时发现劳动者的职业健康损害,评价劳动者健康变化与职业病危害因素的关系,这些均属于二级预防的范畴。在多年的发展中,我国职业健康监护工作体系逐步得到完善,保障了劳动者的健康权益,也促进了我国经济和社会的蓬勃发展。

四、我国职业健康安全工作成效

尽管我国的职业健康安全工作起步较晚,但发展较快,相关的法律、法规、标准等防治工作体系基本建立与逐步完善,其成效主要表现在以下几点。

(一)我国职业病防治能力不断加强

1. 化学中毒救治基地卓有成效 2003 年以来,我国先后在各省(区、市)建立了多个省级中毒应急救治基地,初步形成了由中毒控制中心、中毒应急救治基地以及医院等各类机构组成的中毒控制网络体系,在职业病危害群发事件处置、重大突发化学中毒事件应急救援、不明原因疾病病因调查等工作中,发挥了支撑作用。

2. 公共卫生安全临床医学中心逐步建立 受重大突发公共卫生事件的影响,国家卫生健康委已在全国建立了多个国家级公共卫生临床中心,全国各地平战结合的传染病医院、生物安全实验室等公共卫生机构也逐步完善,为包括实验动物生物安全在内的风险管理体制、机制的形成构筑了安全保障。

3. 职业病监测和报告体系不断完善 职业病监测与报告是职业病预防控制的重要基础,是制定职业病防治政策和规划的依据与支撑。为第一时间掌握全国职业病发病现状,全国各省、自治区、直辖市和新疆生产建设兵团的多个区县已实现了职业病网络实时直报,报告病种涵盖了《职业病分类和目录》中 10 大类 132 种职业病。

4. 职业病危害专项调查持续开展 为掌握不同时期职业病危害情况,卫生行政机构从 1979 年开始一直联合多部委组织开展了一系列调查研究工作。通过开展专项调查,摸清了我国主要行业职业病危害及职业病危害接触人群分布特征,掌握了我国职业病的发病情况、特点以及职业病防治中存在的问题,为国家实施职业病防治行动计划提供了重要的技术支撑。

(二)职业健康检测评价能力不断提升

职业健康检测评价体系是职业健康工作不可或缺的重要组成部分。目前我国已经研制并建立了采样、检测、质量控制等一整套标准化的职业卫生与放射卫生检测、监测评价体系,建立了工作场所空气采样、放射装置现场检测技术和方法,确定了空气采样仪器技术规范、空气采样规范和生物监测方法等。2004 年起对全国职业卫生、放射卫生检测实验室及职业病防治检测机构开展实验室检测能力考核。通过考核和实验室间比对,全国相关检测实验室的检测能力逐年提高。

(三)职业健康教育和健康促进工作稳步推进

2002 年《中华人民共和国职业病防治法》颁布施行后,职业健康教育与促进工作取得进一步发展。为深入贯彻《中华人民共和国职业病防治法》,卫生健康主管部门会同人力资源和社会保障部、中华全国总工会等部门连续多年开展《中华人民共和国职业病防治法》宣传周活动,在全社会形成支持职业健康工作、保障劳动者健康的浓厚氛围。近 10 年来,通过实施职业健康培训工程,大大提高了用人单位职业病防治的主体责任意识。近年来,通过开展健康促进试点和"健康企业"创建,进一步营造了有益于职业健康的环境。

伴随着我国经济的转型发展,新技术、新材料、新工艺的广泛应用,传统职业危害因素已得到根治,新的职业、工种和劳动方式不断产生,劳动者在职业活动中接触的职业病危害因素更为复杂、多样。同时,职业健康工作从传统的注重工作场所危害识别与控制,职业病诊断、救治与康复,正在向为劳动者提供全方位、全生命周期健康服务的模式转变。职业健康、职业医学等学科的发展也将围绕这种以"病"为中心向以"人"的健康为中心的模式变化而发生深刻的改变。

五、我国实验动物职业安全健康法规标准的建立及问题

尽管我国的职业安全健康工作在不断进步,职业人群的安全健康得到了制度与政策保障,但实验动物从业人员这个庞大群体的职业健康问题,至今未引起足够的关注和研究,目前我国也暂未制定实验动物从业人员职业危害预防控制指南等相关法律法规。

实验动物从业人员是从事实验动物管理、饲养和动物实验等相关工作的人员,职业健康涉及环境职业卫生、公共卫生、毒理学、流行病学、疾病学、健康社会医学等诸多领域。实验动物学作为生命科学的支持学科,极大地推动了生命科学的前进和发展,而在推进过程中,人们更多关注的是实验结果及在相应领域所取得的成就,忽略了对实验动物从业人员的健康保护和关注。实验动物从业人员在从事职业活动的过程中可能接触到多种有毒有害因素,包括环境及设施设备、生物因素、化学因素、放射因素以及其他有毒有害因素等,这些因素均可对劳动者健康造成职业危害。因此做好必要的职业防护、重视职业健康与安全显得尤为重要。

1988年我国第一部实验动物管理法规《实验动物管理条例》(以下简称《条例》)由国家科学技术委员会(现为科技部)颁布,《条例》第六章第二十六条规定:实验动物工作单位对直接接触实验动物的工作人员,必须定期组织体格检查。对患有传染性疾病,不宜承担所做工作的人员,应当及时调换工作。《条例》指出了实验动物从业人员健康问题的基本原则,其他具体问题没有明确给出。《中华人民共和国职业病防治法》在"劳动过程中的防护与管理"章节中有关"建立、健全职业卫生档案和劳动者健康监护档案;建立、健全工作场所职业病危害因素监测及评价制度"的规定同样适用于实验动物从业人员的职业健康与防护。《中华人民共和国职业病防治法》中提及的"职业健康监护"的理念与国外学者对实验动物从业人员的职业健康监护比较一致。

我国于1994年首次发布、1999年8月修订、2000年复审确定、2001年发布的《实验动物 环境及设施》(GB 14925—2001),目的是通过各项环境指标的控制,给实验动物提供适宜的饲养环境,减少实验动物的应激反应,保证实验动物能客观真实地反映实验操作结果,为生命科学研究提供参考资料;同时,又为有效减少和避免实验动物从业人员的职业暴露,减少实验动物从业人员的感染提供了干预措施。有文献报道,在对95名实验动物从业人员健康体检中发现,有出血热IgM抗体阳性的1人,皮肤真菌、皮螨阳性体征的12人,乙肝表面抗原阳性的9人,职业性暴露所致的潜在问题仍存在。广东省曾通过检测屏障设施中小鼠肝炎病毒(MHV)的感染情况,得出该屏障设施内小鼠肝炎病毒存在较为广泛的结论。而该检测仅仅是针对小鼠肝炎病毒的感染情况,相对于实验动物常见的其他病毒,如仙台病毒、汉坦病毒等高风险病原因子均未涉及,能否保证实验动物从业人员因职业性暴露而不被感染无疑成了重要的研究课题。我国目前通过AAALAC国际认证的机构不多,数千家实验动物机构存在较多的职业健康安全问题,这说明实验动物从业人员的职业健康管理和健康监护问题持续存在,亟待解决。

随着我国经济水平的提高和社会的发展,传统工业逐步被智能化现代工业所替代,人们对职业安全健康的要求和认识也不断深入。2014年发布实施的国家标准《实验动物机构 质量和能力的通用要求》(GB/T 27416—2014),首次把实验动物从业人员的职业安全健康要求明确纳入实验动物机构的管理范围,这标志着我国职业安全健康事业发展到了一个新的阶段。实验动物职业安全健康要求与国际接轨,不仅要关注法定职业病,更要从更广泛的意义上理解和重视实验动物等其他新型行业职业安全健康问题。我国实验动物行业应以国际标准规范及陆续出台的相关生物安全法规、标准等为准则,推动国内相关法律法规的进一步完善与落实。

根据《实验动物管理条例》与《实验动物从业人员要求》标准,中国实验动物学会完成了关于实验动物从业人员分类别、分等级的继续教育体系规划,2017年制定了《实验动物从业人员专业水平评价管理办法》,随后陆续制定了《实验动物技术人员专业水平评价实施细则(试行)》《实验动物技术人员专业水平评

价考试大纲》《实验动物医师专业水平评价实施细则(试行)》《中国实验动物医师专业水平评价考试大纲》。截至 2021 年,中国实验动物学会依据上述培养体系,在全国认证了 9 家继续教育基地,每年完成 700 余名从业人员的分类别、分等级的继续教育培训和水平评价,覆盖全国 18 个省(区、市),一方面提高了从业人员水平,另一方面为实验动物及相关行业聘用实验动物科技人才提供了依据。国家卫生健康委遴选的 6 个高致病性生物安全实验室人才培训基地,也在 2022 年对全国高致病性生物安全实验室技术骨干开展了多期培训,实验动物职业安全健康法规标准体系逐步建立起来。

防止危险的最好方法是先认识危险,并通过必要的防护减少实验动物危害。为预防实验动物从业人员可能面临的职业安全健康问题的发生,目前已形成了以下职业危害防治相关规范措施。

对实验动物机构开展许可审批及行业认可管理,即任何从事实验动物生产与使用的机构,必须依法取得各地省级科技主管部门颁发的实验动物生产许可证、使用许可证;涉及辐射安全的要取得生态环保部门颁发的辐射安全许可证;涉及高致病性生物安全活动的要取得国家发展改革委、国家卫生健康委、农业农村部、科技部的事前审批、事中监督及中国合格评定国家认可委员会(CNAS)的认可,该认可准则与 AAALAC 国际认可标准接轨,其他生物安全活动则需要到辖区县级政府卫生健康部门、农业农村主管部门备案。

机构内部运行提请 IACUC 审查、健康体检和风险评估:中国医学科学院医学实验动物研究所于 2006 年成立实验动物使用与管理委员会(Institutional Animal Care and Use Committee,IACUC),IACUC 是在中国医学科学院医学实验动物研究所实验动物管理委员会和福利与伦理委员会的基础上合并组建而成的,IACUC 要求在进行动物实验前,研究团队需向 IACUC 提交动物协议审查申请,IACUC 经评估赋予正式的序列号后方可开展动物实验。全国其他类似机构也同样按照该模式执行,实验动物职业安全与健康监护制度得以保障。

通过对从业人员的强化培训与考核,增强职业防护意识和操作水平:实验动物活动相关审批、许可、认可、备案等制度,均规定实验动物从业人员必须严格遵守标准化操作流程,接触潜在危害时应根据不同防护级别的要求正确选择、佩戴和使用符合国家标准的合适的个人防护用品(personal protective equipment,PPE),包括无菌工作防护服、鞋及防尘口罩、防毒口罩和防毒面具等。有些个人防护用品的材料中可能包含过敏原(例如乳胶可能导致实验动物从业人员的过敏问题),应标识过敏原便于识别;同时还需注意个人卫生习惯等。

利用新技术、新工艺优化实验动物环境,改进设施设备安全性能:针对生物安全问题,通过积极引进信息化、智能化技术,推进设施设备的不断更新,加强物理隔离,减少实验动物的职业性接触。当动物实验涉及传染性物质时,应在感染性动物实验室进行实验操作。此外,生物安全柜、空气高效过滤器也是病原微生物实验室中重要的安全防护设施设备,可对人员、环境、动物和样品提供全方位保护。

关注实验动物从业人员健康问题,不仅要关注法定职业病,还要从更广泛的意义上理解和重视职业健康与公众健康安全,这个观念的转变标志着我国职业安全健康事业逐步与国际接轨,并进入了一个新的阶段,体现了我国以人为本的管理理念,回归了职业健康管理的本质,对我国实验动物行业的职业健康管理起到了积极的促进作用。

第三节　实验动物职业暴露因素及常见疾病

实验动物职业岗位较多,包括实验动物饲养员、饲料及垫料加工员、清洗及卫生员、高温及喷雾消毒员、兽医、动物实验员、检测员、运行设备强弱电和给排水及暖通净化设备维护管理员等,涉及高温、高湿、高噪声、粉尘、化学品、病原生物因子、实验动物及相关废弃物等综合性健康危害因素,这些因素绝大部分与生物安全危害因素相同,只是涉及的人群仅限于实验动物从业人员。

一、生物危害因素及所致的职业病

生物危害因素包括人畜共患病病原微生物、动物抓伤咬伤、过敏原、废弃物、粉尘及与实验室感染相关的微生物气溶胶等。实验动物从业人员接触最多的是实验动物本身,如各种动物的体液或分泌物。对实验动物从业人员来说,实验动物及污染环境是传染源,在实验动物生长育种过程中,每天产生的皮屑、毛发、粪便、气溶胶等都是影响实验动物从业人员健康状况的潜在因素,是影响实验动物从业人员健康的过敏原。因接触生物危害因素所致职业病如下。

1. 人畜共患病　实验动物从业人员接触患有疾病或携带病原体的动物及相关物品,或接触被病原体污染的动物实验室空气均可导致人畜共患病的发生。主要的人畜共患病包括狂犬病、流行性出血热、猴B病毒病、猴痘、布鲁氏菌病、结核病、弓形虫病、沙门菌病、日本血吸虫病、日本乙型脑炎和非典型性肺炎(SARS)等。实验动物患流行性出血热,近年来在国内外屡屡发生,韩国、日本等国家曾多次发生实验室流行性出血热事件。2008年,广东某高校实验室发生了1起因实验大鼠引发的严重的流行性出血热事件,数名实验动物从业人员感染,1人死亡。布鲁氏菌病是常见的人畜共患病之一,是《中华人民共和国传染病防治法》规定的乙类传染病,也属于职业病。2011年9月,东北农业大学28名师生在动物实验过程中感染布鲁氏菌,并出现不同程度关节疼痛、全身乏力等症状。猫是弓形虫的终末宿主,在弓形虫病的传播中起着非常关键的作用。携带弓形虫的动物通过其口腔、粪便传播弓形虫包囊或活体,包囊进入人体后,主要侵犯眼、脑、心、肝以及淋巴结等,发病者临床表现复杂,症状及特征没有特异性,多数呈隐性感染。如孕妇受到感染,弓形虫则可通过胎盘感染胎儿,导致流产、畸胎等,胎儿出生后可出现中枢神经系统先天畸形和精神发育障碍。

2. 过敏症　实验动物从业人员因接触实验动物而发生的实验动物过敏症(laboratory animal allergy,LAA)已成为常见的职业性危害。美国国家职业安全卫生研究所于1998年将LAA认定为职业病。实验动物本身的皮毛、皮屑、唾液、呼吸性气溶胶、粪便和尿液等均可能成为影响从业人员健康的过敏原,成为影响健康安全的潜在因素。LAA先兆症状主要有过敏性鼻炎、接触性风疹、过敏性结膜炎、荨麻疹以及其他一些皮肤、黏膜过敏反应。主要表现为呼吸道症状,如打喷嚏、鼻痒、鼻塞、流泪等,较严重者会出现哮喘,甚至休克死亡。Pacheco等认为基因和环境因素相互作用,实验动物过敏原和CD14相互作用,可导致CD14的功能性改变,引起毒素蓄积,使实验动物从业人员的气道功能性改变,最终发展成职业性哮喘。

职业性鼻炎和哮喘在实验动物从业人员中非常普遍。有关调查结果显示,每年每1000名实验动物从业人员中分别有2.54人和1.56人患有鼻炎和哮喘。过敏性鼻炎会引发诸多并发症,并且是哮喘控制不稳定的一个主要危险因素,会极大地影响患者的生活质量和工作学习的效率。

饲料及垫料加工所形成的粉尘危害,是一种常见的职业危害,也是国家职业病防治计划的重点,应纳入国家职业病监测系统管理范畴,防止新的职业病患者出现。

此外,在使用搅拌器、振荡器、混匀器、恒温震荡水浴器时,操作不当或电压不稳定,可形成气溶胶,特别是与实验室感染相关的气溶胶可引起从业人员过敏反应及感染性疾病。

二、化学危害因素及所致的职业病

实验动物机构常见的化学危害因素主要包括化学消毒剂、麻醉废气、保存组织的化学试剂、动物废弃垫料和实验废弃材料等。较常见的化学消毒剂有甲醛、环氧乙烷、过氧乙酸、84消毒液、新洁尔灭。长期接触化学消毒剂会刺激劳动者的眼睛、皮肤、呼吸系统,表现为头痛、流泪、打喷嚏、咳嗽、恶心和呼吸困难。

化学消毒剂甲醛,被世界卫生组织确定为致癌和致畸的物质,是公认的变态反应原,也是潜在的强致突变物之一。研究表明,甲醛能与DNA结合形成加合物或诱导发生DNA-蛋白质交联(DPC),造成某些重要基因的异常表达。长期暴露于甲醛浓度较高的环境中,可增加患白血病和骨髓瘤的风险。

三、物理危害因素及所致的职业病

物理危害因素主要包括实验动物的抓咬伤、锐器伤。实验动物从业人员会面对各种不同的动物,极有可能被动物意外抓伤、咬伤或踢伤。调查显示,猴抓伤、狗咬伤较为常见,其次是猫咬伤。被携带有狂犬病毒的动物抓伤、咬伤后,患者主要表现为局部出现咬伤淤点,周围红肿疼痛,甚至烦躁、怕风、恐水、畏光、痉挛抽搐,终至瘫痪而危及生命。

在实验过程中被实验用针头、玻璃器皿、注射器、移液管和解剖刀等刺伤、扎伤也较常见,可能会造成血源性传播。

四、放射线危害及所致的职业病

饲料、垫料及一次性医疗卫生用品的钴放射源或加速器射线辐照比较常见,其主要危险因素为 γ 射线及 X 射线;影像诊断技术在实验动物临床检查中的应用逐渐增多、影响力也不断提高,现已成为临床诊断中作用特殊、不可或缺的重要技术。比较常见的影像诊断技术为 X 线检查、CT 检查、MRI 检查、PET 检查或联合检查技术,通过对实验动物透视、造影、扫描等,收集动物器官、组织的影像,分析得出诊断结果。在影像诊断过程中,除职业影像师外,实验动物从业人员因保定动物的需要,更易受到 X 射线等职业照射,如长期受到超剂量照射,而又缺乏相应防护,剂量累积达到一定程度后可引起职业性放射性疾病。职业性放射性疾病包括外照射急性放射病、外照射亚急性放射病、外照射慢性放射病、内照射慢性放射病、放射性皮肤病、放射性肿瘤、放射性骨损伤、放射性甲状腺疾病、放射性性腺疾病、放射复合伤以及根据《职业性放射性疾病诊断标准(总则)》(GBZ 112—2002)可以诊断的其他放射性损伤。

(一)外照射急性放射病

外照射急性放射病是指人体一次或短时间(数日)内分次受到大剂量外照射引起的全身性疾病。辐照中心工作人员、实验动物照射保定人员及放射场所周边人员等可能患有外照射急性放射病。外照射急性放射病根据临床特点和基本病理改变,分为骨髓型、肠型和脑型三种类型,其病程一般分为初期、假愈期、极期和恢复期四个阶段。骨髓型急性放射病,又称造血型急性放射病,是以骨髓造血组织损伤为基本病变,以感染、出血、白细胞减少等为主要临床表现,具有典型阶段性病程的疾病。骨髓型急性放射病按其病情的严重程度分为轻、中、重和极重四度。肠型急性放射病,是以胃肠道损伤为基本病变,以频繁呕吐、严重腹泻以及水、电解质代谢紊乱为主要临床表现,具有初期、假缓期和极期三阶段病程的疾病。脑型急性放射病,是以脑组织损伤为基本病变,以意识障碍、定向力丧失、共济失调、肌张力增强、抽搐、震颤等中枢神经系统症状为特殊临床表现,具有初期和极期两阶段病程的疾病。

(二)外照射亚急性放射病

外照射亚急性放射病是指在较长时间(数周至数月)内连续或间断累积接受大于全身均匀剂量 1 Gy 的外照射所致的疾病,主要表现为全血细胞减少及相关症状,淋巴细胞染色体畸变中既有近期因照射诱发的非稳定性畸变,同时又有早期因照射残存的稳定性畸变,骨髓检查可见增生减弱等特点。

(三)外照射慢性放射病

外照射慢性放射病是指在较长时间内,连续或反复间断地受到超剂量全身照射,达到一定累积剂量后引起的以造血组织损伤为主并伴有其他系统改变的全身性疾病。临床特点是发病慢、病程长、主观症状多、客观体征少。临床表现为无力型神经衰弱综合征,如头晕、疲倦、无力、失眠或嗜睡、多梦、记忆力减退、食欲不振等,并伴有自主神经功能紊乱症状。可见手部皮肤干燥、粗糙、脱屑、皲裂,甚至指甲脆裂、指纹变浅。外周血白细胞总数有不同程度的减少,较长时间保持在 $3.5 \times 10^9/L$ 以下,可伴有血小板减少,严重者可发生全血细胞减少。骨髓检查可见增生活跃或低下,也可见外周血淋巴细胞染色体畸变率和微核率增高。女性患者可有月经不调,男性患者精子减少或功能、形态不正常,甚至不育,并可伴有一项或多项不同器官或系统的功能异常,如免疫系统或内分泌系统功能异常。

(四)内照射慢性放射病

实验动物从业人员较少发生内照射慢性放射病,除非误食带有放射性污染物的食物。内照射慢性放射病是指经物理、化学等手段证实有过量放射性核素进入人体,形成放射性核素内污染,或者生物半衰期较长的放射性核素一次或多次进入体内,使机体放射性核素摄入量超过相应的年摄入量限值的几十倍而出现的疾病。该病造成的损伤取决于进入体内的放射性物质的电离密度大小。与外照射不同,放射性核素在体内滞留时按衰变规律不断释放射线,形成持续性照射源。放射性核素全部从机体内排出或全部衰变完后,对机体的照射作用才停止。放射性核素进入体内的吸收、分布和排泄过程较为复杂,不同放射性核素的吸收量、蓄积部位、排出速度,因核素的理化特性、进入体内的途径以及体内蓄积部位的不同而有很大差别。如亲骨性核素(锶-90、镭-226、钚-239),对骨髓造血功能和骨骼的损伤严重,晚期可诱发骨肿瘤。钍-232、铈-144、钋-210 等对肝、脾损伤较重,可引起中毒性肝炎,晚期可诱发肝癌。铀-238、钌-106 等可引起肾脏损害,导致肾功能不全等。

(五)放射性皮肤病

放射性皮肤病是指由于放射线(主要是 X 射线、β 射线、γ 射线及放射性同位素)照射引起的皮肤损伤,这类情况主要发生在放射性动物实验或动物放射检查时。放射性皮肤病分为急性和慢性两种,急性放射性皮肤病是指身体局部受到一次或短时间(数日)内多次大剂量(X 射线、γ 射线及 β 射线等)外照射所引起的急性放射性皮炎及放射性皮肤溃疡。主要表现为皮肤炎症反应,如毛囊丘疹、脱发(暂时)、界限清楚的红斑、灼热和刺痒感,红斑消退后出现脱屑和色素沉着。严重时症状由干性皮炎(红斑)进展到渗出性反应,局部潮红、肿胀,形成水疱,继而形成浅表糜烂面、红斑,自觉灼热或疼痛,以后结痂,愈合后色素沉着等。严重时可累及真皮深部或皮下组织,形成腐肉及坏死性溃疡。射线意外照射严重者可危及生命,甚至死亡。

五、心理危害因素及所致职业病

实验动物从业人员工作环境特殊、工作量繁重、工作压力负荷增加、持续工作时间长,易出现职业性心理障碍。有学者在研究焦虑、抑郁水平与职业伤害和自我防护的相关性时发现,实验动物从业人员的焦虑和抑郁水平均高于常人,有 1/2 的实验动物从业人员存在不同程度的焦虑或抑郁心理。大部分实验动物从业人员岗位认可度、福利待遇相对较低,社会保障福利制度、职业健康保护执行标准不完善,在工作中遭遇到针刺伤、抓咬伤等职业伤害时,相关单位或部门未引起足够的重视,没有给予及时、合适的心理疏导及护理,相关人员也可能因此会成为突发重大公共卫生事件的传染源。种种因素导致该类人群易产生自卑和不平衡心理,易诱发心理应激和心理疾病的产生。

第四节　实验动物从业人员职业健康管理

基于实验动物机构职业安全健康物理、化学、生物、环境等综合性危害因素的影响,为保护劳动者及公共卫生安全,机构法人应按照《实验动物机构　质量与能力的通用要求》(GB/T 27416—2014),结合实验动物机构的复杂程度、活动性质、存在的职业性危害因素,成立实验动物职业健康与生物安全委员会,建立职业安全健康管理体系,包括程序文件、安全手册及作业指导书或标准操作程序,以明确所有岗位员工控制相关风险的作用、职责和权限,持续改进职业安全健康管理。

健康管理是指对个人或群体的健康危险因素进行全面管理的过程。其宗旨是调动个人与集体的积极性,有效利用有限的资源来达到最大的健康效果;相对狭义的健康管理,是指基于健康体检结果,建立个人专属健康档案,给出阶段性或单次健康体检状况评估,并有针对性地提出个性化健康管理方案。据此,由专业人士或具有执业资格的健康管理师来提供一对一咨询指导和跟踪辅导服务,使客户从社会、心理、环境、营养、运动等多个角度得到全面的健康维护和保障服务。

职业健康管理是针对不同职业个体或人群的健康危险因素进行全面管理的过程。实验动物机构不同于其他性质的企业,其职业岗位种类较多,但每个岗位的人员有限,如同一个机构内的消毒岗位由于其工作量及工作时间有限,通常只有 1~2 人,较小的实验动物机构通常只有兼职的消毒岗位人员;实验动物生产机构的饲养员通常比使用机构的多;生物安全动物实验室因其风险高、管理严、程序多、实验场地小,故也限定了进入实验室的人员数量。总之,实验动物机构的职业岗位需要根据岗位工作性质及要求,有针对性地配备,并根据不同岗位的职业健康危害因素的性质由实验动物职业健康与生物安全委员会专职人员对全体员工统一建立个人健康档案并按照岗位特点开展制度性的职业健康风险管理工作。

一、提高对实验动物从业人员职业健康管理重要性的认识

对实验动物从业人员开展职业健康管理,是对该类人群进行各种检查,了解并掌握其健康状况,早期发现实验动物从业人员健康损害征象的一种健康监控方法。结合实验动物从业人员在职业活动现场接触的有毒有害因素,了解职业病和职业相关疾病在该类人群中的发生、发展规律,疾病在不同的岗位及不同实验室之间的发病率变化;掌握职业危害对健康的影响程度;鉴定新的职业危害、职业有害因素和人群,并进行干预;评价实验室防护和干预措施效果,为下一步制定、修订标准及采取进一步控制措施提供科学依据,达到一级预防的目的。

实验动物从业人员必须掌握并严格执行国家颁布的有关法律、法规,提高对职业健康管理重要性的认识。

二、实验动物从业人员职业健康管理总则

实验动物从业人员职业健康管理的要求如下。

(一)适任性评价

以职业健康管理的一般原则为基础,评价实验动物从业人员对工作的适任和持续适任的程度,为预防、控制职业病的发生、发展,进行后续医学处理和疾病诊断提供健康基础资料。

(二)健康检查

职业健康检查包括上岗前、在岗期间、离岗时的职业健康检查和应急健康检查。开展实验动物从业人员职业健康检查的医疗卫生机构应具有与职业健康检查相适应的仪器、设备、人员及技术,其授权的主检医师执业范围包括"职业病",并熟悉职业健康管理专业知识,能分析岗位工作人员的健康状况及岗位工作人员对其所从事的岗位工作的适任性。

(1)实验动物从业人员上岗前,应进行上岗前职业健康检查。上岗前职业健康检查(又称就业前健康检查),是用人单位对准备从事实验动物工作的人员进行的检查。上岗前职业健康检查的主要目的是掌握实验动物从业人员上岗前的健康状况、有关健康的基础资料和发现职业禁忌证,建立接触职业危害因素人员的基础健康档案。上岗前职业健康检查均为强制性,应在开始从事有害作业前完成。符合实验动物从业人员健康要求的,方可参加相应的岗位工作;单位不得安排未经上岗前职业健康检查或者不符合实验动物职业人员健康要求的人从事相关岗位工作。上岗前职业健康检查可避免不适合实验动物工作的人员受到健康及安全威胁,也有利于用人单位对劳动者职业健康风险的管理。

(2)实验动物从业人员在岗期间的职业健康检查,是职业健康管理的重要内容,是用人单位按一定时间间隔对实验动物从业人员的健康状况进行的检查,属于二级预防。主要目的是及时发现职业有害因素对实验动物从业人员健康的早期损害或可疑征象,及时发现职业禁忌证,通过动态观察劳动者群体健康变化,为工作环境的防护措施效果评价提供资料。

检查周期可根据接触的职业危害因素的性质、场所有害因素的浓度或强度、目标疾病的潜伏期和防护措施等决定,检查项目和方法参照《职业健康监护技术规范》(GBZ 188—2014)执行,通常每年体检一次;而接触放射线的工作人员则参照《放射工作人员健康要求及监护规范》(GBZ 98—2020)执行,必要时,可适当增加检查次数;在岗期间因需要而暂时到外单位从事相关岗位工作的,也应接受在岗期间的职业健康检查。

(3)实验动物从业人员的离岗职业健康检查,是指实验动物从业人员调离当前工作岗位前所进行的检查,目的是掌握实验动物从业人员离岗时,职业有害因素对其健康有无损害,为离岗从事新工作的职工提供健康与否的基础资料。

无论何种原因脱离岗位工作时,单位均应及时安排其进行离岗时的职业健康检查,以评价其离岗时的健康状况,分清用人单位的健康管理责任;若最后一次在岗期间职业健康检查在离岗前三个月内,可视为离岗时检查;离岗三个月内换单位从事同岗位工作的,离岗检查可视为上岗前检查;在同一单位更换岗位,仍从事同岗位工作者按在岗期间职业健康检查处理,并记录在实验动物从业人员职业健康管理档案中;实验动物从业人员脱离岗位工作2年以上(含2年)重新从事岗位工作的,按上岗前职业健康检查处理。

(4)实验动物从业人员的应急健康检查:当实验动物机构发生急性职业病危害事故时,根据事故处理要求,对遭受或者可能遭受急性职业病危害的工作人员,应及时组织健康检查。依据检查结果和现场卫生学调查,确定危害因素,为急救和治疗提供依据。应急健康检查在事故发生后立即开始。对于从事职业性传染病工作的人员,在疫情流行期或近期密切接触传染源者,应及时开展应急健康检查,监测疫情动态。

(三)岗位管理

从事实验动物工作的人员包括临时聘用人员,均应纳入岗位管理,并依法接受职业健康检查,用人单位应依据《职业病危害因素分类目录》提供危害因素名称。

三、实验动物生物安全突发风险健康管理方法

实验动物机构突发动物疫病(如小鼠肝炎、流行性出血热、非洲猪瘟)或感染性病原因子的意外感染事件时,受影响的首先是哨兵动物或从业人员,除采取以上常规健康管理办法外,还应采取如下针对性的处置管理措施。

(一)风险发生前健康管理研判

实验动物机构负责人、职业健康管理人员、生物安全员、质量保证人、动物福利审查员等通常比较了解该机构的实验动物风险等级及主要风险点。对猴、犬、羊等较大型普通级实验动物等的饲养管理,与高致病性病原因子相关的实验活动,均属高风险性实验动物活动。机构负责人等应结合当地实验动物、家畜家禽养殖业及卫生应急情况,仔细规划、部署职业人员医疗监护与实验动物机构运行安全准备工作并进行研判,做好预算、药物、疫苗、人员应急培训、个人防护及消毒用品、病原因子监测、医疗救护、健康监护等准备,加强卫生管理及心理健康保健工作,对员工及外来人员进行详细的情况介绍与潜在风险提示,并提供书面建议和寻求帮助或建议的联系方式,储存所有从业人员的基线血液标本及职业健康体检档案,以便在他们感染发病时给予最佳的健康管理。

（二）风险发生时健康管理

风险发生时，对涉及风险处置的所有人员进行健康管理，并应始终对危害保持警惕，对信息沟通与交流、安全与质量保证等岗位人员进行安全及操作程序规范化监测，并采取动态的风险评估与风险控制，为处置人员提供足够、符合人体工效学的工作条件、个人防护用品和消毒剂，处置人员应注意自己的健康，保持充足的饮用水、营养和休息，即使患轻症疾病和受伤，处置人员也应尽早向其队长或商定的医疗协调中心报告，并配合进行必需的健康监测检查。

（三）风险发生后健康管理

与上岗前、在岗期间及离岗时职业健康管理模式一样，风险的应急处置实质上也是生物安全风险评估的具体内容，即风险应急处置结束后，应对所有处置人员实施全面健康检查及有针对性的重点检查，评估其健康风险。必要时，对与其接触的同事、家人、朋友和更广泛的社区人群进行物理隔离、健康风险监测，采取医疗干预措施。

四、职业健康检查项目的确定及检查方法

（一）职业健康检查项目与内容

按照国家卫生行政部门的有关规定，职业健康检查项目应根据危害因素名称、危害因素种类，并包含敏感器官进行确定。检查时应满足国家法律法规的最低要求和健康检查的一般要求，参考《职业健康监护技术规范》（GBZ 188—2014），并结合从业人员接触动物的种类及主要生物风险因子选择项目。接触放射线的工作人员参考《放射工作人员健康要求及监护规范》（GBZ 98—2020）进行职业健康检查，根据需要，主检医师可以向用人单位建议增加部分检查项目。

（二）工作人员职业健康检查项目

职业健康检查项目通常包括基本信息资料、常规医学检查部分和特殊医学检查部分。基本信息资料和常规医学检查方法要求按相应规定执行，详细记录既往病史、职业接触史（部门、工种、起始时间、操作方式、工作量、接触危害因素名称），接触放射线的工作人员如有受照史和其他职业接触史也应记录，其中受照史应包括医疗照射，剂量资料记录在职业健康检查表中，特殊医学检查项目包括细胞遗传学检查和眼科检查，其中细胞遗传学检查包括外周血淋巴细胞染色体畸变分析和淋巴细胞微核率试验，技术要求应符合相应规定，眼科检查应符合 GBZ 95—2014 的相应规定。

五、职业健康检查报告

受委托的职业健康检查机构为用人单位出具职业健康检查报告时应遵循的原则同 GBZ 188—2014，一般包括汇总报告和个体报告。

（一）汇总报告

汇总报告是对委托单位本次职业健康检查结果的全面总结，一般包括单位基本信息、检查结果分析和适任性评价三部分内容。单位基本信息包括受检单位名称、危害因素名称、受检单位应检人数、实际受检人数、检查时间及地点等信息；检查结果分析包括未见异常人员名单、各种异常或疾病人员名单及处理建议、复查人员名单，并附个人职业健康检查结果一览表。与危害因素相关的检查结果异常的均需要提供复查结果，依据复查结果给出适任性评价，受检人员在等待复查期间暂时脱离岗位工作。

检查结果出现单项或多项异常，需要复查确定的，应明确复查的内容和时间；由主检医师对检查结论进行审核后给出适任性意见并签名，发现疑似职业病的人员，在个体报告和汇总报告中均应予以载明，并由职业健康检查机构通知用人单位，并及时告知劳动者本人，同时提示其到职业病诊断机构进一步明确诊断，并按规定向用人单位所在地的卫生行政部门报告。

从事职业健康检查的医疗卫生机构应自体检工作结束之日起 30 个工作日内,为用人单位出具职业健康检查报告,并对报告内容负责。

(二)职业个体检查结论评价及意见

根据职业健康检查结果,由主检医师对受检者提出适任性意见。

(1)目前未见异常:本次职业健康检查各项指标均在正常范围内。

(2)复查:检查时发现与目标疾病相关的单项或多项异常,需要复查确定,应明确复查内容和时间。

(3)疑似职业病:检查发现疑似职业病或可能患有职业病,需要提交职业病诊断机构进一步诊断明确。

(4)职业禁忌证:检查发现有职业禁忌证的患者,须写明具体名称。

(5)其他疾病或异常:除目标疾病之外的其他疾病或某些检查指标的异常。

用人单位应当按照相关规定对实验动物从业人员进行上岗前、在岗期间、离岗时的职业健康检查和应急健康检查,并将检查结果书面告知实验动物从业人员。

(三)职业健康咨询

从事职业健康检查的医疗机构有义务安排专业人员接受实验动物从业人员对健康检查结果的质疑或咨询,专业人员要如实地解释检查结果和提出的问题,解释时应考虑实验动物从业人员的文化程度和理解能力。主检医师应向下列工作人员提供必要的职业健康咨询和医学建议。

(1)怀孕或可能怀孕,以及哺乳期的女性工作人员。

(2)已经或可能受到明显超过个人剂量限值照射的放射工作人员。

(3)可能对自己接触的职业危害情况感到忧虑的工作人员。

(4)由于其他原因而要求咨询的工作人员。

六、实验动物从业人员职业健康管理档案信息管理体系的建立

职业健康管理科学性、技术性很强,体检报告、职业病的筛检等资料均应进行信息化管理,以有效提高资料的完整性、连续性和可靠性。实验动物从业人员职业健康管理档案应包括以下内容。

(1)职业史、既往病史、个人史、职业病危害接触史。

(2)历次职业健康检查结果评价及处理意见。

(3)职业病诊疗资料(病例、诊断证明书和鉴定结果等)、医学随访资料。

(4)需要存入职业健康管理档案的其他有关资料,如工伤鉴定意见或结论、怀孕声明等。

用人单位应为实验动物从业人员建立并终生保存职业健康管理档案。职业健康管理档案应有专人负责管理,妥善保存;并应采取有效措施维护实验动物从业人员的职业健康隐私权和保密权。

实验动物从业人员或其委托代理人有权查阅、复印本人的职业健康管理档案。用人单位应如实、无偿提供,并在所提供复印件上盖章。

七、实验动物从业人员职业病诊断流程

《中华人民共和国职业病防治法》及其配套法规《职业病诊断与鉴定管理办法》对职业病诊断方法有关事宜做出了明文规定,规范了诊断程序及诊断原则。实验动物从业人员在职业活动中,因接触粉尘、放射性物质和其他有毒、有害物质等因素而引起的职业健康危害,属于《职业病分类和目录》中的法定职业病的,可以选择在用人单位所在地、本人户籍所在地或者经常居住地的职业病诊断机构进行职业病诊断。材料齐全的情况下,职业病诊断机构应当在收齐材料之日起 30 日内作出诊断结论。

职业病诊断需要以下资料。

(1)劳动者职业史和职业病危害接触史(包括在岗时间、工种、岗位、接触的职业病危害因素名称等);

(2)劳动者职业健康检查结果;

（3）工作场所职业病危害因素检测结果；

（4）职业性放射性疾病诊断还需要个人剂量监测档案等资料。

职业病危害因素的接触是诊断职业病的基础，临床表现、医学检查结果则反映了有无疾病及其性质、轻重、范围等具体指标，职业病诊断机构应对诊断资料进行综合分析，遵循科学、公正、公开、公平、及时、便民的原则。

八、职工工伤与职业病致残程度鉴定

职工工伤保险是社会保险制度的重要组成部分，目的是保障包括实验动物从业人员在内的所有劳动者在工作中遭受事故伤害和患职业病后获得医疗救治、经济补偿和康复的权利。

实验动物从业人员出现职业病等情况，用人单位或个人根据诊断机构出具的"职业病诊断证明书"，向相关法定机构提出鉴定申请，并根据最新的职工工伤与职业病致残程度鉴定标准进行鉴定。工伤的认定由认定机构根据工伤认定申请人出具的工伤认定材料依法作出是否为工伤的结论，为获得相关赔偿提供支撑。

通过借鉴国外已有的较成熟的职业健康理论，结合我国国情和现有工作现状，不断完善和发展我国实验动物相关的职业健康管理体系，最终会有效保障实验动物从业人员的健康，提高实验动物从业人员的满意度和职业健康质量。

第五节 实验动物生物安全风险控制管理

实验动物生物安全风险控制除职业健康管理外，还涉及机构职业人群、公众健康、生物产业及实验动物质量本身风险控制。根据风险管理的识别、评估、控制及调整程序，实验动物生物安全风险存在较大的不确定性和潜在性，不容易被机构领导、社会大众甚至职业人群所感受或理解，故其风险管理不是一个静态的制度，而是一个动态、循环的过程，始终贯穿于机构的整个活动中，渗透于每一位员工的思想和行动中，其目的是提高实验动物质量和动物实验管理水平，将风险程度和风险损失降低到机构可承受的能力范围内，为机构运行提供安全保障；管理所针对的风险也不仅仅是纯粹的风险，还包括损失和收益并存的机会风险。因此，风险管理过程要遵循成本效益原则，要用"风险"及"风险等级"的概念加以控制与管理，包括风险应对、监督检查和持续改进、过程记录、风险评估报告、再报告等，为机构开展风险控制提供技术依据，为政府相关管理部门对机构生物安全风险管理工作进行评价和考核提供技术支撑，力争用最小的成本达到降低风险的目标。

一、风险控制策略及风险持续改进原则

有效控制风险是实验动物活动生物安全的基石，以确保其风险等级始终降至可接受的程度。世界卫生组织《实验室生物安全手册》提倡对实验动物生物安全采取基于风险和循证的情境处置方法，而不是固定和不灵活的操作方法。这种新方法最好通过风险评估来实现，这是一个收集风险因素信息和评估风险的过程。风险控制措施的选择如培训和采购特定类型的动物或个人防护装备，都受到风险评估结果的影响。风险评估是一个连续性和周期性的过程，机构实验动物活动一旦开始，即应定期审查风险评估和重新审查风险评估，以处理任何程序更改或新获得的信息。

（一）定期审查风险评估控制策略

定期审查风险评估的目的是，为机构内部风险控制及外部风险监管提供依据。国家及国际法规标准要求是风险控制的首要、可行和可持续措施，地方及内部相关法规标准要求只能更严、更多、更有效。因此，要定期针对关键性设备、环节、系统存在的风险开展评估，并提出哪些相关的资源可用于风险控制？

机构现有资源最适用的风险控制策略是什么？是否有足够的资源来获取和维持这些风险控制方法？所提出的控制策略在当时、当地环境下是否有效,是否可持续和可实现？考察风险控制策略是否已批准,是否传达给相关人员？员工是否受过适当的培训？操作和维护程序是否到位？预算是否有保障？明确实施风险控制措施后的剩余风险水平是多少？现在是否可以接受及是否需要额外的资源来实施风险控制措施？通过这些评估,机构内部或监管部门即可研判该机构实验动物活动、生物因子、人员、设备或设施是否有任何变化。

对于风险评估周期的每一步,都有若干因素可影响暴露或释放生物因子的可能性和后果。影响后果或危害严重程度的主要因素是实验动物活动类型及相关生物因子的固有生物学特性及病原因子致病特性,其中包括所执行的操作程序、实验动物环境类型、直接与生物因子打交道的人员和许多其他因素。风险的定期评估还必须包括对正在进行的动物实验研究的可行性进行分析,以确保这些研究的获益超过其生物安全风险。

(二)重新审查风险评估控制策略

重新审查风险评估简称再评估,要定期对所选择的风险控制措施是否与风险控制策略一致进行再评估,其目的是对同性质风险控制效果的剩余风险进行再评估,以进一步降低风险。促使重新审查风险评估的变化包括设备或环境变化,如采购新的动物及动物笼具、个人防护装备等,或修改设施环境空间;监管变化包括对实验动物活动操作的立法监督、阶段性的认可监督准则变化,病原体的分类或处理,以及生物安全和生物安保法律的更新;关键岗位人员的变化,包括人员健康状况的变化及新员工上岗或换岗等。此外,动物携带病原体状况或病原因子动物实验活动变化,包括与实验动物质量相关的疾病如小鼠肝炎、非洲猪瘟等疫病的出现、设施区域的扩大、停电,也应促使对现有风险评估进行审查。

疫情应对等特殊情况需要进行动态风险评估,以再评估其风险,并在必要时调整风险控制策略。

确定与实验动物活动相关的风险是否可接受或可控,从而判断实验动物活动能否安全进行,或者其风险是否过高而不能完成相关工作,这是风险评估过程的一部分。可接受的风险因实验动物机构业务性质不同、环境设施不同、人情社情不同、行政区域的政策及监管环境不同和国家法律不同,并受到若干因素的影响而不同。机构应基于其实验动物活动的初始风险,应用风险控制措施将该风险降低到可接受、能满足其独特需求的程度,以制定风险控制策略,同时也不排除制定更符合其业务特点的风险控制方法的可能性。在某些情况下,可能需要采取多种风险控制措施,以充分处理潜在或已经出现的风险。如通过管理措施控制风险,需要通过法规、制度、标准、指南等培训,并设置标准化操作程序、标识等,限制或防止暴露于风险之中。同时,这些措施在实施过程中会因执行者个人的能力、态度、身体状况等缺陷而仍无法消除其风险,风险可能会以新的方式或同样的方式重复出现。

总之,对于实验动物机构而言,实验动物生物安全风险几乎不可能得到完全消除,只能持续改进,其风险接受程度最终取决于实验动物机构及其领导层或监管部门的领导。风险越低,就越不需要采取风险控制措施。

当然,风险控制策略及风险持续改进与实验动物机构特点及实验动物活动性质密切相关,需要区别对待。

二、机构内部风险控制策略及风险持续改进的措施

我国实验动物机构形式多样,有的具有法人机构地位,有的是法人机构的下属一个或多个部门,有的机构只有生产或使用业务性质,有的机构则有非感染性或感染性、放射性、化学性业务性质,有的机构人数多,有的机构人数少。宏观上看,实验动物机构多,但受体制及认识上的限制,机构生物安全保障、职业健康、动物福利、设施设备运行及维护、废弃物处理、质量控制及病原因子监测等岗位人力资源配置形式多样,风险权重不一样,风险因素差异也较大,加上成本控制与经济社会发展方面的要求,故在实验动

生物安全风险控制策略及风险持续改进措施方面各不相同。

一般来讲,实验动物机构内部风险控制的原则性策略是风险因素全要素控制,即要针对实验动物建筑环境及设施设备、风险等级,并结合其机构特点、业务性质、规模大小、人力资源配置等权重比例与管理模式,制定有针对性的控制措施及持续改进措施,通过定期审查风险评估及再评估方式,将其生物安全风险控制在最低程度。

针对管理风险通常采取完善体系、人员培训,加强宣传与内控检查、体系组织结构与过程控制等措施,持续改进、降低风险;针对硬件存在的风险,则通过增加投入,配备符合人体工效学的实验动物一级屏障、二级屏障等隔离措施,提升防护效果,并通过验证设施设备性能等手段,替代或降低风险。

实验动物生物安全风险控制与持续改进的基石,是专业、科学的内部风险评估报告。风险评估是机构内所有成员的重要责任,也是机构外利益相关者的责任,故风险评估是支持更广泛的生物安全管理规划的基本过程。风险评估小组成员应具备实验动物等生物因子的操作技能,并了解实验动物活动中的有关危害,熟悉实验动物建筑环境及设施设备的布局、注意事项等。评估团队由一人或多人组成,人员越多、报告越可靠,风险控制措施越有效,风险也就越低;规模较小的机构及评估团队在进行风险评估时,甚至无法召集一组合格的风险评估人员,其风险控制效果不确定性更高,如果通过第三方评估风险的方式制定风险控制措施,同样也存在机构生物安全文化的差异。如果是专业团队的第三方进行合同服务性风险评估,那么相关风险控制措施效果一般较好,风险自然降低。选择低风险(如减毒)阳性对照进行检测验证,或用新的分子方法取代传统的微生物学方法,是降低生物风险的有效方法。

三、外部监管风险控制策略及风险持续改进的措施

实验动物机构外部生物安全风险监管是指机构系统的上级主管部门或行业主管部门,在履行实验动物生物安全监管职责时实施的行政许可、认可、备案等事前、事中、事后风险管理。

政府承担的实验动物生物安全风险监管责任随政府主管部门的责任分工不同,存在具体措施上的差异。政府部门实验动物生物安全属地化及行业化风险监管措施,主要通过定期或不定期检查、许可证或备案证综合管理、"双随机一公开"制度及"抽检""年检""认可评审"等方式进行。

湖北省科技厅按照国家科技部实验动物许可"证照分离"改革的服务要求,专项制定了《湖北省实验动物生物安全风险管理指导性意见》,首次按照风险识别、风险评估、风险控制的原则,对实验动物的生产、运输、使用及废弃物无害化处理等全过程,实施生物安全风险管理,为湖北省实验动物生物安全活动及风险管控提供了法规、政策与技术保证。

为落实《中华人民共和国生物安全法》,明确"管行业必须管安全、管业务必须管安全、管生产经营必须管安全""谁主管、谁负责",国家卫生健康委按照《首批国家高等级病原微生物实验室生物安全培训基地遴选工作方案》,在全国遴选出中国医学科学院、广东省疾病预防控制中心-中山大学、浙江省疾病预防控制中心、复旦大学、中国疾病预防控制中心、湖北省疾病预防控制中心作为首批国家高等级病原微生物实验室生物安全培训基地,并统一培训大纲及列入培训预算,每个基地分三期对相关实验室生物安全工作骨干开展系统培训,其中涉及实验动物生物安全风险管理的培训内容包括实验动物来源及尸体处理追溯管理、不同类型动物实验室设计与建造基本要求、动物实验室关键设备及设施运行与维护管理、职业健康管理、应急安全防护及风险管理措施等。

各地卫生部门按照《国家卫生健康委办公厅关于开展全系统安全生产和实验室生物安全大检查的通知》要求,对各行政区域内生物安全实验室组织管理与制度建设、实验室人员管理、环境与设施设备管理、菌(毒)种或感染性样本管理、实验活动管理、实验废弃物管理、安全保障、监督检查开展飞行检查和交叉互查。其中,涉及实验动物生物安全管理的具体内容有实验动物管理、动物生物安全实验室(ABLS)备案、实验活动项目登记等。

通过定期或不定期的检查和评估不同风险控制措施的结果,可对潜在的风险威胁及原有的风险管理体系进行适当的调整和完善,并通过预警、预防、控制、应急等子系统风险规避设计,获得最佳的

成本效益。

　　风险规避设计是风险管理的核心,其中预警系统的主要功能是监测可能存在的风险因素,尤其是风险值较大的关键因素,以便及时发现异常征兆,准确预测风险。风险预警一般是通过设置临界值来实现的:结果在临界值以内,表明实验动物活动过程处于安全状态;当结果超过临界值时,说明情况异常,应及时报警,机构应采取一定的应急措施,以应对突发风险,将风险的不利影响降到最低。

附　录

中华人民共和国生物安全法

（2020 年 10 月 17 日第十三届全国人民代表大会常务委员会第二十二次会议通过）

第一章　总　　则

第一条　为了维护国家安全，防范和应对生物安全风险，保障人民生命健康，保护生物资源和生态环境，促进生物技术健康发展，推动构建人类命运共同体，实现人与自然和谐共生，制定本法。

第二条　本法所称生物安全，是指国家有效防范和应对危险生物因子及相关因素威胁，生物技术能够稳定健康发展，人民生命健康和生态系统相对处于没有危险和不受威胁的状态，生物领域具备维护国家安全和持续发展的能力。

从事下列活动，适用本法：

（一）防控重大新发突发传染病、动植物疫情；

（二）生物技术研究、开发与应用；

（三）病原微生物实验室生物安全管理；

（四）人类遗传资源与生物资源安全管理；

（五）防范外来物种入侵与保护生物多样性；

（六）应对微生物耐药；

（七）防范生物恐怖袭击与防御生物武器威胁；

（八）其他与生物安全相关的活动。

第三条　生物安全是国家安全的重要组成部分。维护生物安全应当贯彻总体国家安全观，统筹发展和安全，坚持以人为本、风险预防、分类管理、协同配合的原则。

第四条　坚持中国共产党对国家生物安全工作的领导，建立健全国家生物安全领导体制，加强国家生物安全风险防控和治理体系建设，提高国家生物安全治理能力。

第五条　国家鼓励生物科技创新，加强生物安全基础设施和生物科技人才队伍建设，支持生物产业发展，以创新驱动提升生物科技水平，增强生物安全保障能力。

第六条　国家加强生物安全领域的国际合作，履行中华人民共和国缔结或者参加的国际条约规定的义务，支持参与生物科技交流合作与生物安全事件国际救援，积极参与生物安全国际规则的研究与制定，推动完善全球生物安全治理。

第七条　各级人民政府及其有关部门应当加强生物安全法律法规和生物安全知识宣传普及工作，引导基层群众性自治组织、社会组织开展生物安全法律法规和生物安全知识宣传，促进全社会生物安全意识的提升。

相关科研院校、医疗机构以及其他企业事业单位应当将生物安全法律法规和生物安全知识纳入教育培训内容,加强学生、从业人员生物安全意识和伦理意识的培养。

新闻媒体应当开展生物安全法律法规和生物安全知识公益宣传,对生物安全违法行为进行舆论监督,增强公众维护生物安全的社会责任意识。

第八条 任何单位和个人不得危害生物安全。

任何单位和个人有权举报危害生物安全的行为;接到举报的部门应当及时依法处理。

第九条 对在生物安全工作中做出突出贡献的单位和个人,县级以上人民政府及其有关部门按照国家规定予以表彰和奖励。

第二章　生物安全风险防控体制

第十条 中央国家安全领导机构负责国家生物安全工作的决策和议事协调,研究制定、指导实施国家生物安全战略和有关重大方针政策,统筹协调国家生物安全的重大事项和重要工作,建立国家生物安全工作协调机制。

省、自治区、直辖市建立生物安全工作协调机制,组织协调、督促推进本行政区域内生物安全相关工作。

第十一条 国家生物安全工作协调机制由国务院卫生健康、农业农村、科学技术、外交等主管部门和有关军事机关组成,分析研判国家生物安全形势,组织协调、督促推进国家生物安全相关工作。国家生物安全工作协调机制设立办公室,负责协调机制的日常工作。

国家生物安全工作协调机制成员单位和国务院其他有关部门根据职责分工,负责生物安全相关工作。

第十二条 国家生物安全工作协调机制设立专家委员会,为国家生物安全战略研究、政策制定及实施提供决策咨询。

国务院有关部门组织建立相关领域、行业的生物安全技术咨询专家委员会,为生物安全工作提供咨询、评估、论证等技术支撑。

第十三条 地方各级人民政府对本行政区域内生物安全工作负责。

县级以上地方人民政府有关部门根据职责分工,负责生物安全相关工作。

基层群众性自治组织应当协助地方人民政府以及有关部门做好生物安全风险防控、应急处置和宣传教育等工作。

有关单位和个人应当配合做好生物安全风险防控和应急处置等工作。

第十四条 国家建立生物安全风险监测预警制度。国家生物安全工作协调机制组织建立国家生物安全风险监测预警体系,提高生物安全风险识别和分析能力。

第十五条 国家建立生物安全风险调查评估制度。国家生物安全工作协调机制应当根据风险监测的数据、资料等信息,定期组织开展生物安全风险调查评估。

有下列情形之一的,有关部门应当及时开展生物安全风险调查评估,依法采取必要的风险防控措施:

(一)通过风险监测或者接到举报发现可能存在生物安全风险;

(二)为确定监督管理的重点领域、重点项目,制定、调整生物安全相关名录或者清单;

(三)发生重大新发突发传染病、动植物疫情等危害生物安全的事件;

(四)需要调查评估的其他情形。

第十六条 国家建立生物安全信息共享制度。国家生物安全工作协调机制组织建立统一的国家生物安全信息平台,有关部门应当将生物安全数据、资料等信息汇交国家生物安全信息平台,实现信息共享。

第十七条 国家建立生物安全信息发布制度。国家生物安全总体情况、重大生物安全风险警示信息、重大生物安全事件及其调查处理信息等重大生物安全信息,由国家生物安全工作协调机制成员单位根据职责分工发布;其他生物安全信息由国务院有关部门和县级以上地方人民政府及其有关部门根据职责权限发布。

任何单位和个人不得编造、散布虚假的生物安全信息。

第十八条 国家建立生物安全名录和清单制度。国务院及其有关部门根据生物安全工作需要,对涉及生物安全的材料、设备、技术、活动、重要生物资源数据、传染病、动植物疫病、外来入侵物种等制定、公布名录或者清单,并动态调整。

第十九条 国家建立生物安全标准制度。国务院标准化主管部门和国务院其他有关部门根据职责分工,制定和完善生物安全领域相关标准。

国家生物安全工作协调机制组织有关部门加强不同领域生物安全标准的协调和衔接,建立和完善生物安全标准体系。

第二十条 国家建立生物安全审查制度。对影响或者可能影响国家安全的生物领域重大事项和活动,由国务院有关部门进行生物安全审查,有效防范和化解生物安全风险。

第二十一条 国家建立统一领导、协同联动、有序高效的生物安全应急制度。

国务院有关部门应当组织制定相关领域、行业生物安全事件应急预案,根据应急预案和统一部署开展应急演练、应急处置、应急救援和事后恢复等工作。

县级以上地方人民政府及其有关部门应当制定并组织、指导和督促相关企业事业单位制定生物安全事件应急预案,加强应急准备、人员培训和应急演练,开展生物安全事件应急处置、应急救援和事后恢复等工作。

中国人民解放军、中国人民武装警察部队按照中央军事委员会的命令,依法参加生物安全事件应急处置和应急救援工作。

第二十二条 国家建立生物安全事件调查溯源制度。发生重大新发突发传染病、动植物疫情和不明原因的生物安全事件,国家生物安全工作协调机制应当组织开展调查溯源,确定事件性质,全面评估事件影响,提出意见建议。

第二十三条 国家建立首次进境或者暂停后恢复进境的动植物、动植物产品、高风险生物因子国家准入制度。

进出境的人员、运输工具、集装箱、货物、物品、包装物和国际航行船舶压舱水排放等应当符合我国生物安全管理要求。

海关对发现的进出境和过境生物安全风险,应当依法处置。经评估为生物安全高风险的人员、运输工具、货物、物品等,应当从指定的国境口岸进境,并采取严格的风险防控措施。

第二十四条 国家建立境外重大生物安全事件应对制度。境外发生重大生物安全事件的,海关依法采取生物安全紧急防控措施,加强证件核验,提高查验比例,暂停相关人员、运输工具、货物、物品等进境。必要时经国务院同意,可以采取暂时关闭有关口岸、封锁有关国境等措施。

第二十五条 县级以上人民政府有关部门应当依法开展生物安全监督检查工作,被检查单位和个人应当配合,如实说明情况,提供资料,不得拒绝、阻挠。

涉及专业技术要求较高、执法业务难度较大的监督检查工作,应当有生物安全专业技术人员参加。

第二十六条 县级以上人民政府有关部门实施生物安全监督检查,可以依法采取下列措施:

(一)进入被检查单位、地点或者涉嫌实施生物安全违法行为的场所进行现场监测、勘查、检查或者核查;

(二)向有关单位和个人了解情况;

(三)查阅、复制有关文件、资料、档案、记录、凭证等;

(四)查封涉嫌实施生物安全违法行为的场所、设施;

(五)扣押涉嫌实施生物安全违法行为的工具、设备以及相关物品;

（六）法律法规规定的其他措施。

有关单位和个人的生物安全违法信息应当依法纳入全国信用信息共享平台。

第三章　防控重大新发突发传染病、动植物疫情

第二十七条　国务院卫生健康、农业农村、林业草原、海关、生态环境主管部门应当建立新发突发传染病、动植物疫情、进出境检疫、生物技术环境安全监测网络，组织监测站点布局、建设，完善监测信息报告系统，开展主动监测和病原检测，并纳入国家生物安全风险监测预警体系。

第二十八条　疾病预防控制机构、动物疫病预防控制机构、植物病虫害预防控制机构（以下统称专业机构）应当对传染病、动植物疫病和列入监测范围的不明原因疾病开展主动监测，收集、分析、报告监测信息，预测新发突发传染病、动植物疫病的发生、流行趋势。

国务院有关部门、县级以上地方人民政府及其有关部门应当根据预测和职责权限及时发布预警，并采取相应的防控措施。

第二十九条　任何单位和个人发现传染病、动植物疫病的，应当及时向医疗机构、有关专业机构或者部门报告。

医疗机构、专业机构及其工作人员发现传染病、动植物疫病或者不明原因的聚集性疾病的，应当及时报告，并采取保护性措施。

依法应当报告的，任何单位和个人不得瞒报、谎报、缓报、漏报，不得授意他人瞒报、谎报、缓报，不得阻碍他人报告。

第三十条　国家建立重大新发突发传染病、动植物疫情联防联控机制。

发生重大新发突发传染病、动植物疫情，应当依照有关法律法规和应急预案的规定及时采取控制措施；国务院卫生健康、农业农村、林业草原主管部门应当立即组织疫情会商研判，将会商研判结论向中央国家安全领导机构和国务院报告，并通报国家生物安全工作协调机制其他成员单位和国务院其他有关部门。

发生重大新发突发传染病、动植物疫情，地方各级人民政府统一履行本行政区域内疫情防控职责，加强组织领导，开展群防群控、医疗救治，动员和鼓励社会力量依法有序参与疫情防控工作。

第三十一条　国家加强国境、口岸传染病和动植物疫情联合防控能力建设，建立传染病、动植物疫情防控国际合作网络，尽早发现、控制重大新发突发传染病、动植物疫情。

第三十二条　国家保护野生动物，加强动物防疫，防止动物源性传染病传播。

第三十三条　国家加强对抗生素药物等抗微生物药物使用和残留的管理，支持应对微生物耐药的基础研究和科技攻关。

县级以上人民政府卫生健康主管部门应当加强对医疗机构合理用药的指导和监督，采取措施防止抗微生物药物的不合理使用。县级以上人民政府农业农村、林业草原主管部门应当加强对农业生产中合理用药的指导和监督，采取措施防止抗微生物药物的不合理使用，降低在农业生产环境中的残留。

国务院卫生健康、农业农村、林业草原、生态环境等主管部门和药品监督管理部门应当根据职责分工，评估抗微生物药物残留对人体健康、环境的危害，建立抗微生物药物污染物指标评价体系。

第四章　生物技术研究、开发与应用安全

第三十四条　国家加强对生物技术研究、开发与应用活动的安全管理，禁止从事危及公众健康、损害生物资源、破坏生态系统和生物多样性等危害生物安全的生物技术研究、开发与应用活动。

从事生物技术研究、开发与应用活动，应当符合伦理原则。

第三十五条　从事生物技术研究、开发与应用活动的单位应当对本单位生物技术研究、开发与应用的安全负责，采取生物安全风险防控措施，制定生物安全培训、跟踪检查、定期报告等工作制度，强化过程管理。

第三十六条　国家对生物技术研究、开发活动实行分类管理。根据对公众健康、工业农业、生态环境等造成危害的风险程度,将生物技术研究、开发活动分为高风险、中风险、低风险三类。

生物技术研究、开发活动风险分类标准及名录由国务院科学技术、卫生健康、农业农村等主管部门根据职责分工,会同国务院其他有关部门制定、调整并公布。

第三十七条　从事生物技术研究、开发活动,应当遵守国家生物技术研究开发安全管理规范。

从事生物技术研究、开发活动,应当进行风险类别判断,密切关注风险变化,及时采取应对措施。

第三十八条　从事高风险、中风险生物技术研究、开发活动,应当由在我国境内依法成立的法人组织进行,并依法取得批准或者进行备案。

从事高风险、中风险生物技术研究、开发活动,应当进行风险评估,制定风险防控计划和生物安全事件应急预案,降低研究、开发活动实施的风险。

第三十九条　国家对涉及生物安全的重要设备和特殊生物因子实行追溯管理。购买或者引进列入管控清单的重要设备和特殊生物因子,应当进行登记,确保可追溯,并报国务院有关部门备案。

个人不得购买或者持有列入管控清单的重要设备和特殊生物因子。

第四十条　从事生物医学新技术临床研究,应当通过伦理审查,并在具备相应条件的医疗机构内进行;进行人体临床研究操作的,应当由符合相应条件的卫生专业技术人员执行。

第四十一条　国务院有关部门依法对生物技术应用活动进行跟踪评估,发现存在生物安全风险的,应当及时采取有效补救和管控措施。

第五章　病原微生物实验室生物安全

第四十二条　国家加强对病原微生物实验室生物安全的管理,制定统一的实验室生物安全标准。病原微生物实验室应当符合生物安全国家标准和要求。

从事病原微生物实验活动,应当严格遵守有关国家标准和实验室技术规范、操作规程,采取安全防范措施。

第四十三条　国家根据病原微生物的传染性、感染后对人和动物的个体或者群体的危害程度,对病原微生物实行分类管理。

从事高致病性或者疑似高致病性病原微生物样本采集、保藏、运输活动,应当具备相应条件,符合生物安全管理规范。具体办法由国务院卫生健康、农业农村主管部门制定。

第四十四条　设立病原微生物实验室,应当依法取得批准或者进行备案。

个人不得设立病原微生物实验室或者从事病原微生物实验活动。

第四十五条　国家根据对病原微生物的生物安全防护水平,对病原微生物实验室实行分等级管理。

从事病原微生物实验活动应当在相应等级的实验室进行。低等级病原微生物实验室不得从事国家病原微生物目录规定应当在高等级病原微生物实验室进行的病原微生物实验活动。

第四十六条　高等级病原微生物实验室从事高致病性或者疑似高致病性病原微生物实验活动,应当经省级以上人民政府卫生健康或者农业农村主管部门批准,并将实验活动情况向批准部门报告。

对我国尚未发现或者已经宣布消灭的病原微生物,未经批准不得从事相关实验活动。

第四十七条　病原微生物实验室应当采取措施,加强对实验动物的管理,防止实验动物逃逸,对使用后的实验动物按照国家规定进行无害化处理,实现实验动物可追溯。禁止将使用后的实验动物流入市场。

病原微生物实验室应当加强对实验活动废弃物的管理,依法对废水、废气以及其他废弃物进行处置,采取措施防止污染。

第四十八条　病原微生物实验室的设立单位负责实验室的生物安全管理,制定科学、严格的管理制度,定期对有关生物安全规定的落实情况进行检查,对实验室设施、设备、材料等进行检查、维护和更新,确保其符合国家标准。

病原微生物实验室设立单位的法定代表人和实验室负责人对实验室的生物安全负责。

第四十九条 病原微生物实验室的设立单位应当建立和完善安全保卫制度,采取安全保卫措施,保障实验室及其病原微生物的安全。

国家加强对高等级病原微生物实验室的安全保卫。高等级病原微生物实验室应当接受公安机关等部门有关实验室安全保卫工作的监督指导,严防高致病性病原微生物泄漏、丢失和被盗、被抢。

国家建立高等级病原微生物实验室人员进入审核制度。进入高等级病原微生物实验室的人员应当经实验室负责人批准。对可能影响实验室生物安全的,不予批准;对批准进入的,应当采取安全保障措施。

第五十条 病原微生物实验室的设立单位应当制定生物安全事件应急预案,定期组织开展人员培训和应急演练。发生高致病性病原微生物泄漏、丢失和被盗、被抢或者其他生物安全风险的,应当按照应急预案的规定及时采取控制措施,并按照国家规定报告。

第五十一条 病原微生物实验室所在地省级人民政府及其卫生健康主管部门应当加强实验室所在地感染性疾病医疗资源配置,提高感染性疾病医疗救治能力。

第五十二条 企业对涉及病原微生物操作的生产车间的生物安全管理,依照有关病原微生物实验室的规定和其他生物安全管理规范进行。

涉及生物毒素、植物有害生物及其他生物因子操作的生物安全实验室的建设和管理,参照有关病原微生物实验室的规定执行。

第六章 人类遗传资源与生物资源安全

第五十三条 国家加强对我国人类遗传资源和生物资源采集、保藏、利用、对外提供等活动的管理和监督,保障人类遗传资源和生物资源安全。

国家对我国人类遗传资源和生物资源享有主权。

第五十四条 国家开展人类遗传资源和生物资源调查。

国务院科学技术主管部门组织开展我国人类遗传资源调查,制定重要遗传家系和特定地区人类遗传资源申报登记办法。

国务院科学技术、自然资源、生态环境、卫生健康、农业农村、林业草原、中医药主管部门根据职责分工,组织开展生物资源调查,制定重要生物资源申报登记办法。

第五十五条 采集、保藏、利用、对外提供我国人类遗传资源,应当符合伦理原则,不得危害公众健康、国家安全和社会公共利益。

第五十六条 从事下列活动,应当经国务院科学技术主管部门批准:

(一)采集我国重要遗传家系、特定地区人类遗传资源或者采集国务院科学技术主管部门规定的种类、数量的人类遗传资源;

(二)保藏我国人类遗传资源;

(三)利用我国人类遗传资源开展国际科学研究合作;

(四)将我国人类遗传资源材料运送、邮寄、携带出境。

前款规定不包括以临床诊疗、采供血服务、查处违法犯罪、兴奋剂检测和殡葬等为目的采集、保藏人类遗传资源及开展的相关活动。

为了取得相关药品和医疗器械在我国上市许可,在临床试验机构利用我国人类遗传资源开展国际合作临床试验、不涉及人类遗传资源出境的,不需要批准;但是,在开展临床试验前应当将拟使用的人类遗传资源种类、数量及用途向国务院科学技术主管部门备案。

境外组织、个人及其设立或者实际控制的机构不得在我国境内采集、保藏我国人类遗传资源,不得向境外提供我国人类遗传资源。

第五十七条 将我国人类遗传资源信息向境外组织、个人及其设立或者实际控制的机构提供或者开放使用的,应当向国务院科学技术主管部门事先报告并提交信息备份。

第五十八条 采集、保藏、利用、运输出境我国珍贵、濒危、特有物种及其可用于再生或者繁殖传代的个体、器官、组织、细胞、基因等遗传资源,应当遵守有关法律法规。

境外组织、个人及其设立或者实际控制的机构获取和利用我国生物资源,应当依法取得批准。

第五十九条 利用我国生物资源开展国际科学研究合作,应当依法取得批准。

利用我国人类遗传资源和生物资源开展国际科学研究合作,应当保证中方单位及其研究人员全过程、实质性地参与研究,依法分享相关权益。

第六十条 国家加强对外来物种入侵的防范和应对,保护生物多样性。国务院农业农村主管部门会同国务院其他有关部门制定外来入侵物种名录和管理办法。

国务院有关部门根据职责分工,加强对外来入侵物种的调查、监测、预警、控制、评估、清除以及生态修复等工作。

任何单位和个人未经批准,不得擅自引进、释放或者丢弃外来物种。

第七章 防范生物恐怖与生物武器威胁

第六十一条 国家采取一切必要措施防范生物恐怖与生物武器威胁。

禁止开发、制造或者以其他方式获取、储存、持有和使用生物武器。

禁止以任何方式唆使、资助、协助他人开发、制造或者以其他方式获取生物武器。

第六十二条 国务院有关部门制定、修改、公布可被用于生物恐怖活动、制造生物武器的生物体、生物毒素、设备或者技术清单,加强监管,防止其被用于制造生物武器或者恐怖目的。

第六十三条 国务院有关部门和有关军事机关根据职责分工,加强对可被用于生物恐怖活动、制造生物武器的生物体、生物毒素、设备或者技术进出境、进出口、获取、制造、转移和投放等活动的监测、调查,采取必要的防范和处置措施。

第六十四条 国务院有关部门、省级人民政府及其有关部门负责组织遭受生物恐怖袭击、生物武器攻击后的人员救治与安置、环境消毒、生态修复、安全监测和社会秩序恢复等工作。

国务院有关部门、省级人民政府及其有关部门应当有效引导社会舆论科学、准确报道生物恐怖袭击和生物武器攻击事件,及时发布疏散、转移和紧急避难等信息,对应急处置与恢复过程中遭受污染的区域和人员进行长期环境监测和健康监测。

第六十五条 国家组织开展对我国境内战争遗留生物武器及其危害结果、潜在影响的调查。

国家组织建设存放和处理战争遗留生物武器设施,保障对战争遗留生物武器的安全处置。

第八章 生物安全能力建设

第六十六条 国家制定生物安全事业发展规划,加强生物安全能力建设,提高应对生物安全事件的能力和水平。

县级以上人民政府应当支持生物安全事业发展,按照事权划分,将支持下列生物安全事业发展的相关支出列入政府预算:

(一)监测网络的构建和运行;

(二)应急处置和防控物资的储备;

(三)关键基础设施的建设和运行;

(四)关键技术和产品的研究、开发;

(五)人类遗传资源和生物资源的调查、保藏;

(六)法律法规规定的其他重要生物安全事业。

第六十七条 国家采取措施支持生物安全科技研究,加强生物安全风险防御与管控技术研究,整合优势力量和资源,建立多学科、多部门协同创新的联合攻关机制,推动生物安全核心关键技术和重大防御产品的成果产出与转化应用,提高生物安全的科技保障能力。

第六十八条 国家统筹布局全国生物安全基础设施建设。国务院有关部门根据职责分工,加快建设生物信息、人类遗传资源保藏、菌(毒)种保藏、动植物遗传资源保藏、高等级病原微生物实验室等方面的生物安全国家战略资源平台,建立共享利用机制,为生物安全科技创新提供战略保障和支撑。

第六十九条 国务院有关部门根据职责分工,加强生物基础科学研究人才和生物领域专业技术人才培养,推动生物基础科学学科建设和科学研究。

国家生物安全基础设施重要岗位的从业人员应当具备符合要求的资格,相关信息应当向国务院有关部门备案,并接受岗位培训。

第七十条 国家加强重大新发突发传染病、动植物疫情等生物安全风险防控的物资储备。

国家加强生物安全应急药品、装备等物资的研究、开发和技术储备。国务院有关部门根据职责分工,落实生物安全应急药品、装备等物资研究、开发和技术储备的相关措施。

国务院有关部门和县级以上地方人民政府及其有关部门应当保障生物安全事件应急处置所需的医疗救护设备、救治药品、医疗器械等物资的生产、供应和调配;交通运输主管部门应当及时组织协调运输经营单位优先运送。

第七十一条 国家对从事高致病性病原微生物实验活动、生物安全事件现场处置等高风险生物安全工作的人员,提供有效的防护措施和医疗保障。

第九章 法 律 责 任

第七十二条 违反本法规定,履行生物安全管理职责的工作人员在生物安全工作中滥用职权、玩忽职守、徇私舞弊或者有其他违法行为的,依法给予处分。

第七十三条 违反本法规定,医疗机构、专业机构或者其工作人员瞒报、谎报、缓报、漏报,授意他人瞒报、谎报、缓报,或者阻碍他人报告传染病、动植物疫病或者不明原因的聚集性疾病的,由县级以上人民政府有关部门责令改正,给予警告;对法定代表人、主要负责人、直接负责的主管人员和其他直接责任人员,依法给予处分,并可以依法暂停一定期限的执业活动直至吊销相关执业证书。

违反本法规定,编造、散布虚假的生物安全信息,构成违反治安管理行为的,由公安机关依法给予治安管理处罚。

第七十四条 违反本法规定,从事国家禁止的生物技术研究、开发与应用活动的,由县级以上人民政府卫生健康、科学技术、农业农村主管部门根据职责分工,责令停止违法行为,没收违法所得、技术资料和用于违法行为的工具、设备、原材料等物品,处一百万元以上一千万元以下的罚款,违法所得在一百万元以上的,处违法所得十倍以上二十倍以下的罚款,并可以依法禁止一定期限内从事相应的生物技术研究、开发与应用活动,吊销相关许可证件;对法定代表人、主要负责人、直接负责的主管人员和其他直接责任人员,依法给予处分,处十万元以上二十万元以下的罚款,十年直至终身禁止从事相应的生物技术研究、开发与应用活动,依法吊销相关执业证书。

第七十五条 违反本法规定,从事生物技术研究、开发活动未遵守国家生物技术研究开发安全管理规范的,由县级以上人民政府有关部门根据职责分工,责令改正,给予警告,可以并处二万元以上二十万元以下的罚款;拒不改正或者造成严重后果的,责令停止研究、开发活动,并处二十万元以上二百万元以下的罚款。

第七十六条 违反本法规定,从事病原微生物实验活动未在相应等级的实验室进行,或者高等级病原微生物实验室未经批准从事高致病性、疑似高致病性病原微生物实验活动的,由县级以上地方人民政府卫生健康、农业农村主管部门根据职责分工,责令停止违法行为,监督其将用于实验活动的病原微生物销毁或者送交保藏机构,给予警告;造成传染病传播、流行或者其他严重后果的,对法定代表人、主要负责人、直接负责的主管人员和其他直接责任人员依法给予撤职、开除处分。

第七十七条 违反本法规定,将使用后的实验动物流入市场的,由县级以上人民政府科学技术主管部门责令改正,没收违法所得,并处二十万元以上一百万元以下的罚款,违法所得在二十万元以上的,并处违法所得五倍以上十倍以下的罚款;情节严重的,由发证部门吊销相关许可证件。

第七十八条　违反本法规定,有下列行为之一的,由县级以上人民政府有关部门根据职责分工,责令改正,没收违法所得,给予警告,可以并处十万元以上一百万元以下的罚款:

(一)购买或者引进列入管控清单的重要设备、特殊生物因子未进行登记,或者未报国务院有关部门备案;

(二)个人购买或者持有列入管控清单的重要设备或者特殊生物因子;

(三)个人设立病原微生物实验室或者从事病原微生物实验活动;

(四)未经实验室负责人批准进入高等级病原微生物实验室。

第七十九条　违反本法规定,未经批准,采集、保藏我国人类遗传资源或者利用我国人类遗传资源开展国际科学研究合作的,由国务院科学技术主管部门责令停止违法行为,没收违法所得和违法采集、保藏的人类遗传资源,并处五十万元以上五百万元以下的罚款,违法所得在一百万元以上的,并处违法所得五倍以上十倍以下的罚款;情节严重的,对法定代表人、主要负责人、直接负责的主管人员和其他直接责任人员,依法给予处分,五年内禁止从事相应活动。

第八十条　违反本法规定,境外组织、个人及其设立或者实际控制的机构在我国境内采集、保藏我国人类遗传资源,或者向境外提供我国人类遗传资源的,由国务院科学技术主管部门责令停止违法行为,没收违法所得和违法采集、保藏的人类遗传资源,并处一百万元以上一千万元以下的罚款;违法所得在一百万元以上的,并处违法所得十倍以上二十倍以下的罚款。

第八十一条　违反本法规定,未经批准,擅自引进外来物种的,由县级以上人民政府有关部门根据职责分工,没收引进的外来物种,并处五万元以上二十五万元以下的罚款。

违反本法规定,未经批准,擅自释放或者丢弃外来物种的,由县级以上人民政府有关部门根据职责分工,责令限期捕回、找回释放或者丢弃的外来物种,处一万元以上五万元以下的罚款。

第八十二条　违反本法规定,构成犯罪的,依法追究刑事责任;造成人身、财产或者其他损害的,依法承担民事责任。

第八十三条　违反本法规定的生物安全违法行为,本法未规定法律责任,其他有关法律、行政法规有规定的,依照其规定。

第八十四条　境外组织或者个人通过运输、邮寄、携带危险生物因子入境或者以其他方式危害我国生物安全的,依法追究法律责任,并可以采取其他必要措施。

第十章　附　则

第八十五条　本法下列术语的含义:

(一)生物因子,是指动物、植物、微生物、生物毒素及其他生物活性物质。

(二)重大新发突发传染病,是指我国境内首次出现或者已经宣布消灭再次发生,或者突然发生,造成或者可能造成公众健康和生命安全严重损害,引起社会恐慌,影响社会稳定的传染病。

(三)重大新发突发动物疫情,是指我国境内首次发生或者已经宣布消灭的动物疫病再次发生,或者发病率、死亡率较高的潜伏动物疫病突然发生并迅速传播,给养殖业生产安全造成严重威胁、危害,以及可能对公众健康和生命安全造成危害的情形。

(四)重大新发突发植物疫情,是指我国境内首次发生或者已经宣布消灭的严重危害植物的真菌、细菌、病毒、昆虫、线虫、杂草、害鼠、软体动物等再次引发病虫害,或者本地有害生物突然大范围发生并迅速传播,对农作物、林木等植物造成严重危害的情形。

(五)生物技术研究、开发与应用,是指通过科学和工程原理认识、改造、合成、利用生物而从事的科学研究、技术开发与应用等活动。

(六)病原微生物,是指可以侵犯人、动物引起感染甚至传染病的微生物,包括病毒、细菌、真菌、立克次体、寄生虫等。

（七）植物有害生物，是指能够对农作物、林木等植物造成危害的真菌、细菌、病毒、昆虫、线虫、杂草、害鼠、软体动物等生物。

（八）人类遗传资源，包括人类遗传资源材料和人类遗传资源信息。人类遗传资源材料是指含有人体基因组、基因等遗传物质的器官、组织、细胞等遗传材料。人类遗传资源信息是指利用人类遗传资源材料产生的数据等信息资料。

（九）微生物耐药，是指微生物对抗微生物药物产生抗性，导致抗微生物药物不能有效控制微生物的感染。

（十）生物武器，是指类型和数量不属于预防、保护或者其他和平用途所正当需要的、任何来源或者任何方法产生的微生物剂、其他生物剂以及生物毒素；也包括为将上述生物剂、生物毒素使用于敌对目的或者武装冲突而设计的武器、设备或者运载工具。

（十一）生物恐怖，是指故意使用致病性微生物、生物毒素等实施袭击，损害人类或者动植物健康，引起社会恐慌，企图达到特定政治目的的行为。

第八十六条 生物安全信息属于国家秘密的，应当依照《中华人民共和国保守国家秘密法》和国家其他有关保密规定实施保密管理。

第八十七条 中国人民解放军、中国人民武装警察部队的生物安全活动，由中央军事委员会依照本法规定的原则另行规定。

第八十八条 本法自 2021 年 4 月 15 日起施行。

关于加强科技伦理治理的意见

科技伦理是开展科学研究、技术开发等科技活动需要遵循的价值理念和行为规范，是促进科技事业健康发展的重要保障。当前，我国科技创新快速发展，面临的科技伦理挑战日益增多，但科技伦理治理仍存在体制机制不健全、制度不完善、领域发展不均衡等问题，已难以适应科技创新发展的现实需要。为进一步完善科技伦理体系，提升科技伦理治理能力，有效防控科技伦理风险，不断推动科技向善、造福人类，实现高水平科技自立自强，现就加强科技伦理治理提出如下意见。

一、总体要求

（一）指导思想。以习近平新时代中国特色社会主义思想为指导，深入贯彻党的十九大和十九届历次全会精神，坚持和加强党中央对科技工作的集中统一领导，加快构建中国特色科技伦理体系，健全多方参与、协同共治的科技伦理治理体制机制，坚持促进创新与防范风险相统一、制度规范与自我约束相结合，强化底线思维和风险意识，建立完善符合我国国情、与国际接轨的科技伦理制度，塑造科技向善的文化理念和保障机制，努力实现科技创新高质量发展与高水平安全良性互动，促进我国科技事业健康发展，为增进人类福祉、推动构建人类命运共同体提供有力科技支撑。

（二）治理要求

——伦理先行。加强源头治理，注重预防，将科技伦理要求贯穿科学研究、技术开发等科技活动全过程，促进科技活动与科技伦理协调发展、良性互动，实现负责任的创新。

——依法依规。坚持依法依规开展科技伦理治理工作，加快推进科技伦理治理法律制度建设。

——敏捷治理。加强科技伦理风险预警与跟踪研判，及时动态调整治理方式和伦理规范，快速、灵活应对科技创新带来的伦理挑战。

——立足国情。立足我国科技发展的历史阶段及社会文化特点，遵循科技创新规律，建立健全符合我国国情的科技伦理体系。

——开放合作。坚持开放发展理念，加强对外交流，建立多方协同合作机制，凝聚共识，形成合力。积极推进全球科技伦理治理，贡献中国智慧和中国方案。

二、明确科技伦理原则

（一）增进人类福祉。科技活动应坚持以人民为中心的发展思想，有利于促进经济发展、社会进步、民生改善和生态环境保护，不断增强人民获得感、幸福感、安全感，促进人类社会和平发展和可持续发展。

（二）尊重生命权利。科技活动应最大限度避免对人的生命安全、身体健康、精神和心理健康造成伤害或潜在威胁，尊重人格尊严和个人隐私，保障科技活动参与者的知情权和选择权。使用实验动物应符合"减少、替代、优化"等要求。

（三）坚持公平公正。科技活动应尊重宗教信仰、文化传统等方面的差异，公平、公正、包容地对待不同社会群体，防止歧视和偏见。

（四）合理控制风险。科技活动应客观评估和审慎对待不确定性和技术应用的风险，力求规避、防范可能引发的风险，防止科技成果误用、滥用，避免危及社会安全、公共安全、生物安全和生态安全。

（五）保持公开透明。科技活动应鼓励利益相关方和社会公众合理参与，建立涉及重大、敏感伦理问题的科技活动披露机制。公布科技活动相关信息时应提高透明度，做到客观真实。

三、健全科技伦理治理体制

（一）完善政府科技伦理管理体制。国家科技伦理委员会负责指导和统筹协调推进全国科技伦理治理体系建设工作。科技部承担国家科技伦理委员会秘书处日常工作,国家科技伦理委员会各成员单位按照职责分工负责科技伦理规范制定、审查监管、宣传教育等相关工作。各地方、相关行业主管部门按照职责权限和隶属关系具体负责本地方、本系统科技伦理治理工作。

(二)压实创新主体科技伦理管理主体责任。高等学校、科研机构、医疗卫生机构、企业等单位要履行科技伦理管理主体责任,建立常态化工作机制,加强科技伦理日常管理,主动研判、及时化解本单位科技活动中存在的伦理风险;根据实际情况设立本单位的科技伦理(审查)委员会,并为其独立开展工作提供必要条件。从事生命科学、医学、人工智能等科技活动的单位,研究内容涉及科技伦理敏感领域的,应设立科技伦理(审查)委员会。

(三)发挥科技类社会团体的作用。推动设立中国科技伦理学会,健全科技伦理治理社会组织体系,强化学术研究支撑。相关学会、协会、研究会等科技类社会团体要组织动员科技人员主动参与科技伦理治理,促进行业自律,加强与高等学校、科研机构、医疗卫生机构、企业等的合作,开展科技伦理知识宣传普及,提高社会公众科技伦理意识。

(四)引导科技人员自觉遵守科技伦理要求。科技人员要主动学习科技伦理知识,增强科技伦理意识,自觉践行科技伦理原则,坚守科技伦理底线,发现违背科技伦理要求的行为,要主动报告、坚决抵制。科技项目(课题)负责人要严格按照科技伦理审查批准的范围开展研究,加强对团队成员和项目(课题)研究实施全过程的伦理管理,发布、传播和应用涉及科技伦理敏感问题的研究成果应当遵守有关规定、严谨审慎。

四、加强科技伦理治理制度保障

(一)制定完善科技伦理规范和标准。制定生命科学、医学、人工智能等重点领域的科技伦理规范、指南等,完善科技伦理相关标准,明确科技伦理要求,引导科技机构和科技人员合规开展科技活动。

(二)建立科技伦理审查和监管制度。明晰科技伦理审查和监管职责,完善科技伦理审查、风险处置、违规处理等规则流程。建立健全科技伦理(审查)委员会的设立标准、运行机制、登记制度、监管制度等,探索科技伦理(审查)委员会认证机制。

(三)提高科技伦理治理法治化水平。推动在科技创新的基础性立法中对科技伦理监管、违规查处等治理工作作出明确规定,在其他相关立法中落实科技伦理要求。"十四五"期间,重点加强生命科学、医学、人工智能等领域的科技伦理立法研究,及时推动将重要的科技伦理规范上升为国家法律法规。对法律已有明确规定的,要坚持严格执法、违法必究。

(四)加强科技伦理理论研究。支持相关机构、智库、社会团体、科技人员等开展科技伦理理论探索,加强对科技创新中伦理问题的前瞻研究,积极推动、参与国际科技伦理重大议题研讨和规则制定。

五、强化科技伦理审查和监管

(一)严格科技伦理审查。开展科技活动应进行科技伦理风险评估或审查。涉及人、实验动物的科技活动,应当按规定由本单位科技伦理(审查)委员会审查批准,不具备设立科技伦理(审查)委员会条件的单位,应委托其他单位科技伦理(审查)委员会开展审查。科技伦理(审查)委员会要坚持科学、独立、公正、透明原则,开展对科技活动的科技伦理审查、监督与指导,切实把好科技伦理关。探索建立专业性、区域性科技伦理审查中心。逐步建立科技伦理审查结果互认机制。

建立健全突发公共卫生事件等紧急状态下的科技伦理应急审查机制,完善应急审查的程序、规则等,做到快速响应。

(二)加强科技伦理监管。各地方、相关行业主管部门要细化完善本地方、本系统科技伦理监管框架和制度规范,加强对各单位科技伦理(审查)委员会和科技伦理高风险科技活动的监督管理,建立科技伦理高风险科技活动伦理审查结果专家复核机制,组织开展对重大科技伦理案件的调查处理,并利用典型案例加强警示教育。从事科技活动的单位要建立健全科技活动全流程科技伦理监管机制和审查质量控制、监督评价机制,加强对科技伦理高风险科技活动的动态跟踪、风险评估和伦理事件应急处置。国家科技伦理委员会研究制定科技伦理高风险科技活动清单。开展科技伦理高风险科技活动应按规定进行登记。

财政资金设立的科技计划(专项、基金等)应加强科技伦理监管,监管全面覆盖指南编制、审批立项、过程管理、结题验收、监督评估等各个环节。

加强对国际合作研究活动的科技伦理审查和监管。国际合作研究活动应符合合作各方所在国家的科技伦理管理要求,并通过合作各方所在国家的科技伦理审查。对存在科技伦理高风险的国际合作研究活动,由地方和相关行业主管部门组织专家对科技伦理审查结果开展复核。

(三)监测预警科技伦理风险。相关部门要推动高等学校、科研机构、医疗卫生机构、社会团体、企业等完善科技伦理风险监测预警机制,跟踪新兴科技发展前沿动态,对科技创新可能带来的规则冲突、社会风险、伦理挑战加强研判、提出对策。

(四)严肃查处科技伦理违法违规行为。高等学校、科研机构、医疗卫生机构、企业等是科技伦理违规行为单位内部调查处理的第一责任主体,应制定完善本单位调查处理相关规定,及时主动调查科技伦理违规行为,对情节严重的依法依规严肃追责问责;对单位及其负责人涉嫌科技伦理违规行为的,由上级主管部门调查处理。各地方、相关行业主管部门按照职责权限和隶属关系,加强对本地方、本系统科技伦理违规行为调查处理的指导和监督。

任何单位、组织和个人开展科技活动不得危害社会安全、公共安全、生物安全和生态安全,不得侵害人的生命安全、身心健康、人格尊严,不得侵犯科技活动参与者的知情权和选择权,不得资助违背科技伦理要求的科技活动。相关行业主管部门、资助机构或责任人所在单位要区分不同情况,依法依规对科技伦理违规行为责任人给予责令改正,停止相关科技活动,追回资助资金,撤销获得的奖励、荣誉,取消相关从业资格,禁止一定期限内承担或参与财政性资金支持的科技活动等处理。科技伦理违规行为责任人属于公职人员的依法依规给予处分,属于党员的依规依纪给予党纪处分;涉嫌犯罪的依法予以惩处。

六、深入开展科技伦理教育和宣传

(一)重视科技伦理教育。将科技伦理教育作为相关专业学科本专科生、研究生教育的重要内容,鼓励高等学校开设科技伦理教育相关课程,教育青年学生树立正确的科技伦理意识,遵守科技伦理要求。完善科技伦理人才培养机制,加快培养高素质、专业化的科技伦理人才队伍。

(二)推动科技伦理培训机制化。将科技伦理培训纳入科技人员入职培训、承担科研任务、学术交流研讨等活动,引导科技人员自觉遵守科技伦理要求,开展负责任的研究与创新。行业主管部门、各地方和相关单位应定期对科技伦理(审查)委员会成员开展培训,增强其履职能力,提升科技伦理审查质量和效率。

(三)抓好科技伦理宣传。开展面向社会公众的科技伦理宣传,推动公众提升科技伦理意识,理性对待科技伦理问题。鼓励科技人员就科技创新中的伦理问题与公众交流。对存在公众认知差异、可能带来科技伦理挑战的科技活动,相关单位及科技人员等应加强科学普及,引导公众科学对待。新闻媒体应自觉提高科技伦理素养,科学、客观、准确地报道科技伦理问题,同时要避免把科技伦理问题泛化。鼓励各类学会、协会、研究会等搭建科技伦理宣传交流平台,传播科技伦理知识。

各地区各有关部门要高度重视科技伦理治理,细化落实党中央、国务院关于健全科技伦理体系、加强科技伦理治理的各项部署,完善组织领导机制,明确分工,加强协作,扎实推进实施,有效防范科技伦理风险。相关行业主管部门和各地方要定期向国家科技伦理委员会报告履行科技伦理监管职责工作情况并接受监督。

湖北省实验动物生物安全风险管理指导性意见

鄂科技发基〔2022〕6 号

第一章　总　　则

第一条　为认真贯彻落实《中华人民共和国生物安全法》，切实加强实验动物生物安全风险管理，按照风险识别、风险评估、风险控制的原则，结合我省实际，制定本指导性意见。

第二条　本指导性意见适用于湖北省行政区域内与实验动物有关的科研、教学、生产、应用等活动，以及其他科学实验中涉及实验动物生物安全的风险管理。

第三条　实验动物设施负责人及其单位法人应对机构的实验动物生物安全负责。实验动物设施所在单位应设立具有生物安全管理职能的委员会。

应将涉及实验动物的生物安全知识及其相关的法律法规纳入教育培训内容。同时制定完善的安全管理体系文件以及生物安全风险评估方案和应急预案，并能有效实施。

第四条　各实验动物设施及其主管部门，应对实验动物的生产、运输、使用及废弃物无害化处理等全过程实施生物安全风险管理。

第二章　实验动物生产的生物安全风险管理

第五条　从事实验动物工作的单位应严格在许可范围内开展实验动物的生产、繁殖与供应工作，按要求开具实验动物质量合格证，不得超出生产许可范围。未取得许可证的单位不得从事实验动物的生产繁殖供应。

第六条　严格防止人兽共患病病原感染实验动物。14 天内来自传染病中高风险区域或动物疫源区的人员，以及体温异常或免疫力低下的人员禁止进入实验动物生产设施。

第七条　严格控制实验动物生产设施的环境参数，并且使动物居所空间符合国家标准。在设施运行过程中，应切实有效地降低设施内的粉尘和气溶胶浓度，以控制污染风险。

第八条　按照相关要求对实验动物的繁殖生产活动切实落实质量监测措施，并进行必要的免疫接种。实验动物的生产繁殖活动应进行详细记录和风险管理，使之来源清楚。

第九条　基因工程动物的制作、保存、繁殖，应进行相应的生物安全评估和福利伦理审查。

第三章　实验动物运输的生物安全风险管理

第十条　实验动物的国内运输应遵循国家有关活体动物运输的相关规定；国际运输应遵循相关规定，运输包装应符合 IATA（国际航空运输协会，International Air Transport Association，简称 IATA）的要求。运输动物应通过最直接的途径，本着安全、舒适、卫生的原则尽快完成。

第十一条　实验动物运输人员应经过专门培训，掌握有关的实验动物专业知识。

第十二条　陆地运输实验动物应使用专用运输工具。实验动物运输笼具应符合相应的实验动物微生物等级控制标准和要求，并能防止动物逃逸和其他动物进入。

第十三条　实验动物不应与可能感染微生物、有害寄生虫和伤害动物的物品混装运输。

第四章　实验动物使用的生物安全风险管理

第十四条　使用实验动物及其相关产品的实验活动应在许可范围内开展，并使用合格实验动物。离开实验动物设施的动物严禁返回原饲养区域。教学场所须对其开展的动物实验活动建立相应的生物安全风险管理应急预案。

第十五条　进入设施的人员必须经过实验动物专业技术培训,身体健康,年度体检合格,按照实验动物环境设施等级要求进行相应的个人防护。

第十六条　所有动物实验项目,应加强对其生物安全内容的审查。在实验动物设施内开展的项目,运行记录应完整详细,以便追溯。

第十七条　同一间实验室不得同时进行不同品种、不同等级的动物实验。

第十八条　感染病原体的动物实验项目应依据有关规定,在相应防护等级的生物安全实验室内进行。

第五章　实验动物废弃物的生物安全风险管理

第十九条　淘汰动物应安乐死后冷冻暂存,动物尸体及废弃物应无害化处理并明确记录,禁止将使用后的实验动物流入市场。

感染性动物尸体及实验废弃物按国家相关规定执行。

第二十条　实验动物机构应对其设施产生的废水、废气进行无害化处置,并采取措施防止污染环境。

第六章　应急处置管理

第二十一条　实验动物许可单位出现实验动物传染性疾病或人兽共患疾病疫情时,应当立即向辖区卫生健康、农业农村、科学技术等主管部门上报。

第二十二条　疫情发生单位应配合有关部门对其生物安全影响后果进行评估,必要时启动应急预案,并按照有关规定,采取有效措施,防止疫情扩散。

第七章　附　　则

第二十三条　本意见相关术语

1.实验动物是指经人工饲育,对其携带的微生物实行控制,遗传背景明确或者来源清楚的用于科学研究、教学、生产、检定以及其他科学实验的动物。

2.实验动物生物安全风险管理,包括实验动物生产、运输、使用以及动物尸体和废弃物处理各环节的风险识别、风险评估和风险防控。

第二十四条　本意见由省科技厅负责解释。

第二十五条　本意见自 2022 年 2 月 1 日起施行,有效期 5 年。

药物非临床研究质量管理规范

国家食品药品监督管理总局令(2017年第34号)

第一章 总 则

第一条 为保证药物非临床安全性评价研究的质量,保障公众用药安全,根据《中华人民共和国药品管理法》《中华人民共和国药品管理法实施条例》,制定本规范。

第二条 本规范适用于为申请药品注册而进行的药物非临床安全性评价研究。药物非临床安全性评价研究的相关活动应当遵守本规范。以注册为目的的其他药物临床前相关研究活动参照本规范执行。

第三条 药物非临床安全性评价研究是药物研发的基础性工作,应当确保行为规范,数据真实、准确、完整。

第二章 术语及其定义

第四条 本规范下列术语的含义如下。

(一)非临床研究质量管理规范,指有关非临床安全性评价研究机构运行管理和非临床安全性评价研究项目试验方案设计、组织实施、执行、检查、记录、存档和报告等全过程的质量管理要求。

(二)非临床安全性评价研究,指为评价药物安全性,在实验室条件下用实验系统进行的试验,包括安全药理学试验、单次给药毒性试验、重复给药毒性试验、生殖毒性试验、遗传毒性试验、致癌性试验、局部毒性试验、免疫原性试验、依赖性试验、毒代动力学试验以及与评价药物安全性有关的其他试验。

(三)非临床安全性评价研究机构(以下简称研究机构),指具备开展非临床安全性评价研究的人员、设施设备及质量管理体系等条件,从事药物非临床安全性评价研究的单位。

(四)多场所研究,指在不同研究机构或者同一研究机构中不同场所内共同实施完成的研究项目。该类研究项目只有一个试验方案、专题负责人,形成一个总结报告,专题负责人和实验系统所处的研究机构或者场所为"主研究场所",其他负责实施研究工作的研究机构或者场所为"分研究场所"。

(五)机构负责人,指按照本规范的要求全面负责某一研究机构的组织和运行管理的人员。

(六)专题负责人,指全面负责组织实施非临床安全性评价研究中某项试验的人员。

(七)主要研究者,指在多场所研究中,代表专题负责人在分研究场所实施试验的人员。

(八)委托方,指委托研究机构进行非临床安全性评价研究的单位或者个人。

(九)质量保证部门,指研究机构内履行有关非临床安全性评价研究工作质量保证职能的部门,负责对每项研究及相关的设施、设备、人员、方法、操作和记录等进行检查,以保证研究工作符合本规范的要求。

(十)标准操作规程,指描述研究机构运行管理以及试验操作的程序性文件。

(十一)主计划表,指在研究机构内帮助掌握工作量和跟踪研究进程的信息汇总。

(十二)试验方案,指详细描述研究目的及试验设计的文件,包括其变更文件。

(十三)试验方案变更,指在试验方案批准之后,针对试验方案的内容所做的修改。

(十四)偏离,指非故意的或者由不可预见的因素导致的不符合试验方案或者标准操作规程要求的情况。

(十五)实验系统,指用于非临床安全性评价研究的动物、植物、微生物以及器官、组织、细胞、基因等。

(十六)受试物/供试品,指通过非临床研究进行安全性评价的物质。

(十七)对照品,指与受试物进行比较的物质。

(十八)溶媒,指用以混合、分散或者溶解受试物、对照品,以便将其给予实验系统的媒介物质。

（十九）批号，指用于识别"批"的一组数字或者字母加数字，以保证受试物或者对照品的可追溯性。

（二十）原始数据，指在第一时间获得的，记载研究工作的原始记录和有关文书或者材料，或者经核实的副本，包括工作记录、各种照片、缩微胶片、计算机打印资料、磁性载体、仪器设备记录的数据等。

（二十一）标本，指来源于实验系统，用于分析、测定或者保存的材料。

（二十二）研究开始日期，指专题负责人签字批准试验方案的日期。

（二十三）研究完成日期，指专题负责人签字批准总结报告的日期。

（二十四）计算机化系统，指由计算机控制的一组硬件与软件，共同执行一个或者一组特定的功能。

（二十五）验证，指证明某流程能够持续满足预期目的和质量属性的活动。

（二十六）电子数据，指任何以电子形式表现的文本、图表、数据、声音、图像等信息，由计算机化系统来完成其建立、修改、备份、维护、归档、检索或者分发。

（二十七）电子签名，指用于代替手写签名的一组计算机代码，与手写签名具有相同的法律效力。

（二十八）稽查轨迹，指按照时间顺序对系统活动进行连续记录，该记录足以重建、回顾、检查系统活动的过程，以便于掌握可能影响最终结果的活动及操作环境的改变。

（二十九）同行评议，指为保证数据质量而采用的一种复核程序，由同一领域的其他专家学者对研究者的研究计划或者结果进行评审。

第三章　组织机构和人员

第五条　研究机构应当建立完善的组织管理体系，配备机构负责人、质量保证部门和相应的工作人员。

第六条　研究机构的工作人员至少应当符合下列要求：

（一）接受过与其工作相关的教育或者专业培训，具备所承担工作需要的知识、工作经验和业务能力；

（二）掌握本规范中与其工作相关的要求，并严格执行；

（三）严格执行与所承担工作有关的标准操作规程，对研究中发生的偏离标准操作规程的情况应当及时记录并向专题负责人或者主要研究者书面报告；

（四）严格执行试验方案的要求，及时、准确、清楚地记录原始数据，并对原始数据的质量负责，对研究中发生的偏离试验方案的情况应当及时记录并向专题负责人或者主要研究者书面报告；

（五）根据工作岗位的需要采取必要的防护措施，最大限度地降低工作人员的安全风险，同时确保受试物、对照品和实验系统不受化学性、生物性或者放射性污染；

（六）定期进行体检，出现健康问题时，为确保研究的质量，应当避免参与可能影响研究的工作。

第七条　机构负责人全面负责本研究机构的运行管理，至少应当履行以下职责：

（一）确保研究机构的运行管理符合本规范的要求；

（二）确保研究机构具有足够数量、具备资质的人员，以及符合本规范要求的设施、仪器设备及材料，以保证研究项目及时、正常地运行；

（三）确保建立工作人员的教育背景、工作经历、培训情况、岗位描述等资料，并归档保存，及时更新；

（四）确保工作人员清楚地理解自己的职责及所承担的工作内容，如有必要应当提供与这些工作相关的培训；

（五）确保建立适当的、符合技术要求的标准操作规程，并确保工作人员严格遵守标准操作规程，所有新建和修改后的标准操作规程需经机构负责人签字批准方可生效，其原始文件作为档案进行保存；

（六）确保在研究机构内制定质量保证计划，由独立的质量保证人员执行，并确保其按照本规范的要求履行质量保证职责；

（七）确保制定主计划表并及时进行更新，确保定期对主计划表归档保存，主计划表应当至少包括研究名称或者代号、受试物名称或者代号、实验系统、研究类型、研究开始时间、研究状态、专题负责人姓名、委托方，涉及多场所研究时，还应当包括分研究场所及主要研究者的信息，以便掌握研究机构内所有非临床安全性评价研究工作的进展及资源分配情况；

（八）确保在研究开始前为每个试验指定一名具有适当资质、经验和培训经历的专题负责人，专题负责人的更换应当按照规定的程序进行并予以记录；

（九）作为分研究场所的机构负责人，在多场所研究的情况下，应当指定一名具有适当资质、经验和培训经历的主要研究者负责相应的试验工作，主要研究者的更换应当按照规定的程序进行并予以记录；

（十）确保质量保证部门的报告被及时处理，并采取必要的纠正、预防措施；

（十一）确保受试物、对照品具备必要的质量特性信息，并指定专人负责受试物、对照品的管理；

（十二）指定专人负责档案的管理；

（十三）确保计算机化系统适用于其使用目的，并且按照本规范的要求进行验证、使用和维护；

（十四）确保研究机构根据研究需要参加必要的检测实验室能力验证和比对活动；

（十五）与委托方签订书面合同，明确各方职责；

（十六）在多场所研究中，分研究场所的机构负责人，应履行以上所述除第（八）项要求之外的所有责任。

第八条 研究机构应当设立独立的质量保证部门负责检查本规范的执行情况，以保证研究的运行管理符合本规范要求。

质量保证人员的职责至少应当包括以下几个方面：

（一）保存正在实施中的研究的试验方案及试验方案修改的副本、现行标准操作规程的副本，并及时获得主计划表的副本；

（二）审查试验方案是否符合本规范的要求，审查工作应当记录归档；

（三）根据研究的内容和持续时间制定检查计划，对每项研究实施检查，以确认所有研究均按照本规范的要求进行，并记录检查的内容、发现的问题、提出的建议等；

（四）定期检查研究机构的运行管理状况，以确认研究机构的工作按照本规范的要求进行；

（五）对检查中发现的任何问题、提出的建议应当跟踪检查并核实整改结果；

（六）以书面形式及时向机构负责人或者专题负责人报告检查结果，对于多场所研究，分研究场所的质量保证人员需将检查结果报告给其研究机构内的主要研究者和机构负责人，以及主研究场所的机构负责人、专题负责人和质量保证人员；

（七）审查总结报告，签署质量保证声明，明确陈述检查的内容和检查时间，以及检查结果报告给机构负责人、专题负责人、主要研究者（多场所研究情况下）的日期，以确认其准确完整地描述了研究的方法、程序、结果，真实全面地反映研究的原始数据；

（八）审核研究机构内所有现行标准操作规程，参与标准操作规程的制定和修改。

第九条 专题负责人对研究的执行和总结报告负责，其职责至少应当包括以下方面：

（一）以签署姓名和日期的方式批准试验方案和试验方案变更，并确保质量保证人员、试验人员及时获得试验方案和试验方案变更的副本；

（二）及时提出修订、补充标准操作规程相关的建议；

（三）确保试验人员了解试验方案和试验方案变更、掌握相应标准操作规程的内容，并遵守其要求，确保及时记录研究中发生的任何偏离试验方案或者标准操作规程的情况，并评估这些情况对研究数据的质量和完整性造成的影响，必要时应当采取纠正措施；

（四）掌握研究工作的进展，确保及时、准确、完整地记录原始数据；

（五）及时处理质量保证部门提出的问题，确保研究工作符合本规范的要求；

（六）确保研究中所使用的仪器设备、计算机化系统得到确认或者验证，且处于适用状态；

（七）确保研究中给予实验系统的受试物、对照品制剂得到充分的检测，以保证其稳定性、浓度或者均一性符合研究要求；

（八）确保总结报告真实、完整地反映了原始数据，并在总结报告中签署姓名和日期予以批准；

（九）确保试验方案、总结报告、原始数据、标本、受试物或者对照品的留样样品等所有与研究相关的材料完整地归档保存；

（十）在多场所研究中，确保试验方案和总结报告中明确说明研究所涉及的主要研究者、主研究场所、分研究场所分别承担的任务；

（十一）多场所研究中，确保主要研究者所承担部分的试验工作符合本规范的要求。

第四章 设 施

第十条 研究机构应当根据所从事的非临床安全性评价研究的需要建立相应的设施，并确保设施的环境条件满足工作的需要。各种设施应当布局合理、运转正常，并具有必要的功能划分和区隔，有效地避免可能对研究造成的干扰。

第十一条 具备能够满足研究需要的动物设施，并能根据需要调控温度、湿度、空气洁净度、通风和照明等环境条件。动物设施的条件应当与所使用的实验动物级别相符，其布局应当合理，避免实验系统、受试物、废弃物等之间发生相互污染。

动物设施应当符合以下要求：

（一）不同种属实验动物能够得到有效的隔离；

（二）同一种属不同研究的实验动物应能够得到有效的隔离，防止不同的受试物、对照品之间可能产生的交叉干扰；

（三）具备实验动物的检疫和患病实验动物的隔离、治疗设施；

（四）当受试物或者对照品含有挥发性、放射性或者生物危害性等物质时，研究机构应当为此研究提供单独的、有效隔离的动物设施，以避免对其他研究造成不利的影响；

（五）具备清洗消毒设施；

（六）具备饲料、垫料、笼具及其他实验用品的存放设施，易腐败变质的用品应当有适当的保管措施。

第十二条 与受试物和对照品相关的设施应当符合以下要求：

（一）具备受试物和对照品的接收、保管、配制及配制后制剂保管的独立房间或者区域，并采取必要的隔离措施，以避免受试物和对照品发生交叉污染或者相互混淆，相关的设施应当满足不同受试物、对照品对于储藏温度、湿度、光照等环境条件的要求，以确保受试物和对照品在有效期内保持稳定；

（二）受试物和对照品及其制剂的保管区域与实验系统所在的区域应当有效地隔离，以防止其对研究产生不利的影响；

（三）受试物和对照品及其制剂的保管区域应当有必要的安全措施，以确保受试物和对照品及其制剂在储藏保管期间的安全。

第十三条 档案保管的设施应当符合以下要求：

（一）防止未经授权批准的人员接触档案；

（二）计算机化的档案设施具备阻止未经授权访问和病毒防护等安全措施；

（三）根据档案储藏条件的需要配备必要的设备，有效地控制火、水、虫、鼠、电力中断等危害因素；

（四）对于有特定环境条件调控要求的档案保管设施，进行充分的监测。

第十四条 研究机构应当具备收集和处置实验废弃物的设施；对不在研究机构内处置的废弃物，应当具备暂存或者转运的条件。

第五章 仪器设备和实验材料

第十五条 研究机构应当根据研究工作的需要配备相应的仪器设备，其性能应当满足使用目的，放置地点合理，并定期进行清洁、保养、测试、校准、确认或者验证等，以确保其性能符合要求。

第十六条 用于数据采集、传输、储存、处理、归档等的计算机化系统（或者包含有计算机系统的设备）应当进行验证。计算机化系统所产生的电子数据应当有保存完整的稽查轨迹和电子签名，以确保数据的完整性和有效性。

第十七条 对于仪器设备,应当有标准操作规程详细说明各仪器设备的使用与管理要求,对仪器设备的使用、清洁、保养、测试、校准、确认或者验证以及维修等应当予以详细记录并归档保存。

第十八条 受试物和对照品的使用和管理应当符合下列要求:

(一)受试物和对照品应当有专人保管,有完善的接收、登记和分发的手续,每一批的受试物和对照品的批号、稳定性、含量或者浓度、纯度及其他理化性质应当有记录,对照品为市售商品时,可使用其标签或者说明书内容;

(二)受试物和对照品的储存保管条件应当符合其特定的要求,储存的容器在保管、分发、使用时应当有标签,标明品名、缩写名、代号或者化学文摘登记号(CAS)、批号、浓度或者含量、有效期和储存条件等信息;

(三)受试物和对照品在分发过程中应当避免污染或者变质,并记录分发、归还的日期和数量;

(四)当受试物和对照品需要与溶媒混合时,应当进行稳定性分析,确保受试物和对照品制剂处于稳定状态,并定期测定混合物制剂中受试物和对照品的浓度、均一性;

(五)试验持续时间超过四周的研究,所使用的每一个批号的受试物和对照品均应当留取足够的样本,以备重新分析的需要,并在研究完成后作为档案予以归档保存。

第十九条 实验室的试剂和溶液等均应当贴有标签,标明品名、浓度、储存条件、配制日期及有效期等。研究中不得使用变质或者过期的试剂和溶液。

第六章　实　验　系　统

第二十条 实验动物的管理应当符合下列要求:

(一)实验动物的使用应当关注动物福利,遵循"减少、替代和优化"的原则,试验方案实施前应当获得动物伦理委员会批准。

(二)详细记录实验动物的来源、到达日期、数量、健康情况等信息;新进入设施的实验动物应当进行隔离和检疫,以确认其健康状况满足研究的要求;研究过程中实验动物如出现患病等情况,应当及时给予隔离、治疗等处理,诊断、治疗等相应的措施应当予以记录。

(三)实验动物在首次给予受试物、对照品前,应当有足够的时间适应试验环境。

(四)实验动物应当有合适的个体识别标识,以避免实验动物的不同个体在移出或者移入时发生混淆。

(五)实验动物所处的环境及相关用具应当定期清洁、消毒以保持卫生。动物饲养室内使用的清洁剂、消毒剂及杀虫剂等,不得影响试验结果,并应当详细记录其名称、浓度、使用方法及使用的时间等。

(六)实验动物的饲料、垫料和饮水应当定期检验,确保其符合营养或者污染控制标准,其检验结果应当作为原始数据归档保存。

第二十一条 实验动物以外的其他实验系统的来源、数量(体积)、质量属性、接收日期等应当予以详细记录,并在合适的环境条件下保存和操作使用;使用前应当开展适用性评估,如出现质量问题应当给予适当的处理并重新评估其适用性。

第七章　标准操作规程

第二十二条 研究机构应当制定与其业务相适应的标准操作规程,以确保数据的可靠性。公开出版的教科书、文献、生产商制定的用户手册等技术资料可以作为标准操作规程的补充说明加以使用。需要制定的标准操作规程通常包括但不限于以下方面:

(一)标准操作规程的制定、修订和管理;

(二)质量保证程序;

(三)受试物和对照品的接收、标识、保存、处理、配制、领用及取样分析;

（四）动物房和实验室的准备及环境因素的调控；

（五）实验设施和仪器设备的维护、保养、校正、使用和管理等；

（六）计算机化系统的安全、验证、使用、管理、变更控制和备份；

（七）实验动物的接收、检疫、编号及饲养管理；

（八）实验动物的观察记录及试验操作；

（九）各种试验样品的采集、各种指标的检查和测定等操作技术；

（十）濒死或者死亡实验动物的检查、处理；

（十一）实验动物的解剖、组织病理学检查；

（十二）标本的采集、编号和检验；

（十三）各种试验数据的管理和处理；

（十四）工作人员的健康管理制度；

（十五）实验动物尸体及其他废弃物的处理。

第二十三条 标准操作规程及其修订版应当经过质量保证人员审查、机构负责人批准后方可生效。失效的标准操作规程除其原始文件归档保存之外，其余副本均应当及时销毁。

第二十四条 标准操作规程的制定、修订、批准、生效的日期及分发、销毁的情况均应当予以记录并归档保存。

第二十五条 标准操作规程的分发和存放应当确保工作人员使用方便。

第八章 研究工作的实施

第二十六条 每个试验均应当有名称或者代号，并在研究相关的文件资料及试验记录中统一使用该名称或者代号。试验中所采集的各种样本均应当标明该名称或者代号、样本编号和采集日期。

第二十七条 每项研究开始前，均应当起草一份试验方案，由质量保证部门对其符合本规范要求的情况进行审查并经专题负责人批准之后方可生效，专题负责人批准的日期作为研究的开始日期。接受委托的研究，试验方案应当经委托方认可。

第二十八条 需要修改试验方案时应当进行试验方案变更，并经质量保证部门审查，专题负责人批准。试验方案变更应当包含变更的内容、理由及日期，并与原试验方案一起保存。研究被取消或者终止时，试验方案变更应当说明取消或者终止的原因和终止的方法。

第二十九条 试验方案的主要内容应当包括：

（一）研究的名称或者代号，研究目的；

（二）所有参与研究的研究机构和委托方的名称、地址和联系方式；

（三）专题负责人和参加试验的主要工作人员姓名，多场所研究的情况下应当明确负责各部分试验工作的研究场所、主要研究者姓名及其所承担的工作内容；

（四）研究所依据的试验标准、技术指南或者文献以及研究遵守的非临床研究质量管理规范；

（五）受试物和对照品的名称、缩写名、代号、批号、稳定性、浓度或者含量、纯度、组分等有关理化性质及生物特性；

（六）研究用的溶媒、乳化剂及其他介质的名称、批号、有关的理化性质或者生物特性；

（七）实验系统及选择理由；

（八）实验系统的种、系、数量、年龄、性别、体重范围、来源、等级以及其他相关信息；

（九）实验系统的识别方法；

（十）试验的环境条件；

（十一）饲料、垫料、饮用水等的名称或者代号、来源、批号以及主要控制指标；

（十二）受试物和对照品的给药途径、方法、剂量、频率和用药期限及选择的理由；

（十三）各种指标的检测方法和频率；

（十四）数据统计处理方法；

（十五）档案的保存地点。

第三十条 参加研究的工作人员应当严格执行试验方案和相应的标准操作规程，记录试验产生的所有数据，并做到及时、直接、准确、清楚和不易消除，同时需注明记录日期、记录者签名。记录的数据需要修改时，应当保持原记录清楚可辨，并注明修改的理由及修改日期、修改者签名。电子数据的生成、修改应当符合以上要求。

研究过程中发生的任何偏离试验方案和标准操作规程的情况，都应当及时记录并报告给专题负责人，在多场所研究的情况下还应当报告给负责相关试验的主要研究者。专题负责人或者主要研究者应当评估对研究数据的可靠性造成的影响，必要时采取纠正措施。

第三十一条 进行病理学同行评议工作时，同行评议的计划、管理、记录和报告应当符合以下要求：

（一）病理学同行评议工作应当在试验方案或者试验方案变更中详细描述；

（二）病理学同行评议的过程，以及复查的标本和文件应当详细记录并可追溯；

（三）制定同行评议病理学家和专题病理学家意见分歧时的处理程序；

（四）同行评议后的结果与专题病理学家的诊断结果有重要变化时，应当在总结报告中论述说明；

（五）同行评议完成后由同行评议病理学家出具同行评议声明并签字注明日期；

（六）总结报告中应当注明同行评议病理学家的姓名、资质和单位。

第三十二条 所有研究均应当有总结报告。总结报告应当经质量保证部门审查，最终由专题负责人签字批准，批准日期作为研究完成的日期。研究被取消或者终止时，专题负责人应当撰写简要试验报告。

第三十三条 总结报告主要内容应当包括：

（一）研究的名称、代号及研究目的；

（二）所有参与研究的研究机构和委托方的名称、地址和联系方式；

（三）研究所依据的试验标准、技术指南或者文献以及研究遵守的非临床研究质量管理规范；

（四）研究起止日期；

（五）专题负责人、主要研究者以及参加工作的主要人员姓名和承担的工作内容；

（六）受试物和对照品的名称、缩写名、代号、批号、稳定性、含量、浓度、纯度、组分及其他质量特性、受试物和对照品制剂的分析结果，研究用的溶媒、乳化剂及其他介质的名称、批号、有关的理化性质或者生物特性；

（七）实验系统的种、系、数量、年龄、性别、体重范围、来源、实验动物合格证号、接收日期和饲养条件；

（八）受试物和对照品的给药途径、剂量、方法、频率和给药期限；

（九）受试物和对照品的剂量设计依据；

（十）各种指标的检测方法和频率；

（十一）分析数据所采用的统计方法；

（十二）结果和结论；

（十三）档案的保存地点；

（十四）所有影响本规范符合性、研究数据的可靠性的情况；

（十五）质量保证部门签署的质量保证声明；

（十六）专题负责人签署的、陈述研究符合本规范的声明；

（十七）多场所研究的情况下，还应当包括主要研究者签署姓名、日期的相关试验部分的报告。

第三十四条 总结报告被批准后，需要修改或者补充时，应当以修订文件的形式予以修改或者补充，详细说明修改或者补充的内容、理由，并经质量保证部门审查，由专题负责人签署姓名和日期予以批准。为了满足注册申报要求修改总结报告格式的情况不属于总结报告的修订。

第九章 质量保证

第三十五条 研究机构应当确保质量保证工作的独立性。质量保证人员不能参与具体研究的实施，或者承担可能影响其质量保证工作独立性的其他工作。

第三十六条 质量保证部门应当制定书面的质量保证计划，并指定执行人员，以确保研究机构的研究工作符合本规范的要求。

第三十七条 质量保证部门应当对质量保证活动制定相应的标准操作规程，包括质量保证部门的运行、质量保证计划及检查计划的制定、实施、记录和报告，以及相关资料的归档保存等。

第三十八条 质量保证检查可分为三种检查类型：

（一）基于研究的检查，该类检查一般基于特定研究项目的进度和关键阶段进行；

（二）基于设施的检查，该类检查一般基于研究机构内某个通用设施和活动（安装、支持服务、计算机系统、培训、环境监测、维护和校准等）进行；

（三）基于过程的检查，该类检查一般不基于特定研究项目，而是基于某个具有重复性质的程序或者过程来进行。

质量保证检查应当有过程记录和报告，必要时应当提供给监管部门检查。

第三十九条 质量保证部门应当对所有遵照本规范实施的研究项目进行审核并出具质量保证声明。质量保证声明应当包含完整的研究识别信息、相关质量保证检查活动以及报告的日期和阶段。任何对已完成总结报告的修改或者补充应当重新进行审核并签署质量保证声明。

第四十条 质量保证人员在签署质量保证声明前，应当确认试验符合本规范的要求，遵照试验方案和标准操作规程执行，确认总结报告准确、可靠地反映原始数据。

第十章 资料档案

第四十一条 专题负责人应当确保研究所有的资料，包括试验方案的原件、原始数据、标本、相关检测报告、留样受试物和对照品、总结报告的原件以及研究有关的各种文件，在研究实施过程中或者研究完成后及时归档，最长不超过两周，按标准操作规程的要求整理后，作为研究档案予以保存。

第四十二条 研究被取消或者终止时，专题负责人应当将已经生成的上述研究资料作为研究档案予以保存归档。

第四十三条 其他不属于研究档案范畴的资料，包括质量保证部门所有的检查记录及报告、主计划表、工作人员的教育背景、工作经历、培训情况、获准资质、岗位描述的资料、仪器设备及计算机化系统的相关资料、研究机构的人员组织结构文件、所有标准操作规程的历史版本文件、环境条件监测数据等，均应当定期归档保存。应当在标准操作规程中对具体的归档时限、负责人员提出明确要求。

第四十四条 档案应当由机构负责人指定的专人按标准操作规程的要求进行管理，并对其完整性负责，同时应当建立档案索引以便于检索。进入档案设施的人员需获得授权。档案设施中放入或者取出材料应当准确记录。

第四十五条 档案的保存期限应当满足以下要求：

（一）用于注册申报材料的研究，其档案保存期应当在药物上市后至少五年；

（二）未用于注册申报材料的研究（如终止的研究），其档案保存期为总结报告批准日后至少五年；

（三）其他不属于研究档案范畴的资料应当在其生成后保存至少十年。

第四十六条 档案保管期满时，可对档案采取包括销毁在内的必要处理，所采取的处理措施和过程应当按照标准操作规程进行，并有准确的记录。在可能的情况下，研究档案的处理应当得到委托方的同意。

第四十七条 对于质量容易变化的档案，如组织器官、电镜标本、血液涂片、受试物和对照品留样样品等，应当以能够进行有效评价为保存期限。对于电子数据，应当建立数据备份与恢复的标准操作规程，以确保其安全性、完整性和可读性,其保存期限应当符合本规范第四十五条的要求。

    第四十八条 研究机构出于停业等原因不再执行本规范的要求、且没有合法的继承者时,其保管的档案应当转移到委托方的档案设施或者委托方指定的档案设施中进行保管,直至档案最终的保管期限。接收转移档案的档案设施应当严格执行本规范的要求,对其接收的档案进行有效的管理并接受监管部门的监督。

第十一章　委　托　方

    第四十九条 委托方作为研究工作的发起者和研究结果的申报者,对用于申报注册的研究资料负责,并承担以下责任:

    (一)理解本规范的要求,尤其是机构负责人、专题负责人、主要研究者的职责要求;

    (二)委托非临床安全性评价研究前,通过考察等方式对研究机构进行评估,以确认其能够遵守本规范的要求进行研究;

    (三)在研究开始之前,试验方案应当得到委托方的认可;

    (四)告知研究机构受试物和对照品的相关安全信息,以确保研究机构采取必要的防护措施,避免人身健康和环境安全的潜在风险;

    (五)对受试物和对照品的特性进行检测的工作可由委托方、其委托的研究机构或者实验室完成,委托方应当确保其提供的受试物、对照品的特性信息真实、准确;

    (六)确保研究按照本规范的要求实施。

第十二章　附　　则

    第五十条 本规范自 2017 年 9 月 1 日起施行,2003 年 8 月 6 日发布的《药物非临床研究质量管理规范》(原国家食品药品监督管理局令第 2 号)同时废止。

病原微生物实验室生物安全通用准则（节选）

中华人民共和国卫生行业标准（WS 233—2017）

前　　言

本标准全部为强制性条款。

本标准按照 GB/T 1.1—2009 给出的规则起草。

本标准代替 WS 233—2002《微生物和生物医学实验室生物安全通用准则》。本标准自实施之日起，WS 233—2002 同时废止。

本标准与 WS 233—2002 相比，主要修改如下：

——修改了术语和定义部分（见第 2 章，2002 年版的第 3 章）；

——修改了实验室生物安全防护的基本原则、要求，从实验室的设施、设计、环境、仪器设备、人员管理、操作规范、消毒灭菌等进行细致规范（见第 4、5、6、7 章，2002 年版的第 4、5、6、7 章）；

——修改了风险评估和风险控制（见第 5 章，2002 年版的 4.7）；

——增加了加强型 BSL-2 实验室（见 6.3.2）；

——修改了脊椎动物实验室的生物安全设计原则、基本要求等（见 6.6.1、6.6.2、6.6.3、6.6.4，2002 年版的第 7 章）；

——增加了无脊椎动物实验室生物安全的基本要求（见 6.6.5）；

——增加了消毒与灭菌（见 7.7）；

——删除了 2002 年版的附录（见 2002 年版的附录 A、附录 B、附录 C）；

本标准起草单位：中国疾病预防控制中心病毒病预防控制所、中国疾病预防控制中心、中国疾病预防控制中心传染病预防控制所、中国医学科学院医学实验动物研究所、中国医学科学院病原生物学研究所、复旦大学、军事医学科学院微生物流行病研究所、中国科学院武汉病毒研究所、天津国家生物防护装备工程技术研究中心、山东省疾病预防控制中心、福建省疾病预防控制中心、江苏省疾病预防控制中心、中国合格评定国家认可中心。

本标准主要起草人：武桂珍、赵赤鸿、韩俊、王贵杰、瞿涤、魏强、李振军、秦川、魏强、王健伟、祁建城、毕振强、梁米芳、林仲、史智扬、陈宗胜、翟培军、王荣、张曙霞。

本标准所代替标准的历史版本发布情况为：

——WS 233—2002。

1　范围

本标准规定了病原微生物实验室生物安全防护的基本原则、分级和基本要求。

本标准适用于开展微生物相关的研究、教学、检测、诊断等活动实验室。

2　术语与定义

下列术语和定义适用于本文件。

2.1　实验室生物安全 laboratory biosafety

实验室的生物安全条件和状态不低于容许水平，可避免实验室人员、来访人员、社区及环境受到不可接受的损害，符合相关法规、标准等对实验室生物安全责任的要求。

2.2　风险 risk

危险发生的概率及其后果严重性的综合。

2.3 风险评估 risk assessment

评估风险大小以及确定是否可接受的全过程。

2.4 风险控制 risk control

为降低风险而采取的综合措施。

2.5 个体防护装备 personal protective equipment;PPE

防止人员个体受到生物性、化学性或物理性等危险因子伤害的器材和用品。

2.6 生物安全柜 biosafety cabinet;BSC

具备气流控制及高效空气过滤装置的操作柜,可有效降低病原微生物或生物实验过程中产生的有害气溶胶对操作者和环境的危害。

2.7 气溶胶 aerosols

悬浮于气体介质中的粒径一般为 $0.001 \sim 100 \mu m$ 的固态或液态微小粒子形成的相对稳定的分散体系。

2.8 生物安全实验室 biosafety laboratory

通过防护屏障和管理措施,达到生物安全要求的病原微生物实验室。

2.9 实验室防护区 laboratory containment area

实验室的物理分区,该区域内生物风险相对较大,需对实验室的平面设计、围护结构的密闭性、气流,以及人员进入、个体防护等进行控制的区域。

2.10 实验室辅助工作区 non-contamination zone

实验室辅助工作区,是指生物风险相对较小的区域,也指生物安全实验室中防护区以外的区域。

2.11 核心工作间 core area

核心工作间,是生物安全实验室中开展实验室活动的主要区域,通常是指生物安全柜或动物饲养和操作间所在的房间。

2.12 加强型生物安全二级实验室 enhanced biosafety level 2 laboratory

在普通型生物安全二级实验室的基础上,通过机械通风系统等措施加强实验室生物安全防护要求的实验室。

2.13 事故 accident

造成人员及动物感染、伤害、死亡,或设施设备损坏,以及其他损失的意外情况。

2.14 事件 incident

导致或可能导致事故的情况。

2.15 高效空气过滤器(HEPA 过滤器)high efficiency particulate air filter

通常以 $0.3 \mu m$ 微粒为测试物,在规定的条件下滤除效率高于 99.97% 的空气过滤器。

2.16 气锁 air lock

具备机械送排风系统、整体消毒灭菌条件、化学喷淋(适用时)和压力可监控的气密室,其门具有互锁功能,不能同时处于开启状态。

3 病原微生物危害程度分类

根据病原微生物的传染性、感染后对个体或者群体的危害程度,将病原微生物分为四类:

a)第一类病原微生物,是指能够引起人类或者动物非常严重疾病的微生物,以及我国尚未发现或者已经宣布消灭的微生物;

b)第二类病原微生物,是指能够引起人类或者动物严重疾病,比较容易直接或者间接在人与人、动物与人、动物与动物间传播的微生物;

c)第三类病原微生物,是指能够引起人类或者动物疾病,但一般情况下对人、动物或者环境不构成严重危害,传播风险有限,实验室感染后很少引起严重疾病,并且具备有效治疗和预防措施的微生物;

d)第四类病原微生物,是指在通常情况下不会引起人类或者动物疾病的微生物。

注1:第一类、第二类病原微生物统称为高致病性病原微生物。

4　实验室生物安全防护水平分级与分类

4.1　分级

4.1.1　根据实验室对病原微生物的生物安全防护水平,并依照实验室生物安全国家标准的规定,将实验室分为一级(biosafety level 1,BSL-1)、二级(BSL-2)、三级(BSL-3)、四级(BSL-4)。

4.1.2　生物安全防护水平为一级的实验室适用于操作在通常情况下不会引起人类或者动物疾病的微生物。

4.1.3　生物安全防护水平为二级的实验室适用于操作能够引起人类或者动物疾病,但一般情况下对人、动物或者环境不构成严重危害,传播风险有限,实验室感染后很少引起严重疾病,并且具备有效治疗和预防措施的微生物。按照实验室是否具备机械通风系统,将 BSL-2 实验室分为普通型 BSL-2 实验室、加强型 BSL-2 实验室。

4.1.4　生物安全防护水平为三级的实验室适用于操作能够引起人类或者动物严重疾病,比较容易直接或者间接在人与人、动物与人、动物与动物间传播的微生物。

4.1.5　生物安全防护水平为四级的实验室适用于操作能够引起人类或者动物非常严重疾病的微生物,我国尚未发现或者已经宣布消灭的微生物。

4.2　分类

4.2.1　以 BSL-1、BSL-2、BSL-3、BSL-4 表示仅从事体外操作的实验室的相应生物安全防护水平。

4.2.2　以 ABSL-1(animal biosafety level 1,ABSL-1)、ABSL-2、ABSL-3、ABSL-4 表示包括从事动物活体操作的实验室的相应生物安全防护水平。

4.2.3　动物生物安全实验室分为从事脊椎动物和无脊椎动物实验活动的实验室。

4.2.4　根据实验活动、采用的个体防护装备和基础隔离设施的不同,实验室分为:

a)操作通常认为非经空气传播致病性生物因子的实验室;

b)可有效利用安全隔离装置(如:Ⅱ级生物安全柜)操作常规量经空气传播致病性生物因子的实验室;

c)不能有效利用安全隔离装置操作常规量经空气传播致病性生物因子的实验室;

d)利用具有生命支持系统的正压服操作常规量经空气传播致病性生物因子的实验室;

e)利用具有Ⅲ级生物安全柜操作常规量经空气传播致病性生物因子的实验室。

5　风险评估与风险控制

5.1　总则

实验室应建立并维持风险评估和风险控制制度,应明确实验室持续进行风险识别、风险评估和风险控制的具体要求(参见附录 A)。

5.2　风险识别

当实验活动涉及致病性生物因子时,应识别但不限于 5.2.a)至 5.2.j)所述的风险因素:

a)实验活动涉及致病性生物因子的已知或未知的特性,如:

1)危害程度分类;

2)生物学特性;

3)传播途径和传播力;

4)感染性和致病性:易感性、宿主范围、致病所需的量、潜伏期、临床症状、病程、预后等;

5)与其他生物和环境的相互作用、相关实验数据、流行病学资料;

6)在环境中的稳定性;

7）预防、治疗和诊断措施，包括疫苗、治疗药物与感染检测用诊断试剂。

b）涉及致病性生物因子的实验活动，如：

1）菌（毒）种及感染性物质的领取、转运、保存、销毁等；

2）分离、培养、鉴定、制备等操作；

3）易产生气溶胶的操作，如离心、研磨、振荡、匀浆、超声、接种、冷冻干燥等；

4）锐器的使用，如注射针头、解剖器材、玻璃器皿等。

c）实验活动涉及遗传修饰生物体（GMOs）时，应考虑重组体引起的危害。

d）涉及致病性生物因子的动物饲养与实验活动：

1）抓伤、咬伤；

2）动物毛屑、呼吸产生的气溶胶；

3）解剖、采样、检测等；

4）排泄物、分泌物、组织/器官/尸体、垫料、废物处理等；

5）动物笼具、器械、控制系统等可能出现故障。

e）感染性废物处置过程中的风险：

1）废物容器、包装、标识；

2）收集、消毒、储存、运输等；

3）感染性废物的泄漏；

4）灭菌的可靠性；

5）设施外人群可能接触到感染性废物的风险。

f）实验活动安全管理的风险，包括但不限于：

1）消除、减少或控制风险的管理措施和技术措施，及采取措施后残余风险或带来的新风险；

2）运行经验和风险控制措施，包括与设施、设备有关的管理程序、操作规程、维护保养规程等的潜在风险；

3）实施应急措施时可能引起的新的风险。

g）涉及致病性生物因子实验活动的相关人员：

1）专业及生物安全知识、操作技能；

2）对风险的认知；

3）心理素质；

4）专业及生物安全培训状况；

5）意外事件/事故的处置能力；

6）健康状况；

7）健康监测、医疗保障及医疗救治；

8）对外来实验人员安全管理及提供的保护措施。

h）实验室设施、设备：

1）生物安全柜、离心机、摇床、培养箱等；

2）废物、废水处理设施、设备；

3）个体防护装备；

适用时，包括：

1）防护区的密闭性、压力、温度与气流控制；

2）互锁、密闭门以及门禁系统；

3）与防护区相关联的通风空调系统及水、电、气系统等；

4）安全监控和报警系统；

5）动物饲养、操作的设施设备；

6)菌(毒)种及样本保藏的设施设备；

7)防辐射装置；

8)生命支持系统、正压防护服、化学淋浴装置等。

i)实验室生物安保制度和安保措施，重点识别所保藏的或使用的致病性生物因子被盗、滥用和恶意释放的风险。

j)已发生的实验室感染事件的原因分析。

5.3 风险评估

5.3.1 风险评估应以国家法律、法规、标准、规范，以及权威机构发布的指南、数据等为依据。对已识别的风险进行分析，形成风险评估报告。

5.3.2 风险评估应由具有经验的不同领域的专业人员(不限于本机构内部的人员)进行。

5.3.3 实验室应在5.2的基础上，并结合但不限于以下情况进行风险评估：

a)病原体生物学特性或防控策略发生变化时；

b)开展新的实验活动或变更实验活动(包括设施、设备、人员、活动范围、规程等)；

c)操作超常规量或从事特殊活动；

d)本实验室或同类实验室发生感染事件、感染事故；

e)相关政策、法规、标准等发生改变。

5.4 风险评估报告

5.4.1 风险评估报告的内容至少应包括：实验活动(项目计划)简介、评估目的、评估依据、评估方法/程序、评估内容、评估结论。

5.4.2 风险评估报告应注明评估时间及编审人员。

5.4.3 风险评估报告应经实验室设立单位批准。

5.5 风险控制

5.5.1 依据风险评估结论采取相应的风险控制措施。

5.5.2 采取风险控制措施时宜优先考虑控制风险源，再考虑采取其他措施降低风险。

6 实验室设施和设备要求

6.1 实验室设计原则和基本要求

6.1.1 实验室选址、设计和建造应符合国家和地方建设规划、生物安全、环境保护和建筑技术规范等规定和要求。

6.1.2 实验室的设计应保证对生物、化学、辐射和物理等危险源的防护水平控制在经过评估的可接受程度，防止危害环境。

6.1.3 实验室的建筑结构应符合国家有关建筑规定。

6.1.4 在充分考虑生物安全实验室地面、墙面、顶板、管道、橱柜等在消毒、清洁、防滑、防渗漏、防积尘等方面特殊要求的基础上，从节能、环保、安全和经济性等多方面综合考虑，选用适当的符合国家标准要求的建筑材料。

6.1.5 实验室的设计应充分考虑工作方便、流程合理、人员舒适等问题。

6.1.6 实验室内温度、湿度、照度、噪声和洁净度等室内环境参数应符合工作要求，以及人员舒适性、卫生学等要求。

6.1.7 实验室的设计在满足工作要求、安全要求的同时，应充分考虑节能和冗余。

6.1.8 实验室的走廊和通道应不妨碍人员和物品通过。

6.1.9 应设计紧急撤离路线，紧急出口处应有明显的标识。

6.1.10 房间的门根据需要安装门锁，门锁应便于内部快速打开。

6.1.11 实验室应根据房间或实验间在用、停用、消毒、维护等不同状态时的需要，采取适当的警示和进入限制措施,如警示牌、警示灯、警示线、门禁等。

6.1.12 实验室的安全保卫应符合国家相关部门对该级别实验室的安全管理规定和要求。

6.1.13 应根据生物材料、样本、药品、化学品和机密资料等被误用、被盗和被不正当使用的风险评估,采取相应的物理防范措施。

6.1.14 应有专门设计以确保存储、转运、收集、处理和处置危险物料的安全。

6.2 BSL-1 实验室

6.2.1 应为实验室仪器设备的安装、清洁和维护、安全运行提供足够的空间。

6.2.2 实验室应有足够的空间和台柜等摆放实验室设备和物品。

6.2.3 在实验室的工作区外应当有存放外衣和私人物品的设施,应将个人服装与实验室工作服分开放置。

6.2.4 进食、饮水和休息的场所应设在实验室的工作区外。

6.2.5 实验室墙壁、顶板和地板应当光滑、易清洁、防渗漏并耐化学品和消毒剂的腐蚀。地面应防滑,不得在实验室内铺设地毯。

6.2.6 实验室台(桌)柜和座椅等应稳固和坚固,边角应圆滑。实验台面应防水,并能耐受中等程度的热、有机溶剂、酸碱、消毒剂及其他化学剂。

6.2.7 应根据工作性质和流程合理摆放实验室设备、台柜、物品等,避免相互干扰、交叉污染,并应不妨碍逃生和急救。台(桌)柜和设备之间应有足够的间距,以便于清洁。

6.2.8 实验室应设洗手池,水龙头开关宜为非手动式,宜设置在靠近出口处。

6.2.9 实验室的门应有可视窗并可锁闭,并达到适当的防火等级,门锁及门的开启方向应不妨碍室内人员逃生。

6.2.10 实验室可以利用自然通风,开启窗户应安装防蚊虫的纱窗。如果采用机械通风,应避免气流流向导致的污染和避免污染气流在实验室之间或与其他区域之间串通而造成交叉污染。

6.2.11 应保证实验室内有足够的照明,避免不必要的反光和闪光。

6.2.12 实验室涉及刺激性或腐蚀性物质的操作,应在 30 m 内设洗眼装置,风险较大时应设紧急喷淋装置。

6.2.13 若涉及使用有毒、刺激性、挥发性物质,应配备适当的排风柜(罩)。

6.2.14 若涉及使用高毒性、放射性等物质,应配备相应的安全设施设备和个体防护装备,应符合国家、地方的相关规定和要求。

6.2.15 若使用高压气体和可燃气体,应有安全措施,应符合国家、地方的相关规定和要求。

6.2.16 应有可靠和足够的电力供应,确保用电安全。

6.2.17 应设应急照明装置,同时考虑合适的安装位置,以保证人员安全离开实验室。

6.2.18 应配备足够的固定电源插座,避免多台设备使用共同的电源插座。应有可靠的接地系统,应在关键节点安装漏电保护装置或监测报警装置。

6.2.19 应满足实验室所需用水。

6.2.20 给水管道应设置倒流防止器或其他有效的防止回流污染的装置;给排水系统应不渗漏,下水应有防回流设计。

6.2.21 应配备适用的应急器材,如消防器材、意外事故处理器材、急救器材等。

6.2.22 应配备适用的通信设备。

6.2.23 必要时,可配备适当的消毒、灭菌设备。

6.3 BSL-2 实验室

6.3.1 普通型 BSL-2 实验室

6.3.1.1 适用时,应符合 6.2 的要求。

6.3.1.2 实验室主入口的门、放置生物安全柜实验间的门应可自动关闭;实验室主入口的门应有进入控制措施。

6.3.1.3 实验室工作区域外应有存放备用物品的条件。

6.3.1.4 应在实验室或其所在的建筑内配备压力蒸汽灭菌器或其他适当的消毒、灭菌设备,所配备的消毒、灭菌设备应以风险评估为依据。

6.3.1.5 应在实验室工作区配备洗眼装置,必要时,应在每个工作间配备洗眼装置。

6.3.1.6 应在操作病原微生物及样本的实验区内配备二级生物安全柜。

6.3.1.7 应按产品的设计、使用说明书的要求安装和使用生物安全柜。

6.3.1.8 如果使用管道排风的生物安全柜,应通过独立于建筑物其他公共通风系统的管道排出。

6.3.1.9 实验室入口应有生物危害标识,出口应有逃生发光指示标识。

6.3.2 加强型 BSL-2 实验室

6.3.2.1 适用时,应符合 6.3.1 的要求。

6.3.2.2 加强型 BSL-2 实验室应包含缓冲间和核心工作间。

6.3.2.3 缓冲间可兼作防护服更换间。必要时,可设置准备间和洗消间等。

6.3.2.4 缓冲间的门宜能互锁。如果使用互锁门,应在互锁门的附近设置紧急手动互锁解除开关。

6.3.2.5 实验室应设洗手池;水龙头开关应为非手动式,宜设置在靠近出口处。

6.3.2.6 采用机械通风系统,送风口和排风口应采取防雨、防风、防杂物、防昆虫及其他动物的措施,送风口应远离污染源和排风口。排风系统应使用高效空气过滤器。

6.3.2.7 核心工作间内送风口和排风口的布置应符合定向气流的原则,利于减少房间内的涡流和气流死角。

6.3.2.8 核心工作间气压相对于相邻区域应为负压,压差宜不低于 10 Pa。在核心工作间入口的显著位置,应安装显示房间负压状况的压力显示装置。

6.3.2.9 应通过自动控制措施保证实验室压力及压力梯度的稳定性,并可对异常情况报警。

6.3.2.10 实验室的排风应与送风连锁,排风先于送风开启,后于送风关闭。

6.3.2.11 实验室应有措施防止产生对人员有害的异常压力,围护结构应能承受送风机或排风机异常时导致的空气压力载荷。

6.3.2.12 核心工作间温度 18~26 ℃,噪音应低于 68 dB。

6.3.2.13 实验室内应配置压力蒸汽灭菌器,以及其他适用的消毒设备。

6.4 BSL-3 实验室

6.4.1 要求

适用时,应符合 6.3 的要求。

6.4.2 平面布局

6.4.2.1 实验室应在建筑物中自成隔离区或为独立建筑物,应有出入控制。

6.4.2.2 实验室应明确区分辅助工作区和防护区。防护区中直接从事高风险操作的工作间为核心工作间,人员应通过缓冲间进入核心工作间。

6.4.2.3 对于操作通常认为非经空气传播致病性生物因子的实验室,实验室辅助工作区应至少包括监控室和清洁衣物更换间;防护区应至少包括缓冲间及核心工作间。

6.4.2.4 对于可有效利用安全隔离装置(如:生物安全柜)操作常规量经空气传播致病性生物因子的实验室,实验室辅助工作区应至少包括监控室、清洁衣物更换间和淋浴间;防护区应至少包括防护服更换间、缓冲间及核心工作间。实验室核心工作间不宜直接与其他公共区域相邻。

6.4.2.5 可根据需要安装传递窗。如果安装传递窗,其结构承压力及密闭性应符合所在区域的要求,以保证围护结构的完整性,并应具备对传递窗内物品表面进行消毒的条件。

6.4.2.6 应充分考虑生物安全柜、双扉压力蒸汽灭菌器等大设备进出实验室的需要,实验室应设有尺寸足够的设备门。

6.4.3 围护结构

6.4.3.1 实验室宜按甲类建筑设防,耐火等级应符合相关标准要求。

6.4.3.2 实验室防护区内围护结构的内表面应光滑、耐腐蚀、不开裂、防水,所有缝隙和贯穿处的接缝都应可靠密封,应易清洁和消毒。

6.4.3.3 实验室防护区内的地面应防渗漏、完整、光洁、防滑、耐腐蚀、不起尘。

6.4.3.4 实验室内所有的门应可自动关闭,需要时,应设观察窗;门的开启方向不应妨碍逃生。

6.4.3.5 实验室内所有窗户应为密闭窗,玻璃应耐撞击、防破碎。

6.4.3.6 实验室及设备间的高度应满足设备的安装要求,应有维修和清洁空间。

6.4.3.7 实验室防护区的顶棚上不得设置检修口等。

6.4.3.8 在通风系统正常运行状态下,采用烟雾测试法检查实验室防护区内围护结构的严密性时,所有缝隙应无可见泄漏。

6.4.4 通风空调系统

6.4.4.1 应安装独立的实验室送排风系统,确保在实验室运行时气流由低风险区向高风险区流动,同时确保实验室空气通过 HEPA 过滤器过滤后排出室外。

6.4.4.2 实验室空调系统的设计应充分考虑生物安全柜、离心机、二氧化碳培养箱、冰箱、压力蒸汽灭菌器、紧急喷淋装置等设备的冷、热、湿负荷。

6.4.4.3 实验室防护区房间内送风口和排风口的布置应符合定向气流的原则,利于减少房间内的涡流和气流死角;送排风应不影响其他设备的正常功能,在生物安全柜操作面或其他有气溶胶发生地点的上方不得设送风口。

6.4.4.4 不得循环使用实验室防护区排出的空气,不得在实验室防护区内安装分体空调等在室内循环处理空气的设备。

6.4.4.5 应按产品的设计要求和使用说明安装生物安全柜和其排风管道系统。

6.4.4.6 实验室的送风应经过初效、中效过滤器和 HEPA 过滤器过滤。

6.4.4.7 实验室防护区室外排风口应设置在主导风的下风向,与新风口的直线距离应大于 12 m,并应高于所在建筑的屋面 2 m 以上,应有防风、防雨、防鼠、防虫设计,但不应影响气体向上空排放。

6.4.4.8 HEPA 过滤器的安装位置应尽可能靠近送风管道(在实验室内的送风口端)和排风管道(在实验室内的排风口端)。

6.4.4.9 应可以在原位对排风 HEPA 过滤器进行消毒和检漏。

6.4.4.10 如在实验室防护区外使用高效过滤器单元,其结构应牢固,应能承受 2500 Pa 的压力;高效过滤器单元的整体密封性应达到在关闭所有通路并维持腔室内的温度稳定的条件下,若使空气压力维持在 1000 Pa 时,腔室内每分钟泄漏的空气量应不超过腔室净容积的 0.1%。

6.4.4.11 应在实验室防护区送风和排风管道的关键节点安装密闭阀,必要时,可完全关闭。

6.4.4.12 实验室的排风管道应采用耐腐蚀、耐老化、不吸水的材料制作,宜使用不锈钢管道。密闭阀与实验室防护区相通的送风管道和排风管道应牢固、气密、易消毒,管道的密封性应达到在关闭所有通路并维持管道内的温度稳定的条件下,若使空气压力维持在 500 Pa 时,管道内每分钟泄漏的空气量应不超过管道内净容积的 0.2%。

6.4.4.13 排风机应一用一备。应尽可能减少排风机后排风管道正压段的长度,该段管道不应穿过其他房间。

6.4.5 供水与供气系统

6.4.5.1 应在实验室防护区靠近实验间出口处设置非手动洗手设施;如果实验室不具备供水条件,应设非手动手消毒装置。

6.4.5.2 应在实验室的给水与市政给水系统之间设防回流装置或其他有效的防止倒流污染的装置,且这些装置应设置在防护区外,宜设置在防护区围护结构的边界处。

6.4.5.3　进出实验室的液体和气体管道系统应牢固、不渗漏、防锈、耐压、耐温（冷或热）、耐腐蚀。应有足够的空间清洁、维护和维修实验室内暴露的管道，应在关键节点安装截止阀、防回流装置或 HEPA 过滤器等。

6.4.5.4　如果有供气（液）罐等，应放在实验室防护区外易更换和维护的位置，安装牢固，不应将不相容的气体或液体放在一起。

6.4.5.5　如果有真空装置，应有防止真空装置的内部被污染的措施；不应将真空装置安装在实验场所之外。

6.4.6　污物处理及消毒系统

6.4.6.1　应在实验室防护区内设置符合生物安全要求的压力蒸汽灭菌器。宜安装生物安全型的双扉压力蒸汽灭菌器，其主体应安装在易维护的位置，与围护结构的连接之处应可靠密封。

6.4.6.2　对实验室防护区内不能使用压力蒸汽灭菌的物品应有其他消毒、灭菌措施。

6.4.6.3　压力蒸汽灭菌器的安装位置不应影响生物安全柜等安全隔离装置的气流。

6.4.6.4　可根据需要设置传递物品的渡槽。如果设置传递物品的渡槽，应使用强度符合要求的耐腐蚀性材料，并方便更换消毒液；渡槽与围护结构的连接之处应可靠密封。

6.4.6.5　地面液体收集系统应有防液体回流的装置。

6.4.6.6　进出实验室的液体和气体管道系统应牢固、不渗漏、防锈、耐压、耐温（冷或热）、耐腐蚀。排水管道宜明设，并应有足够的空间清洁、维护和维修实验室内暴露的管道。在发生意外的情况下，为减少污染范围，利于设备的检修和维护，应在关键节点安装截止阀。

6.4.6.7　实验室防护区内如果有下水系统，应与建筑物的下水系统完全隔离；下水应直接通向本实验室专用的污水处理系统。

6.4.6.8　所有下水管道应有足够的倾斜度和排量，确保管道内不存水；管道的关键节点应按需要安装防回流装置、存水弯（深度应适用于空气压差的变化）或密闭阀门等；下水系统应符合相应的耐压、耐热、耐化学腐蚀的要求，安装牢固，无泄漏，便于维护、清洁和检查。

6.4.6.9　实验室排水系统应单独设置通气口，通气口应设 HEPA 过滤器或其他可靠的消毒装置，同时应保证通气口处通风良好。如通气口设置 HEPA 过滤器，则应可以在原位对 HEPA 过滤器进行消毒和检漏。

6.4.6.10　实验室应以风险评估为依据，确定实验室防护区污水（包括污物）的消毒方法；应对消毒效果进行监测，确保每次消毒的效果。

6.4.6.11　实验室辅助区的污水经处理达标后方可排放市政管网处。

6.4.6.12　应具备对实验室防护区、设施设备及与其直接相通的管道进行消毒的条件。

6.4.6.13　应在实验室防护区可能发生生物污染的区域（如生物安全柜、离心机附近等）配备便携的消毒装置，同时应备有足够的适用消毒剂。当发生意外时，及时进行消毒处理。

6.4.7　电力供应系统

6.4.7.1　电力供应应按一级负荷供电，满足实验室的用电要求，并应有冗余。

6.4.7.2　生物安全柜、送风机和排风机、照明、自控系统、监视和报警系统等应配备不间断备用电源，电力供应至少维持 30 min。

6.4.7.3　应在实验室辅助工作区安全的位置设置专用配电箱，其放置位置应考虑人员误操作的风险、恶意破坏的风险及受潮湿、水灾侵害等风险。

6.4.8　照明系统

6.4.8.1　实验室核心工作间的照度应不低于 350 lx，其他区域的照度应不低于 200 lx，宜采用吸顶式密闭防水洁净照明灯。

6.4.8.2　应避免过强的光线和光反射。

6.4.8.3　应设应急照明系统以及紧急发光疏散指示标识。

6.4.9 自控、监视与报警系统

6.4.9.1 实验室自动化控制系统应由计算机中央控制系统、通信控制器和现场执行控制器等组成。应具备自动控制和手动控制的功能,应急手动应有优先控制权,且应具备硬件联锁功能。

6.4.9.2 实验室自动化控制系统应保证实验室防护区内定向气流的正确及压力压差的稳定。

6.4.9.3 实验室通风系统联锁控制程序应先启动排风,后启动送风;关闭时,应先关闭送风及密闭阀,后关排风及密闭阀。

6.4.9.4 通风系统应与Ⅱ级B型生物安全柜、排风柜(罩)等局部排风设备连锁控制,确保实验室稳定运行,并在实验室通风系统开启和关闭过程中保持有序的压力梯度。

6.4.9.5 当排风系统出现故障时,应先将送风机关闭,待备用排风机启动后,再启动送风机,避免实验室出现正压。

6.4.9.6 当送风系统出现故障时,应有效控制实验室负压在可接受范围内,避免影响实验室人员安全、生物安全柜等安全隔离装置的正常运行和围护结构的安全。

6.4.9.7 应能够连续监测送排风系统HEPA过滤器的阻力。

6.4.9.8 应在有压力控制要求的房间入口的显著位置,安装显示房间压力的装置。

6.4.9.9 中央控制系统应可以实时监控、记录和存储实验室防护区内压力、压力梯度、温度、湿度等有控制要求的参数,以及排风机、送风机等关键设施设备的运行状态、电力供应的当前状态等。应设置历史记录档案系统,以便随时查看历史记录,历史记录数据宜以趋势曲线结合文本记录的方式表达。

6.4.9.10 中央控制系统的信号采集间隔时间应不超过1 min,各参数应易于区分和识别。

6.4.9.11 实验室自控系统报警应分为一般报警和紧急报警。一般报警为过滤器阻力的增大、温湿度偏离正常值等,暂时不影响安全,实验活动可持续进行的报警;紧急报警指实验室出现正压、压力梯度持续丧失、风机切换失败、停电、火灾等,对安全有影响,应终止实验活动的报警。一般报警应为显示报警,紧急报警应为声光报警和显示报警,可以向实验室内外人员同时显示紧急警报,应在核心工作间内设置紧急报警按钮。

6.4.9.12 核心工作间的缓冲间的入口处应有指示核心工作间工作状态的装置,必要时,设置限制进入核心工作间的连锁机制。

6.4.9.13 实验室应设电视监控,在关键部位设置摄像机,可实时监视并录制实验室活动情况和实验室周围情况。监视设备应有足够的分辨率和影像存储容量。

6.4.10 实验室通信系统

6.4.10.1 实验室防护区内应设置向外部传输资料和数据的传真机或其他电子设备。

6.4.10.2 监控室和实验室内应安装语音通信系统。如果安装对讲系统,宜采用向内通话受控、向外通话非受控的选择性通话方式。

6.4.11 实验室门禁管理系统

6.4.11.1 实验室应有门禁管理系统,应保证只有获得授权的人员才能进入实验室,并能够记录人员出入。

6.4.11.2 实验室应设门互锁系统,应在互锁门的附近设置紧急手动解除互锁开关,需要时,可立即解除门的互锁。

6.4.11.3 当出现紧急情况时,所有设置互锁功能的门应能处于可开启状态。

6.4.12 参数要求

6.4.12.1 实验室的围护结构应能承受送风机或排风机异常时导致的空气压力载荷。

6.4.12.2 适用于4.2.4a)实验室,其核心工作间的气压(负压)与室外大气压的压差应不小于30 Pa,与相邻区域的压差(负压)应不小于10 Pa;对于可有效利用安全隔离装置操作常规量经空气传播致病性生物因子的实验室,其核心工作间的气压(负压)与室外大气压的压差应不小于40 Pa,与相邻区域的压差(负压)应不小于15 Pa。

6.4.12.3 实验室防护区各房间的最小换气次数应不小于 12 次/时。

6.4.12.4 实验室的温度宜控制在 18～26 ℃范围内。

6.4.12.5 正常情况下,实验室的相对湿度宜控制在 30%～70%范围内;消毒状态下,实验室的相对湿度应能满足消毒的技术要求。

6.4.12.6 在安全柜开启情况下,核心工作间的噪声应不大于 68 dB。

6.4.12.7 实验室防护区的静态洁净度应不低于 8 级水平。

6.5 BSL-4 实验室

6.5.1 类型

6.5.1.1 BSL-4 实验室分为正压服型实验室和安全柜型实验室。

6.5.1.2 在安全柜型实验室中,所有微生物的操作均在Ⅲ级生物安全柜中进行。在正压服型实验室中,工作人员应穿着配有生命支持系统的正压防护服。

6.5.1.3 适用时,应符合 6.4 的要求。

6.5.2 平面布局

6.5.2.1 实验室应在建筑物中自成隔离区或为独立建筑物,应有出入控制。

6.5.2.2 BSL-4 实验室防护区应至少包括核心工作间、缓冲间、外防护服更换间等,外防护服更换间应为气锁,辅助工作区应包括监控室、清洁衣物更换间等。

6.5.2.3 正压服型 BSL-4 实验室的防护区应包括核心工作间、化学淋浴间、外防护服更换间等,化学淋浴间应为气锁,可兼作缓冲间,辅助工作区应包括监控室、清洁衣物更换间等。

6.5.3 围护结构

6.5.3.1 实验室防护区的围护结构应尽量远离建筑外墙。

6.5.3.2 实验室的核心工作间应尽可能设置在防护区的中部。

6.5.3.3 实验室防护区围护结构的气密性应达到在关闭受测房间所有通路并保持房间内温度稳定的条件下,当房间内的空气压力上升到 500 Pa 后,20 min 内自然衰减的气压小于 250 Pa。

6.5.3.4 可根据需要安装传递窗。如果安装传递窗,其结构承压力及密闭性应符合所在区域的要求;需要时,应配备符合气锁要求并具备消毒条件的传递窗。

6.5.4 通风空调系统

6.5.4.1 实验室的排风应经过两级 HEPA 过滤器处理后排放。

6.5.4.2 应可以在原位对送、排风 HEPA 过滤器进行消毒和检漏。

6.5.5 生命支持系统

6.5.5.1 正压服型实验室应同时配备紧急支援气罐,紧急支援气罐的供气时间每人应不少于 60 min。

6.5.5.2 生命支持系统应有不间断备用电源,连续供电时间应不少于 60 min。

6.5.5.3 供呼吸使用的气体的压力、流量、含氧量、温度、湿度、有害物质的含量等应符合职业安全的要求。

6.5.5.4 生命支持系统应具备必要的报警装置。

6.5.5.5 根据工作情况,进入实验室的工作人员配备满足工作需要的合体的正压防护服,实验室应配备正压防护服检漏器具和维修工具。

6.5.6 污物处理及消毒系统

6.5.6.1 应在实验室的核心工作间内配备生物安全型压力蒸汽灭菌器;如果配备双扉压力蒸汽灭菌器,其主体所在房间的室内气压应为负压,并应设在实验室防护区内易更换和维护的位置。

6.5.6.2 化学淋浴消毒装置应在无电力供应的情况下仍可以使用,消毒液储存器的容量应满足所有情况下对消毒使用量的需求。

6.5.6.3 实验室防护区内所有需要运出实验室的物品或其包装的表面应经过可靠灭菌,符合安全要求。

6.5.7 参数要求

6.5.7.1 实验室防护区内所有区域的室内气压应为负压,实验室核心工作间的气压(负压)与室外大气压的压差应不小于 60 Pa,与相邻区域的压差(负压)应不小于 25 Pa。

6.5.7.2 安全柜型实验室应在Ⅲ级生物安全柜或相当的安全隔离装置内操作致病性生物因子;同时应具备与安全隔离装置配套的物品传递设备以及生物安全型压力蒸汽灭菌器。

6.6 动物实验室

6.6.1 ABSL-1 实验室

6.6.1.1 实验室选址、设计和建造应符合国家和地方建设规划、生物安全、环境保护和建筑技术规范等规定和要求。

6.6.1.2 围护结构的空间配置、强度要求等应与所饲养的动物种类相适应。

6.6.1.3 动物饲养环境与设施条件应符合实验动物微生物等级要求。

6.6.1.4 实验室应分为动物饲养间和实验操作间等部分,必要时,应具备动物检疫室。

6.6.1.5 动物饲养间和实验操作间的室内气压相对外环境宜为负压,不得循环使用动物实验室排出的空气。

6.6.1.6 如果安装窗户,所有窗户应密闭;需要时,窗户外部应装防护网。

6.6.1.7 实验室应与建筑物内的其他域相对隔离或独立。

6.6.1.8 实验室的门应有可视窗,应安装为向里开启。

6.6.1.9 门应能够自动关闭,需要时,可以上锁。

6.6.1.10 实验室的工作表面应能良好防水和易于消毒。如果有地面液体收集系统,应设防液体回流装置,存水弯应有足够的深度。

6.6.1.11 应设置洗手池或手消毒装置,宜设置在出口处。

6.6.1.12 应设置适合、良好的实验动物饲养笼具或护栏,防止动物逃逸、损毁;应可以对动物笼具进行清洗和消毒。

6.6.1.13 饲养笼具除考虑安全要求外还应考虑对动物福利的要求。

6.6.1.14 动物尸体及相关废物的处置设施和设备应符合国家相关规定的要求。

6.6.1.15 动物尸体及组织应做无害化处理,废物彻底灭菌后方可排出。

6.6.1.16 实验室应具备常用个人防护物品,如防动物面罩等;动物解剖等特殊防护用品,如防切割手套等。

6.6.2 ABSL-2 实验室

6.6.2.1 适用时,应符合 6.3 和 6.6.1 的要求。

6.6.2.2 动物饲养间和实验操作间应在出入口处设置缓冲间。

6.6.2.3 应设置非手动洗手装置或手消毒装置,宜设置在出口处。

6.6.2.4 应在实验室或其邻近区域配备压力蒸汽灭菌器。

6.6.2.5 送风应经 HEPA 过滤器过滤后进入实验室。

6.6.2.6 实验室功能上分为能有效利用安全隔离装置控制病原微生物的实验室和不能有效利用安全隔离装置控制病原微生物的实验室。

6.6.2.7 从事可能产生有害气溶胶的动物实验活动应在能有效利用安全隔离装置控制病原微生物的实验室内进行;排气应经 HEPA 过滤器过滤后排出。

6.6.2.8 动物饲养间和实验操作间的室内气压相对外环境应为负压,气体应直接排放到其所在的建筑物外。

6.6.2.9 适用时,如大量动物实验、病原微生物致病性较强、传播力较大、动物可能增强病原毒力或毒力回复时的活动,宜在能有效利用安全隔离装置控制病原微生物的实验室内进行;排气应经 HEPA 过滤器过滤后排出。

6.6.2.10　当不能满足6.6.2.9时或在不能有效利用安全隔离装置控制病原微生物的实验室进行一般感染性动物实验时,应使用HEPA过滤器过滤动物饲养间排出的气体。

6.6.2.11　实验室防护区室外排风口应设置在主导风的下风向,与新风口的直线距离应大于12 m,并应高于所在建筑的屋面2 m以上,应有防风、防雨、防鼠、防虫设计,但不影响气体向上空排放。

6.6.2.12　污水、污物等应消毒处理,并应对消毒效果进行检测,以确保达到排放要求。

6.6.2.13　实验室应提供有效的、两种以上的消毒、灭菌方法。

6.6.3　ABSL-3实验室

6.6.3.1　适用时,应符合6.6.2的要求。

6.6.3.2　根据动物物种和病原危害程度要求,应在实验室防护区设淋浴间,需要时,应设置强制淋浴装置。

6.6.3.3　必要时,实验室应设置动物准备间、动物传递窗、动物走廊。

6.6.3.4　动物饲养间和实验操作间属于核心工作间。入口和出口,均应设置缓冲间。

6.6.3.5　动物饲养间和实验操作间应尽可能设在整个实验室的中心部位,不应直接与其他公共区域相邻。

6.6.3.6　动物饲养间和动物操作间应安装监视设备和通信设备。

6.6.3.7　适用于4.2.4b)验室的防护区应至少包括淋浴间、防护服更换间、缓冲间及核心工作间。核心工作间应包括动物饲养间和实验操作间,如解剖间。

6.6.3.8　当不能有效利用安全隔离装置饲养动物时,应根据进一步的风险评估确定实验室的生物安全防护要求。

6.6.3.9　适用于4.2.4a)和4.2.4b)的核心工作间气压(负压)与室外大气压的压差应不小于60 Pa,与相邻区域的压差(负压)应不低于15 Pa。

6.6.3.10　适用于4.2.4c)的核心工作间(动物饲养间和实验操作间)的缓冲间应为气锁,并具备能有效控制的防护服或传递物品的表面进行消毒的条件。

6.6.3.11　适用于4.2.4c)的核心工作间(动物饲养间和实验操作间),应有严格限制进入的门禁措施。

6.6.3.12　适用于4.2.4c)的核心工作间(动物饲养间和实验操作间),应可以在原位送风HEPA过滤器进行消毒和检漏;应根据风险评估的结果,确定动物饲养间排风是否需要经过两级HEPA过滤器的过滤。

6.6.3.13　适用于4.2.4c)的核心工作间(动物饲养间和实验操作间)的气压(负压)与室外大气压的压差应不小于80 Pa,与相邻区域的压差(负压)应不低于25 Pa。

6.6.3.14　适用于4.2.4c)的核心工作间(动物饲养间和实验操作间)及其缓冲间的气密性应达到在关闭受测房间所有通路并维持房间内的温度在设计范围上限的条件下,若使空气压力维持在250 Pa,房间内每小时泄漏的空气量应不超过受测房间净容积的10%。

6.6.3.15　送风机、排风机均一用一备。

6.6.3.16　实验室内应配备便携式消毒装置,并应备有足够的适用消毒剂,及时对污染进行处理。

6.6.3.17　应有对动物尸体和废物进行灭菌,对动物笼具进行清洁和消毒的装置,需要时,对所有物品或其包装在运出实验室前进行清洁和消毒。

6.6.3.18　应在风险评估的基础上,适当处理防护区内淋浴间的污水,并应对消毒效果进行监测,以确保达到排放要求。

6.6.3.19　实验室应提供适合、优良的个人防护物品。可重复使用时,应能进行有效消毒。

6.6.4　ABSL-4实验室

6.6.4.1　适用时,应符合6.6.3的要求。

6.6.4.2 淋浴间应设置强制淋浴装置。

6.6.4.3 根据实验活动和动物种类,实验室应提供良好的实验服和适合的个体防护装备。

6.6.4.4 动物饲养间的缓冲间应为气锁。

6.6.4.5 应有严格限制进入动物饲养间的门禁措施。

6.6.4.6 动物饲养间和实验操作间的气压(负压)与室外大气压的压差应不小于 100 Pa;与相邻区域气压的压差(负压)应不低于 25 Pa。

6.6.4.7 动物饲养间和实验操作间及其缓冲间的气密性应达到在关闭受测房间所有通路并保持房间内温度稳定的条件下,当房间内的空气压力上升到 500 Pa 后,20 min 内自然衰减的压力小于 250 Pa。

6.6.4.8 应有装置和技术对所有物品或其包装的表面在运出动物饲养间前进行清洁和消毒。

6.6.4.9 应有对动物尸体、组织、代谢物、标本及相关废物进行彻底消毒和灭菌的装备,应严格按相关要求进行处置。必要时,进行两次消毒、灭菌。

6.6.5 无脊椎动物实验室

6.6.5.1 根据动物种类危害和病原危害,防护水平应根据国家相关主管部门的规定和风险评估的结果确定。

6.6.5.2 实验室的建造、功能区分应充分考虑动物特性和实验活动,能重点实现控制动物本身的危害或可能从事病原感染的双重危害。

6.6.5.3 实验室应具备有效控制动物逃逸、藏匿等的防护装置。

6.6.5.4 从事节肢动物(特别是可飞行、快爬或跳跃的昆虫)的实验活动,应采取以下适用的措施(但不限于):

a)应通过缓冲间进入动物饲养间或操作间,缓冲间内应配备适用的捕虫器和灭虫剂;

b)应在所有关键的可开启的门窗、所有通风管道的关键节点安装防节肢动物逃逸的纱网;

c)应在不同区域饲养、操作未感染和已感染节肢动物;

d)应具备动物饲养间或操作间、缓冲间密闭和进行整体消毒的条件;应设喷雾式杀虫装置;

e)应设制冷温装置,需要时,可以通过降低温度及时降低动物的活动能力;

f)应有机制或装置确保水槽和存水弯管等设备内的液体或消毒液不干涸;

g)应配备消毒、灭菌设备和技术,能对所有实验后废弃动物、尸体、废物进行彻底消毒、灭菌处理;

h)应有机制监测和记录会飞、爬、跳跃的节肢动物幼虫和成虫的数量;

i)应配备适用于放置装蜱螨容器的油碟;应具备操作已感染或潜在感染的节肢动物的低温盘;

j)应具备带双层网的笼具以饲养或观察已感染或潜在感染的逃逸能力强的节肢动物;

k)应具备适用的生物安全柜或相当的安全隔离装置以操作已感染或潜在感染的节肢动物;

l)应设置高清晰监视器和通信设备,动态监控动物的活动。

7 实验室生物安全管理要求

7.1 管理体系

7.1.1 实验室设立单位应有明确的法律地位,生物安全三级、四级实验室应具有从事相关活动的资格。

7.1.2 实验室的设立单位应成立生物安全委员会及实验动物使用管理委员会(适用时),负责组织专家对实验室的设立和运行进行监督、咨询、指导、评估(包括实验室运行的生物安全风险评估和实验室生物安全事故的处置)。

7.1.3 实验室设立单位的法定代表人负责本单位实验室的生物安全管理,建立生物安全管理体系,落实生物安全管理责任部门或责任人;定期召开生物安全管理会议,对实验室生物安全相关的重大事项做出决策;批准和发布实验室生物安全管理体系文件。

7.1.4 实验室生物安全管理责任部门负责组织制定和修订实验室生物安全管理体系文件;对实验

项目进行审查和风险控制措施的评估;负责实验室工作人员的健康监测的管理;组织生物安全培训与考核,并评估培训效果;监督生物安全管理体系的运行落实。

7.1.5 实验室负责人为实验室生物安全第一责任人,全面负责实验室生物安全工作。负责实验项目计划、方案和操作规程的审查(参见附录 B);决定并授权人员进入实验室;负责实验室活动的管理;纠正违规行为并有权做出停止实验的决定。指定生物安全负责人,赋予其监督所有活动的职责和权力,包括制定、维持、监督实验室安全计划的责任,阻止不安全行为或活动的权力。

7.1.6 与实验室生物安全管理有关的关键职位均应指定职务代理人。

7.2 人员管理

7.2.1 实验室应配备足够的人力资源以满足实验室生物安全管理体系的有效运行,并明确相关部门和人员的职责。

7.2.2 实验室管理人员和工作人员应熟悉生物安全相关政策、法律、法规和技术规范,有适合的教育背景、工作经历,经过专业培训,能胜任所承担的工作;实验室管理人员还应具有评价、纠正和处置违反安全规定行为的能力。

7.2.3 建立工作人员准入及上岗考核制度,所有与实验活动相关的人员均应经过培训,经考核合格后取得相应的上岗资质;动物实验人员应持有有效实验动物上岗证及所从事动物实验操作专业培训证明。

7.2.4 实验室或者实验室的设立单位应每年定期对工作人员进行培训(包括岗前培训和在岗培训),并对培训效果进行评估。

7.2.5 从事高致病性病原微生物实验活动的人员应每半年进行一次培训,并记录培训及考核情况。

7.2.6 实验室应保证工作人员充分认识和理解所从事实验活动的风险,必要时,应签署知情同意书。

7.2.7 实验室工作人员应在身体状况良好的情况下进入实验区工作。若出现疾病、疲劳或其他不宜进行实验活动的情况,不应进入实验区。

7.2.8 实验室设立单位应该与具备感染科的综合医院建立合作机制,定期组织在医院进行工作人员体检,并进行健康评估,必要时,应进行预防接种。

7.2.9 实验室工作人员出现与其实验活动相关的感染临床症状或者体征时,实验室负责人应及时向上级主管部门和负责人报告,立即启动实验室感染应急预案。由专车、专人陪同前往定点医疗机构就诊。并向就诊医院告知其所接触病原微生物的种类和危害程度。

7.2.10 应建立实验室人员(包括实验、管理和维保人员)的技术档案、健康档案和培训档案,定期评估实验室人员承担相应工作任务的能力;临时参与实验活动的外单位人员应有相应记录。

7.2.11 实验室人员的健康档案应包括但不限于:

a)岗位风险说明及知情同意书(必要时);

b)本底血清样本或特定病原的免疫功能相关记录;

c)预防免疫记录(适用时);

d)健康体检报告;

e)职业感染和职业禁忌证等资料;

f)与实验室安全相关的意外事件、事故报告等。

7.3 菌(毒)种及感染性样本的管理

7.3.1 实验室菌(毒)种及感染性样本保存、使用管理,应依据国家生物安全的有关法规,制定选择、购买、采集、包装、运输、转运、接收、查验、使用、处置和保藏的政策和程序。

7.3.2 实验室应有 2 名工作人员负责菌(毒)种及感染性样本的管理。

7.3.3 实验室应具备菌(毒)种及感染性样本适宜的保存区域和设备。

7.3.4 保存区域应有消防、防盗、监控、报警、通风和温湿度监测与控制等设施;保存设备应有防盗和温度监测与控制措施。高致病性病原微生物菌（毒）种及感染性样本的保存应实行双人双锁。

7.3.5 保存区域应有菌（毒）种及感染性样本检查、交接、包装的场所和生物安全柜等设备。

7.3.6 保存菌（毒）种及感染性样本容器的材质、质量应符合安全要求，不易破碎、爆裂、泄漏。

7.3.7 保存容器上应有牢固的标签或标识，标明菌（毒）种及感染性样本的编号、日期等信息。

7.3.8 菌（毒）种及感染性样本在使用过程中应有专人负责，入库、出库及销毁应记录并存档。

7.3.9 实验室应当将在研究、教学、检测、诊断、生产等实验活动中获得的有保存价值的各类菌（毒）种或感染性样本送交保藏机构进行鉴定和保藏。

7.3.10 高致病性病原微生物相关实验活动结束后，应当在6个月内将菌（毒）种或感染性样本就地销毁或者送交保藏机构保藏。

7.3.11 销毁高致病性病原微生物菌（毒）种或感染性样本时应采用安全可靠的方法，并应当对所用方法进行可靠性验证。销毁工作应当在与拟销毁菌（毒）种相适应的生物安全实验室内进行，由两人共同操作，并应当对销毁过程进行严格监督和记录。

7.3.12 病原微生物菌（毒）种或感染性样本的保存应符合国家有关保密要求。

7.4 设施设备运行维护管理

7.4.1 实验室应有对设施设备（包括个体防护装备）管理的政策和运行维护保养程序，包括设施设备性能指标的监控、日常巡检、安全检查、定期校准和检定、定期维护保养等（参见附录C）。

7.4.2 实验室设施设备性能指标应达到国家相关标准的要求和实验室使用的要求。

7.4.3 设施设备应由经过授权的人员操作和维护。

7.4.4 设施设备维护、修理、报废等需移出实验室，移出前应先进行消毒去污染。

7.4.5 如果使用防护口罩、防护面罩等个体呼吸防护装备，应做个体适配性测试。

7.4.6 应依据制造商的建议和使用说明书使用和维护实验室设施设备，说明书应便于有关人员查阅。

7.4.7 应在设备显著部位标示其唯一编号、校准或验证日期、下次校准或验证日期、准用或停用状态。

7.4.8 应建立设施设备档案，内容应包括（但不限于）：

a)制造商名称、型式标识、系列号或其他唯一性标识；

b)验收标准及验收记录；

c)接收日期和启用日期；

d)接收时的状态（新品、使用过、修复过）；

e)当前位置；

f)制造商的使用说明或其存放处；

g)维护记录和年度维护计划；

h)校准（验证）记录和校准（验证）计划；

i)任何损坏、故障、改装或修理记录；

j)服务合同；

k)预计更换日期或使用寿命；

l)安全检查记录。

7.4.9 实验室所有设备、仪器，未经实验室负责人许可不得擅自移动。

7.4.10 实验室内的所有物品（包括仪器设备和实验室产品等），经过消毒处理后方可移出该实验室。

7.4.11 实验室应在电力供应有保障、设施和设备运转正常情况下使用。

7.4.12 应实时监测实验室通风系统过滤器阻力，当影响到实验室正常运行时应及时更换。

7.4.13 生物安全柜、压力蒸汽灭菌器、动物隔离设备等应由具备相应资质的机构按照相应的检测规程进行检定。实验室应有专门的程序对服务机构及其服务进行评估并备案。

7.4.14 高效空气过滤器应由经过培训的专业人员进行更换,更换前应进行原位消毒,确认消毒合格后,按标准操作流程进行更换。新高效空气过滤器,应进行检漏,确认合格后方可使用。

7.4.15 应根据实验室使用情况对防护区进行消毒。

7.4.16 如安装紫外线灯,应定期监测紫外线灯的辐射强度。

7.4.17 应定期对压力蒸汽灭菌器等消毒、灭菌设备进行效果监测与验证(参见附录 D)。

7.5 实验室活动的管理

7.5.1 实验活动应依法开展,并符合有关主管部门的相关规定。

7.5.2 实验室的设立单位及其主管部门负责实验室日常活动的管理,承担建立健全安全管理的制度,检查、维护实验设施、设备,控制实验室感染的职责。

7.5.3 实验室应有计划、申请、批准、实施、监督和评估实验活动的制度和程序。

7.5.4 实验活动应在与其防护级别相适应的生物安全实验室内开展。

7.5.5 一级和二级生物安全实验室应当向设区的市级人民政府卫生健康委员会备案;三级和四级生物安全实验室应当通过实验室国家认可,并向所在地的县(区)级人民政府环境保护主管部门和公安部门备案。

7.5.6 三级和四级生物安全实验室从事高致病性病原微生物实验活动,应取得国家卫生健康委员会颁发的高致病性病原微生物实验室资格证书。

7.5.7 取得高致病性病原微生物实验室资格证书的三级和四级生物安全实验室需要从事某种高致病性病原微生物或者疑似高致病性病原微生物实验活动的,还应当报省级以上卫生健康委员会批准。

7.5.8 二级生物安全实验室从事高致病性病原微生物实验室活动除应满足《人间传染的病原微生物名录》对实验室防护级别的要求外还应向省级卫生健康委员会申请。

7.5.9 实验室使用我国境内未曾发现的高致病性病原微生物菌(毒)种或样本和已经消灭的病原微生物菌(毒)种或样本、《人间传染的病原微生物名录》规定的第一类病原微生物菌(毒)种或样本、或国家卫生健康委员会规定的其他菌(毒)种或样本,应当经国家卫生健康委员会批准;使用其他高致病性菌(毒)种或样本,应当经省级人民政府卫生计生行政主管部门批准;使用第三、四类病原微生物菌(毒)种或样本,应当经实验室所在法人机构批准。

7.5.10 实验活动应当严格按照实验室技术规范、操作规程进行。实验室负责人应当指定专人监督检查实验活动。

7.5.11 从事高致病性病原微生物相关实验活动应当有 2 名以上的工作人员共同进行。从事高致病性病原微生物相关实验活动的实验室工作人员或者其他有关人员,应当经实验室负责人批准。

7.5.12 在同一个实验室的同一个独立安全区域内,只能同时从事一种高致病性病原微生物的相关实验活动。

7.5.13 实验室应当建立实验档案,记录实验室使用情况和安全监督情况。实验室从事高致病性病原微生物相关实验活动的实验档案保存期不得少于 20 年。

7.6 生物安全监督检查

7.6.1 实验室的设立单位及其主管部门应当加强对实验室日常活动的管理,定期对有关生物安全规定的落实情况进行检查。

7.6.2 实验室应建立日常监督、定期自查和管理评审制度,及时消除隐患,以保证实验室生物安全管理体系有效运行,每年应至少系统性地检查一次,对关键控制点可根据风险评估报告适当增加检查频率。

7.6.3 实验室应制定监督检查计划,应将高致病性病原微生物菌(毒)种和样本的操作、菌(毒)种及样本保管、实验室操作规范、实验室行为规范、废物处理等作为监督的重点,同时检查风险控制措施的有效性,包括对实验人员的操作、设备的使用、新方法的引入以及大量样本检测等内容。

7.6.4 对实验活动进行不定期监督检查,对影响安全的主要要素进行核查,以确保生物安全管理体系运行的有效性。

7.6.5 实验室监督检查的内容包括但不限于：

a)病原微生物菌(毒)种和样本操作的规范性；

b)菌(毒)种及样本保管的安全性；

c)设施设备的功能和状态；

d)报警系统的功能和状态；

e)应急装备的功能及状态；

f)消防装备的功能及状态；

g)危险物品的使用及存放安全；

h)废物处理及处置的安全；

i)人员能力及健康状态；

j)安全计划的实施；

k)实验室活动的运行状态；

l)不符合规定操作的及时纠正；

m)所需资源是否满足工作要求；

n)监督检查发现问题的整改情况。

7.6.6 为保证实验室生物安全监督检查工作的质量,应依据事先制定的适用于不同工作领域的核查表实施。

7.6.7 当发现不符合规定的工作、发生事件或事故时,应立即查找原因并评估后果；必要时,停止工作。在监督检查过程中发现的问题要立即采取纠正措施,并监控所取得的效果,以确保所发现的问题得以有效解决。

7.7 消毒和灭菌

7.7.1 实验室应根据操作的病原微生物种类、污染的对象和污染程度等选择适宜的消毒和灭菌方法,以确保消毒效果。

7.7.2 实验室根据菌(毒)种、生物样本及其他感染性材料和污染物,可选用压力蒸汽灭菌方法或有效的化学消毒剂处理。实验室按规定要求做好消毒与灭菌效果监测。

7.7.3 实验使用过的防护服、一次性口罩、手套等应选用压力蒸汽灭菌方法处理。

7.7.4 医疗废物等应经压力蒸汽灭菌方法处理后再按相关实验室废物处置方法处理。

7.7.5 动物笼具可经化学消毒或压力蒸汽灭菌处理,局部可用消毒剂擦拭消毒处理。

7.7.6 实验仪器设备污染后可用消毒液擦拭消毒。必要时,可用环氧乙烷、甲醛熏蒸消毒。

7.7.7 生物安全柜、工作台面等在每次实验前后可用消毒液擦拭消毒。

7.7.8 污染地面可用消毒剂喷洒或擦拭消毒处理。

7.7.9 感染性物质等溢洒后,应立即使用有效消毒剂处理。

7.7.10 实验人员需要进行手消毒时,应使用消毒剂擦拭或浸泡消毒,再用肥皂洗手、流水冲洗。

7.7.11 选用的消毒剂、消毒器械应符合国家相关规定。

7.7.12 实验室应确保消毒液的有效使用,应监测其浓度,应标注配制日期、有效期及配制人等。

7.7.13 实施消毒的工作人员应佩戴个体防护装备。

7.8 实验废物处置

7.8.1 实验室废物处理和处置的管理应符合国家或地方法规和标准的要求。

7.8.2 实验室废物处置应由专人负责。

7.8.3 实验室废物的处置应符合《医疗废物管理条例》的规定。实验室废物的最终处置应交由经当地环保部门资质认定的医疗废物处理单位集中处置。

7.8.4 实验室废物的处置应有书面记录,并存档。

7.9 实验室感染性物质运输

7.9.1 实验室应制定感染性及潜在感染性物质运输的规定和程序,包括在实验室内传递、实验室所在机构内部转运及机构外部的运输,应符合国家和国际规定的要求。感染性物质的国际运输还应依据并遵守国家出入境的相关规定。

7.9.2 实验室应确保具有运输资质和能力的人员负责感染性及潜在感染性物质运输。

7.9.3 感染性及潜在感染性物质运输应以确保其属性、防止人员感染及环境污染的方式进行,并有可靠的安保措施。必要时,在运输过程中应备有个体防护装备及有效消毒剂。

7.9.4 感染性及潜在感染性物质应置于被证实和批准的具有防渗漏、防溢洒的容器中运输。

7.9.5 机构外部的运输,应按照国家、国际规定及标准使用具有防渗漏、防溢洒、防水、防破损、防外泄、耐高温、耐高压的三层包装系统,并应有规范的生物危险标签、标识、警告用语和提示用语等。

7.9.6 应建立并维持感染性及潜在感染性物质运输交接程序,交接文件至少包括其名称、性质、数量、交接时包装的状态、交接人、收发交接时间和地点等,确保运输过程可追溯。

7.9.7 感染性及潜在感染性物质的包装以及开启,应当在符合生物安全规定的场所中进行。运输前后均应检查包装的完整性,并核对感染性及潜在感染性物质的数量。

7.9.8 高致病性病原微生物菌(毒)种或样本的运输,应当按照国家有关规定进行审批。地面运输应有专人护送,护送人员不得少于 2 人。

7.9.9 应建立感染性及潜在感染性物质运输应急预案。运输过程中被盗、被抢、丢失、泄漏的,承运单位、护送人应当立即采取必要的处理和控制措施,并按规定向有关部门报告。

7.10 应急预案和意外事故的处置

7.10.1 实验室应制定应急预案和意外事故的处置程序,包括生物性、化学性、物理性、放射性等意外事故,以及火灾、水灾、冰冻、地震或人为破坏等突发紧急情况等。

7.10.2 应急预案应至少包括组织机构、应急原则、人员职责、应急通信、个体防护、应对程序、应急设备、撤离计划和路线、污染源隔离和消毒、人员隔离和救治、现场隔离和控制、风险沟通等内容。

7.10.3 在制定的应急预案中应包括消防人员和其他紧急救助人员。在发生自然灾害时,应向救助人员告知实验室建筑内和/或附近建筑物的潜在风险,只有在受过训练的实验室工作人员的陪同下,其他人员才能进入相关区域。

7.10.4 应急预案应得到实验室设立单位管理层批准。实验室负责人应定期组织对预案进行评审和更新。

7.10.5 从事高致病性病原微生物相关实验活动的实验室制定的实验室感染应急预案应向所在地的省、自治区、直辖市卫生主管部门备案。

7.10.6 实验室应对所有人员进行培训,确保人员熟悉应急预案。每年应至少组织所有实验室人员进行一次演练。

7.10.7 实验室应根据相关法规建立实验室事故报告制度。

7.10.8 实验室发生意外事故,工作人员应按照应急预案迅速采取控制措施,同时应按制度及时报告,任何人员不得瞒报。

7.10.9 事故现场紧急处理后,应及时记录事故发生过程和现场处置情况。

7.10.10 实验室负责人应及时对事故作出危害评估并提出下一步对策。对事故经过和事故原因、责任进行调查分析,形成书面报告。报告应包括事故的详细描述、原因分析、影响范围、预防类似事件发生的建议及改进措施。所有事故报告应形成档案文件并存档。

7.10.11 事故报告应经所在机构管理层、生物安全委员会评估。

7.11 实验室生物安全保障

7.11.1 实验室设立单位应建立健全安全保卫制度,采取有效的安全措施,以防止病原微生物菌(毒)种及样本丢失、被窃、滥用、误用或有意释放。实验室发生高致病性病原微生物菌(毒)种或样本被盗、被抢、丢失、泄漏的,应当依照相关规定及时进行报告。

7.11.2 实验室设立单位根据实验室工作内容以及具体情况,进行风险评估,制定生物安全保障规划,进行安全保障培训;调查并纠正实验室生物安全保障工作中的违规情况。

7.11.3 从事高致病性病原微生物相关实验活动的实验室应向当地公安机关备案,接受公安机关对实验室安全保卫工作的监督指导。

7.11.4 应建立高致病性病原微生物实验活动的相关人员综合评估制度,考察上述人员在专业技能、身心健康状况等方面是否胜任相关工作。

7.11.5 建立严格的实验室人员出入管理制度。

7.11.6 适用时,应按照国家有关规定建立相应的保密制度。

实验动物饲养和使用机构质量和能力认可准则
（CNAS-CL06）

前　言

CNAS-CL60:2018《实验动物饲养和使用机构质量和能力认可准则》（以下简称"准则"）规定了中国合格评定国家认可委员会（CNAS）对实验动物机构认可的要求。本准则等同采用国家标准《实验动物机构　质量和能力的通用要求》（GB/T 27416—2014）。

本准则的附录 A 是规范性附录，是实验动物机构认可要求的组成部分，附录 B 是信息性资料，不是要求，旨在帮助理解和实施本准则。

CNAS 可根据不同领域的特点，制定相应的应用说明，对本准则的要求进行必要的说明和解释。

适当时，实验动物机构内部开展的检测活动应满足 CNAS-CL01《检测和校准实验室能力认可准则》的要求。

实验动物机构除应符合本准则的要求外，还应符合国家其他有关规定的要求。

引　言

实验动物是科学研究和相关产业使用的重要对象，实验动物机构是保证实验动物质量和动物实验质量的载体，规范其人员、设施、环境、管理和运作程序等是保证动物质量和动物实验质量的良好途径。

随着社会发展和人类意识的变化，关注动物福利是必然趋势。动物福利与动物质量是密不可分的，对于有生命之动物而言，其福利的优劣将对其生长质量和生活质量有直接影响。

我们要意识到，什么是动物本身真正所需要的福利是难以有统一答案的，其受社会、经济和文化发展的影响。进入文明社会以来，人们通过对动物和人类本身的认识，对人与动物的关系形成了很多共识，但这种认识也是不断发展和变化的。因此，使用本准则者应注意追踪该领域的最新进展。至少，实验动物机构可以做到的是根据相关主管部门的要求，按照系统的理念对员工的工作行为进行管理并对动物的生长环境和生活环境进行控制，按社会现行可接受的准则对待和使用实验动物。

本准则的目的是通过借鉴国际上公认的管理工具和科学成果，指导实验动物机构通过对涉及动物生产繁育和使用全周期的过程进行管理，实现科学和人道地对待动物和减少或避免使用动物，同时，保证实验动物和动物实验的质量，保证员工的职业健康，保证安全和环境友好，并促进科学事业的发展。

1　范围

本准则规定了实验动物机构的设施、管理和运行在质量、安全、动物福利、职业健康等方面应达到的基本要求。本准则所提及的实验动物包括各种来源的用于实验的动物。

本准则适用于所有从事实验动物生产繁育和从事动物实验的机构。

2　规范性引用文件

下列文件对于本准则的应用是必不可少的。凡是注日期的引用文件，仅注日期的版本适用于本准则。凡是不注日期的引用文件，其最新版本（包括所有的修改单）适用于本准则。

GB 14925—2010 实验动物　环境及设施

GB 19489—2008 实验室　生物安全通用要求

GB/T 24001 环境管理体系　要求及使用指南

GB/T 27025 检测和校准实验室能力的通用要求

GB/T 28001 职业健康安全管理体系 要求

GB/T 28002 职业健康安全管理体系 实施指南

GB5 0346—2011 生物安全实验室建筑技术规范

GB 50447—2008 实验动物设施建筑技术规范

3　术语与定义

3.1　动物实验 animal experiment

任何为了可接受的目的而使用动物进行的实验,这一过程可能造成动物疼痛、痛苦、苦恼、持久性损伤、受孕、生育等。

注1:实验过程包括实验前、实验和实验后过程。实验前过程指动物准备阶段,包括动物标记;实验过程指准备好的动物被使用,直到不再需要为了实验而进一步观察动物为止;实验后过程指对不需要再用于实验之动物的处置过程。

注2:不包括执业兽医的临床医疗行为。

注3:动物实验的目的应符合国家的法律法规要求和国际通行的原则。

3.2　实验动物 laboratory animals

按相关标准专门培育和饲养的旨在用于实验或用于其他科学目的的动物。

注1:培育和饲养实验动物可能需要主管部门允许。

注2:实验动物需遗传背景明确或来源清楚,并对其携带的微生物、寄生虫和健康状态等实行控制。

注3:鉴于我国语言习惯,在无须特别区分时,广义的实验动物指实验用动物(见本准则3.5)。

3.3　环境丰富化 environmental enrichment

提供给实验动物尽量多的可以满足其天性的环境和物品。

注:环境丰富化也称环境丰富度。

3.4　安死术 euthanasia

以迅速造成动物意识丧失而致身体、心理痛苦最小之处死动物的方法。

注:具体方法需要依据动物的品种和实验类型而定。

3.5　实验用动物 experimental animals

用于实验的动物,包括实验动物,也包括畜养动物、野生动物等。

注:通常不包括珍稀、珍贵野生动物。即使实验目的是保护该品种动物或实验必须使用该品种的动物,也需要相关主管部门的特许。

3.6　人道终止时机 humane endpoint

考虑人道对待动物的要求和实验要求,合理终止动物用于实验的时机。

注:最佳终止点是指此时已经满足了动物实验的要求,且对实验动物造成的伤害相对最轻。在实验过程中应随时观察,适时对符合人道终止状态的动物及时终止实验。

3.7　实验动物机构 laboratory animal institutions

培育、饲养实验动物和(或)从事动物实验的机构。

3.8　大环境 macro-environment

实验动物所处小环境的外围环境。

注:大环境和小环境(见本准则3.9)是相对的概念,例如动物房是动物笼具的大环境、自然环境是户外饲养地大环境,大环境直接影响小环境的稳定性。

3.9　小环境 micro-environment

动物直接置身于内生活的环境,通常为人工环境,直接影响动物的生长。

注:小环境是相对于大环境(见本准则3.8)而言的。

4　管理体系

4.1　组织和管理

4.1.1　实验动物机构(以下简称机构)或其母体组织应有明确的法律地位和从事相关活动的资格。

4.1.2　机构的法人或其母体组织的法人应承担对机构合法运行的责任,并保证有足够的资源。

4.1.3　应指定一名机构负责人,规定其权力和责任,并为其提供资源。

4.1.4　机构应建立管理体系。管理层应负责管理体系的设计、实施、维持和改进,应负责:

a)为机构所有人员提供履行其职责所需的适当权力和资源;

b)建立机制以避免管理层和员工受任何不利于其工作质量的压力或影响(如财务、人事或其他方面的),或卷入任何可能降低其公正性、判断力和能力的活动;

c)制定保护机密信息的政策和程序;

d)明确机构的组织和管理结构,包括与其他相关机构的关系;

e)规定所有人员的职责、权力和相互关系;

f)安排有能力的专业人员,依据员工的经验和职责对其进行必要的培训和监督;

g)指定相关领域的管理负责人,赋予其监督相关活动的职责和权力、阻止不符合规范的行为或活动的权力和直接向决定政策及资源的管理层报告的权力;

h)指定负责技术运作的技术管理层,并提供可以满足相关技术要求的资源;

i)指定每项活动的项目负责人,其负责制定并向管理层提交活动方案和计划、风险评估报告、安全及应急措施、项目组人员培训计划、职业健康监督计划、安全保障及资源要求等;

j)赋予兽医足够的权力,包括有权接触所有的动物和所需的资源;

k)指定所有关键职位的代理人;

l)明确动物福利和实验活动需求发生冲突时,优先的准则、程序和最终决定权,并符合主管部门的规定和伦理标准。

4.1.5　机构应有足够的与其活动相适应的专业人员和相关人员,适用时,应有资质证书。

4.1.6　机构应有足够数量的兽医。应指定一名首席兽医,负责组织管理机构内所用动物的健康和福利等相关事项,至少包括:

a)制定和执行兽医护理计划;

b)参与制定动物使用计划;

c)保证动物实验的质量与动物福利;

d)保证外部供应和服务满足兽医学和动物福利的要求;

e)制止不符合兽医学和动物福利的行为;

f)对参与动物管理和使用的所有人员提供指导,以保证其合理地管理和使用动物;

g)及时而准确地掌握有关动物保健、行为和福利方面的信息;

h)预防、控制和治疗动物疾病。

4.1.7　机构应设立动物管理和使用委员会(institutional animal care and use committee,以下简称"IACUC"),并设负责人。IACUC 应负责保证机构在从事动物相关活动时,均以科学和人道的方式来管理及使用实验动物,并符合法规和标准的要求。关于 IACUC 的职责和管理要求见本准则的附录 A。

4.1.8　机构应有明确的政策和机制保证 IACUC 可以独立行使权力,机构负责人不应是 IACUC 的成员。

4.1.9　机构的管理体系可能涉及质量、健康、环境、安全、伦理、动物福利、检测等内容,应与机构规模、活动的复杂程度、工作内容和风险相适应,并覆盖与实验动物生产和使用有关的所有固定设施和场所,以及临时的、移动的和用于运输的设施设备等。

4.1.10　涉及不同的管理要求时,机构宜建立协调统一的管理体系,以保证工作效率和可操作性。

4.1.11 应合理安排质量、安全、职业健康、环境、动物福利、检测等事项管理的负责人,在保证无利益冲突的前提下人员可以兼职。

4.1.12 涉及生物安全管理时,如果适用,应满足 GB 19489 的要求。

4.1.13 机构的职业健康安全管理应参照 GB/T 28001 和 GB/T 28002 的要求。

4.1.14 涉及环境管理时,如果适用,应参照 GB/T 24001 的要求。

4.1.15 应有政策和程序保证机构的任何一项活动在实施前已经过系统的评审,以保证符合所规定的政策、要求并具备可实施性。

4.1.16 应建立政策和程序,以选择和使用所购买的可能影响其服务质量的外部服务、设备、供应品以及消耗品等,应有对其进行检查、接受、拒收和保存的程序及标准。

4.1.17 当采购的设备和消耗品可能会影响动物的管理和使用时,在确认这些物品达到规格标准或有关程序中规定的要求之前不应使用,应使用可靠的方法确认并保留记录。

4.1.18 如果委托实验室(不论第一方、第二方或第三方性质的实验室)对机构的设施、环境、饲料、饮水、垫料、动物质量等进行检测,应选择符合 GB/T 27025 要求或有资质的实验室。

4.1.19 应建立供应品的库存控制系统。库存控制系统应至少记录供应品的数量、规格、来源、批号、有效期、机构接收日期、投入使用日期等可能影响动物管理和使用的信息。

4.1.20 应评估和建立合格供应商的名录,并定期评审。

4.1.21 应有专业人员负责咨询来自政府、公众、合作者等各方面的关于机构动物管理和使用的问题。

4.1.22 政策、过程、方案和计划、程序和指导书等应文件化并传达至所有相关人员。管理层应保证这些文件易于理解并可以实施。

4.1.23 管理体系文件通常包括管理手册、程序文件、说明及操作规程、记录等文件,应有供现场工作人员使用的快速指引文件。

4.1.24 应指导所有人员使用和应用与其相关的管理体系文件及其实施要求,并评估其理解和运用的能力。

4.2 人员要求

4.2.1 所有工作人员均应经过适当的培训和能力评估,保证胜任其岗位。

4.2.2 当主管部门有要求时,适用的人员应具备资质证书。

4.2.3 适用时,应无职业禁忌证。

4.2.4 机构应有机制保证聘用人员与全职人员同样履行职责。

4.2.5 兽医应持有证书和具有执业资格,并在其负责的动物种类的兽医护理方面经过系统培训且具有至少 5 年的实际工作经验。

注 1:本准则所述兽医不包括涉及家畜、家禽以及与宠物相关领域的兽医,持有的兽医证书应是经过严格的实验动物科学专业培训后获得的兽医证书,并在相关的实验动物科学领域具有经验和获得技术职称。

注 2:本准则所述兽医指被机构赋予责任可以独立工作的兽医,不包括实习兽医。实习兽医可在兽医的指导下工作,但实习兽医的活动和承担的责任应符合法规的要求。

4.3 管理体系文件

4.3.1 管理的方针和目标

4.3.1.1 在管理手册中应明确机构的管理方针和目标。管理方针应简明扼要,至少包括以下内容:

a)遵守国家以及地方相关法规和标准的承诺;

b)关于职业健康、安全与动物福利的承诺;

c)遵守本准则要求的承诺;

d)满足客户和监管机构要求的承诺;

e）管理的宗旨。

4.3.1.2　管理目标应包括对管理活动和技术活动制定的控制指标，以及安全指标，应明确、可考核。

4.3.1.3　应在系统评估的基础上确定管理目标，并根据机构活动的复杂性和风险程度定期评审管理目标和制定监督检查计划。

4.4　管理手册

4.4.1　应对组织结构、人员岗位及职责、对机构的要求、管理体系、体系文件架构等进行规定和描述。对机构的要求不应低于国家和地方相关规定及标准的要求。

4.4.2　应明确规定管理人员的权限和责任，包括保证其所管人员遵守管理体系要求的责任。

4.4.3　所有政策和要求应以国家主管部门和国际标准化组织等机构或行业权威机构发布的指南或标准等为依据，并符合国家相关法规和标准的要求。

4.5　程序文件

4.5.1　应明确规定实施各项要求的责任部门、责任范围、工作流程及责任人、任务安排及对操作人员能力的要求、与其他责任部门的关系、应使用的工作文件等。

4.5.2　应满足机构实施各项要求的需要，工作流程清晰，各项职责得到落实。

4.6　说明及操作规程

4.6.1　应详细说明使用者的权限及资格要求、潜在危险、设施设备的功能、活动目的和具体操作步骤、防护和安全操作方法、应急措施、文件制定的依据等。

4.6.2　应维持并合理使用工作中涉及的所有材料的最新安全数据单。

4.7　安全手册

4.7.1　应以国家、地方等主管部门的安全要求为依据制定安全手册；应要求所有员工阅读安全手册并在工作区随时可供使用；适用时，安全手册应包括（但不限于）以下内容：

a）紧急电话、联系人；

b）设施的平面图、紧急出口、撤离路线；

c）标识系统；

d）生物危险（包括涉及实验动物和微生物的各种风险）；

e）化学品安全；

f）辐射；

g）机械安全；

h）电气安全；

i）低温、高热；

j）消防；

k）个体防护；

l）危险废物的处理和处置；

m）事件、事故处理的规定和程序；

n）从工作区撤离的规定和程序。

4.7.2　安全手册应简明、易懂、易读，管理层应至少每年对安全手册进行评审，需要时更新。

4.8　记录

4.8.1　应明确规定对相关活动进行记录的要求，至少应包括：记录的内容、记录的要求、记录的档案管理、记录使用的权限、记录的安全、记录的保存期限等。保存期限应符合国家和地方法规或标准的要求。

4.8.2　应建立对记录进行识别、收集、索引、访问、存放、维护及安全处置的程序。

4.8.3　原始记录应真实并可以提供足够的信息，保证可追溯性。

4.8.4　对原始记录的任何更改均不应影响识别被修改的内容，修改人应签字和注明日期。

4.8.5 所有记录应易于阅读,便于检索。

4.8.6 记录可存储于任何适当的媒介,包括形成电子文件,应符合国家和地方的法规或标准的要求。

4.8.7 应具备适宜的记录存放条件,以防损坏、变质、丢失或未经授权的进入。

4.9 标识系统

4.9.1 机构用于标示危险区、警示、指示、证明等的图文标识是管理体系文件的一部分,包括用于特殊情况下的临时标识,如"污染""消毒中""设备检修"等。

4.9.2 标识应明确、醒目和易区分。只要可行,应使用国际、国家规定的通用标识。

4.9.3 应系统而清晰地标示出控制区,在某些情况下,宜同时使用标识和物理屏障标示出控制区。

4.9.4 应清楚地标示出具体的危险材料、危险,包括:生物危险、有毒有害、腐蚀性、辐射、刺伤、电击、易燃、易爆、高温、低温、强光、振动、噪声、动物咬伤、砸伤等;需要时,应同时提示必要的防护措施。

4.9.5 应在须核查或校准之设备的明显位置注明设备的可用状态、核查周期、下次核查或校准的时间等信息。

4.9.6 如果涉及病原微生物,在入口处应有标识,明确说明生物防护级别、操作的致病性生物因子、负责人姓名、紧急联络方式和国际通用的生物危险符号;适用时,应同时注明其他危险。

4.9.7 所有房间的出口和紧急撤离路线应有在无照明的情况下也可清楚识别的标识。

4.9.8 所有管道和线路应有明确、醒目和易区分的标识。

4.9.9 所有操作开关应有明确的功能指示标识,必要时,还应采取防止误操作或恶意操作的措施。

4.9.10 管理层应负责定期(至少每 12 个月一次)评审标识系统,需要时及时更新,以确保其适用。

4.10 文件控制

4.10.1 应对所有管理体系文件进行控制,制定和维持文件控制程序,确保员工使用现行有效的文件。

4.10.2 应将受控文件备份存档,并规定其保存期限。文件可以用任何适当的媒介保存,不限定为纸张。

4.10.3 应有相应的程序以保证:

a)所有管理体系文件应在发布前经过授权人员的审核与批准;

b)动态维持文件清单控制记录,并可以识别现行有效的文件版本及发放情况;

c)在相关场所只有现行有效的文件可供使用;

d)定期评审文件,需要修订的文件经授权人员审核与批准后及时发布;

e)及时撤掉无效或已废止的文件,或可以确保其不被误用;

f)适当标注存留或归档的已废止文件,以防误用。

4.10.4 如果文件控制制度允许在换版之前对文件手写修改,应规定修改程序和权限。修改之处应有清晰的标注、签署并注明日期。被修改的文件应按程序及时发布。

4.10.5 应制定程序规定如何更改和控制保存在计算机系统中的文件或其他电子文件。

4.10.6 管理体系文件应具备唯一识别性,文件中应包括以下信息:

a)标题;

b)文件编号、版本号、修订号;

c)页数;

d)生效日期;

e)编制人、审核人、批准人;

f)参考文献或编制依据。

4.11 工作计划

4.11.1 应制定年度工作计划,并经管理层审核与批准。适用时,工作计划宜包括(不限于):

a)年度工作安排的说明和介绍；

b)生产或使用实验动物的计划；

c)IACUC 活动与检查计划；

d)人员教育、培训及能力评估计划；

e)设施设备校准、核查和维护计划；

f)危险物品使用计划；

g)设施消毒灭菌计划；

h)应急演习计划；

i)监督及检查计划（包括核查表）；

j)职业健康安全计划（包括免疫计划）；

k)审核与评审计划；

l)持续改进计划；

m)行业最新进展跟踪计划。

4.12 检查

4.12.1 管理层应负责实施检查，每年应至少根据管理体系的要求系统性地检查一次，对关键控制点可根据风险评估报告适当增加检查频率，以保证：

a)设施设备的功能和状态正常；

b)警报系统的功能和状态正常；

c)应急装备的功能及状态正常；

d)消防装备的功能及状态正常；

e)危险物品的使用及存放安全；

f)废物处理及处置的安全；

g)人员能力及健康状态符合工作要求；

h)安全计划实施正常；

i)动物管理和使用计划实施正常；

j)各项活动的状态正常；

k)不符合规定的工作及时得到纠正；

l)所需资源满足工作要求。

4.12.2 为保证检查工作的质量，应依据事先制定的适用于不同工作领域的核查表实施检查。

4.12.3 当发现不符合规定的工作、发生事件或事故时，应立即查找原因并评估后果；必要时，停止工作。

4.12.4 外部的评审活动不能代替机构的自我检查。

4.12.5 涉及动物使用与管理的检查活动，应由 IACUC 实施，见本准则的附录 A。当在检查周期内恰有主管机构在该领域的评审报告时，如果适用，IACUC 可以引用本次主管机构检查报告中的相关结果。

4.13 不符合项的识别和控制

4.13.1 当发现有任何不符合机构所制定的管理体系的要求时，管理层应按需要采取以下措施（不限于）：

a)将解决问题的责任落实到个人；

b)明确规定应采取的措施；

c)只要发现很有可能造成人员或动物感染事件或其他损害，适用时，立即终止活动并报告；

d)立即评估并采取补救措施或应急措施；

e)分析产生不符合项的原因和影响范围，只要适用，应及时采取适当的纠正措施；

f)进行新的风险评估并验证措施的有效性;

g)明确规定恢复工作的授权人及责任;

h)记录每一不符合项及对其处理的过程并形成文件。

4.13.2　管理层应按规定的周期评审不符合项报告,以发现趋势并采取预防措施。

4.14　纠正措施

4.14.1　纠正措施程序中应包括识别问题发生的根本原因的调查程序。纠正措施应与问题的严重性及风险的程度相适应。只要适用,应及时采取预防措施。

4.14.2　管理层应将因纠正措施所致的管理体系的任何改变文件化并实施。

4.14.3　管理层应负责监督和检查所采取纠正措施的效果,以确保这些措施已有效解决了识别出的问题。

4.15　预防措施

4.15.1　应识别无论是技术还是管理体系方面的不符合项来源和所需的改进,定期进行趋势分析和风险分析,包括对外部评价的分析。如果需要采取预防措施,应制定行动计划、监督和检查实施效果,以减少类似不符合项发生的可能性并借机改进。

4.15.2　预防措施程序应包括对预防措施的评价,以确保其有效性。

4.16　持续改进

4.16.1　应建立机制保证所有员工主动识别所有潜在的不符合项来源、识别对管理体系或技术的改进机会。适用时,应及时改进识别出的需改进之处,应制定改进方案,文件化、实施并监督。

4.16.2　管理层应设置可以系统监测、评价相关活动的客观指标。

4.16.3　如果采取措施,还应通过重点评审或审核相关范围的方式评价其效果。

4.16.4　需要时,应及时将因改进措施所致的管理体系的任何改变文件化并实施。

4.16.5　管理层应为所有员工提供相关的教育和培训,保证其有能力参与改进活动。

4.17　内部审核

4.17.1　应根据管理体系的规定对所有管理要素和技术要素定期进行内部审核,以证实管理体系的运作持续符合要求。

4.17.2　如果涉及多项管理体系的要求,宜按领域策划、组织并实施审核。

4.17.3　应明确内部审核程序并文件化,应包括审核范围、频次、方法及所需的文件。如果发现不足或改进机会,应采取适当的措施,并在约定的时间内完成。

4.17.4　正常情况下,应按不大于 12 个月的周期对管理体系的每个要素进行内部审核。

4.17.5　员工不应审核自己的工作。

4.17.6　应将内部审核的结果提交管理层评审。

4.18　管理评审

4.18.1　管理层应对管理体系及其全部活动进行评审,包括设施设备的状态、人员状态、相关的活动、变更、事件、事故等。

4.18.2　需要时,管理评审应考虑以下内容(不限于):

a)前次管理评审输出的落实情况;

b)所采取纠正措施的状态和所需的预防措施;

c)管理或监督人员的报告;

d)近期内部审核的结果;

e)IACUC 的报告,包括动物福利的内容;

f)风险评估与风险管理报告;

g)外部机构的评价报告;

h)动物管理和使用计划,包括是否有可利用的替代实验和是否可减少动物使用量等内容(见本准则的附录 B）；

　　i）任何变化、变更情况的报告；

　　j）设施设备的状态报告；

　　k）管理职责的落实情况；

　　l）人员状态、培训、能力评估报告；

　　m）职业健康安全状况报告；

　　n）不符合项、投诉、事件、事故及其调查报告；

　　o）持续改进情况报告；

　　p）对服务供应商的评价报告；

　　q）适用时，来自客户的评价报告；

　　r）国际、国家和地方相关规定和技术标准的更新与维持情况；

　　s）管理方针及目标；

　　t）管理体系的更新与维持；

　　u）工作计划的落实情况及所需资源。

　　4.18.3　只要可行，应以客观方式监测和评价管理体系的适用性和有效性。

　　4.18.4　应记录管理评审的发现及提出的措施，应将评审发现和作为评审输出的决定列入含目的、目标和措施的工作计划中，并告知员工。管理层应确保所提出的措施在规定的时间内完成。

　　4.18.5　对于较大的机构，管理评审宜按不同的主题分别进行，典型的管理评审周期是 12 个月。

　　4.19　应急管理和事故报告

　　4.19.1　应制定应急管理政策和程序，包括生物性、化学性、物理性、放射性等紧急情况和火灾、水灾、冰冻、地震、人为破坏等任何意外紧急情况，还应包括使留下的空建筑物处于尽可能安全状态的措施，需要时，应征询相关主管部门的意见和建议。

　　4.19.2　应以国家法律法规、国家和地方的应急预案和要求为基础制定机构的应急措施，同时考虑机构的特点和资源，应急措施中应包括紧急撤离计划。机构的首要责任是保护人员安全和避免波及公共安全。

　　4.19.3　应建立程序和方法，以识别和监测潜在的事件或紧急情况，并作出响应，以预防和减少可能随之引发的疾病、伤亡、损失、业务中断等。

　　4.19.4　适用时，应急程序应至少包括负责人、组织、应急准备和响应、应急通信、报告内容、个体防护和应对程序、应急设备和工具包、污染源隔离和消毒灭菌、人员隔离和救治、现场隔离和控制、动物福利和健康、撤离计划和路线、风险沟通等内容。

　　4.19.5　应使所有人员（包括来访者）熟悉应急行动计划、撤离路线和紧急撤离的集合地点。

　　4.19.6　应定期演练和评估涉及各种风险的应急程序和应急预案，并制定年度计划。每年应组织进行专项演练，如电力系统故障、危险物质泄漏等应急处置演练，并至少组织所有员工进行一次撤离演习。

　　4.19.7　应有消防相关的政策和程序，并使所有人员理解，以保证人员安全和动物安全。

　　4.19.8　应制定年度消防计划，内容至少包括（不限于）：

　　a）对员工的消防指导和培训，内容至少包括火险的识别和判断、减少火险的良好操作规程、失火时应采取的全部行动；

　　b）消防设施设备和报警系统状态的检查；

　　c）消防安全定期检查计划；

　　d）消防演习（每年至少一次）。

　　4.19.9　只要适用，应配备控制可燃物少量泄漏的工具包。如果发生明显泄漏，应立即寻求消防部门的援助。

　　4.19.10　应配备适当的设备，需要时用于扑灭可控制的火情及帮助人员从火场撤离。

4.19.11 应依据可能失火的类型配置适当的灭火器材并定期维护,应符合消防主管部门的要求。

4.19.12 如果发生火警,应立即寻求消防部门的援助,并告知机构内存在的危险。

4.19.13 机构应及时处理可控的事故,避免事态扩大;对于机构不能控制的事故,应求助并执行紧急撤离计划,此时的一些防护和控制措施,均应以保护人员安全撤离为目的,而非以救灾为目的。

4.19.14 应有报告紧急事件、伤害、事故、职业相关疾病以及潜在危险的政策和程序,符合国家和地方对事故报告的规定要求,任何人员不得隐瞒。

4.19.15 所有紧急事件、事故报告应形成书面文件并存档(包括所有相关活动的记录和证据等文件)。适用时,报告应包括事实的详细描述、原因分析、影响范围、后果评估、采取的措施、所采取措施有效性的追踪、预防类似事件发生的建议及改进措施等。

4.19.16 事故报告(包括采取的任何措施)应提交机构管理层、安全委员会和 IACUC 评审,适用时,还应提交更高管理层评审。

4.19.17 在发生事件或紧急情况后,应进行后评估。

5 实验动物设施

5.1 规划与设计

5.1.1 应以保护人员健康、环境安全、保证动物实验的质量以及满足动物福利为宗旨。

5.1.2 应创造适应动物居住和生长的环境条件,而非试图限制或改变动物的生活习性。

5.1.3 设施的选址、设计和建造应符合国家和地方环境保护和建设主管部门等的规定和要求。

5.1.4 设施的防火和安全通道设置应符合国家的消防规定和要求,同时应考虑实验动物和生物安全的特殊要求;必要时,应事先征询消防主管部门的建议。

5.1.5 设施的安全保卫应符合国家相关部门对该类设施的安全管理规定和要求。应根据设施的情况,确定防护范围(包括周围)和防护要求,应建立出入控制系统。

5.1.6 所用的建筑材料和设备等应符合国家相关部门对该类产品生产、销售和使用的规定和要求。

5.1.7 应采用利于工作效率与符合卫生要求的建材,理想的建材应兼具耐用、防潮、防火、无缝隙、光滑、耐酸碱等清洁消毒剂的冲刷、抗碰撞、耐老化、无气味、无毒、无放射性、不变色、不产生粉屑物等特性。

5.1.8 表面涂料如果用于动物可直接接触的表面,应确保其没有毒性。

5.1.9 实验动物设施应为独立的建筑或在建筑物的一个独立区域,或者有严格的隔离措施与其他公共空间隔离。

5.1.10 动物房舍设施的设计应保证对生物、化学、辐射和物理等危险源的防护水平控制在经过评估的可接受程度,为关联的办公区和邻近的公共空间提供安全的工作环境,及防止危害环境。工作人员休息区应与动物饲养区有效隔离。

5.1.11 平面工艺、围护结构的严密性、室内压力、气流组织等的设计应符合控制交叉污染和防止污染扩散的原理,对污染扩散风险较大的房间和走廊应设计为负压(与不期望扩散到的相邻区比)。

注:如果考虑控制生物风险,检疫和隔离室宜设计为负压室或单独设置。

5.1.12 应事先规划大型设备的安放空间,考虑不相容、承重、与环境的关系等事项。

5.1.13 动物房舍空间的大小应满足动物福利的基本要求,需要考虑动物种类、健康状况、生理需求、繁殖性能、生长期、行为表现、社交活动、运动、安全、相互干扰等对空间的要求。应考虑对动物群居饲养的要求,以及不同类型的动物实验要求。

注:本准则所述的动物种类一词,在无特别说明时可能涉及品系、群体特征、个体特征(如不同的发育特征、病理生理特征)等内容。

5.1.14 群养动物房舍的设计应使动物可以在受攻击时逃避或躲藏。

5.1.15 动物对空间的需求包括地面面积、高度、墙面、遮蔽物或笼舍等,其中食物、饮水、器皿及其他非运动或休息设备等所占据的空间，不应算为地面面积。

5.1.16 应意识到房舍最佳空间的确定是复杂的，宜根据权威文献的建议和专家的建议确定。

5.1.17 应设计人员紧急撤离路线，紧急出口应有明显的标识。

5.1.18 应评估动物、生物材料、样本、药品、化学品和机密资料等被误用、被偷盗和被不正当使用的风险，并采取相应的物理防范措施。

5.1.19 应有专门设计以确保存储、转运、收集、处理和处置危险物料的安全。

5.1.20 温度、湿度、照度、噪声、振动、洁净度、换气次数、有害物质浓度等环境参数应符合该区域（小环境或大环境）的工作要求和卫生等相关要求。

5.1.21 动物对光照、噪声和振动等的感受可能不同于人类，对这些因素的控制还应考虑动物健康与福利的要求。

5.1.22 应意识到小环境是动物直接生活的环境，大环境主要是保护和维持小环境，并满足工作要求、保护人员安全和环境安全。因此，应根据需求设定控制参数和要求。

5.1.23 设计还应考虑节能、环保及舒适性要求，应符合职业卫生要求和人机工效学要求。

5.1.24 对于大型机构，在规划设计时宜确定电力监控与管理方案。

5.1.25 门、窗、送风口、排风口、管线通道、各种接口、开关盒等的设计位置应依据房间的功能和内部设备的情况预先确定。

5.1.26 应合理安放或有效隔离可产生振动、噪声、冷热、强光或反射光、气流等的设施设备。

5.1.27 动物房舍与进行动物实验频繁的实验间应尽量相邻，需根据不同的要求进行隔离，如设计为套间或设置缓冲间等。

5.1.28 应有充足的空间，保证具备恰当的环境条件，并应易于大型物品进出、照料动物、清洁、实验操作和维护设施。

5.1.29 应有满足工作需要的工作空间和相应的辅助空间。应根据功能或不相容控制原则明确区分不同的功能区或控制区，至少应考虑：

a）动物饲育区和特殊饲育区；

b）动物接收、检疫及隔离饲育区；

c）饲育设备与饲育材料清洁消毒区；

d）不同材料的储存区或储存库；

e）不同的实验功能区；

f）废物暂存区；

g）冷藏及冷冻尸体存放库；

h）行政办公区；

i）教育训练区；

j）员工休息区；

k）设备区和控制室；

l）门、连接通道、缓冲区等。

注 1：对设施的工艺布局应至少满足国家强制性要求，基于实验动物科学的发展，本准则鼓励采用最新且公认的理念和技术。

注 2：不同主管部门的要求可能是有差异的，需要时，机构应事先征询主管部门的建议。

5.1.30 应根据动物的种类、身体大小、生活习性、实验目的等设计动物房舍设施和安排，应避免不同习性动物之间的相互干扰，以满足动物饲养、动物实验及动物福利的要求。

5.1.31 应考虑和满足某些种类或不同状态下动物对环境条件的特殊要求。

5.1.32 应有防止野外动物（如节肢动物和啮齿类动物等）进入的措施。

5.1.33 应符合生物安全要求，设计时应考虑对动物呼吸、排泄物、毛发、抓咬、挣扎、逃逸等的控制与防护,以及对动物饲养、动物实验(如:染毒、医学检查、取样、解剖、检验等)、动物尸体及排泄物的处置等过程产生的潜在生物危险的防护。

5.1.34　应对设计方案进行综合评估,保证利大弊小且符合相关法规标准的要求。

5.2　建造要求

5.2.1　总则

5.2.1.1　应满足 GB 14925 和 GB 50447 的要求。

5.2.1.2　涉及生物安全要求时,应满足 GB 19489 的要求。

5.2.1.3　应对拟采用的技术和解决方案进行综合评估,保证利大弊小且能达到设计要求。

5.2.2　走廊

5.2.2.1　应依据走廊所在的位置和功能设计其宽度,不宜小于 1.5 m,建议的走廊宽度为 1.8～2.4 m。

5.2.2.2　应有措施阻隔通过走廊传播的噪音、污染物和其他危险源,如采取设置双层门、缓冲间或气锁等措施。

5.2.2.3　设施的检修入口、检修端、开关箱、消防栓、灭火器箱、电话等设备应尽量设置在走廊合适的位置,且不影响交通和人员逃生。

5.2.3　围护结构

5.2.3.1　门框应根据所在房间的功能和物流情况设计,应足够大。

5.2.3.2　门与门框应紧密结合,避免害虫侵入或藏匿。

5.2.3.3　门的开启方向应考虑气流方向、对安全的影响、动物逃逸等事项,需要时,采取其他措施,如加装门龛、防护门等。

5.2.3.4　门上应设观察窗,有避光需要时可采用有色玻璃或在门的外面安装窗帘。

5.2.3.5　根据需要,应对不同控制区的门按权限设置出入限制。

5.2.3.6　动物房舍是否设窗户应取决于工作要求和动物福利要求。啮齿类动物的房舍不宜设窗户,但非人灵长类动物的房舍宜设窗户。如果安装窗户,应保证其密封性和牢固性符合该房间的工作要求和安全要求。

5.2.3.7　地面的材质、光滑度和房舍内的颜色等应适合于动物的种类和习性。

5.2.3.8　应考虑该区域放置或经过的一些重型设备和大型动物对地面的要求和影响。

5.2.3.9　墙面、天花板和地面应耐腐蚀、易清洁、不吸水、耐冲击,并尽量减少接缝。

5.2.3.10　不宜采取吊顶式天花板,建议采用硬顶结构。

5.2.3.11　如果可行,应暗装管线。对于高级别防护水平的生物安全设施,由于考虑墙体密封要求,通常采用明装管线。

5.2.3.12　应考虑围护结构的强度、防火性、隔音性和保温性等符合所在区域的要求。

5.2.4　通风和空调

5.2.4.1　通风应保证供应充足的氧气,维持温度、湿度,稀释有害因子,需要时,在相邻空间形成定向气流。

5.2.4.2　通风空调系统应设置备用送风机和排风机。

5.2.4.3　适用时,大环境和小环境的通风空调应匹配,以保证各自区域的控制参数符合要求。

5.2.4.4　传感器的设置位置和数量应合理,保证可以代表实际情况。

5.2.4.5　应在房舍内(适用时,包括小环境)适宜的位置安装符合计量要求的温湿度计,以其显示的值作为实际结果。

5.2.4.6　应有适宜的控制方案,以保证每个房舍的温湿度参数符合各自的要求。

5.2.4.7　在设定温湿度的控制限值时应考虑波动范围。应避免环境参数变化范围过大,对设定温度实际的控制精度应达到 ± 2 ℃之内;对设定湿度的实际控制精度应达到 $\pm 10\%$ 之内。

5.2.4.8 应有措施控制任何情况下发生室内压力过高或过低的风险,以及发生规定的定向气流逆转的风险。

5.2.4.9 应监测高效过滤器的阻力并对高效过滤器定期检漏,以保证其性能正常。

5.2.4.10 应有措施控制不同区域空气的交叉污染。

5.2.4.11 应有措施保证对房舍进行气体消毒时不影响其他房间和区域。

5.2.4.12 送风口和排风口的位置、数量和大小应合理,不与房间内设备和物品等以及工作性质相冲突。

5.2.4.13 生物安全设施应设独立的通风空调系统,排出的空气不应循环使用。

5.2.4.14 使用循环风可以节能,但存在有害因子扩散的风险。在全面风险评估和不降低要求的基础上,利用可靠技术在特定区域使用循环风是可接受的。

5.2.4.15 应保证充足的换气次数以满足动物小环境的空气质量,但应意识到其受诸多因素的影响,如笼具的类型、垫料特性和更换频率、房舍大小和通风效率、工作人员密度、动物实验的要求以及动物的种类、生活习惯、体型和数量等,因此应根据实际情况进行必要的调整,以保证空气质量切实符合要求。同时,应避免小环境风速对动物的影响。

5.2.4.16 通风空调系统应适宜于当地气候并考虑极端气候的影响。

5.2.4.17 在不影响工作、安全健康和动物福利的条件下,应尽量采用节能技术和方案。

5.2.5 给水和排水

5.2.5.1 需要时,应在给排水管道的关键节点安装截止阀、防回流装置、高效过滤器或呼吸器。

5.2.5.2 如果安装动物的饮用水管道,管道材质和配件材质应符合卫生要求;安装应符合产品要求。

5.2.5.3 动物饮用水系统应具备定时冲洗功能,以防止饮用水长期静止,应在关键节点留水质检测口。

5.2.5.4 动物饮水嘴应适宜于动物种类和习性,保证动物的饮水量,且光滑、易清洁、不易堵塞、耐动物抓咬、配件牢固、不以任何方式损伤动物。

5.2.5.5 如果漏水将直接影响动物的生活或导致危险物质扩散,应有报警机制。

5.2.5.6 如果地面设有排水口,地面坡度应易于排水。

5.2.5.7 应合理设置排水管,存水弯应足够深,排水管的直径应足够大。

5.2.5.8 需要时,应可以封闭所有排水口。

5.2.5.9 应针对房间的特点进行风险评估,有措施保证排水口不会成为危险物质扩散的通道,以及避免各种小生物滋生和出入。

5.2.5.10 应有处理固体污物的措施。

5.2.6 污物处理和消毒灭菌

5.2.6.1 应遵循以下原则处理和处置污物:

a)将操作、收集、运输、处理及处置污物的危险减至最小;

b)将其对环境、健康的有害作用减至最小;

c)只可使用被承认的技术和方法处理和处置污物;

d)储存、排放符合国家或地方规定和标准的要求。

5.2.6.2 应考虑普通、生物性、放射性和化学性污物等的不同处理要求,并可实现分类处置。

5.2.6.3 污物处理和消毒的能力应与机构产生废物的量相适应,具备充足的和符合相应要求的污物处置资源,如存储装置和空间、消毒灭菌设备、收集、无害化处理、包装、排放设备等。

5.2.6.4 污物处理方式(如焚烧、炼制等)和排放应符合环境保护主管部门的相关规定和要求。

5.2.6.5 宜优先采用高压蒸汽等物理方式消毒灭菌。

注:机构应根据风险评估,确定需要达到的消毒水平或灭菌水平。

5.2.6.6 采用气体消毒装置时,应按制造商的要求安装和使用,并与所消毒空间的大小和内部物品的复杂程度相适应。

5.2.6.7 携带可传染性病原的大型动物尸体的消毒灭菌宜选用专门设备。

5.2.6.8 所有消毒灭菌装置在新安装、维修后,应按系统的方案进行消毒灭菌效果验证。

5.2.7 电力和照明

5.2.7.1 应有足够的电力供应,供电原则和设计符合国家法规和标准的要求。

5.2.7.2 应对不同系统的供电需求进行识别和分级,应保证对重要系统和设备的供电有合理的冗余安排,对关键系统和设备应配备备用电源或不间断电源(UPS)。

5.2.7.3 应合理安排配电箱、管线、插座等,规格和性能应符合所在房间的技术要求和特殊要求,如密封性、防水性、防爆性等。电器装置的性能和安全应符合国家相关标准的要求。

5.2.7.4 紧急供电应优先考虑用自动启动的方式切换。

5.2.7.5 重要的开关应安装防止无意操作或误操作的保护装置。

5.2.7.6 应根据动物的种类、习性、实验计划的要求选择适当的光源、照度和颜色,灯具的安装方式应不易积尘。

5.2.7.7 光的照度和波长范围应保证动物获得清晰的视觉和维持生理规律,并满足人员工作和观察动物的需要。

5.2.7.8 宜采用自动控制方案解决灯光模拟昼夜交替的需要。

5.2.7.9 应保证不同位置动物接受的光照一致,至少应可以通过定期轮换动物饲养位置的方式而解决。

5.2.7.10 每个房间应有独立的电源开关。

5.2.7.11 更换和维修动物房舍内电灯的方式应方便和不影响动物,宜采用可在室外完成的方案。

5.2.7.12 应按法规和标准的要求配备应急照明。

5.2.8 通信

5.2.8.1 通信系统应满足工作需要和安全需要。

5.2.8.2 如果是内部电话系统,应考虑紧急报警方式。

5.2.8.3 采用了无线通信、无线信息采集与管理技术的机构,应有措施保证信号的覆盖范围和强度,并符合国家对该类产品的要求。

5.2.8.4 如果设置了局域网,应有措施保证网络运行的可靠性及数据的安全性。

5.2.9 自控、监视和报警

5.2.9.1 采用机械通风的设施应有自控和报警系统。

5.2.9.2 强烈建议采用自动方式采集环境监测参数(包括光照周期等),并设异常报警。

5.2.9.3 大中型设施和复杂设施应有自控、监视和报警系统,应设中央控制室。只要可行,应采用自动方式采集环境监测参数。

5.2.9.4 应在风险评估的基础上,在重要区域设置监视系统。

5.2.9.5 报警信号和方式应使员工可以区分不同性质的异常情况,紧急报警应为声光同时报警。

5.2.9.6 应在风险评估的基础上,在重要区域设置紧急报警按钮。

5.2.9.7 自控系统采集信号的时间间隔应足够小,储存数据介质的容量应足够大,应可以随时查看运行日志和历史记录。

5.2.9.8 遇到紧急情况,中控系统应可以解除其控制的所有涉及逃生和应急设施设备的互锁功能。在有互锁机制的设施设备旁的明显和方便之处,应安装手动解除互锁按钮。

5.2.10 存储区

5.2.10.1 走廊不应作为存储区用。

5.2.10.2 饲料和垫料的存储区应可控制温度、湿度和通风,并没有虫害、鼠害、微生物(细菌、病毒、真菌等)繁殖、化学危害、异味等。

5.2.10.3 需要时,饲料存储区的温度应可以控制在 4~20 ℃、湿度控制在 50%以下。

5.2.10.4 应具备低温保存动物尸体、组织等的条件。

5.2.10.5 如果涉及感染性物质、放射性物质、剧毒物质、易燃易爆物质等,应有相应的专业设计和措施。

5.2.10.6 应有条件(如控制温湿度等)和空间分类保存所用的各种样本、物品、材料、耗材、备件、文件、记录、废物等,并保证被存放物不变质、不相互影响且安全。

5.2.11 洗刷和消毒

5.2.11.1 大中型机构应设置中心洗刷消毒间,其在机构内的位置和与各功能区等的物流通道应设计合理。

5.2.11.2 热水、蒸汽等管道应有标识并做隔热处理。

5.2.11.3 保证工作环境符合职业卫生要求,需要时,应安装紧急喷淋和洗眼装置等应急装备。

5.2.11.4 使用大型清洗设备和消毒设备时,应有措施保证工作人员的安全。

5.2.11.5 物品传递、洗刷和消毒能力应适应于工作量,符合污染分级和分区控制的原则。

5.2.11.6 所用材料的绝缘性和设备的接地等应符合电气安全要求。

5.2.12 手术室

5.2.12.1 手术室的设计和建造原则是控制污染(包括交叉污染和污染扩散,特别是通过气溶胶传播的污染物)、易清洁和易消毒灭菌,以及适宜于手术流程管理。

5.2.12.2 如果需要进行无菌手术,设施和设备应满足无菌手术的条件。

5.2.12.3 功能完整的手术室通常包括以下区室(不限于):

a)手术器材准备与供应室;

b)动物术前准备室;

c)更衣室与刷手室;

d)手术室;

e)术后恢复室。

5.2.12.4 应根据需求、动物的种类和手术程序的要求设计和建造手术室,并配备相关的设施和设备。同时,应考虑相关功能区的规划和设计。

5.2.12.5 应保证手术室和术后恢复室的温度及其变化范围满足要求,两室的温差绝对值不应超过 3 ℃。

5.2.12.6 如果仅用啮齿类等小型动物进行实验且所用动物数量不大,不一定需要独立的手术室,但不宜在动物饲养间内操作。

5.2.12.7 手术区应与其他功能区域有明确的分隔,应控制人员的进出频率,以降低感染率。

5.2.12.8 如果有生物风险,应在相应防护级别设施中的负压解剖台或生物安全柜中进行手术;如果必须在开放的手术台做手术,应主要依靠个体防护装备和管理措施保证安全。

5.2.13 水生动物饲养室

5.2.13.1 应建立可靠的水生饲养生命支持系统,适用于水生动物的种类、大小、数量以及所用水族箱的安排情况,并可以方便地观察实验动物。需要时,应可以监测水质。

5.2.13.2 应保持动物所需要的水温、光照和气压。水质应符合水生动物的生长需求,并不含可能干扰实验质量和影响动物的物质。

5.2.13.3 饲养系统应可以更新、清除废物和保持水质的各项指标(包括微生物指标)持续符合要求,应可以提供平衡、稳定的环境,保证可靠的氧气和食物供给,以维持动物的生活需要。

5.2.13.4 饲养环境的安排应满足水生动物的生理需求、行为要求、运动和社交活动。应控制可能干扰或影响动物的因素,特别注意光线、声音、振动对水生动物的影响。

5.2.13.5 应有措施防止水生动物逃逸,并可以避免动物被意外卡住或被锐利的边缘伤害。

5.2.13.6 如果涉及用电,应有机制防止人员或水生动物被电击。

5.2.13.7 房间所用材料和设计应防潮湿,地板应防滑、不积水,地面应有足够的重量载荷能力。

5.2.13.8 房间内所有设施和设备应可防潮和耐腐蚀,应有机制保证电气设备工作正常、良好接地和不漏电或有保护装置。

5.2.13.9 应有通风机制,避免形成水汽并在需要时降低湿度。

5.2.14 其他特殊用途的设施

5.2.14.1 动物实验可能涉及影像学检查、生理学检查、行为学研究、毒理学研究、基因操作、传染病学研究等,应根据这些学科的要求、动物种类、实验内容设计和建造适宜的设施。

5.2.14.2 建造原则是保证人员安全、环境安全、实验质量以及动物福利。

5.2.15 室内饲养笼具

5.2.15.1 笼具设计和制造的原则是建立合理的初级屏障,与次级屏障、个体防护和管理措施共同保证人员安全、环境安全、实验质量以及动物福利。

5.2.15.2 笼具应有足够的空间,制作动物笼具的材料应不影响动物健康、耐磨蚀和碰撞、足够坚固、减少噪声、防眩目、不易生锈。

5.2.15.3 在正常使用时,笼具应不以任何方式引起人员和动物受伤。

5.2.15.4 笼具应适于清洗、消毒等操作,一次性笼具除外。

5.2.15.5 笼具底面的设计应适宜于所饲养的动物种类,并易于清除粪便。

5.2.15.6 笼具构造应适宜于动物饮水、进食、休息、睡眠、繁育、排泄等。

5.2.15.7 独立通风的隔离笼具系统应保证小环境的各项参数(如温湿度、换气次数、洁净度、有害因子的浓度、风速等)符合要求,应考虑通风系统失效时对动物的影响及应对措施。需要时应可以对其消毒灭菌和验证消毒效果。

5.2.15.8 适用时,应可以在现场对笼具性能的关键指标(如高效过滤器、密封性能、压力、气流、温湿度等)进行检测。

5.2.16 室外饲养房舍

5.2.16.1 应合理选择建造地址,考虑与周围环境、自然环境的关系和相互影响。

5.2.16.2 应选择适宜的建筑材料。

5.2.16.3 应有措施抵抗严酷的气候和防止动物逃逸。

5.2.16.4 应有措施避免野外动物的影响。

5.2.16.5 应易于清除排泄物等废物,保证房舍清洁、卫生。

5.2.16.6 应可以保证人员安全、环境安全、实验质量以及动物福利。

6 动物饲养

6.1 总则

6.1.1 应有程序和计划以保证和维持所有硬件设施的性能正常。

6.1.2 应意识到,硬件设施的某些缺陷或功能不完善,可以通过管理措施弥补。因此,应针对机构的人员、设施设备、环境、工作内容、动物种类等建立系统的管理程序并实施,以保证实现最终的效果,将可能降低人员安全、环境安全、实验质量以及动物福利等的因素控制在可接受的程度。

注:例如,试图通过硬件设计使不同笼盒中动物接受光照的程度一致可能是很困难的,但可以通过轮换笼盒位置的方式实现最终效果。

6.1.3 管理体系应可以及时发现与饲养相关的问题,采取措施,维持体系运行的效果,并持续改进。

6.1.4 应与动物使用者和兽医沟通饲养管理方案和计划,只要可行,应将对动物满足其天性需求的限制程度控制在最低,并通过 IACUC 审核。

6.1.5 如果适用,应满足动物在特定病理生理状态下的特殊饲养要求,包括福利要求,并通过 IACUC 审核。

6.1.6 应按来源、品种品系、等级、相互干扰特征和实验目的等将实验动物分开饲养。应基于饲育和实验要求选择适宜的分开饲养方式,包括小环境隔离或大环境隔离。

6.1.7 应建立每日巡查制度,包括观察设施运行情况、动物行为和健康状况、环境参数和卫生、饮食和垫料等,并记录。如果在巡查过程中发现任何异常情况,应及时报告并采取有效措施。

6.1.8 应建立抽查制度,在需要时对环境卫生、动物饮食卫生和个人卫生抽查,并记录。

6.2 环境控制与监测

6.2.1 无论室外、室内或隔离饲养,应依据权威文件建立明确的房舍等所有功能区域的环境控制指标和参数要求,且充分、合理并可行。

6.2.2 应明确实现本准则 6.2.1 要求之指标和参数的方法,以及实现效果的监测方法。

6.2.3 应定期监测、检查环境指标和参数是否符合控制要求并记录,监测或检查周期的设定取决于学科要求、系统运行的稳定性、法规及标准的要求。

6.2.4 应满足不同动物种类的需求。

6.3 动物行为管理

6.3.1 只要可行,应以群居的方式饲养动物。

6.3.2 若因特殊需求而必须将群居性动物单独饲养时,应在环境中提供可以降低其孤独感的替代物品。

6.3.3 只要可行,应提供群居性动物同种间肢体接触的机会,以及提供通过视觉、听觉、嗅觉等非肢体性接触和沟通的条件。

6.3.4 只要可行,应依照动物种类及饲养目的给实验动物提供适宜的可以促进表现其天性的物品或装置,如休息用的木架、层架或栖木、玩具、供粮装置、筑巢材料、隧道、秋千等。

6.3.5 应使动物可以自由表现其种属特有的活动。

6.3.6 除非治疗或实验需要,应避免对动物做强迫性活动。

6.3.7 应鼓励对动物日常饲养和实验操作进行习惯化训练,以减少动物面对饲养环境变化、新的实验操作以及陌生人时产生的应激。

6.3.8 应由专业人员观察和检查实验动物的福利及行为状况。

6.3.9 应有措施保证可以尽快弥补所发现的任何缺失或不满足动物属性行为的条件,如果已经造成动物痛苦或不安等,应立即采取补救措施。

6.4 动物身份识别

6.4.1 机构应建立针对不同动物进行个体或群体识别的程序和方法,所用方法应经过 IACUC 的审核。

6.4.2 应使用恰当的方式对动物进行个体或群体识别,常用的方法包括在动物室、笼架、围栏和笼具上设置书写的卡片或条形码信息,或使用无线射频、项圈、束带、铭牌、染色、刺青、耳标、刻耳、皮下信号器等标记。

6.4.3 标记物或标记方式应对动物不产生痛苦、过敏、中毒等任何伤害,不影响其生理状态、行为状态和正常生活,也不影响实验结果。

6.4.4 标记物或标记方式应稳定、可靠,可以保证信息被正确记录、清晰辨别且不易丢失。

6.4.5 用于动物识别的信息应包括动物来源、动物品种及品系、研究者姓名及联系方式、关于日期的资料、关于实验或使用目的的资料等。

6.4.6 需要时,应针对每个动物建立个体档案,包括动物种类、动物识别、父母系资料、性别、出生或获得日期、来源、转运日期及最后处理日期等。当进行机构间的动物转运时,应可以按要求提供动物身份等相关的信息。

6.4.7 需要时,应建立实验动物的临床档案,包括临床及诊断资料、接种记录、外科手术程序及手术后的照料记录、解剖及病理资料、实验相关的资料等。

6.5 动物遗传学特性监测和基因操作

6.5.1 如果适用,机构应建立明确的政策和程序以管理和监控动物的遗传学特性和涉及基因操作的活动。

6.5.2 应使用国际统一的命名方法和术语描述动物的遗传学特性。

6.5.3 应按公认的技术和程序定期监测动物的遗传学特性。

6.5.4 应建立系统和完整的遗传信息档案。

6.5.5 应有资源、程序和技术以保证近交、突变、封闭或杂交系动物的遗传特性符合相关的技术标准,并可以验证。

6.5.6 如果涉及基因操作,实验目的和方案应经过伦理委员会、生物安全委员会和 IACUC 的审核,应符合国家法规和标准的规定,禁止从事不符合伦理和风险不可控的活动。

6.5.7 在基因操作的各阶段,应保证供体动物和受体动物的福利满足相关标准的要求。

6.5.8 如果发生了不可预测的事件或出现新的表型并影响实验动物的健康,应及时向 IACUC 报告,进行系统的风险评估并采取措施。

6.5.9 应妥善保管实验材料,并按规定处置。在彻底灭活前,不得将有遗传活性的材料或动物释放到环境中。

6.6 动物营养与卫生

6.6.1 应根据动物的种类和不同发育阶段保证其营养需求和均衡,以避免营养不良或营养过剩。饮食营养和卫生应符合相关标准的要求。

6.6.2 应考虑动物对其食物的心理需求。如果不是特殊需要,应以动物习惯的方式进食和饮水。

6.6.3 应保证动物的饮食环境和节律符合其饮食习惯。

6.6.4 应有措施保证动物的饮食条件和卫生。应选用良好设计的饮食装置,避免造成粪便污染饮食及撒食漏水的现象。

6.6.5 动物群饲时,应有机制保证每个动物均能自由获得食物,避免产生争斗。

6.6.6 不应突然改变饲料的种类,避免导致消化或代谢问题。

6.6.7 对某些动物(如灵长类动物)可给予多样化的饲料或奖赏性食物,但应注意饲料营养成分的均衡。

6.6.8 饮食的品质应符合相应级别动物对膳食的要求。

6.6.9 动物应可以按其意愿随时获得适合饮用且卫生的水。

6.6.10 应选择可靠的水处理方法,保证饮水不影响动物生理、肠道正常菌群及实验结果。

6.6.11 如果适用,应每日检查吸水管、自动给水器等供水设备,以保证清洁且运行正常。使用水瓶提供饮水时,如果需要添加水,应换用新的水瓶。

6.6.12 若使用自动饮水装置,应对动物进行适应性训练,应保证动物可正常饮水。

6.6.13 户外饲养动物的房舍,若有给水系统以外的水源,应保证其符合饮水标准。

6.6.14 应按照本准则 4.1.16 至 4.1.20 的要求,制定关于饲料、垫料等外购品的政策和程序,包括购买、评价和库存等过程,以保证外购品的质量。

6.6.15 应具备与机构动物饲养活动相适应的饲料和垫料保存空间和保存环境,饲料和垫料应分开储存。

6.6.16 应保存饲料的购置量、批号、出厂日期、有效期、保存条件、害虫防治方法、营养成分、有害物质含量、生产商资质、生产商信用评价、质量检查报告等资料和记录。

6.6.17 应合理安排和使用库存的饲料和垫料等。

6.6.18 饲料或垫料应密封保存,存放区域应远离有高温、高湿、污秽、光照、昆虫及其他害虫的环境。饲料、垫料在运输和储存时应放在搁板、架子等上面,不应直接放于地面。

6.6.19 包装开启后应标注开启时间及过期时间,未使用完的饲料或垫料应放于密闭的容器内保存。

6.6.20 变质或发霉的、超过保存期的饲料或垫料不应再使用,应安全销毁,不得委托饲料或垫料的供应商处理。

6.6.21 笼舍内垫料的使用量要充足并根据动物的多少和习性定期更换,以保证动物持续干爽。

6.6.22 应有机制避免饮水在笼舍内泄漏,或可被饲养人员及时发现。

6.6.23 应用可靠的方法定期监测饲料、饮水、垫料的质量,并记录。

6.7 饲养环境的卫生

6.7.1 应保证大环境和小环境的卫生条件有益于动物健康。

6.7.2 应定期清理动物设施的所有区域并进行消毒,包括笼盒、食盒、水瓶、饮水嘴等所有设备及其附件,频率应根据使用情况及污染特性而定。

6.7.3 应优先选用物理的方法清除异物、排泄和代谢物、食物残渣、潮湿、有害物质、气味、颜色、微生物、藻类、害虫等,不应使用对人和动物有毒有害、有气味、易残留的清洁剂和消毒剂。

6.7.4 应建立环境卫生管理程序和计划,包括清洁剂和消毒剂的选择、配制、效期、有效成分、效果监测等内容,以及清洁消毒方法和周期等,也包括防治、控制及清除害虫的程序及计划,并培训相关的人员。

6.7.5 应有充足的与工作风险相适宜的个体防护装备供员工使用。

6.7.6 应将可能面临的风险告知做环境卫生的人员,如果风险变化时,应及时通知。

6.7.7 应指定专人管理和监督环境卫生工作。应在饲养动物前、饲养中和饲养后按区域、设施设备、动物种类和实验要求等特性定期监测和评价环境卫生效果,包括监测与评价害虫防治计划的实施效果。监测指标和频率应根据区域、设施设备、动物种类和实验要求等特性而定。

6.7.8 不同区域的清洁用具不应混用。应随时清理清洁用具本身,其材质应选用抗腐蚀、耐高温的材料。清洁用具应整齐摆放在洁净、无虫害和通风良好之处,已经磨损的清洁用具器具应及时更换。

6.7.9 应建立可行的措施维持环境卫生状态,以尽量减少清洁和消毒的次数和范围。

6.8 废物管理

6.8.1 应建立废物管理程序,以明确机构的废物分类准则、分类处理处置程序和方法、排放标准和监测计划等,并培训相关人员。

6.8.2 危险废物处理和处置的管理应符合国家或地方法规和标准的要求,需要时,应征询相关主管部门的意见和建议。

6.8.3 凡是毒性、致癌、致突变、致畸、环境激素、易燃易爆、传染性、放射性、不稳定、异味、挥发、腐蚀性、放射性等废物均应放入有专门标记的专用容器中,在专业人员的指导下,按相关法规和标准的规定处理和处置。

6.8.4 不应将性质不同的废物混合在一起。

6.8.5 动物房舍内不应积存废物,至少每天清理一次。在消毒灭菌或最终处置之前,应存放在指定的安全地方。

6.8.6 应由经过培训的人员处理危险废物,并应穿戴适当的个体防护装备。

6.8.7 如果法规许可,机构可委托有资质的专业单位处理污物。机构应与委托单位事先签订至少6个月有效期的合同,污物的包装和运输应符合国家法规和标准的要求。

6.9 假日期间动物的管理

6.9.1 应建立假日期间动物管理程序、应急安排和值班计划,并通过 IACUC 的审核。

6.9.2 每日均应有专业人员按统一的要求照料动物,并安排应急医学处置。

6.9.3 假日值班人数应与假日期间的工作量相适应,除饲养人员外,还应考虑是否需要设施设备保障人员等值班。

6.9.4 遇到紧急情况时,应有安排可以保证相关的专业人员及时到位和实施救援。

7 动物医护

7.1 采购动物

7.1.1 采购前,应确认有足够的设施和专业人员来饲养管理被采购的动物。

7.1.2 采购动物的种类、数量和使用方式应通过 IACUC 的审核。

7.1.3 应向有资质的生产商采购实验动物,动物来源清楚,质量合格。

7.1.4 若使用野生动物,须有合法的手续并在当地进行隔离检疫,应取得动物检疫部门出具的证明。

7.2 包装与运输动物

7.2.1 应以保证安全、保证动物质量和福利以及尽量减少运输时间为宗旨,根据动物的种类制定包装与运输动物的政策和程序,包括动物在机构内外部的任何运输,应符合国家和国际规定的要求。

7.2.2 国际和国家关于道路、铁路、水路和航空运输动物的公约、法规和标准适用,应按国家或国际现行的规定和标准,包装、标示所运输的动物并提供文件资料。

7.2.3 应建立并维持动物接收和运出清单,至少包括动物的种类、特征、数量、交接人、收发时间和地点等,保证动物的出入情况可以追溯。

7.2.4 机构应负责向承运部门提供适当的运输指南和说明。

7.2.5 应有专人负责实验动物的运输。

7.2.6 运输动物的包装应适宜于运输工具、便于装卸动物、适合动物种类、有足够的空间、通风良好、能防止动物破坏和逃逸、可防止粪便外溢,需要时,应与外部环境有效隔离。

7.2.7 包装应有标签,适用时,应注明动物品种、品系名称(近交系动物的繁殖代数)、性别、数量、质量等级、生物安全等级、运输要求、运出时间、责任人、警示信息等。

7.2.8 运输动物的过程中应携带相关文件,适用时,应包括健康证明、发送和接收机构的地址、联系人、紧急程序、兽医的联系信息、生物安全要求、运输许可等。

7.2.9 应尽量避免在恶劣气候条件下运输动物。

7.2.10 应选择适宜的包装和运输工具,合理安排动物的装载密度。

7.2.11 适用时,应有满足特殊要求(如感染动物、凶猛动物、水生动物等)的动物包装和运输条件,并应符合主管部门的规定和相关标准的要求。

7.2.12 应有可靠的安保措施,适用时,应实时定位和监控运输路线。

7.3 动物疾病预防与控制

7.3.1 总则

7.3.1.1 应有机制和措施保证进入机构之动物的健康状态和携带微生物、寄生虫等的情况持续符合要求,但不包括因实验而导致的可预期的上述变化。

7.3.1.2 应建立动物疾病预防与控制体系,并文件化,包括:

a)相关的政策、程序和计划;

b)基于动物种类、来源和健康状态的隔离检疫程序和要求;

c)动物疾病监测;

d)动物疾病控制;

e)动物生物安全。

7.3.1.3 对实验动物疾病的防治,应以控制不合格动物的进入、检疫和监测、疾病的及时处置、规范饲养管理和保证卫生条件和环境条件为原则,一般不对动物进行免疫接种。

注:如果确认不影响实验结果或用途,也可以考虑免疫接种,特别是对猫、犬、羊等动物的传染病预

防,免疫是有效措施,应将免疫记录提交给实验动物使用者。

7.3.1.4 应建立动物健康档案。只要可行,应建立动物个体健康档案。档案的信息应至少包括:

a)动物身份识别;

b)来源;

c)合格证明;

d)进入机构的日期;

e)隔离与检疫记录;

f)饲育或实验期间的健康监测或病历记录;

g)微生物、寄生虫等监测记录;

h)治疗与免疫记录;

i)离开机构的日期与接收者,或死亡和尸体处置记录。

7.3.1.5 如果机构发现了动物传染性疾病或人畜共患病,应立即按规定报告,并在风险评估的基础上,采取有效措施,以避免疫情扩散或导致严重后果。应对所有受累区域和物品进行适宜的消毒或灭菌处理,以消灭传染源和传播媒介,经评估、验证已经符合卫生要求后方可再投入使用。对受累动物的处理方案应经过 IACUC 和生物安全委员会的审核。

7.3.2 检疫与隔离

7.3.2.1 对新引入的实验动物,应进行适应性隔离或检疫,在确认满足预定要求之后方可移入饲养区。

7.3.2.2 如果能够依据供应商提供的数据可靠地判断引进之实验动物的健康状况和微生物携带情况,并且可以排除在运输过程中遭受了病原体感染的可能性,则可以不对这些动物进行检疫。

7.3.2.3 应对非实验室培育的动物进行检疫。

7.3.2.4 对为补充种源或开发新品种而捕捉的野生动物应在当地进行隔离检疫,并应取得动物检疫部门出具的证明。对引入的野生动物应再次检疫,在确认无不可接受的病原或疾病(特别是人畜共患病)后方可移入饲养区。

7.3.2.5 对新引进的实验动物,在实验前应保证其生理、行为、感受等适应了新的环境,以减少影响实验结果的因素。

7.3.2.6 应立即隔离患病动物和疑似患病动物,并在兽医的指导下妥善处置。

7.3.2.7 对患病动物的处置方案应经过 IACUC 的审核。如果确认经过治疗后不影响实验结果,可继续用于实验。

7.3.2.8 如果需要引入感染动物,应按符合生物安全要求的程序操作。

7.3.3 疾病监视和监测

7.3.3.1 实施动物疾病监视的人员应受过专业训练并有工作经历,熟悉相关疾病的临床症状和监视方法。

7.3.3.2 应每日观察动物的状况,但是在动物术后、发病期、濒死前,或对生活能力低下的动物(如残疾等)应增加观察频次。

7.3.3.3 可以利用视频系统监视动物,但是应保证在需要时兽医可以及时到现场对动物进行处置。

7.3.3.4 如果饲养或实验活动可能导致的动物疾病需要复杂的诊断技术和手段,机构应具备相应的能力和资源后方可从事相关活动。

7.3.3.5 如果适用,机构应建立系统的动物质量监测方案和计划,抽样方法、检测频次、检测标本、检测对象、检测方法和程序、检测指标、结果报告、判定准则等应符合相关标准的要求。对检测实验室的要求见本准则条款 4.1.18。

注 1:具体依据的标准可能需要根据主管部门或用户的要求而定。

注 2:根据机构所在地域和病原流行状况,可能需要机构建立自己的标准。

7.3.3.6 应同时监测相关员工的健康状态及抽查员工体表微生物污染情况,需要时,应保留本底血清并定期监测。

7.3.4 疾病控制

7.3.4.1 动物疾病控制方案应经过 IACUC 的审核,如果涉及传染性疾病,还应经过生物安全委员会的审核。

7.3.4.2 如果发生新的、未知的或高致病性病原微生物感染事件,应按国家法规的要求立即报告和采取应急措施,所采取的措施应以风险评估为基础。

7.3.4.3 应评估对患病动物进行治疗或不再用于实验的利弊,经 IACUC 和实验人员审核后执行。

7.3.4.4 兽医应对死亡动物进行病理学等检查,提供死亡原因分析报告;对染病动物的发病原因进行检查,提供发病原因分析报告。

7.3.4.5 应及时采取措施以消除引起动物发病或死亡的潜在原因。

7.3.5 动物的生物安全

7.3.5.1 应建立机制以保证进入机构的动物均符合微生物和寄生虫控制标准,除非工作需要,应禁止引入微生物和寄生虫携带背景不明的动物。

7.3.5.2 不同级别的动物应分开饲养,应在独立的相应生物安全防护级别的动物房或设施内饲养感染性动物或从事实验活动。

7.3.5.3 应采取有效措施保证野外动物如鼠类、昆虫等不能进入动物设施。

7.3.5.4 应通过设施功能、环境控制、饮食卫生、物品卫生、流程管理等各种措施,保证在运输、饲养、实验等所有过程中实验动物不被所接触人员、所处环境、所用饮食、所用物品等感染或相互感染。

7.3.5.5 所有从动物设施出来的废物、动物、样本等应经过无害化处理或确保其包装符合相应的生物安全要求,应保证不污染环境和人员。

7.3.5.6 实验人员在患传染性疾病期间及在传染期内不应接触实验动物。

7.4 动物疾病治疗与护理

7.4.1 总则

7.4.1.1 机构应制定明确的动物医护政策、程序和操作规程,以规范对动物的医护行为。应由兽医制定所有涉及动物医护的操作规程。

7.4.1.2 机构应给予 IACUC 和兽医充分的授权,明确其有关动物医护的职责和权力。

7.4.1.3 应对动物实施必要的医护措施,所有动物医护措施和方案的必要性、科学性和可接受性应经过 IACUC 的审核。

7.4.1.4 应制定对患病动物放弃医护措施的政策和程序,并经过 IACUC 和实验人员的审核。实验人员可以决定患病动物是否继续用于实验,但不应由实验人员决定是否放弃对患病动物的治疗。

7.4.1.5 对不适合继续用于实验的患病动物的处置方式应经过 IACUC 的审核,并符合相关规定的要求。

7.4.1.6 应有足够的胜任动物医护工作的专业人员、设施设备、技术、器材药品等,与机构的规模、活动相适应。

7.4.1.7 IACUC 应负责审核机构中从事动物医护工作人员的能力,并对其提供培训指导与咨询。

7.4.1.8 IACUC 应负责监督从事动物医护工作人员的行为,及时制止和纠正不当行为。需要时,机构应对相关人员的资质进行再评估、考核和确认。

7.4.1.9 应有医护记录,详细记录兽医学检查、检测的结果和医护措施。

7.4.1.10 机构不应使用未通过 IACUC 审核的人员从事动物医护工作。

7.4.2 手术及护理

7.4.2.1 手术计划

7.4.2.1.1 动物使用计划如果涉及手术,应在手术前组成团队,需要时应包括外科、麻醉、兽医、护理、技术和研究等专业人员组成。

7.4.2.1.2 手术团队应制定详细的手术计划,应说明:

a)手术的目的和性质、手术方案、术中和术后观察与监测、术后恢复、护理和记录等;

b)实验要求、手术和所用药品对实验的影响、实验结果观察和记录、动物的福利考虑等;

c)每个人的分工、职责、需要做的培训等;

d)手术地点和时间、需要的仪器设备、手术器械、术前准备等;

e)意外事件应对方案和其他注意事项。

7.4.2.1.3 需要实施无菌手术时,应具备无菌手术条件、无菌手术规程和术后护理规程,不得试图利用抗生素代替无菌条件和无菌技术。

7.4.2.1.4 应评估消毒灭菌技术的可靠性、安全性和对实验的影响。

7.4.2.2 术前准备

7.4.2.2.1 应根据手术方案,做好术前、术中和术后的各项准备工作。

7.4.2.2.2 应进行手术的安全性评估,包括动物的状况、手术者的经验和能力、术前和术后的医护、设施设备的条件、可能的意外等。

7.4.2.2.3 手术方案确定后应安排必要的临床检查,保证动物的状态适宜于实施手术。

7.4.2.2.4 需要时,应进行必要的感染预防和胃肠道准备工作。

7.4.2.2.5 如果动物有其他疾病,应在术前恰当处理。

7.4.2.2.6 应采取措施不使动物产生恐惧感。

7.4.2.3 麻醉与镇痛

7.4.2.3.1 使用动物时,应尽量使动物产生的痛苦及受到的伤害最少。

7.4.2.3.2 动物饲养管理人员和研究人员应熟悉实验对象的行为、生理和生化特征,了解和有能力辨识各类动物对痛苦和疼痛所表现出的反应。

7.4.2.3.3 如果目前尚无资料可利用,应假设相同的操作程序如果可对人类造成疼痛,则也会对动物造成疼痛。

7.4.2.3.4 如果不是实验需要,不应实施复杂、损伤多组织、不易恢复或引起重度疼痛的手术。

7.4.2.3.5 对有疼痛感的动物实施手术时,应采用麻醉等镇痛措施。

7.4.2.3.6 对动物实施手术前,应根据需要由了解动物疼痛特征和麻醉药品特征的专业人员制定完整的术前、术中和术后的麻醉与镇痛方案。

7.4.2.3.7 麻醉可以通过注射(静脉、肌肉、腹腔注射等)或吸入等途径实现。

7.4.2.3.8 如果需要,应准备气管插管、喉头镜、保温垫,以及监视或监测动物呼吸、心率、血气、电解质、血压等生命体征的设备。

7.4.2.3.9 如果不是实验需要,并得到 IACUC 的许可,不应对清醒的动物使用镇静剂、抗焦虑剂或神经肌肉阻断剂等非麻醉类和非镇痛类药品后进行手术。

7.4.2.3.10 应考虑非手术因素(如环境因素)可能导致的动物痛苦,并针对性地采取缓解措施。

7.4.2.3.11 应按主管部门的相关规定购买、使用、保存和处置麻醉类药品。

7.4.2.4 手术

7.4.2.4.1 参与手术的人员应受过良好的培训和具备拟实施手术的能力和资格。

7.4.2.4.2 应严格按手术方案和手术规程操作。

7.4.2.4.3 需要时,应执行严格的手术感染控制程序。

7.4.2.4.4 对存活性手术,应保证动物的存活率和在满足实验要求的情况下考虑动物的存活质量。

7.4.2.4.5 对非存活性手术,应在动物意识恢复之前实施安死术,并清理与缝合创口。

7.4.2.4.6 对感染性动物实施手术,应在相应防护级别的生物安全条件下,由受过生物安全培训的专业人员实施。

7.4.2.4.7 在急救现场或在不具备手术环境的场所实施手术时,应按照兽医的专业判断处理,并应预期并发症的发生率较高,需加强术后护理。

7.4.2.5 术中监护

7.4.2.5.1 应根据手术的技术要求监视监测麻醉程度、生理机能、临床症状等并记录,需要时采取相应的措施。

7.4.2.5.2 应具备与手术要求相适应的监视、监测设备和急救设备,并保持这些设备的性能可靠。

7.4.2.5.3 应有针对术中意外事件的应急方案。

7.4.2.6 术后观察和护理

7.4.2.6.1 术后观察和护理的设施条件和环境应符合实验要求、临床要求和动物福利要求。

7.4.2.6.2 应有预防与控制术后并发症和术后感染的计划。

7.4.2.6.3 应根据手术计划确定术后监视、护理的责任人员,以及确定监视监测指标和护理要求。

7.4.2.6.4 实验人员和兽医应负责监督,以保证动物于手术后受到适宜的照料,符合实验要求、临床要求和动物福利要求。

7.4.2.6.5 术后观察和监测的体征、指标及频次应根据动物的状况和实验要求而确定,需要时,及时调整。适用时,可以利用电子监视系统监视动物。

7.4.2.6.6 应注意手术对动物行为和表现的影响,并采取适当的措施。

7.4.2.6.7 应有术后动物疼痛控制方案,并经过 IACUC 和实验人员的审核。

7.4.2.6.8 应有护理日志,并详细记录临床检查和检测的结果。

7.4.3 疼痛与痛苦

7.4.3.1 应按动物的种类建立动物疼痛与痛苦评定指标,并保证相关的人员可以理解、掌握和运用。

7.4.3.2 应由 ICAUC 和实验人员共同决定对经受疼痛或痛苦的动物是否实施人道终止生命。

7.4.3.3 应制定缓解动物疼痛与痛苦的方案。

7.4.3.4 重复使用动物可以减少使用动物,但可能增加动物的痛苦或疼痛。应评估重复使用动物的利弊,并经过 IACUC 的审核。

7.4.4 急救

7.4.4.1 应制定急救计划,以保证动物受伤害时可以第一时间得到应急救治,减少痛苦、降低死亡率或及时实施安死术等。

7.4.4.2 应根据机构的规模和工作特点,培训足够具备急救能力的人员,并维持这些人员的培训记录和评估考核记录。

7.4.4.3 急救可以由具备相应急救能力的非兽医实施,但应有文件规定并经过 IACUC 的审核,并不与相关的法规等要求冲突。

7.4.4.4 应配备足够的适宜急救的装备,并保持这些装备的性能可靠。

7.4.5 安死术

7.4.5.1 处死动物是对动物福利的最终剥夺,对必须处死的动物应实施安死术。

7.4.5.2 应有明确的政策规定对动物实施安死术的时机、方案和方式,应经过 IACUC 的审核。

7.4.5.3 只要可行,应采用适宜的国际公认的安死术。

7.4.5.4 在实施安死术时,应使动物在未感到恐惧和紧迫感的状态下迅速失去意识,并且使动物历经最少表情变化、声音变化和身体挣扎,令旁观者容易接受以及对操作人员安全。应考虑药品的经济性和被滥用的风险。如果动物的组织还将用于实验,应选择适宜于动物特征和不影响后续实验结果的安死术。

7.4.5.5 应保持实施安死术操作的区域安静、整洁和相对隐蔽,不对其他动物产生影响。

7.4.6 人道终止时机

7.4.6.1　在动物实验计划中应包括人道终止的时机,并通过 IACUC 的审核。

7.4.6.2　在动物实验计划中应说明实验终点的科学性、必要性和对动物福利的考虑,对一些残酷的实验终点设计应有充分的理由。

7.4.6.3　应根据动物实验的要求和动物状态,明确人道终止时机的判定准则,符合现行的公认原则,并保证相关的人员可以理解、掌握和运用。

7.4.6.4　在实验过程中,应持续评估人道终止的时机,只要无更多的实验价值,应及时终止并记录。

注:例如,对濒死的动物通常应及时实施安死术,而不必待其自己死亡。

7.4.6.5　对终止实验之动物的处置方式应经过 IACUC 的审核,并符合相关规定的要求。

7.4.6.6　IACUC 应负责监督动物实验过程中人道终止的时机和方式是否符合要求,应及时制止和纠正不当行为。需要时,机构应对相关人员的资质进行再评估、考核和确认。

7.4.7　病历

7.4.7.1　应建立动物病历管理制度,制定对动物医护的病历要求,包括病历的范围、内容、格式、记录、借阅、复制、保存、销毁等要求。

7.4.7.2　应有机制保证病历资料客观、真实、翔实、完整,禁止恶意涂改、伪造、隐匿、销毁病历。

7.4.7.3　应使用适宜的介质存储和记录病历资料,以防止在保存过程中变质、消失或不可利用。

7.4.7.4　应有适宜的设施和环境保存病历和必要的标本等。

7.4.7.5　如果法规没有禁止或未涉及机密、隐私等内容,应方便相关的人员查阅病历。需要时,可设置阅读权限,但不得与法规的要求冲突。

7.4.7.6　病历包括在动物医护活动过程中形成的文字、数字、符号、图表、照片、音像、切片等资料。病历资料应及时归档保存,应规定各类病历资料的归档时间和保存期限,不低于法规的要求和实验要求。

8　职业健康安全

8.1　总则

8.1.1　机构的法人或其母体组织的法人应承担职业健康安全的最终责任。

8.1.2　应指定一名机构管理层的成员承担管理职责。

8.1.3　应有机制保证员工自由选举至少一名员工代表,参与机构职业健康安全的事务。

8.1.4　应建立职业健康安全管理体系并提供必要的资源,控制相关的风险并持续改进职业健康安全绩效。

8.1.5　职业健康安全管理体系应是机构管理体系(见本准则章节 4)的一个组成部分,应适宜于机构的复杂程度、活动的性质和存在的风险。

8.1.6　应建立并保持程序,以识别和获得适用的涉及职业健康安全的法规和其他要求。应及时更新有关法规和其他要求的信息,并将这些信息传达给员工和相关方。

8.1.7　应明确所有员工对机构职业健康安全管理和参与绩效改进的作用、职责和权限。

8.1.8　应培训所有员工(包括来访者),使其认识各自的职业健康安全风险、责任和义务。

8.1.9　机构的职业健康安全方针应适于机构的规模和职业健康安全风险的性质,经管理层批准,并承诺:

a)保证所需的资源,持续改进职业健康安全绩效;

b)保证员工参与机构的职业健康安全事务,并培训所有员工,包括来访者;

c)遵守相关的法规和主管部门的要求;

d)向相关利益方公开职业健康安全信息。

8.1.10　应针对机构内部各有关职能和层次,设定职业健康安全目标。如可行,目标应予以量化。在建立和评审职业健康安全目标时,应考虑:

a)法规和其他要求;

b)风险评估的结果和控制效果;

c)可选择的技术方案;

d)财务、运行和经营要求;

e)相关利益方的意见。

8.1.11　应依据机构的员工(包括来访者)能力和面临风险的特征确定职业健康安全管理要素和所有细节,至少应包括:

a)风险评估;

b)危险源管理与控制;

c)行为规范;

d)人员能力要求与培训;

e)设施的设计保证及运行管理;

f)设备检查与性能保证;

g)个体防护装备;

h)职业健康保健服务(需要时,应包括心理学咨询和干预);

i)职业健康安全信息沟通;

j)职业健康安全绩效的监测;

k)应急准备和响应。

8.2　风险评估

8.2.1　应建立风险评估程序,以主动、持续进行风险识别、风险分析和实施必要的风险控制措施,应覆盖:

a)常规和非常规活动存在的风险;

b)进入工作场所之所有人员(包括合同方人员和访问者)活动的风险;

c)工作场所之所有设施设备(无论属于机构或是由外界所提供的)的风险。

8.2.2　应事先对所有拟从事活动的职业健康安全风险进行评估。

8.2.3　风险评估应由具有经验的专业人员(不限于本机构的人员)进行。

8.2.4　应记录风险评估过程,风险评估报告应注明评估时间、编审人员和所依据的法规、标准、研究报告、权威资料、数据等。

8.2.5　应定期进行风险评估或对风险评估报告复审,评估的周期应根据机构活动和风险的特征而确定。

8.2.6　开展新的活动或欲改变经评估过的活动(包括相关的设施、设备、人员、活动范围、管理等),应事先或重新进行风险评估。

8.2.7　当发生事件、事故等时应重新进行风险评估。

8.2.8　当相关政策、法规、标准等发生改变时应重新进行风险评估。

8.3　危险源管理与控制

8.3.1　适用时,至少应考虑以下来源的风险:

a)放射性物质;

b)感染性微生物;

c)生物性毒素;

d)致敏原;

e)实验动物或野外动物;

f)危险化学品和药品;

g)重组 DNA 材料、基因操作;

h)新的物种或外来物种;

i)设施设备(如高压、高温、低温、高动量设备,通风、消毒设备等);

j)利器;

k)强光、紫外线等;

l)电气;

m)其他物理性危险因素;

n)工作流程和操作不当;

o)误用或恶意使用;

p)个体防护;

q)水灾;

r)火灾;

s)其他自然灾害。

8.3.2 采取风险控制措施时宜首先考虑消除危险源(如果可行),然后考虑将潜在伤害发生的概率或严重程度降低至可接受水平,最后考虑采用个体防护装备。

8.3.3 危险识别、风险评估和风险控制的过程不仅适用于机构(包括设施设备、活动等)的常规运行,而且适用于机构在对设施设备进行清洁、维护、关停期间,以及节假日等期间的运行。

8.3.4 应有机制监控机构所要求的活动,以确保相关要求及时并有效地得以实施。

8.3.5 风险评估报告应是采取风险控制措施、建立职业健康安全管理制度和制定安全操作规程的依据。

8.4 员工行为规范

8.4.1 应根据风险评估报告,对所认定的风险采取控制措施,对相关的流程和活动进行规范,制定程序和作业指导书。

8.4.2 应要求员工(包括来访者)理解并执行规范文件。

8.4.3 应要求员工(包括来访者)不从事不了解或风险不可控的活动。

8.4.4 应制定在缺乏规范时从事相关工作的政策和程序。

8.5 人员能力要求与培训

8.5.1 应保证机构内承担职业健康安全职责的所有人员具有相应的工作能力,并规定对其教育、培训和能力胜任的要求。

8.5.2 培训内容和方式应适合于员工和来访者的职责、能力及文化程度,以及面临风险的特征。

8.5.3 应告知员工和来访者将面临的所有风险和对其的相应要求,达不到机构要求者不应进入或不应从事相关活动。

8.6 设施的设计保证及运行管理

8.6.1 应保证设施的设计、工艺、材料和建造等符合职业健康安全要求。

8.6.2 应有对设施设备(包括个体防护装备)管理的政策和程序,包括设施设备的完好性监控指标、巡检计划、使用前核查、安全操作、使用限制、授权操作、消毒灭菌、禁止事项、定期校准或核查、定期维护、安全处置、运输、存放等内容。

8.6.3 应定期监测作业环境中有害物质的浓度。

8.6.4 应有专业的工程技术人员负责(可以分包)维护机构的设施。

8.6.5 应有机制保证可以及时维修设施的故障。

8.6.6 应定期维护和保养设施,根据需要,备有充足的配件。

8.6.7 应根据设施的特征制定巡检计划,明确巡检周期和核查表。

8.6.8 应追踪实验动物设施的发展趋势,考虑不断改进和提高设施的性能。

8.7 设备检查与性能保证

8.7.1 在投入使用前应核查并确认设备的性能可满足机构的安全要求和相关标准。

8.7.2 应明确标示出设备中存在危险的部位。

8.7.3 设备应由经过授权的人员依据制造商的建议操作和维护,现行有效的使用和维护说明书应便于有关人员使用。

8.7.4 每次使用前或使用中应根据监控指标确认设备的性能处于正常工作状态,并记录。

8.7.5 应制定在发生事故或溢洒(包括生物、化学或放射性危险材料)时,对设施设备去污染、清洁和消毒灭菌的专用方案。

8.7.6 设备维护、修理、报废或被移出机构前应先去污染、清洁、消毒或灭菌;应明确维护人员是否需要穿戴适当的个体防护装备。

8.7.7 应在设备的显著部位标示出其唯一编号、校准或核查日期、下次校准或核查日期、准用或停用状态。

8.7.8 应停止使用并安全处置性能已显示出缺陷或超出规定限度的设备。

8.7.9 无论什么原因,如果设备脱离了机构的直接控制,待该设备返回后,应在使用前对其性能进行核查并记录。

8.7.10 应维持设备的档案,适用时,内容应至少包括:

a)制造商名称、型式标识、系列号或其他唯一性标识;

b)验收标准及验收记录;

c)接收日期和启用日期;

d)接收时的状态(新品、使用过、修复过等);

e)当前位置;

f)制造商提供的使用说明或其存放处;

g)维护记录和年度维护计划;

h)校准(包括核查)计划和记录;

i)任何损坏、故障、改装或修理记录;

j)服务合同;

k)预计更换日期或使用寿命;

l)安全检查记录。

8.8 个体防护装备

8.8.1 应根据风险特征,备有充足的个体防护装备供员工(包括来访者)使用。

8.8.2 应制定作业文件以指导相关人员正确选择和使用个体防护装备。

8.8.3 在需要使用个体防护装备的区域应有醒目的提示标识。

8.8.4 需要时,应清洁、消毒和维护个体防护装备。

8.8.5 需要废弃个体防护装备时,应考虑其可能携带的危险物质并采取适宜的方式处置。

8.8.6 如果使用个体呼吸保护装置,应做个体适配性测试,每次使用前核查并确认符合佩戴要求。

8.9 职业健康保健服务

8.9.1 应制定关于员工职业健康保健服务的政策和计划,符合国家法规的要求。

8.9.2 应为每个员工建立职业健康安全档案并保存。

8.9.3 应根据机构的特点,识别职业危害特征,并定期监测。

8.9.4 应根据机构职业危害特征,安排员工健康检查的项目、参数和周期。通常,每年应对员工进行较全面的健康检查。

8.9.5 需要时,应为员工提供免疫计划。

8.9.6 应为员工提供职业健康安全政策、知识和技能进培训,并随时提供相关的咨询服务,包括心理咨询。

8.10 职业健康安全信息沟通

8.10.1 应有机制保证员工和相关方就相关职业健康安全事宜与机构进行相互沟通。应保证员工参与：

a)风险管理方针和目标、工作程序等的制定和评审；

b)讨论任何影响工作场所职业健康安全的政策和措施。

8.10.2 除非法律有规定或涉及个人隐私权，需要时，员工应可以随时获取机构的职业健康安全信息。

8.11 职业健康安全绩效监测

8.11.1 应建立监测职业健康安全绩效的程序和方法，并实施。

8.11.2 应建立定性或定量的职业健康安全绩效指标并定期监测。

8.11.3 应监测职业健康安全管理体系的运行状态和对相关要求的满足程度，以及监测事故、疾病、事件和任何其他不利于职业健康安全的情况。

8.11.4 应记录、分析监测结果，为风险评估、纠正措施和预防措施等提供输入。

8.11.5 应对所有用于职业健康安全监测的设备定期校准、核查和维护，以保证其性能正常。

附录 A(规范性附录) IACUC 的职责与管理要求

A.1 范围

本附录规定了 IACUC 的组成、职责和管理要求。

A.2 IACUC 的组成

A.2.1 IACUC 的成员和任职期限应由机构法人、最高管理者或其授权人任命。

A.2.2 IACUC 应直接对掌握资源的管理层负责并报告。

A.2.3 IACUC 应至少由三人组成，至少包括一名兽医，一名非本机构的从事社会科学、人文科学或法律工作的人员，一名熟悉机构所从事涉及动物工作的科学工作者。

A.2.4 应任命一名负责人，但不宜由兽医担任。

A.2.5 如果机构规模较大或涉及的专业领域较多，应增加 IACUC 成员的数量，科学工作者和兽医的专业领域应可覆盖机构所涉及的专业领域和所用动物，以提供适当的专业判断。

A.2.6 机构管理层人员不宜作为 IACUC 成员。

A.3 职责

A.3.1 IACUC 的职责是保证机构在从事与动物相关的活动时，以人道和科学的方式管理和使用实验动物，并符合法规和标准的要求。

A.3.2 独立审核并批准或否定机构的动物使用计划。

A.3.3 与研究人员合作制定灾难应急计划，内容主要涉及人员安全、动物处置、应急培训及演练等。

A.3.4 IACUC 应就机构活动与法规标准要求的符合性进行定期进行现场监督检查，包括所有区域，检查形式和频次应与机构的规模、复杂程度以及实验内容相适应，但在实验期间至少每六个月一次。IACUC 可以邀请非成员专业人员参与检查和提供专家意见。

注:对重点区域和重点活动应考虑增加监督检查的力度。

A.3.5 应公开检查依据和要求，培训机构相关的人员。

A.3.6 应编制检查报告并形成文件，需要时，提交主管部门审核。检查报告的结论应明确，包括"通过""改进后可通过""不通过"或"搁置检查"。检查报告中应包括 IACUC 成员的各种相同和不同见解，应有所有参加检查的 IACUC 成员的签字。每次参与检查的成员应包括兽医、科技工作者和非本机构人员，并覆盖机构所涉及的专业领域和所用动物。检查报告应至少包括以下内容：

——动物使用部门和人员介绍；

——参与检查的 IACUC 成员；

——IACUC 成员对独立性、公正性和结果真实性的声明和承诺；

——检查目的、依据和检查计划；

——对涉及动物的实验计划的检查结果；

——对动物使用目的和必需使用动物原因的检查结果；

——对使用动物数量和种类适宜性的检查结果；

——对动物来源和运输的检查结果；

——对动物饲养和预防医学管理的检查结果；

——对动物医护和实施人道终点的检查结果；

——对动物饲养环境的检查结果；

——对妥善维护房舍及支持设施的检查结果；

——对与实验动物相关的职业健康安全的检查结果；

——对人员培训和能力的检查结果；

——对风险评估与应急计划的检查结果；

—— 严重不符合、一般不符合及需要关注的事项；

——对灾难应急计划的检查结果，如果有，对灾难发生后如何保护人与动物的检查结果；

——结论和建议。

A.3.7　IACUC 检查应特别关注的事项包括（但不限于）：

——人道终止时机的计划、实施时机、实施效果、实施过程以及实施人员的能力等；

——实验中非预期效果对动物福利和质量的影响；

——动物保定措施的必要性和适宜性，以及出现不良后果的补救措施等；

——在同一动物身上实施多项手术的必要性和安死术等；

——为了实验而对动物饮水和饮食限制可能产生的不良后果及应对措施等；

——使用非医用级材料的问题；

——现场调查研究的问题；

——使用农畜等动物的政策以及涉及的动物福利和动物质量问题等；

——是否有动物替代方法等。

A.3.8　应就检查报告与机构相关人员沟通，但不应因任何压力修改检查报告。

A.3.9　适用时，IACUC 应向更高管理层或主管部门报告检查结果。

A.3.10　对执行中之动物使用计划，若其内容有重大修订，应对修订部分进行检查，对不符合之处可要求作修正或否决其内容。

A.3.11　针对动物使用计划、设施及人员培训等相关内容提供建议并协助机构改进动物管理和使用的能力，以符合法规、标准的要求。

A.3.12　发生涉及动物相关投诉、抱怨时，协助机构提供客观真实的专业意见和建议。如果机构授权，也可以独立进行调查。

A.3.13　协助机构与主管部门和公众进行沟通和交流。

A.3.14　有权制止所发现的不符合规定的行为和事件，并向机构负责人或主管部门报告。

A.3.15　保护机构机密和个人隐私。

A.3.16　当法规有要求时，应采取适当的方式向社会公开有关信息。

A.3.17　IACUC 应在满足法规标准要求的前提下维护机构的权益。

A.4　管理要求

A.4.1　IACUC 应有明确的章程和运作管理程序。

A.4.2　IACUC 应制定作业手册，以指导 IACUC 正确履行职责、培训新的成员，明示 IACUC 的工作依据、准则、关注的重点、判定标准和工作流程等,保证其履行职责之完整性、公正性和一致性。

A.4.3 IACUC 的运作机制应保证其专业判断能力和所作决定不受机构任何压力的影响,同时应保证每个成员的专业判断能力不受来自 IACUC 内部或外部的任何影响。

A.4.4 IACUC 的运作机制应保证与动物使用者、动物管理人员及负责的兽医之间保持密切的合作关系,以保证制定出高质量的动物管理及使用计划。

A.4.5 IACUC 的运作机制应保证其成员之间职权的均衡和代表利益方的均衡,应保留和反映成员的各种相同和不同的见解或意见。

A.4.6 应明确实施检查和做决定的机制,可以采取全体委员会制或指派部分委员做决定的机制。如果采取全体委员会制,参加的委员人数应大于 50%,同时,赞成的票数也应大于 50%。

A.4.7 应保证和维持成员对国内外相关领域最新进展的了解和其专业判断能力,并提供所需的资源和培训。

A.4.8 应保证成员的职业健康安全,并提供所需的资源和培训。

A.4.9 应保证 IACUC 履行其职责所需的资源。

A.4.10 IACUC 成员应主动申报与自己相关的项目并回避对其的检查等活动。

A.4.11 应有预防机制和处罚机制,以期避免不公正、不诚信和失职行为的发生。

A.4.12 IACUC 成员可以兼职,但应避免利益冲突。

A.4.13 IACUC 不应聘用有任何不公正、不诚信和失职行为记录的人员。

附录 B(资料性附录) 动物使用的减少、优化和替代原则

B.1 总则

本附录旨在介绍减少(reduction)、优化(refinement)和替代(replacement)动物实验的原则(即"3R"原则),以期指导相关机构,在适用时,少用、更精细地使用或不用实验动物。"3R"原则是实验动物使用和管理领域之国际发展趋势。

B.2 减少

B.2.1 如果必须使用实验动物,考虑将使用的动物数量降至最少或在动物数量不变的情况下获取更多的实验数据。

B.2.2 充分利用已有的数据,不做无科学意义的重复性实验。

B.2.3 重复使用实验动物。在某些情况下可以利用同一动物进行多项实验,但须考虑重复使用对动物福利和实验质量的影响,否则,会适得其反。

B.2.4 实验数据共享。建立互信机制,相互承认实验结果,避免重复实验。

B.2.5 提高实验动物的质量,控制生物学变异,减少混杂因素对实验结果的影响。

B.2.6 合理设计实验程序和方案,以达到减少动物使用量的目的。

B.2.7 使用更适宜的统计学方法。

B.2.8 加强计划性和过程管理,如购买动物时将冗余量降至最小,精确计划动物生产量等。

B.3 优化

B.3.1 优化实验方案。比如使用非侵入性或损伤小的实验方法,以减少对动物的伤害。

B.3.2 优化动物饲养条件,提高饲养管理、医护和实验水平,以降低动物疾病的发病率、术后死亡率,保证动物生理生化、行为、情绪等指标的稳定性。

B.3.3 操作更加人性化、更精细,以减少动物的痛苦、疼痛、恐惧、不适等。

B.3.4 培训并建立人员与动物的良好关系,以更加顺畅地进行实验操作。

B.3.5 建立更适宜的模型动物。

B.3.6 加强培训,提高人员能力,规范操作,引进新技术。

B.4 替代

B.4.1 利用体外生命系统(组织、细胞等)代替动物实验。

B.4.2 利用低等动物代替高等动物。

B.4.3 利用人群资料,如志愿者的资料、流行病调查资料等,代替动物实验的资料。

B.4.4 利用数学模型、电子图像分析、生物过程模拟等技术预先分析。

B.4.5 利用无生命的反应系统模拟相应的生命系统。

B.4.6 利用人工合成的生物活性系统模拟相应的生命系统。

参考文献

[1] 唐利军,胡继发,范明霞,等.湖北省实验动物科技发展回顾(1980—2020)[M].武汉:湖北科学技术出版社,2021.

[2] 梁友信.劳动卫生与职业病学[M].4版.北京:人民卫生出版社,2000.

[3] 王禄增,王捷,于海英.动物暨实验动物福利学法规进展[M].沈阳:辽宁民族出版社,2004.

[4] 谭晓东.社会医学与健康促进学[M].北京:科学出版社,2000.

[5] 王君玮,王志亮,吕京.二级生物安全实验室建设与运行控制指南[M].北京:中国农业出版社,2009.

[6] 瞿涤,鲍琳琳,秦川.动物生物安全实验室操作指南[M].北京:科学出版社,2020.

[7] 贺争鸣,李根平,李冠民,等.实验动物福利与动物实验科学[M].北京:科学出版社,2011.

[8] 周永运,王荣,翟培军,等.实验动物与生物安全研究进展[J].畜牧兽医科技信息,2015(12):4-6.

[9] 席静,陈文锐,程树军.毒理学实验室的生物安全管理[J].中国卫生检验杂志,2007,17(12):2324,2337.

[10] 杨华,赵勇,宋志刚,等.浅谈 ABSL-2 实验室运行管理要点[J].实验动物与比较医学,2020,40(2):149-153.

[11] 马小琴,徐鋆娴.实验动物从业人员职业伤害及自我防护调查[J].中国公共卫生管理,2015,31(3):425-427.

[12] 刘丽艳,韩艳梅,李文超,等.实验动物潜在生物安全威胁及降低风险的建议[J].实验技术与管理,2020,37(2):264-266,278.

[13] 鞠慧萍,王贵超,黄海琴,等.检测机构实验动物设施的建设及运行管理[J].中国畜禽种业,2022,18(2):82-83.

[14] 邓小明,朱科明.常用实验动物麻醉[M].上海:第二军医大学出版社,2001.

[15] 王元占,杨培梁,刘秋菊,等.常用实验动物的麻醉[J].中国比较医学杂志,2004,14(4):245-247.

[16] 张晶,代明,黄智翔,等.动物生物安全实验室生物废弃物安全处置管理与探索[J].实验技术与管理,2020,37(8):280-283,288.

[17] 汉京超,刘燕,金伟,等.国内外危害性生物废弃物管理体系[J].中国环保产业,2010(7):58-61.